Elementary Computer
Aided Design of Automatic
Control System by MATLAB

傅鶴齡 編著

自動控制

東華書局

國家圖書館出版品預行編目資料

自動控制 / 傅鶴齡編著 . -- 1 版 . -- 臺北市：臺灣東
　華 , 2015.10
400 面 ; 19x26 公分
ISBN 978-957-483-844-8（平裝）
1. 自動控制
448.9　　　　　　　　　　　　　　104020431

自動控制

編　著　者	傅鶴齡
發　行　人	卓劉慶弟
出　版　者	臺灣東華書局股份有限公司
地　　　址	臺北市重慶南路一段一四七號三樓
電　　　話	(02) 2311-4027
傳　　　眞	(02) 2311-6615
劃撥帳號	00064813
網　　　址	www.tunghua.com.tw
讀者服務	service@tunghua.com.tw
直營門市	臺北市重慶南路一段一四七號一樓
電　　　話	(02) 2382-1762
出版日期	2015 年 10 月 1 版 1 刷

ISBN　　978-957-483-844-8

版權所有 · 翻印必究

謹將此書獻給

在我 35 歲後給我強大助力的　　先岳父　蔣仲苓　先生

　　　　　　　　　　　　　　　先岳母　蔣鄔素　女士

　　　　　　　　　　　　　　　內人　晉莊

在動盪年代，給我們安適環境並全力輔我們成長及強力
支持我學習航太的　　　　　　　先父　傅松雲　先生

　　　　　　　　　　　　　　　先母　傅鄒昌熾　女士

自　序

我最早入門的控制課本是「近代控制論」(緒方勝彥著) (KATSUHIKO OGATA) (1970版)，全書共 16 章，由基礎控制到第 16 章的最佳控制，大學期間智能有限，不甚了解，到了民國 68 年進到中科院從事飛後資料處理及飛控，開始覺得控制未唸好，又重拾課本配合院內之在職訓練，才發現控制在系統上如同大腦，是不可缺的。

在 1981 年，進入美國密西根大學航空系就讀，我主修飛控，指導教授 R. Green Wood 教授，要我先修複變 (complex variable)。記得是 1981 年夏天，雖處高緯度，氣候仍十分火熱，看著別人暑期玩樂我還在閉門苦讀，真是苦不堪言，但三個月的複變數學卻奠定了我控制基礎，指導教授 R. Green Wood 在秋季班即開自控必修課。「線性控制系統」原柏克萊教授 John J,D Azzo 著 (1981 版) 此書已把多輸入多輸出及數位控制加入，且對狀態暫態矩陣 (state transition matrix) 有較多描述。而此一矩陣在飛行體尤其是定速運動下之預估軌道位置有很大的好處。但此時桌上電腦並不普及，上課考試全是拉計算尺，老師一次考試 4 個題目，「拉出」二題已下課了。MATLAB 到 1985 年才結合 Linpack 脫胎換骨。在碩士期間認識了密大電機系的莊魁教授，早年美國空軍的響尾蛇飛彈就在密大邊上「柳樹」鎮研發，莊魁教授即參與工作，他把根軌跡及柏德圖之應用，透過例題可說發揮的淋漓盡至，有部份我已列入本書的習題中；另一位大師級人物為航空系的 R. Howe 教授，他教飛行體導控系統設計，他本人是美國即時模擬 (Real time Simulation) 上市公司 ADI 公司老闆，從戰機、客機、衛星到車輛之模擬無不用他公司之產品，他開一門「6 DOF simulation」課，平時下課找他不易，出完考題人就去歐洲旅遊回來即交考卷 (take home)；他的模擬技巧我在類比式模擬中有說明，記得我 1992 年再到美國蓋林斯堡發表軌道定位論文時，還看到他華髮依舊但滄老許多。

1989 年赴科大唸航太博士班，追隨太空碎片大師 R. Culp 教授，我的論文題目是「人造飛行體軌道定位與模擬」其間常赴美加州噴推實驗室 (JPL) 討教及學習。發現Fortran 程式還是他們的最愛，原因是 Bug 幾乎已除盡，設計順手不易出錯，此時學校已有開 MATLAB 電腦輔助設計 (CAD)，我的控制應用靠 MATLAB 解題，由此開始，上課在電腦教室，每人一台桌上電腦，老師講完即實作。老師為 Mackison 教授，他在 Ball Aerospace 工作，來本系兼課，由他處了解此時美國太空業已進入用 MATLAB 來設計控制系統之時期，當時有一著名之 Orbital 太空公司即利用 MATLAB 設計自動駕駛儀，並用 H^∞ 之方法作演算法，效果還不錯。

我在 1992 年返國，回國即投入防空飛彈之研發，為時近十年左右，此時自動駕駛儀之硬體在每次重灌軟體時，已不需全更換晶片，只要「抹」去舊的，「燒」入新的即可，硬體與軟體與時俱進，適逢其會深感榮幸，配合 MATLAB 之應用，狀態函數使用已超過傳輸函數之使用，因為它在類比與數位計算中之互換十分靈活好用，飛控從設計模擬及驗證均脫離不了 MATLAB 與即時模擬，在飛彈設計上如此，在飛機及無人機之設計上也是一樣，但是小的 UAV 設計其與遙控飛機之主要差異就是 UAV 多了飛控系統自動駕駛儀 (Autopilot)。要注意若買全系統之 UAV 自用時必須了解飛控系統或利用輸入與輸出間之關係來求取其模式 (若賣方不提供系統模式時)。此時控制之了解更為重要。

2007 年由中科院進入文大機電所任教，開了三門課：電腦輔助設計、虛擬實境與實體模擬、機電整合，把過去知其然不知其所以然的疑慮在此間透過教科書之專研，逐一明白了解，在校期間即時控制利用 LabView 在技術上已經成形，這一點討論技術是過去沒有的，美國人所不能講的 Know How 大多數均寫在教科書中，但需要有工作經驗者回憶、吸收與消化。但人已老矣，只有以雪泥鴻爪，斷爻殘憶，混以教科書之精神逐一寫出，盼能拋磚引玉，激出共鳴。

控制就是要輸出透過感測器與輸入一致，有二位不屬控制界但卻讓我有控制大而無外感受的老師，其一是我在密大前後受教之易學大師周鼎衍老師，他再三強調易經原始精神是可自感，自訓的迴路系統，雖然周師 (為早期周恩來同學) 已逝，但他的話語會永遠留在我腦海中。其二為國學大師陳立夫先生，我回國後多次與他在植物園內之中央圖書館側室晤談，他講及李約瑟與他交往過程中，西方文明建築在系統工程及迴路控制之上，這一點讓我想到當年美國協助我們造三彈一機時，通用動力公司派遣了一批系統工程之專業人士，專門給我們開了一個執行大計劃或複雜專案管理之必要課程〈系統工程〉，其中可看到隱藏在系統工程中之主體控制工程技術。

2015 年 7 月 14 日，人類的無人太空船「新地平線號」接近冥王星距離 12500 km 並傳回冥王星近照，一顆大愛心形於表面，透過近50億km傳回地球，配合一套自主式自控電腦，把飛控、電腦、人工智慧發揮到了極致，航太控制系統工程已進入系統整合期，回想 1981 年的飛行控制與 2015 年的飛行控制，在基本概念的不變下，已呈跳躍式的進步。2015 年 7 月 3 日站在武漢黃鶴樓舊址橋墩上，遙看滾滾長江外的晴川閣，遙想李白當年看到崔顥：昔人已乘黃鶴去，此地空餘黃鶴樓。黃鶴一去不復返，白雲千載空悠悠難怪李白會說：「眼前有景道不得，崔顥題詩在上頭」。個人站在巨人肩上，看前人控制上之成就，也只能把前人之成就與控制重點一一列出，昔人均乘黃鶴去，但留鴻爪集此者。

人在江湖，身不由己，退出江湖，四大皆空

全書忽促出版，雖多次校改但百密一疏，難保沒有失誤，盼學者、專家秉實相告，希望多次的 close loop 校改後，能達到我的理想與初衷。

傅鶴齡　謹序
民國 104 年 8 月

目　次

第 1 章　自動控制溯往及歷史回顧 1
1-1　早期的控制發展 1
1-2　調速器使蒸汽機進行了第一次工業革命 4
1-3　古典控制理論之數學基礎 5
1-4　控制器之雛型奠基者──尼古拉米諾斯基 6
1-5　線性系統三大必備指標之出現 6
1-6　控制系統之初步整合及應用──伺服機構 (Servomechanisms)：二戰期間的自控技術 (1936-1945) 6
1-7　古典控制論之形成與應用期──第一代控制論 (1945-1950) 7
1-8　控制系統的早期應用──改變戰爭形態與人類生活 8
1-9　現代控制論的萌芽狀態與空間 (state space) 變數技術──第二代控制論 (1950) 10
1-10　古典控制與非線性系統 11
1-11　太空時代之來臨 (1957～1970) 11
1-12　控制的第三代──強健性多輸控制系統 (1970～1980) 12
1-13　電腦／微電腦之出現──實體模擬 (Real time Simulation) 之時代來到 (1980～) 13
1-14　從系統工程面看自動控制的優點 14
1-15　航太工程與大系統 (large scale) 之自動控制系統 15
1-16　系統工程 (System Enginerring)、機電科技 (Mechatronics) 與控制，單晶片處理器的整合時代來臨 (資料來源 29, 30, 31, 32) 18
摘　　要 20
參考資料 22

第 2 章　由數學模式到傳輸函數·············25

- 2-1　感測器與迴路之關係·············27
- 2-2　高增益值可降低雜訊效應·············27
- 2-3　傳輸函數之輸入與輸出 (Input 與 output)，(簡稱 I/O)·············29
- 2-4　功能方塊圖 (Functional Flow Block Diagram, FFBD)·············29
- 2-5　方塊 I/O 交叉輸入之特性·············39
- 2-6　系統簡化之工具──部份分式法 (partial fraction expansins)·············40
- 2-7　部份分式之 MATLAB 求解·············45
- 2-8　系統工程與功能方塊圖之關係·············47
- 2-9　利用傳輸函數應用於齒輪轉換·············48
- 摘　要·············53
- 參考資料·············53
- 習　題·············53

第 3 章　系統設計流程與低階反應特性·············55

- 3-1　系統工程中之設計流程·············55
- 3-2　電腦輔助設計·············60
- 3-3　數學模式·············62
- 3-4　一階之系統反應──時間常數 (time constant)·············63
- 3-5　一階傳輸函數之參數：上昇時間 (Tr)、定態時間 (Ts)、穩態／暫態·············72
- 3-6　二階函數之反應時間常數·············78
- 3-7　二階傳輸函數之參數、穩態、暫態、穩態強度、峰值時間、超值百分比·············87
- 3-8　固定誤差範圍下，二次式之特徵值·············89
- 3-9　二次傳輸函數在複數平面下之相關參數彼此關係與物理意義·············95
- 摘　要·············101
- 參考資料·············101
- 習　題·············102

第 4 章　用 Simulink 及 Matlab 來分析之動態反應·············103

- 4-1　一階線性系統 (含感測器)·············103

4-2	一階傳輸函數之應用——Simulink 模擬	113
4-3	二階系統不同阻滯下之公式	120
4-4	高階傳輸函數使用 Residue 指令	121
4-5	在一定之時區內比較至少二種傳輸函數之反應曲線	122
4-6	常用之模式轉換指令	124
4-7	傳輸函數與狀態函數彼此間之互換	124
摘　要		127
參考資料		127
習　題		127

第 5 章　狀態方程式與數模 ... **129**

5-1	利用狀態方程式來表達數模有好處嗎？	129
5-2	舉例說明如何「整」「化」狀態方程式	129
5-3	傳輸函數與狀態方程式間之互換	133
5-4	由傳輸函數化為狀態方程式之矩陣式	137
5-5	傳輸函數之數學式及高階降階之指令	140
5-6	由 A, B, C, D 矩陣形式，可化為傳輸函數形式	142
5-7	分子、分母均有長式之傳輸函數化為類比計算機模擬之數模方塊	150
5-8	由傳輸函數求出之 A, B, C, D 四個矩陣的幾種變形	155
5-9	系統可控性 (Controllability)	157
5-10	系統之可觀測性 (Observability)	161
摘　要		163
參考資料		164
習　題		165

第 6 章　信號系統與穩定性探索 ... **167**

6-1	魯氏霍羅威茲條件 (Routh-Hurwitz Critericen)——手算法 (絕對穩定判別法)	171
6-2	一個閉迴路與變數 K 在特性方程式中之關係	179
6-3	由狀態空間求系統穩定性	181
6-4	Routh 法則之特殊變異	188
摘　要		193

參考資料 ··· 194
習　　題 ··· 194

第 7 章　系統誤差值與時域之組合 ·· 195

7-1　來自輸入信號之誤差 ·· 195
7-2　輸入信號為步階信號、斜坡信號及拋物式信號之誤差式 ··················· 199
7-3　穩態誤差與外界擾動信號進入之關係 ··· 200
7-4　實例說明誤差之實際運作 ··· 202
7-5　二階函數之穩態誤差與系統性能之相關性 ··· 211
7-6　利用 Residue 與 ZPK 指令求根 ·· 214
7-7　系統敏感度分析 ··· 218
7-8　以步階信號輸入 type 0 系統之靈敏度 ··· 220
7-9　利用狀態空間之三個矩陣，在不同輸入信號下系統誤差 ··················· 222
摘　　要 ··· 225
參考資料 ··· 225
習　　題 ··· 225

第 8 章　根軌跡下之系統反應 ·· 227

8-1　系統數模與 K 之關係 ·· 227
8-2　在 Root Locus 中選取適當 k 值系統由不穩定轉為穩定 ······················ 229
8-3　由根的平面特性與時域的反應性 ··· 234
8-4　根軌跡例題整理 (含步驟) ··· 236
8-5　Root locus，K 與時域性能參數 ··· 261
8-6　Root locus 與 K 值之和，求 K 範圍 ·· 261
8-7　Root locus 與 K 及根三者關係互動 ··· 262
8-8　戰鬥機俯仰控制設計 ··· 263
8-9　補償器與 Root locus 關係 ·· 268
8-10　認識指令：pzmap(G)，zpkdata(G,′v′) 之應用及 Root Locus 中
　　　O、X 之大小與線條粗細之調整 ·· 274
8-11　Root locus 繪圖技巧 ··· 276
8-12　探討 $\dfrac{0.75s^2+s+1}{s^3+3s^2+5s}$ 之 pole cancellation 之方法 ··· 284

8-13 利用不同方法找出 S-plane 上相對穩定之 *K* 值 ⋯⋯⋯⋯⋯⋯⋯⋯⋯⋯287
摘　要 ⋯⋯⋯⋯⋯⋯⋯⋯⋯⋯⋯⋯⋯⋯⋯⋯⋯⋯⋯⋯⋯⋯⋯⋯⋯⋯⋯⋯⋯⋯⋯⋯292
參考資料 ⋯⋯⋯⋯⋯⋯⋯⋯⋯⋯⋯⋯⋯⋯⋯⋯⋯⋯⋯⋯⋯⋯⋯⋯⋯⋯⋯⋯⋯⋯292
習　題 ⋯⋯⋯⋯⋯⋯⋯⋯⋯⋯⋯⋯⋯⋯⋯⋯⋯⋯⋯⋯⋯⋯⋯⋯⋯⋯⋯⋯⋯⋯⋯⋯293

第 9 章　頻域反應分析⋯⋯⋯⋯⋯⋯⋯⋯⋯⋯⋯⋯⋯⋯⋯⋯⋯⋯⋯⋯⋯⋯⋯**295**

9-1 一階傳輸函數之頻域反應 ⋯⋯⋯⋯⋯⋯⋯⋯⋯⋯⋯⋯⋯⋯⋯⋯⋯⋯⋯⋯⋯296
9-2 二階傳輸函數之頻域反應 ⋯⋯⋯⋯⋯⋯⋯⋯⋯⋯⋯⋯⋯⋯⋯⋯⋯⋯⋯⋯⋯302
9-3 MATLAB 在 Bode plot 上之應用／如何找 PM&GM ⋯⋯⋯⋯⋯⋯⋯⋯⋯305
9-4 不同頻率之輸入值影響全閉迴路系統之輸出值十分嚴重 ⋯⋯⋯⋯⋯⋯⋯310
9-5 Close loop 性能分析 ⋯⋯⋯⋯⋯⋯⋯⋯⋯⋯⋯⋯⋯⋯⋯⋯⋯⋯⋯⋯⋯⋯⋯313
9-6 奈奎斯圖 ⋯⋯⋯⋯⋯⋯⋯⋯⋯⋯⋯⋯⋯⋯⋯⋯⋯⋯⋯⋯⋯⋯⋯⋯⋯⋯⋯⋯321
9-7 奈奎斯圖法 (N、Z、P) 法 ⋯⋯⋯⋯⋯⋯⋯⋯⋯⋯⋯⋯⋯⋯⋯⋯⋯⋯⋯⋯325
9-8 奈奎斯圖之限制條件 ⋯⋯⋯⋯⋯⋯⋯⋯⋯⋯⋯⋯⋯⋯⋯⋯⋯⋯⋯⋯⋯⋯⋯336
摘　要 ⋯⋯⋯⋯⋯⋯⋯⋯⋯⋯⋯⋯⋯⋯⋯⋯⋯⋯⋯⋯⋯⋯⋯⋯⋯⋯⋯⋯⋯⋯337
參考資料 ⋯⋯⋯⋯⋯⋯⋯⋯⋯⋯⋯⋯⋯⋯⋯⋯⋯⋯⋯⋯⋯⋯⋯⋯⋯⋯⋯⋯⋯⋯338
習　題 ⋯⋯⋯⋯⋯⋯⋯⋯⋯⋯⋯⋯⋯⋯⋯⋯⋯⋯⋯⋯⋯⋯⋯⋯⋯⋯⋯⋯⋯⋯⋯⋯338

第 10 章　強健性控制⋯⋯⋯⋯⋯⋯⋯⋯⋯⋯⋯⋯⋯⋯⋯⋯⋯⋯⋯⋯⋯⋯⋯⋯**341**

10-1 PID 控制器 ⋯⋯⋯⋯⋯⋯⋯⋯⋯⋯⋯⋯⋯⋯⋯⋯⋯⋯⋯⋯⋯⋯⋯⋯⋯⋯⋯341
10-2 強健性控制概念 ⋯⋯⋯⋯⋯⋯⋯⋯⋯⋯⋯⋯⋯⋯⋯⋯⋯⋯⋯⋯⋯⋯⋯⋯⋯354
10-3 參數不確定之分析 ⋯⋯⋯⋯⋯⋯⋯⋯⋯⋯⋯⋯⋯⋯⋯⋯⋯⋯⋯⋯⋯⋯⋯⋯355
10-4 控制系統在不同輸入信號下，穩態誤差之敏感度分析 ⋯⋯⋯⋯⋯⋯⋯⋯359
10-5 柏德頻率圖與強健系統之關係 ⋯⋯⋯⋯⋯⋯⋯⋯⋯⋯⋯⋯⋯⋯⋯⋯⋯⋯365
10-6 控制系統的前瞻 ⋯⋯⋯⋯⋯⋯⋯⋯⋯⋯⋯⋯⋯⋯⋯⋯⋯⋯⋯⋯⋯⋯⋯⋯⋯367
摘　要 ⋯⋯⋯⋯⋯⋯⋯⋯⋯⋯⋯⋯⋯⋯⋯⋯⋯⋯⋯⋯⋯⋯⋯⋯⋯⋯⋯⋯⋯⋯368
參考資料 ⋯⋯⋯⋯⋯⋯⋯⋯⋯⋯⋯⋯⋯⋯⋯⋯⋯⋯⋯⋯⋯⋯⋯⋯⋯⋯⋯⋯⋯⋯368
習　題 ⋯⋯⋯⋯⋯⋯⋯⋯⋯⋯⋯⋯⋯⋯⋯⋯⋯⋯⋯⋯⋯⋯⋯⋯⋯⋯⋯⋯⋯⋯⋯⋯369

附錄一　如何使用 Simulink 協助 MATLAB 分析 ⋯⋯⋯⋯⋯⋯⋯⋯⋯⋯**371**
附錄二　參考資料拾遺 ⋯⋯⋯⋯⋯⋯⋯⋯⋯⋯⋯⋯⋯⋯⋯⋯⋯⋯⋯⋯⋯⋯⋯**381**
索引 ⋯⋯⋯⋯⋯⋯⋯⋯⋯⋯⋯⋯⋯⋯⋯⋯⋯⋯⋯⋯⋯⋯⋯⋯⋯⋯⋯⋯⋯⋯⋯⋯**383**

第 1 章

自動控制溯往及歷史回顧

◎ 1-1 早期的控制發展

從西方歷史所載,早在西元前 300 年希臘人卡西畢奧斯 (Ktesibios) 就利用把水滴定速滴入容器中來計算時間,做成水鐘,這是西方歷史記載最早的計數及定量控制。(參考資料 43)

在容器中注入之水可算出時間來,為了要保持定速的水滴滴入容器,則供應水之容槽必須保持一定之水位 (參考水位)。其中利用的浮閥 (floating valve) 作為一個感測器以閉迴路的方式 (close loop),來感測水位之設計,此即似今日抽水馬桶中的控制方法。在此之後,西方拜占庭的菲洛 (Fhilon) 把利用水之方式改用油取代而發明了油燈,此油燈由二組容器組成,三組相互垂直,較低之容器上頂承受來自上容器之油,而司點火儲燃料之作用。(參考資料 1, 2)

利用水作媒介來作自動控制之用,在我國就有好幾項發明,如下敘之 (1) (2) 及 (5),其中 (3)、(4) 項雖非水控,但卻出自大發明家張衡之手,故特以記之。(參考資料 2, 3, 4)

(1) 我國利用水滴作控制器,可溯至西元前 547 年到 490 年,在《史記》上記載齊景公用司馬穰苴為將軍與燕國交戰,司馬將軍接受任命,並與監軍莊賈約好次日中午到軍營受命,說畢,司馬將軍即驅馬至軍營「立表下漏,待賈」,並以太陽為參考時,在漏壺上裝水並起漏 (圖1-1a),到第二天中午影子到正北,漏壺也指示中午已到,但仍不見監軍到來,此時司馬將軍「僕表,決漏」即把水停漏,表示監軍莊賈未到,直到太陽夕

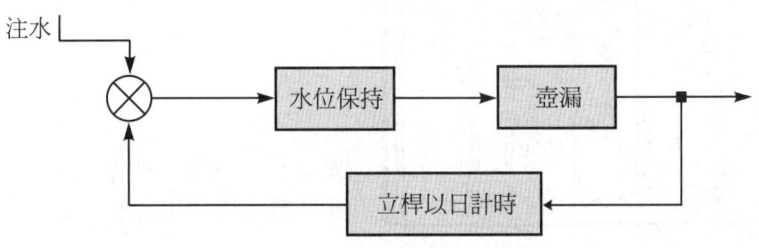

圖 1-1a　中國古老的壺漏 (利用水來計時)

下，莊賈才由親朋家宴中到達，穰苴即斬莊賈，此為史記記載中國最古老用漏壺作定時之控制之始，恐怕也是世界之始。(參考資料 2, 3, 4) (圖1-1b)

圖 1-1b　西漢中陽漏壺 (1976 年內蒙出土)

(2) 銅壺滴漏

在壺上刻下痕線以計時，最早見於《周禮》。這種裝置有二個壺，上壺滴水至下壺 (圖 1-2) 水面，用浮針表示刻度，浮針即為感測器，保持壺面水位一定，在圖上所示為蓮華漏計時裝置。此圖早期出現在宋朝王普所著《官術刻漏圖》，後失傳，此為一開路式之控制系統，準度較希臘人及阿拉伯人之裝置為高。

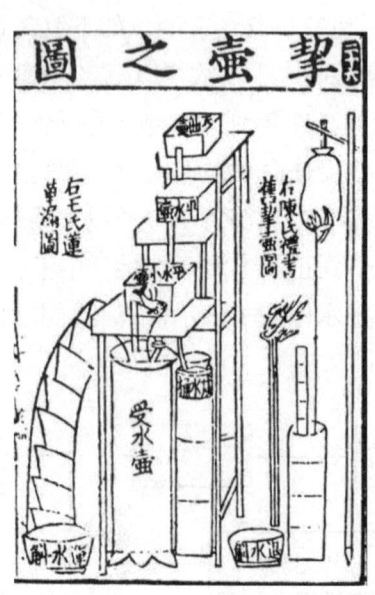

圖 1-2　蓮華漏計時裝置圖，中立貫心輪高 8 尺徑 3 寸

(3) 記里鼓車 (西元220～280 年)

在東漢以後出現,據說張衡曾發明記里鼓車,類似現代計速器,且有減速作用之傳動齒輪及凸輪桿杆,利用木人右臂舉鼓來表示車行之里數 (圖 1-3)。

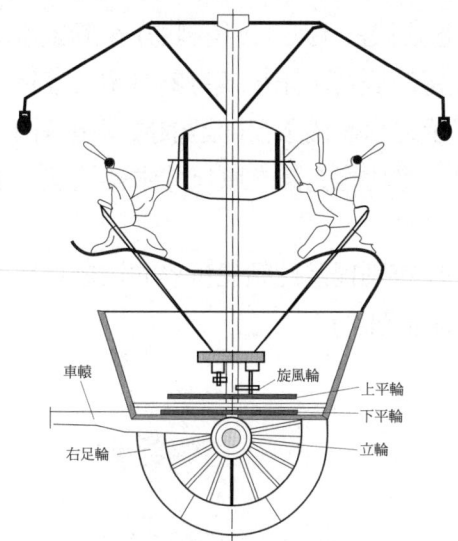

圖 1-3　記里鼓

(4) 候風地動儀 (西元 132 年發明)

時為東漢,南陽天文學家張衡在漢順帝永建七年 (西元 132 年) 所發明,張衡利用地震波影響物體之原理,利用感測器感測震波及方向,由落球之位置告知地震來自何方 (圖 1-4)。

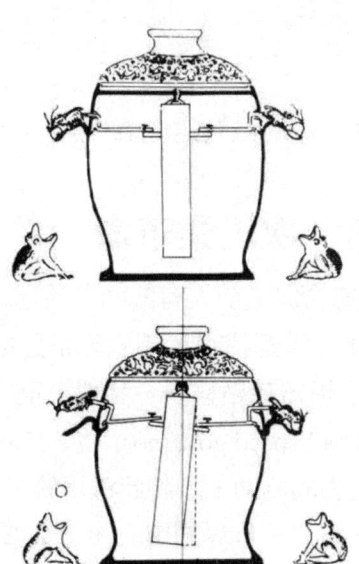

圖 1-4　候風地動儀剖面圖

(5) 水運儀象台 (1086-1092)

有一記原為張衡在東漢時，其所發明的漏水轉渾天儀，後經改良即為水運儀象台。但在西方科技發展史中，均以北宋哲宗元祐三年 (1088 年) 蘇頌為第一人製作該儀象台 (以蘇頌為系統主持人，韓公廉為工程設計人) (參考資料 1)，完成了高 12 米，寬 7 米之計時鐘；它利用水滴原理，與縱擒器之設計 (似今日控制器) 來固定水流之速度，並推動轉軸，使每天轉 400 週，並將之在每時辰初、正，及每刻有木人搖鈴、打鐘及擊鼓報時之動作。國立自然科學博物館所展示之水運儀象台即是依據蘇頌所撰「新儀象法要」的文獻內容研究復原而成，為世界第一座功能完備之原尺寸木樣模型。下列圖 1-5a、b 二圖即為其簡敘。

在賈‧德戴榮書中 (參考資料 7) 特別提及此領先世界的機械鐘比西方要早數百年之久 (荷蘭人惠更斯在 1657 年才發表鐘擺理論)。

 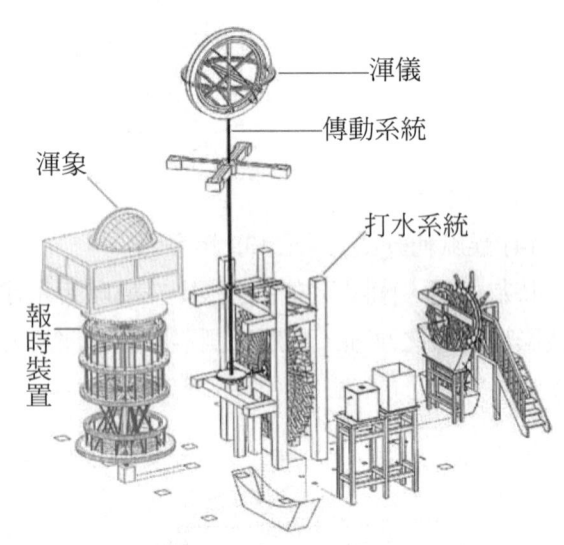

圖 1-5a　水運儀象台齒輪傳動系統　　圖 1-5b　蘇頌水運儀象台圖重建 (參考資料 41)

◎ 1-2　調速器使蒸汽機進行了第一次工業革命

在 1705 年，蘇格蘭的鐵匠湯瑪士‧紐克曼綜合過去前人有關圓角活塞之簡易裝置，經改良與精進發明了空氣蒸汽機，而在 1763 年，當瓦特在英國倫敦格拉斯格大學當實驗員時，接觸到一台待修蒸汽機，他發現古老之機器耗燃料多、體積笨重，應用有限；1784 年，瓦特在其上增加了一個飛球調速器 (flyball speed governor)，於 1788 年將此調速器以閉迴路的方式加到蒸汽機中，取代原有靠人力的協助，才將此機用於工業界 (參考資料 8)。此一發明使蒸汽機具有迴路控制之功能，促成了世界的第一次工業革命。

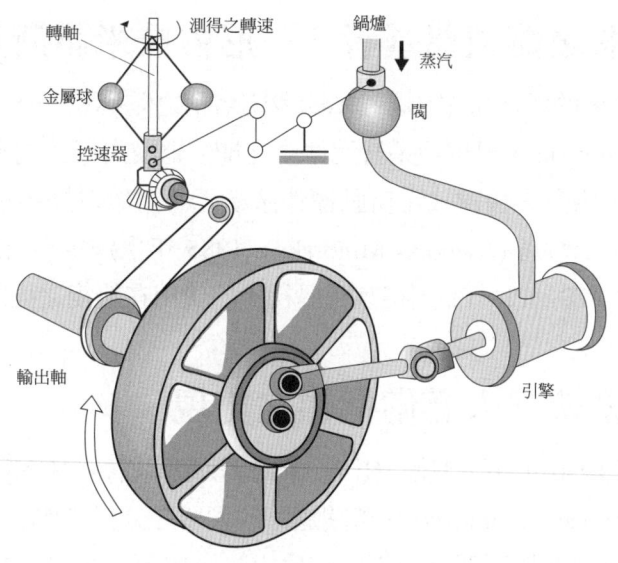

圖 1-6　蒸汽機中之控速器 (Governor) 圖左上方利用飛球控制引擎轉速整合圖 (參考資料 9)

在圖 1-6 中，看到在圖左上方之控速器 (governor)，利用金屬球之轉速太高，球體上昇，帶動輸出軸轉動輪體再接在引擎上拉到進氣活塞，改變進氣量把活塞口閉小，一旦引擎轉太慢，由左上方之軸體即利用金屬球內縮，氣門開大一些，則進氣門調整，使引擎轉快一點。

◎ 1-3　古典控制理論之數學基礎

1868 年，馬克斯威爾 (James Clerk Maxwell) 出版了其著作，以三階微分方程式之各項係數作基礎，推導出飛球調速器之數學模式，並找出其穩定之範圍 (參考資料 17)。接著到了 1874 年魯斯 (Edward John Routh) 就利用早期被馬克斯威爾忽略的一些微分方程式特點，將三階和定性擴充到五階之微分方程式。到了 1877 年，則以當時之亞當斯獎 (Adams Prize) 將之統稱為「力學系統之穩定範圍」作獎金大懸賞，尋找作品，即一般之解法，魯斯再以一篇論文獲獎。此獲獎之題目即是有名的Routh-Hurwitz穩定範圍探討，這在古典控制領域上，首次把數學之解法成功應用在模式 (model) 上，為未來之線性系統穩定度作了完整之理論基礎。而此時遠在俄國的著名數學家契比雪夫 (P. L. Chebyshev) 其學生里阿帕諾夫 (Lyapunov) 在 1892 年則發展出一套為非線性系統模式下之穩定度法則，如此，控制理論在線性／非線性系統上之分析工作已經完整。

在 1800 年中期到 1900 年間，將控制理論應用在船隻穩定及船隻槍械火器平台之穩定及用油壓系統來作感測之迴饋設計已經開始。

◎ 1-4　控制器之雛型奠基者——尼古拉米諾斯基

在 1922 年，著名的迴旋儀 (陀螺儀，即我國俗稱之陀螺) 公司，史帕里陀螺儀公司 (Sperry Gyroscope Company) 已經用系統元件中之補償器及適應控制來改善船隻或飛行系統之性能，而取代了原有之輪盤式之自動操作系統，而對於自控系統之系統性能分析，則俄國人尼古拉‧米諾斯基 (Nicholas Minorsky) (1885 年生) 功不可沒。今日我們所熟知之三種補償控制器：PID、PI、PD，在當時已初步的使用在船隻之控制中。

◎ 1-5　線性系統三大必備指標之出現

從 1920 年來到 1930 年初，波德 (H. W. Bode) 及奈奎斯特 (H. Nyquist) 在美國貝爾電話實驗室 (Bell Telephone Laboratory) 從事閉迴路放大器之分析工作 (feedback amplifiers)。他們的探入研究，使之在控制系統中正弦波輸入，利用頻響法對控制系統設計穩定技術作定量分析使電話系統性能變好。在 1942 年桑吉爾 (Ziegier) 與尼古拉斯 (Nicholes) 把其中重要參數加以調整而應用在工業分析上。

到了 1948 年，伊溫斯 (Walter, R. Evans) 利用其在航空設計之工作經驗，發現到模式中之穩定性與根之左、右、平面有關 (左平面，LHP 為穩定域)，因而發展出用圖解法在複數域 (complex number domain) 的平面上由根之移動，來討論系統之穩定性。這就是有名的根軌跡法 (Root Locus)。他的方法與波德、耐庫斯特之研究心得成為分析線性系統之三大必備分析工具 (資料來源 12)。

◎ 1-6　控制系統之初步整合及應用
　　　——伺服機構 (Servomechanisms)：二戰期間的自控技術 (1936-1945)

在二戰前 (1939 年前) 控制系統在解決火炮控制上已有了整合性之發展，前面已說過因為波德利用迴饋方式解決了電話系統之信號品質，又在 1930 年因為維納 (N. Wiener) 發展出控制論之隨機過程 (stochastic process)，用來解決所謂一些不規律之信號，其內容均寫在 1948 年完成之《控制論》(Cybernetics) 一書中，書中提及人與動物在信號通訊上之特點以及如何溝通、控制 (資料來源 13)。這本書之出現使得當時在美國加州理工學院任教的錢學森完成了《工程控制論》，其中把古典控制論作了完整之詳敘 (資料來源 14)，這一本書在錢氏於 1955 年 10 月回到中國大陸後，中文版 1958 年在中國大陸出版 (資料來源 15)。

第二次世界大戰先是日本人在 1936 年發動蘆溝橋事變，此為大戰起因之一，但正式是在 1939 年 9 月開始，直到 1945 年中國戰區在南京接受日本投降典禮 (同年，台灣正式回到中華民國)，到 9 月 2 日麥克阿瑟在美艦密蘇里號接受日本投降為止，在此動亂的年代裡，美國麻省理工學院 (MIT) 從 1940 年到 1945 年間成立了三個重要的實驗室。

(1) 伺服機構實驗室 (The Servo mechanisms Laboratory)

(2) 輻射能研究實驗室 (Radiation Laboratory)

(3) 儀器實驗室 (Instrumentation Laboratory)

用來研究先進及未來之控制領域及技術。而研究的結果則直接投注於大企業及公司中，協助其建立基礎工業。由於戰爭時期的保密，在 1945 年後，雨後春筍般的一一灌注於控制工業界中，其中的著作《伺服機構》(資料來源 16)，及數千篇論文及技術文獻，大量投注於工業界及軍方，可說是古典控制理論完善及邁入應用的黃金初期。

在 1934 年自動回饋控制系統有了一項凸顯的技術公佈。赫茲 (Hazen) 於該年以「伺服機構」(Servomechanisms) 為題，發表於富蘭克林學院之學報上 (journal of the Franklin Institute)，其題目就是用「伺服機構」一詞，其前 servo 即有伺服之奴僕含義。此文在同一年也有另一位帕萊克氏 (Block) 他也以回授式放大器 (feedback amplifiers) 為論文題目 (資料來源 18) 在同一年發表，利用回授之機構代替人力之時代已經來臨。

維納利用他在二戰時協助美軍解決火炮主體系統之控制問題，而完成了其控制論，這也是伺服動力論 (servomechanisms)，首次由理論成為應用。在 1947 年，美國麻省理工學院 (MIT) 則在美政府之資助下成立了輻射實驗 (Radiation Laboratory)，並將維納及錢氏之書中內容去蕪存菁，再加入許多新之資訊，成就了近代古典控制學之完整性 (資料來源 16)。三大實驗室的技術使自控及迴饋控制系統，呈現跳躍式之進步及蓬勃的發展。

◎ 1-7 古典控制論之形成與應用期 ——第一代控制論 (1945-1950)

二戰後，在 MIT 成立的三個實驗室，其目的就是作系統整合之功能，利用各行業之專業，培養下一代系統工程／整合之人才 (資料來源 11) 以輻射能實驗室為例，其工程師、物理、專案、數學家，同時為解決戰爭武器及系統之問題作整體之研究，其中具體之代表已如 1-6 所述，而實驗室中所常用之方法就是頻率響應方法 (frequency Response Method)，由奈奎斯特 (Nyquist) 與波德 (Bode) 合作解決通訊問題，透過頻率域 (frequency-domain) 在線性系統下用拉氏轉換，求出傳輸函數 (Transfer function)，利用功能方塊圖 (functional flow Block Diagram) 對系統作功能之逐項分析，這種利用頻率域來分析之控制法則,一般即稱為古典控制法,或經典控制法 (Classical Control Method) 其缺點是限於單一輸入及單一輸出 (Single Input and Single Output, SISO),才可作分析,否則是不易找到增益範圍 (Gain Margine) 與相範圍 (phase margine) 的。

◎ 1-8 控制系統的早期應用──改變戰爭形態與人類生活

應用一

在美國早期投入研究之具體應用成果之一為防空雷達,追蹤火炮系統的開發,利用雷達天線偵測到敵機空中的位置與速度,輸入電腦再由電腦計算彈道預算出火炮要射擊之前置角 (lead angle),在圖 1-7 中可看出火炮先要有一前置角之設定,預測在某段時間後放在可以到達之位置,在利用火炮在定時下以仰角射出炮彈,並在預爆點擊中敵機 (資料來源 19)。

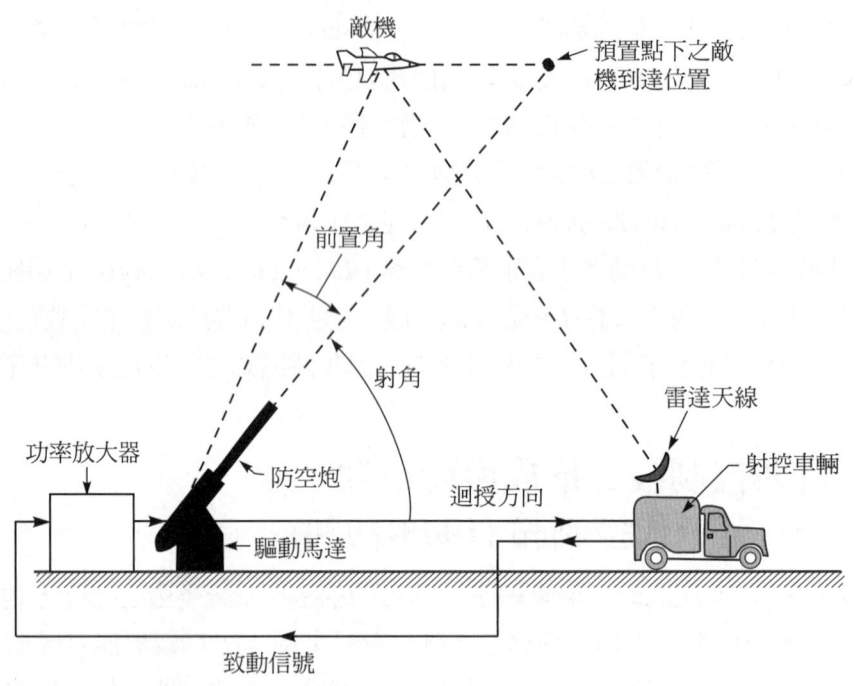

圖 1-7　火炮自控系統 (資料來源 19)

應用二

在美國早朝投入研究之具體應用成果之二為圖 1-8 沸水式核反應器,圖示為一個沸

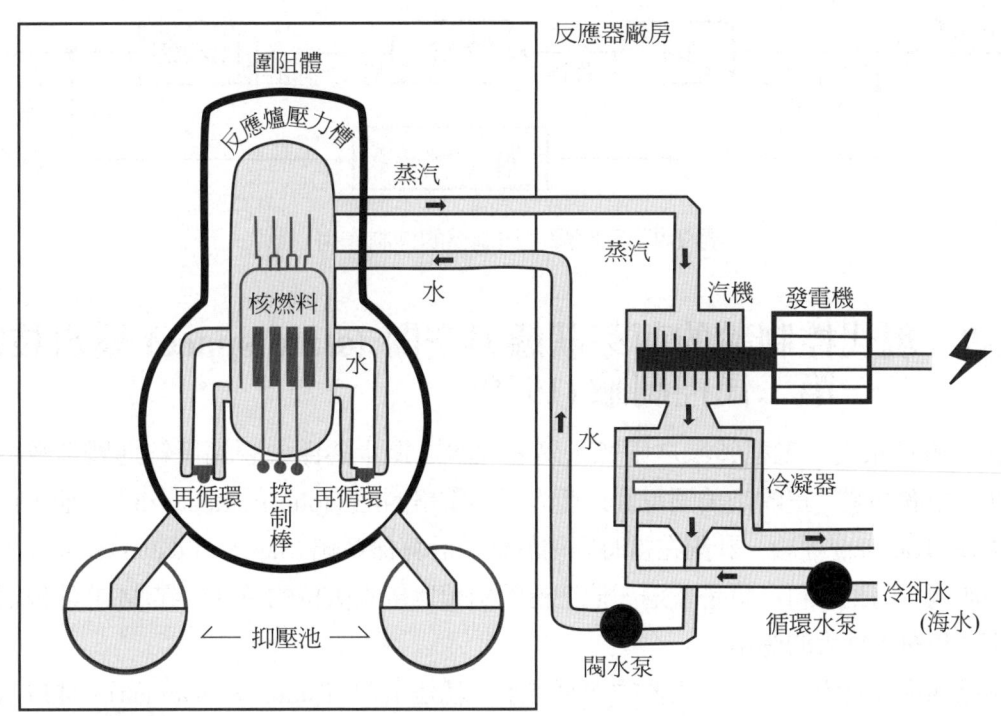

圖 1-8 沸水式核反應器示意圖
(資料來源：台灣電力公司 http://www.taipower.com.tw)

水式核子反應器之一般圖，在圓柱之圍阻體容器內有 U-238 之爐心透過燃料棒，當它們吸收中子後就會分裂成小的核體，同時依 $E=mc^2$，放出大量的能量，一連串之中子吸收即會產生連鎖反應 (a chain reaction)。為了調整反應之速度，燃料棒 (桿) 可利用控制桿以特殊材料 (硼或鎘) 來吸收一些從燃料棒中射出的中子。控制棒下沉的越深，則核反應的速度就越慢，若控制棒全部插入，則核反應就會停止。而在連鎖反應中釋放出之大量熱能，即透過密封中的輻射水 (radioactive water) 進到一分離式無輻射性之水槽中，產生高壓蒸汽 (steam)，利用此蒸汽推動渦輪 (turbine)，將動能經過發電機產生電能供電，而輸出之蒸汽透過冷卻系統，冷凝後又成為水，經閥水泵打回反應器中繼續使用 (資料來源 20)，利用古典控制論之閉迴路的方式 (close loop) 作控制完成了人類史上之首座核反應器。

也由於閉迴路控制 (圖 1-9) 的特殊優點，使得美國的曼哈頓計畫 (1942-1945) 能成功的控制反應速率，達到釋出之一定能量 (當然，其中鏈鎖反應之所以能連續性，還要感謝吳健雄博士在鏈鎖反應中解決了不連續之難題，才能使全計劃得以成功推動)，這是控制技術改變人類生活的具體例子。

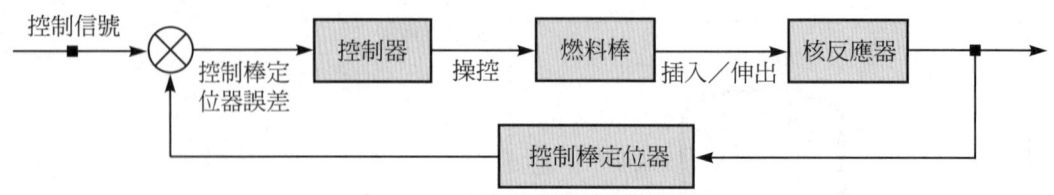

圖 1-9　反應爐中控制棒的控制作用

◎ 1-9 現代控制論的萌芽狀態與空間 (state space) 變數技術——第二代控制論 (1950)

在二戰結束後，工程領域之研究，隨著電腦之進步逐漸由頻比系統進展到數位系統。在這中間必須一提的是美國哥倫比亞大學的雷格西尼 (John R. Ragazzini)，他主持的 E 轉換 (E. Transfer) 理論，計劃在當時應用於數位計算機系統 (Sampled-data systems) 上為一新的應用，時到今日，更是普遍。他把信號由類比帶到數位的時代，在 MIT 的儀器實驗室中，也有了極大的應用。

雷格西尼在哥大培養了一位他的接班弟子，就是卡門 (Rudolf E. Kalman)，他以狀態空間 (state-space) 開啟了現代控制多輸入及多輸出 (MIMO) 之新視野，使控制領域又開拓了一個更廣的道路。

在二戰結束後，有二位美國科學家貝爾門 (R. Bellman) (資料來源 24) 與卡門 (R. E. Kalman) (資料來源 25, 26) 與一位俄國科學家龐卓雅金 (L. S. Pontryagin) 研究如何直接把常微方程式 (ODE) 直接轉換到數模中作模擬分析。因為過去是用拉普拉斯傳輸函數法，條件限於線性系統，且手續複雜，用狀態變量法 (state-variable method)，把複雜系統方程式一一寫入矩陣程式中作模擬，而省去了化傳輸函數所需之時間及限制，且對非線性問題也易解決。這在二戰期間，維納與菲利普 (Phillips) 就研究過，進而發展出由變分法為基礎，對非線性系統作最佳軌道之計算。後人就把此技術作為現代控制 (Modern control) 的開始。而將過去的波德用複變數求解之分析方法，稱為古典控制法 (classical control)。其實以上二種方法，透過 MATLAB 等相關工程計算軟體之運用，在設計領域是相輔相成，而均不可缺之技術方法。

狀態與空間變數法，就是把系統之物理特性，以微分方程式來表示，再以矩陣形式輸入電腦，其優點有四：

(1) 解決多輸入／出、時變 (time variant)、非線性、隨機等之系統。

(2) 可將微分式寫成向量式，簡化數學運算。

(3) MATLAB 可運用 (資料來源 33, 34)。

(4) 在分析系統時，可以把初始條件納入

現代控制之分析主要在時域 (time domain) 上為之，而在二戰後到 1950 年前之古典控制，則主要分析是以頻率響應之定義域為主 (frequency Response domain)，1955 年卡門提出利用狀態變量法，成功的對回饋 (或回授) 系統中的可控性與可測性作了全面性的數學定義，使得真正的控制工程問題得以解決。

◎ 1-10　古典控制與非線性系統

古典控制係以拉氏轉換為主，處理單輸入／出 (SISO) 之線性問題，但是也可以利用雜訊排除 (Noise-rejection) 之方法，配合古典法／頻率域技術來解決非線性系統問題，而找出在系統中哪些是可參考，在一定範圍內可達成穩定性的所謂強健性控制 (robust control) (有些中國大陸學者稱為魯棒式控制)，利用此技術也可強化系統以防外來干擾之能力。這種把非線性透過「線性化」之處理，亦可找出在「平衡點」附近之結果，此外也可使用所謂描述函數 (describing function) 來求取預估值 (資料來源 28)，但必須配以「奈奎斯特條件」(Nyquist Criterion) 為之。這方面在 1964 年有庫卓威茲 (J. Kudrewice) 作過研究，但缺點是也還單輸入／出，而不能用於非線性及多輸入／出系統。

在 1948 到 1961 年間俄國人在這方面有些成就，以 Lyapunov 為首 (資料來源 22) 在時域 (time Domain) 上已在研究，可說是近代控制之先。1948 年，Ivqchenko 在電子中繼控制 (relay control) 上可以將二個不連續之信號，透過開關作非連續之信號處理 (switched discontinuously)，在 1955 年，Tsypkin 也用相平面法 (phase plane) 作非線性之控制設計。而在 1961 年，V. M. Popov 對非線性之穩定性分析也提供用 circle criterion 方法，而直接的解決了非線性之穩定性分析問題 (資料來源 23)。據說蘇俄在 1957 年搶先發射人造衛星，其太空軌道之預估及模擬 Lyapunov 功不可沒。

◎ 1-11　太空時代之來臨 (1957～1970)

美、蘇二國在 1950 年起到 1957 年間，蘇俄發射史波尼克一號衛星到太空而在此期間美國把重點放在飛彈與解決飛彈之彈道計算上，如何求取最佳之彈道，可以在最快時間把炸彈投到目標問題。因此，在 1950 年到 1957 年間，貝爾門 (R. Bellman) 與卡門 (R. E. Kalman) 在美國，而龐卓雅金 (L. S. Pontryagin) 則在俄國發明極大原理 (maximum principle)，用微分方程式透過狀態變量法，得到狀態方程式，再利用電腦求解飛彈落點，而在二戰末，維納 (Wiener) 與菲利普 (Phillips) 曾利用最佳控制法 (optimal control) 透過變分法 (Calculus of variatiove) 找到非線性系統下之最佳彈道，而貝爾門 (R. Bellman)

(資料來源 24) 更在 1957 年發展出一套最佳與適應性 (optimal and adaptive control) 法則來提昇其計算速度。這些部份內容，在 1960 年 6 月 27 日至 7 月 7 日於蘇俄莫斯科舉行的首屆國際自動控制大會上 (International Federation of Automatic Control, IFAC) 首次提出，可說是狀態變量法與最佳控制法之首次曝光，而取代了以往用頻率響應之頻率域分析法 (資料來源 27)。

由於飛彈彈道與防空火炮預置彈道的需求，開啟了近代控制論之應用領域，利用系統性能最佳化的要求，列出微分方程式，可得到李卡笛 (Riccati) 代數解，加上人工的合成方法可以得到系統之特徵結構圖 (complete eigen-structure)，這其中即包含閉迴路之特徵全譜及相對的特徵向量 (eigenvectors)，若用過去古典法，僅可求出閉迴路之特徵值，而利用近代控制法，可以擴充至在已選定之系統中之任一子系統及控制矩陣中任一，均可求出其特徵向量來。這個方法也就引出了 loop shaping 之技術，利用系統之「形狀設計」，讓系統輸出之反應接近你所需要之性能反應。

另外，在估測技術 (estimation) 上，卡門帶給大家可控、可測之新觀念，使我們在許多不同領域上，一旦找不到真測值 (Real Test value)，則可利用上一點測得值，估算下一點值，而不會因測不到值，而造成大量之系統不連續性，這在近代對人造衛星之軌道定位 (orbital determination) 上十分重要。上述之方法在 1957 年人造衛星進到太空之軌道及如何求得行星在不同時間之位置上，有很大貢獻。

◎ 1-12 控制的第三代──強健性多輪控制系統 (1970～1980)

前面我們講過在 1960 年到 1970 年間利用最佳化的方法，透過 loop shaping 之技術可以「塑造」出我們要的系統反應，使之合乎我們之需求，是真的合乎嗎？如何保證當外界環境變化過大時，原先之數模還穩定嗎？因此，對某一個我們不知且充滿不確定的系統 (uncertainties) 如何「保證」(guarantee) 我設計或需求下之閉迴路特性，正是在我原先規格所要求的範圍內。其實所謂強健性控制就是在我設計數模中在一定範圍內如何確保其性能，而現在擴充至若不是我熟知的設計領域，或設計領域中許多不確定性過大之參考量，而仍要設計其合乎需求，且掛上「保證」。因此，這就需要數學大量的注入「符號」語言，利用已有之技術，加上新的數學，在 1980 年到 2000 年期間，許多舊瓶裝新酒之技術，如：適應控制、非線性、幾何形、混合、模糊等控制，除原本技術外，透過日益強大的電腦能力，更鉅細的數學推導，則又形成了許多新的學程 (disciplines)，特別是應用數學／物理及作業研究 (operations research)。(參考資料 35, 46)

◎ 1-13　電腦／微電腦之出現──實體模擬 (Real time Simulation) 之時代來到 (1980～)

今天，控制系統，上天、下海、民生、軍事，至人體、機器裝置，大而無外，小而無內，無所不在。就上天而言，在航太工業上，從導引、導航及控制上，幾乎沒有一項不是系統工程中之迴路控制在作用。就用傳統之飛行體控制而言，控制主力來自三大致動系統 (actuator) (電子、氣壓及液壓)，利用它們帶動飛行體或船體在空中或水下之舵面、飛機機翼及垂直／水平安定面，完成太空梭、衛星及太空船之姿態控制等。

在工程學上，從工廠流程控制，油／液、氣槽之液面控制，容器中化學濃度之定量，及製造一定厚度材料之技術等，真是大而無外、小而無內；就飛行控制而言，在戰機 F-16 之設計上 (1971～1974)，重心在後，壓力中心在略前之設計有利於飛機之空中之靈活反應，使轉換半徑變小，但缺點是系統就不穩定。雖然設計圖早在 1970 年即已萌芽，不過一直無法實現，因為人腦反應沒有電腦快，但當時電腦還是龐大無比，直到大功率 CPU／單晶片處理器／微電腦之出現，微處理器之縮小體積，解決了電腦上多功、大儲量、快速之瓶頸，使飛行器中數位化後之自動駕駛儀之指令一秒鐘可作百次以上是輕而易舉之事，且大功能小體積的電腦可安裝在飛機上，所以 F-16 可具有線控飛操 (fly Bywire) 可由細部設計進到實際可行之飛行體。

電腦的快速進步，系統化的系統 (system of systems) 使全網域遙控系統成為可行，匿踪無人攻擊機 (圖 1-10a) 均可由設計圖轉成實體，在無人載具 (UAV) 之發展上，過去的遙控飛機無法將自動駕駛儀或控制器放在小飛機上，但儀器之縮小，計算法則之精簡，感測器之縮體化，才可使無人飛機與遙控飛機拉大距離，且未來有人的飛機，透過高速、超小、自動駕駛儀將會逐一取代真人飛機，在 20 世紀末 21 世紀初，美國洛馬公司的 F-35，曾號稱為有人駕駛的最後一代戰機，因為爾後戰機將逐一由 UCAV (Unmanned Combat Aerial Vehicle) 所取代。

圖 1-10a　掠食者 III 為大噴射式推力之 UCAV，控制多輸入／出之直接下達命令之方式則更為複雜，其 V 型垂直安定面也具特殊之控制效果。

14　自動控制

圖 **1-10b**　RQ-170 哨兵匿踪無人載具 (UCAV)，注意其垂直安定面已不見，其控制全以全水平面執行，控制量與特性已改變，較一般傳統之飛控更複雜。

　　掠食者 I 可說是第一代的 UCAV，而掠食者 II 改以噴射引擎為動力，其推力大大增加，到 2010 年掠食者 III 則以飛機噴射引擎置於 UAV 上，使推力大為增加即時控制 (參考資料 42)，更加困難，而美國空軍哨兵 UCAV 之 RQ-170 更具匿踪之效果，其載彈也因推重比增大，而增加了其戰備性能。

圖 **1-10c**　美國的掠食者 I (螺漿動力) (UCAV) (最遠)，X-45 無人攻擊機 (UCAV) (中)，匿踪無人攻擊機 (近)。

◎ 1-14　從系統工程面看自動控制的優點

　　前面提到第一次工業革命，蒸汽機以機器代替了人力後，部份自動化之系統使大工廠工業化，自動控制在工業界成為不可或缺之必備技術。機械代替了人工，促進流水線自動化使美國福特公司生產 T-1 之小汽車，使汽車普及，馬上讓汽車成為人們生活的必需品。因為自動化之設備機具，可以增加每一個工人在一個工廠之生產量 (production)，而不會因增加薪資而造成通貨膨脹。由於工業界關心一個工廠每一個工人之生產力 (productivity)，而生產力就是個人勞動輸出量／個人輸入之勞動能量比值，而二者關係可如表 1-1 所示。這是福特公司將自動控制應用於工廠管理，增加生產力及普及汽車之首例。

表 1-1　自動化生產力相關資料表 (參考資料 9)

	輸入量	輸出量
個人	勞動生產力	每個人完工之產品數／天
機器	機器生產力	每具機具在一定工時下完工之產品數
資金	資金生產力	每一元投入所完工出之產品數

　　根據參考資料 9 之統計，1820 年在農業或農地上作工之勞工約超過 70%，到了 1900 年再統計則 40% 不到，到了 2008 年在農業上工作之勞工佔不到總勞工之 5%，可見機器與自動控制代替人工之量，已大大超過我們在 100 年前之預料 (參考資料 10)。

　　以美國為例，1925 年有勞工 588,000 人——美國全國勞動力之 1.3%——在礦業上，可開挖出地下礦坑中的煙煤與褐煤 52 億噸量，到了 1980 年的統計資料，顯示其值已高達到 77 億千萬噸量。但開挖之勞工全算在內也只有 208,000 人，而其中只有 136,000 人是真正開挖之地下工人，此種原因就是機器代替了人力，自動控制之機具增加了，個人的工作效率提昇了也減少了許多在工作中傷亡的風險。

◎ 1-15　航太工程與大系統 (large scale) 之自動控制系統

　　1957 年的第一顆衛星昇空帶出了美、俄二國之自動控制大對決，蘇俄的自動控制技術及在 1969 年以前遠距遙控技術遙遙領先美國，美國一直在追趕，一直到 1969 年美國人阿姆斯壯以「個人的一小步」踏上月球為止，美國的技術開始由平行到領先。這其中俄國探月及太陽系行星其遙控載具之量領先美國，但 1969 年起，美國在自控學會及工業界努力下，與蘇俄已成平手，甚至超前。到 2000 年，美國無人載具登上火星，2012 年「好奇號」以自主性控制系統在火星上執行任務 (圖 1-11)。美蘇距離已愈差愈大，當然從系統工程之眼光來說，這是一個國際的成功，但其中有三個專案在此要來述說一下。

　　其一為史坦佛大學的布里森教授 (Arthur E. Bryson Jr.) 在參與了多項美國 NASA 及軍方之航太計畫後，在美國《導引學報》(參考資料 37) 寫了一篇經典之經驗談，從其中可知由數模、控制技術之精度提昇，利用狀態變數法設計波音 747 飛機，到由亂數看預估

圖 1-11　美國好奇號 2011 年 11 月 26 日由地球出發，2012 年 8 月登陸火星

模式及濾波技術之精進，最後到適應控制系統的參數鑑定，均有精準的說明及參考價值。

其二為哈佛大學的何毓琦教授 (Yu-Chi Ho) 在臺灣唸完建國中學後於 1953 年及 1955 年在麻省理工學院拿到碩士、博士後，即一直投身最佳控制與濾波理論，參與多項美國軍、民大型控制系統計畫。他與布里森教授在 1969 年出版《應用最佳控制》一書 (參考資料 38)。其內容涉及現代控制領域，範圍廣、涵面深入，且其習題很多均是解決計畫之實際問題。何教授已將最佳化控制技術由數學推導出發，將最佳化技術應用在大型系統及大工廠之內部營運中，要了解近代自控系統之發展必須一讀。

一旦，把最佳化與前面所敘之強健性控制作結合，則又引出線性二次高斯法 (Linear Quadric Gaussian, LQG) 與 Hoo 之應用，在近代先進戰機之自動駕駛儀分析中有部份用到 (參考資料 44)。

其三為美國加州理工學院教授約翰・杜里 (John C. Doyle) 與加州理工學院另一教授理查・墨瑞 (Richard M. Murray) 及其它 18 位產學研專家在 2000 年 4 月組成了一個圓桌論譠，由美國空軍科研單位 (Air Force Offcie of Scientific Research) 主導，討論未來之自動控制發展與應用面 (參考資料 39)，內文述及系統工程的組合，帶出機電科技及基因／細胞工程之自控應用與研發，杜里氏本人在 2000 年前研究傳統之控制理論到 2000 年後利用自控技術討論人體組織之模擬與應用 (參考資料 39)。當然，他本人也以身事法，以蔬食為主食，以淨化其細胞。

圖 1-12　2009 年 1 月 30 日於加州理工學院下年在約翰·杜里辦公室，杜里教授喜歡運動，早年以強健控制與非線性系統出名，後研究生醫對細胞膜內外有興趣，喜歡健康食品與台灣綠茶，他另外興趣為跑步及騎車。其側為作者

圖 1-13　1989 年 8 月 14 日於波士頓哈佛大學，何毓琦教授 (Larry, Ho) 家中小住，其同齡兄弟何毓瑚為筆者四姨夫，在博士學位前暑假專訪哈佛 Uncle Larry，請教未來走古典或現代控制何者為上策？他指示我找 MIT 的 Battin 教授，正巧 Battin 教授有一太空梭繩繫衛星計畫談得投機，但在他手下計畫唸博士要完成得六年以上，只有作罷仍回科羅拉多大學，唸我的人造衛星為上策，Uncle Larry 為哈佛著名的戈登麥凱教授，1983 年起任哈佛大學決策科學跨系專題計畫主任。其家中客廳橫幅為蘇軾水調歌頭，出自大陸名書法家手筆。

◎ 1-16 系統工程 (System Enginerring)、機電科技 (Mechatronics) 與控制，單晶片處理器的整合時代來臨 (參考資料 29, 30, 31, 32)

狹義的機電科技，機械電子學科正式名稱為電子機械學，是一門利用電子理論來控制機械裝置的學科，也是一門交叉學科。它是機械技術、電子技術、資訊技術等多種技術的整合。廣義的機電科技 (圖 1-12)，是利用系統工程整合高科技之一整合工程學，以機械、電機為骨幹，控制為大腦，感測器為神經，再配合電子電路所組合而成之系統工程學。

機電科技 (mechatronics) 一詞最早是由日本人森哲郎 (Tetsuro Mori) 於 1969 年提出。它是機構學 (Mechanism) 或機械工學 (Mechanics) 的前五個字母與電子學 (Electronics) 的後七個字母複合組成。機電研究著重在機與電及應用系統之整合。機與電過去分屬機械與電子電機學門，各自獨立發展而無交集，由於產業的進步與需求，彼此之間的關係變得愈來愈密切，而本質上就牽涉到機械、電機、自動控制、電子感測元件、資訊及材料等不同領域的技術。

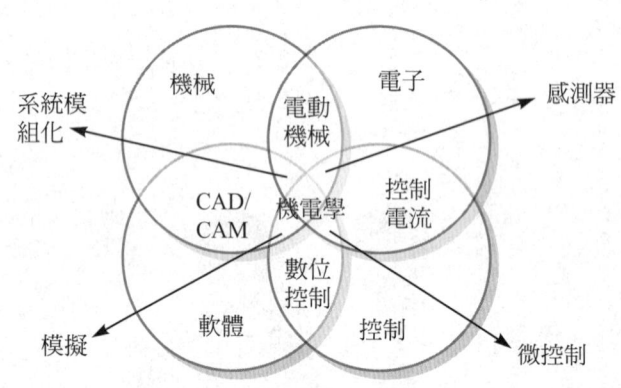

圖 1-12 狹義的機電科技

由於產業的進步與環境的迫切需求，機電科技的產品不斷更新，技術的突飛猛進，至今機電科技已經不再只是機構學 (機械工學) 和電子學的整合而已，機電整合是跨領域之工程科技，可以應用到機電自動控制產業、精密機械業、精密製造業、半導體設計製造業、電子元件產業、光電、微機電與醫療器材產業等的應用新技術。應用之面可說大而無外，大到太空航具、太空站，小而無內，小到奈米級 (10^{-9} m) 之元件。或許有一天，人類在奈米上之技術，會接合機電作到把潛艇微縮成米粒在人體中作清道夫的工具 (參考資料 36)。

由圖 1-13 可以看到控制系統在結合電腦、電子學與機械系統後形成的新科技就是機電學，結合系統工程後將形成一種新的工具。過去它以曼哈頓計畫 (1942-1945) 發展出第一顆原子彈，人類進入核能時代，它又以阿波羅計畫 (1961-1969) 發展出第一個太空船使人類登陸地外星體／月球，人類進入探索地外行星的時代已經來臨，到了 1989 年，美國國家衛生研究院 (NIH) 成立了人類基因體研究中心，特地邀請 DNA 雙螺旋結構的發現者華生 (James D. Watson) 來擔任該單位第一任中心主任，至此揭開基因體的解讀計畫序幕，此計畫由美、英、德、法、日、中國大陸為首，共有 18 個國家參與為人類遺傳密碼的 30 億個 DNA 進行序列解讀工作。人類基因體計畫 (Human Genome Project, HGP) 是一個生物學界可以與曼哈坦原子彈計畫 (Manhattan Project) 和阿波羅登月計畫 (Apollo Project) 媲美的一個計畫。

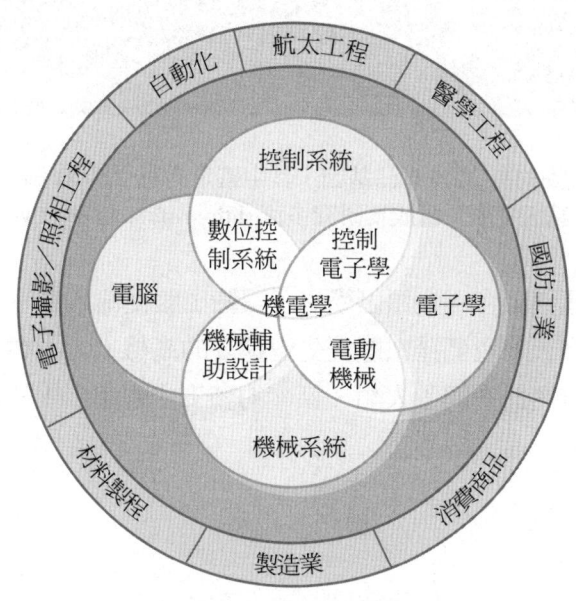

圖 1-13　廣義的機電科技

　　從 1990 年 10 月 1 日正式展開，最終目的在於解讀基因體核甘酸序列，並鑑別所有人類基因之功能。其中複雜之元件到系統間之控制，整合了系統工程與自動控制之雙元性，使人類對自己本身奈米級之元件，控制到位，未來人類將依其需求「設計」各項之元件進而組織特殊功能之「個體」。以系統工程為基礎的自動控制已開始深入小而無內的世界 (圖 1-14)。

圖 1-14 目前人類找到約有 32,000 個基因，其中確定的有 22,000 個，藉由這些成果，一門新的學問「功能性基因體學」已成為研究主流 (http://life.nctu.edu.tw/~mb/c70101.htm)。

　　從中國先賢的水運儀象台，人類已學會了讓輸出服從輸入命令 (output follow input) 的技能，數千年後的今天，我們踏在歷史先賢建妥的高樓上，上窮碧落下黃泉，探大而無外的世界，究小而無內的空間；人類，探索的腳步才剛起步！浩瀚的宇宙，人類必不孤單！

◎ 摘　要

　　中國人早在西元前 547 年即利用控制水量方式計時，並輔以太陽之立桿法來反覆求證，起源於齊景公的軍事作戰，比起希臘人在西元前 300 年的水滴計時，中國人在控制史上領先了西方，西元 136 年即由東漢張衡發明地動儀利用八個方向之龍頭依地震方向震出圓球，落入青蛙口中，得出地震方向，到了西元 1088 年在北宋哲宗的蘇頌重新將失傳已久在東漢時張衡完成的複雜控制機械重新製作，並改良其缺點，本書後的參考資料 41，科學美國人專刊「工程技術」一冊中肯定此一發明。此一發明領先西方數百年之久，在 1657 年荷蘭人麥更斯才發明鐘擺理論。

　　中國人的優勢在 1705 年被一個蘇格蘭鐵匠紐克曼取代，紐氏發明了蒸汽機，瓦特在 1763 年錦上添花以調速器，使其成為閉迴路控制，促成人類第一次工業革命。而數學理論的出現較晚，1868 年到 1900 年間經典理論控制才一一成型，且成功應用在船體及火炮平台之設計上。到二戰前美國的貝爾實驗室柏德利用柏德圖分析了系統之穩定性，到 1948 年根軌跡法已成為線性系統之重要分析工具。

二戰之武器需求使美國麻省理工學院三大重要實驗室一一成立，奠定了美國強大軍工基礎，二戰結束後隨著電腦的數位化，狀態空間之多變數技術引出了現代控制的基礎。

快速的電腦模擬，使蘇俄在 1957 年發射了第一個衛星。美蘇太空競爭開始，為了解決新的彈道計算，貝爾門 (R. Bellman)、卡門 (R. E. Kalman)、維納 (Wiener) 紛紛提出方法，豐富了最佳化的計算，也讓現代控制提昇到了更複雜，但可透過電腦解決的開始，電腦的地位日益重要，過去用計算尺來拉算數學式之時代，隨著電腦之強大一一被大型計算機取代，但是還不普遍。桌上型電腦之出現，大型計算機程式之微小化，在個人電腦上之軟體一一出現後才是電腦普及的開始。如 MATLAB、Simulink、ProE、Solidwork、CAD3，而電腦之硬體、CPU 也快速的改良，實體模擬的時代來臨，LabView 軟體進入市場。在航空器設計上，F-16 在紙上作業多時，但因多變數之控制電腦縮小化技術之成熟，使 F-16 在 1974 年 1 月 20 日首飛，展現其空氣動力壓力中心微妙的超前重心之不穩定但高靈敏度之控制飛行。透過快速電腦之計算已然成型，控制技術已結合電腦成為一門新的技術，3D 列印 (3D printer) 更是時下寵兒。

電腦的快速進步，不但使許多控制設計，成為具體的飛行器 (如 F-16，UCAV) 且結合工業工程，在電腦駭客的防護上有重大之功效 (參考資料 45)。

2011 年 2 月 4 日美國的無人戰機 (NCAS) X-45B 由美國加州愛德華空軍基地首飛成功，該機為無傳統垂直水平安定面，僅有襟翼取代前者之設計，其控制方式遠較傳統為困難，能成功起降已是一大突破，而在 2013 年 7 月 10 日成功在美國喬治布希 (USS George H. W. Bush) 航母上起降，且精準度與原先模擬一致，使自主控制、感測器與電腦之結合再成為控制學門之新技術 (機電整合)。

「好奇號」太空航在 2011 年 11 月 26 日昇空于 2012 年 8 月 6 日在火星著陸。其著陸地點與原設計點僅差 2.4 km，此為自主控制之一大成功，2004 年歐洲太空總署發射羅塞塔號 (Rosetta) 探測慧星 67P，在 2014 年 11 月 12 日完成精準著陸，此更是機電系統工程與控制技術，及遙測技術整合之一大成功。在本章 1-15 節中，更強調了透過長距離的遙控技術結合上述之控制基礎，利用系統工程之工具、新的機電整合活化了自動控制的生命。利用這種新技術，人類上窮碧落下黃泉，從小而無內的空間，探究到大而無外的世界，自動控制將如影隨形無所不在。

◎ 參考資料

1. Norman S. Nise, "Control Systems Engineering," 5th edition, John Wiley & Sons, Inc. USA, 2010.
2. www.mlahanas.de/Greeks/Clocks.htm
3. 劉仙洲著,《中國機械工程發明史》(第一編),科學出版社,北京,1962。
4. J. Needham et al., "Science and Civilization in China," Cambridge Univ. Press, London, 1959.
5. 戴念祖著,《中國力學史》,河北教育出版社,河北,1988。
6. 中國古代自動控制,中國大百科,網址:163.17.79.102/中國大百科
7. 賈德‧戴蒙著,王道還、廖月娟譯 "Guns, Germs and Steel"《槍炮、病菌與鋼鐵》,中國時報出版社,1998。
8. rufone.myweb.hinet.net/8ddj/sd5000/sd-28.htm
9. R. C. Dorf and Robert H. Bishop, "Modern Control Systems," 11th edition, Person Education, Inc. USA, 2009.
10. W. D. R, "The Mechanization of Agriculture," Scientific American, September, pp. 26-37, 1982.
11. 傅鶴齡著,《系統工程概論》,滄海書局,台中,2009。
12. J. S. Freudenberg and D. P. Looze, "Right Half Plane Zeros and Resign Trade off, in Feedback Systems," IEEE Trans. Automat. Control., vol. Ac-30, pp. 555-561, 1985.
13. N. Wiener, "Cybernetics, or Control and Communicator in the Animal and the Machines," John Willy & Sons, Inc., N.Y., 1948.
14. H. S. Tsien, "Engineering Cybernetics," McGraw-Hill Book Company, Inc., USA, 1954.
15. 錢學森、宋健合著:《工程控制論》,上/下冊,科學出版社,北京,1958。
16. H. M. James, N. B. Nichols, and R. S. Phillips, "Theory of Servomechanisms," Radiation Lab, Series 25 McGraw-Hill, N.Y. 1947.
17. W. Trinks, "Governors and the Governing of Prime Movers," Van Nostrand, Princeton, N.J., 1919.
18. H. S. Black, "Stabilized Feedback Amplifiers," Bell Syst., Tech. J, 1934.
19. DAzzo and Hovells., "Linear Control System Analysis and Design," Fifth Edition, McGraw-Hill Book Company, USA, 2010.
20. science.yourdictionary.com/undeen-reactor
21. zh.wikipedia.org.

22. M. A. Lyapunov, "problè me general de la stabilité du movement," vol. 17 in Ann. Math Studies, Princeton University Press, Princeton, N.J., 1949.
23. V. M., Popov, "Absolute Stability of nonlineen Systems of Automatic Control," Automat, Remote Control, vol. 22. no. 8, pp. 857-875, 1961.
24. R. M.,Bellman, "Dynamic Programming," Princeton Univ. Press, New Jersey, 1957.
25. R. E., Kalman, "A New Approach to Linear Filtering and Prediction Problems," ASME J. Basic Eng., vol. 82, pp. 34-45, 1960.
26. R. E. Kalman and R. S. Bucy, "New Results in Linear Filtering and Prediction Theory," ASME J. Basc Eag., vol. 80, pp. 193-196, 1961.
27. R. E. Kalman, "On the general theory of control system," In Proceedings of the 1st world Congress of the International Federation of Automatic Control, Moscow, 481-493, 1960.
28. James H. Taylor, "Describing Function," Article prepared for: Electrical Engineering Encyclopedia, John Wiley & Sons, Inc., New York, 1999
29. Alan S. Brown, "Who owns Mechatronics?", Mechanical Engineering ASME Volume130/ no. 6, June 2008.
30. R. A. Brooks, "Elephants don't play chess," Robot. Autonomous Syst., vol. 6, pp. 3-15, 1990.
31. N. Kyura, "The development of a controller for mechatronics equipment," IEEE Trans. Ind. Electron., vol. 43, no. 1, pp. 30-37, Feb. 1996.
32. D. Bradley, D. Dawson, D. Seward, and S. Burge, Mechatronics and the Design of Intelligent Machines and Systems (Stanley Thornes, Cheltenham, 2000).
33. Matlab, Version 6, The Mathworks Inc., USA.
34. Simulink, Version 4, The Mathworks Inc., USA.
35. Richard C. Dorf and Robert H. Bishop "Modern control system," 7th edition, Pearson Education International, 2010.
36. Isaac Asimov, "Fantastic Voyage" **Post**, Feb. 26, 1966.《人體潛航記》(孟恪譯)，拾穗月刊，1966 年 6 月號。
37. Arthur E. Bryson Jr., "New concepts in control theory, 1959-1984," J. Guidance, vol. 8, no.4. July-August 1985.
38. Yu-Chi Ho, Arthur E. Brtson Jr. A.O.C. USA, 1975.
39. Edited by Richard M. Murray, "Control in an Information Rich World" Report of the panel on future Directions in control, Dynamics, and Systems, Siam, Philaddphia, 2003.

40. http://life.nctu.edu.tw/~mblc70101.htm
41. "Extreme Engineering," Scientific American volume 10, Number 4, Winter, 1999.
42. 傅鶴齡著，"航空發動機設計與製造"，天工書局，1982，台北。
43. Stuart Bennett, "A Brief Histary of Automatic Control", June 1996, IEEE Control Systems.
44. C.C. Bissell, "A History of Automatic Control", Springer HandBook of Automation, 2009.
45. Ernie Hayden 等, "An Abbreviated History of Automation & Industrial Control Systems and Cybersecurity", A SANS Analyst wbitepaper, 2014.
46. J.M. Maciejowski, "Multivariable Feedback Design", Addison-Wesley publishing Company, 1989.

第 2 章

由數學模式到傳輸函數

要了解系統數學模式前，先要了解何謂系統？系統，「an organized whole」，一個有特定功能之整體 (參考資料 1)，系統可以有許多分系統及元件組成 (向下)，而向上又是某一個大系統之次系統，此之為系統中有系統 (system of systems)。系統有二種方式來描述；其一，從物理意義來描述；其二，由數學模式來描述。就本章控制系統而言，是以系統數學模式來描述系統。透過數學模式利用其輸入及輸出之關係，可以找出其特性，而讓一個系統具備閉迴路 (close loop) 之特性，就是要讓輸出值透過感測器追隨輸入值 (output follow input)。也就是說讓系統設計的特性，透過控制迴路而可以完全的反映出來。

描述數學模式之方法很多，在本章中則以傳輸函數 (Transfer function) 來表示，而傳輸函數就是一般微分方程式，在線性條件下，經過拉普拉斯轉換為分式，分母為輸入、分子為輸出之式子。其中 S 為定義域 (表示在此 S 平面或複數域中作運算)，$G(s)$ 為系統之數模即傳輸函數 (Transfer function)，$H(s)$ 為感測器如圖 2-1。

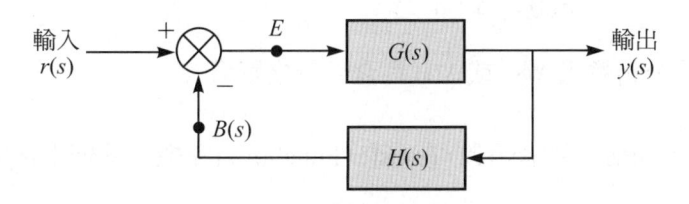

圖 2-1 控制迴路圖

$$\frac{y(s)}{r(s)} = \frac{G(s)}{1 + G(s)H(s)} \quad \text{(閉迴路)} \tag{2-1}$$

假設 E 為輸入 $r(s)$ 與由感測器感測到之迴授值 $B(s)$ 之誤差值

$$E(s) = r(s) - B(s) = r(s) - H(s) \cdot y(s) \tag{2-2}$$

由 $y(s) = E(s) \cdot G(s)$ 把 (2-3) 代入

$$y(s) = [r(s) - H(s)\,y(s)] \cdot G(s)$$
$$= r(s)\,G(s) - H(s)\,y(s)\,G(s)$$
$$y(s) + H(s)\,y(s)\,G(s) = r(s)\,G(s)$$
$$y(s)\,(1 + H(s)\,G(s)) = r(s)\,G(s)$$

故得 $\dfrac{y(s)}{r(s)} = \dfrac{G(s)}{1 + H(s)\,G(s)}$

輸出值 $= y(s) = \left(\dfrac{G(s)}{1 + H(s)\,G(s)}\right) \cdot r(s)$ (2-3)

而由圖 2-1 中若沒有感測器 $H(s)$ 則不構成迴路 (close loop) 僅為開路 (open loop)，其輸入與輸出之關係即是：

$$\dfrac{y(s)}{r(s)} = G(s) \text{ (也沒有 } E\text{，因為沒有 } B(s)\text{)} \tag{2-4}$$

我們也可由一階常微方程式 $\dot{X} + aX = f(t)$ 來看傳輸函數。

假設參數或狀態參數 $X(0) = 0$，即在 $t = 0$ 時其值為 0，式子二邊作拉普拉斯：

$$sX(s) + aX(s) = F(s)$$

則求出

$$\dfrac{X(s)}{F(s)} = \dfrac{1}{S + a} : 求出輸入與輸出之關係$$

由上式即用來分析輸入 $X(s)$ 或 $X(t)$ 對全系統之影響

$\dfrac{X(s)}{F(s)} \equiv T(s)$ 此函數即稱為傳輸函數 (Transfer Function) (在機電系統中又稱 Scaling factor)

傳輸函數之 $F(s)$ 又稱一個系統之「受」力函數，由牛頓定律：物體受力必在受力體上產生大小相等而方向相反之力，以 $X(s)$ 之方式輸出，此函數在古典控制論中使用廣泛，至少它有下列幾個特點：

(1) 對系統、次系統到元件，均可用傳輸函數來表示，對某一特定要了解的「方塊」(Block) 其輸入與輸出之關係可以作了解。

(2) 由傳輸函數之輸出／輸入關係可以反求出系統之數學模式，並以常微方程式 (O. D. E.) 來表示，利用此 O. D. E. 配合初始條件可以得出系統之解析解 (analystic

solution) 或完整解 (total solution)。

(3) 可判斷系統之穩定與否,由傳輸函數:

$$\frac{X(s)}{F(s)} = \frac{10}{s^5 + 4s^3 + 2s^2 + s + 10}$$

其分母即為特性方程式 (Characteristic Equation),由此方程式可求出其根,利用根之正負特性:若全為負根,則在複數域左平面,系統為穩定,就算振盪也會收斂,若全為正根或有若干根為正,則落在複數域右平面,系統就會振盪,系統為不穩定且愈振愈大以致失控發散。

◎ 2-1 感測器與迴路之關係

透過感測器 (sensor),我們可以把開路 (open loop) 加上感測器,整合為為閉迴路 (close loop),若感測器反應很快,其傳輸函數可視為 1 (即無時間延遲)。

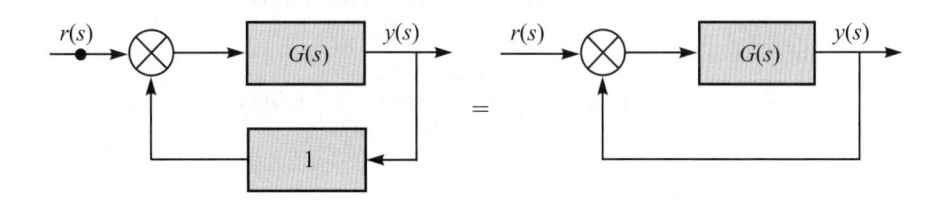

圖 2-2 閉迴路相同圖

$$\frac{y(s)}{r(s)} = \frac{G(s)}{1 + 1 \times G(s)} = \frac{G(s)}{1 + G(s)} \tag{2-5}$$

以 (2-5) 為一個系統數模化前之最終式,一個控制系統可以用功能方塊圖 (functional flow Block Diagran) 來表示,其中之方塊圖不止上述圖 2-2 之 1 到 2 個,可因系統之複雜性而有增加,但最後必須要化成單個式如 (2-5) 式才可用 MATLAB 軟體來作系統模擬,求得全系統之特性,而與系統需求之規格 (Specification) 相比較,而系統之化簡可參考例題 2-1 及例題 2-2 所示。

◎ 2-2 高增益值可降低雜訊效應

一個迴路不但有感測器之數模 $H(s)$ (表示其反應不夠快),還有外加之雜訊進來 (如圖

2-3)。

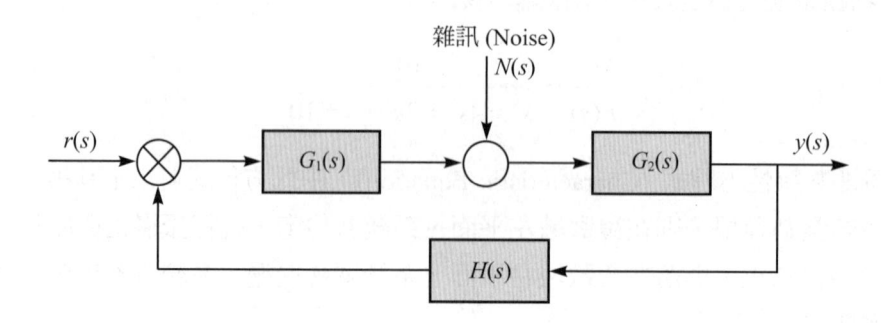

圖 2-3　外界環境有雜訊進來 $N(s)$ 之單輸入／出之閉迴路

則我們可把圖 2-3 化為二段來處理：

(1) 令 $r(s)=0$，只有 $N(s)$，與 $y(s)$ 之關係

$$\frac{輸出}{輸入}=\frac{y(s)}{N(s)}=\frac{G_2(s)}{1+G_2(s)\,H(s)\,G_1(s)} \tag{2-6}$$

$$y(s)=\left(\frac{G_2(s)}{1+G_2(s)\,H(s)\,G_1(s)}\right)\cdot N(s) \tag{2-7}$$

(2) 假設 $N(s)=0$，$r(s)\neq 0$

$$\frac{輸出}{輸入}=\frac{y(s)}{r(s)}=\frac{G_1(s)\,G_2(s)}{1+G_1(s)\,G_2(s)\,H(s)} \tag{2-8}$$

$$y(s)=\left(\frac{G_1(s)\,G_2(s)}{1+G_1(s)\,G_2(s)\,H(s)}\right)\cdot r(s) \tag{2-9}$$

(3) 若系統為線性，則 (2-7) 與 (2-9) 可相加

$$\frac{輸出}{輸入}=y(r=0)(s)+y(N=0)(s)$$

$$=\left(\frac{G_2(s)}{1+G_2(s)\,H(s)\,G_1(s)}\right)\cdot N(s)+\left(\frac{G_1(s)\,G_2(s)}{1+G_1(s)\,G_2(s)\,H(s)}\right)\cdot r(s) \tag{2-10}$$

現在，我們來看第一項 $\dfrac{G_2(s)}{1+G_2(s)\,H(s)\,G_1(s)}$。

若分母 $G_1(s) H(s) \gg 1$，且 G_2 為正數 →

$$\frac{G_2(s)}{1+G_2(s) H(s) G_1(s)} = \frac{G_2(s)}{G_1(s) G_2(s) H(s)} = \frac{1}{G_1(s) H(s)}，G_1(s) H(s) \gg 1 \text{ 則 } \frac{1}{G_1 H} \to 0$$

前面已述 $G_1(s) H(s) \gg 1$，則 (2-10) 式左項 $\left(\dfrac{G_2(s)}{1+G_2(s) H(s) G_1(s)}\right) \cdot N(s) = 0$

則不論 N 多大，此項對全系統之貢獻度均為 0。

表示在高增益 ($G_1(s)$) 下之閉迴絡系統有降低雜訊之特性，以致動器為例，則把致動器之增益增高，也就是頻寬加快，則致動器或飛機上之翼面就不易受外界干擾之影響 (但是價格就要比較貴了)。

◎ 2-3　傳輸函數之輸入與輸出 (Input 與 output)，(簡稱 I/O)

至少有三種輸入與輸出，為一般人所提及：
(1) SISO (Single Input and Single Output)：單一的 I/O。
(2) MIMO (Multi Input and Multi Output)：多組的 I/O。
(3) GIGO (garbage I/O)：指垃圾輸入就有垃圾輸出。常常在不知所云下輸入，其結果自然是不具任何意義。

SISO 為理論對控制系統之 I/O 方式，但實際應用面之控制則為 MIMO，如飛行器，可能有二個變數以上要控制，如控制角及速度，則其控制方式用特徵值或特徵向量來處理，傳統之經典控制不能適用 (參考資料 2)。

◎ 2-4　功能方塊圖 (Functional Flow Block Diagram, FFBD)

如何從系統面來看控制系統？系統可以由許多不同之分系統組成 (參考資料 1)，而次系統又可由不同之元件，依一定之排列及工作順序而組成。每一個元件均有一定之功能，就有一定之輸入與輸出，形成單一之數學模式，這些不同的元件組成不同之數學模式，依功能之順序而形成一個具有特定功能 (I/O) 之系統，以一架飛機之控制系統而言，希望飛機能打出一定的角度沿著一定之航道飛行，或我們希望 $\theta o/p$ 追隨 θ_c (輸入之俯仰角度) 如圖 2-4。

另外，飛機最後飛出之角度 (偏航) (航向)，經過感測器 (陀螺儀) 迴授後回到自動駕駛儀前，若與飛行角度一致，則修正量為 0，不必修正，則即保持一定角度飛行。圖 2-4 即為 FFBD (Functional Flow Block Diagram)，中國大陸叫「讀圖」，其實就是把一個信號

30 自動控制

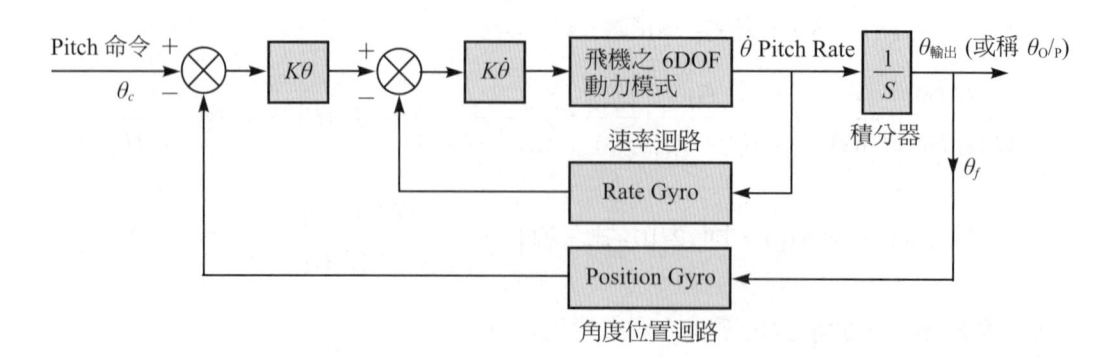

圖 2-4 飛行器俯仰角度與速率控制流程圖

圖 2-5 我國自製戰機 IDF 在下降時，調整飛行器俯仰控制面及俯仰率之特寫 (注意主翼後方襟翼控制面已放下，有一個 θ)

由每一個元件或次系統，依順序「走」一遍。

其中，每一個方塊就是一個傳輸函數，但是有些 FFBD 十分複雜，如何化簡為圖 2-1 之形式，而把數學模式直接寫出，再作分析？這就靠工作多年的經驗與工夫了。

以下即為常用之幾種數模方式：

(一) 化簡前之三種方式

(1) 串聯式數學模式 (series)

$$r_1 \rightarrow \boxed{G_1} \rightarrow \boxed{G_2} \xrightarrow{y_1} = r \rightarrow \boxed{G_1 \cdot G_2} \xrightarrow{y} \quad y = G_1 \cdot G_2 \cdot r$$

(2) 並聯式數學模式 (parallel)

$$y = (G_1 \pm G_2) r \tag{2-12}$$

$$r \rightarrow \boxed{G_1} \xrightarrow{+} \bigotimes \xrightarrow{y} = r \rightarrow \boxed{G_1 \pm G_2} \xrightarrow{y} \quad y = (G_1 \pm G_2) r$$

(3) 迴路式數學模式 (feedback) (close loop)

$$\frac{r}{y} = \frac{G_1}{1 \pm G_1 G_2} \tag{2-13}$$

$$r \xrightarrow{+} \bigotimes \rightarrow \boxed{G_1} \rightarrow \; = \; r \rightarrow \boxed{\frac{G_1}{1 \pm G_1 G_2}} \xrightarrow{y} \quad y = \left(\frac{G_1}{1 \pm G_1 G_2}\right) \cdot r$$

(二) 數模方塊在迴路上移動之規則 (參考資料 5)

表 2-1　控制系統方塊圖中流程簡化之基本方式

	Original block diagrams	Equivalent block diagrams
1	$A \rightarrow \bigotimes \xrightarrow{A-B} \bigotimes \xrightarrow{A-B+C}$ 　 $B\uparrow$ 　 $C\uparrow$	$A \rightarrow \bigotimes \xrightarrow{A+C} \bigotimes \xrightarrow{A-B+C}$ 　 $C\uparrow$ 　 $B\uparrow$
2	$C\downarrow$ 　 $A \rightarrow \bigotimes \xrightarrow{A-B+C}$ 　 $B\uparrow$	$C\downarrow$ 　 $A \rightarrow \bigotimes \xrightarrow{A-B} \bigotimes \xrightarrow{A-B+C}$ 　 $B\uparrow$
3	$A \rightarrow \boxed{G_1} \xrightarrow{AG_1} \boxed{G_2} \xrightarrow{AG_1 G_2}$	$A \rightarrow \boxed{G_1 G_2} \xrightarrow{AG_1 G_2}$

表 2-1 （續 1）

	Original block diagrams	Equivalent block diagrams
4	$A \to G_1 \to AG_1$, $A \to G_2 \to AG_2$, 相加得 AG_1+AG_2	$A \to [G_1+G_2] \to AG_1+AG_2$
5	$A \to G \to AG$, 減 B 得 $AG-B$	$A \to \otimes \to G \to AG-B$，回授 $\dfrac{1}{G}$，$\dfrac{B}{G}$
6	$A-B \to G \to AG-BG$	$A \to G \to AG$，$B \to G \to BG$，相減得 $AG-BG$
7	$A \to G \to AG$（分兩路輸出 AG）	A 分兩路，各經 G，輸出 AG、AG
8	$A \to G \to AG$，A 另一路輸出	$A \to G \to AG$，$AG \to \dfrac{1}{G} \to A$
9	$A \to \otimes \to A-B$（分兩路 $A-B$），B 輸入	B 輸入 $\otimes$，A 輸入 $\otimes$，輸出 $A-B$、$A-B$
10	$A \to G_1 \to AG_1$，$A \to G_2 \to AG_2$，相減得 AG_1-AG_2	$A \to G_2 \to AG_2 \to \dfrac{1}{G_2} \to A \to G_1 \to AG_1$，加 AG_2 得 AG_1+AG_2
11	$A \to \otimes \to G_1 \to B$，回授 G_2	$A \to \dfrac{1}{G_2} \to \otimes \to G_2 \to G_1 \to B$
12	$A \to \otimes \to G_1 \to B$，回授 G_2	$A \to \dfrac{G_1}{1+G_1G_2} \to B$

表 2-1　(續 2)

	Original block diagrams	Equivalent block diagrams
13		
14		
15		
16		
17		
18		

例題 2-1

試化簡下列迴路之傳輸函數

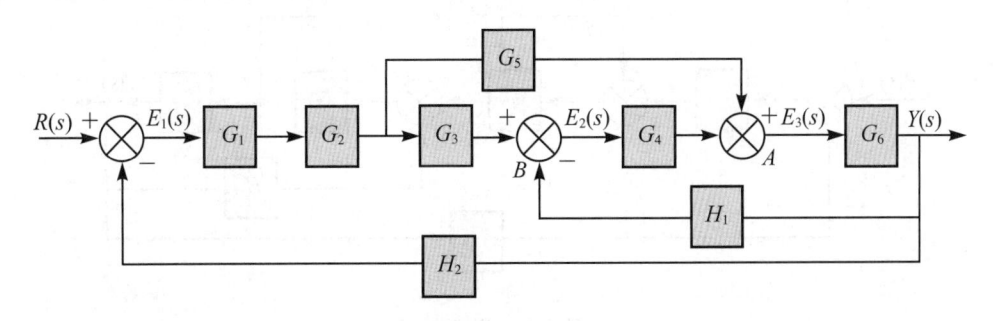

圖 2-6　例題 2-1

34 自動控制

解

(1) 先把 G_5 起點移到 B' 的位置，讓 G_4，G_6 可串接

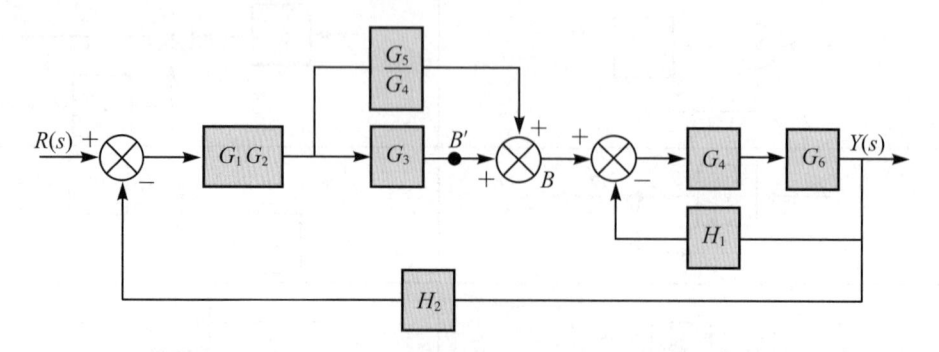

(2) 化簡 $(G_3\, G_4\, G_5)$ 迴路及 $(G_4\, G_6\, H_1)$ 迴路

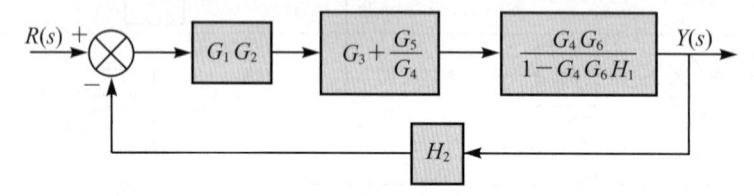

(3) 依迴路法整合

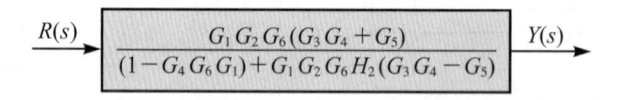

$$\frac{G_1 G_2 G_6 (G_3 G_4 + G_5)}{(1 - G_4 G_6 G_1) + G_1 G_2 G_6 H_2 (G_3 G_4 - G_5)}$$

圖 2-7　例 2-1 之結果

例題 2-2

試化簡下列迴路之傳輸函數

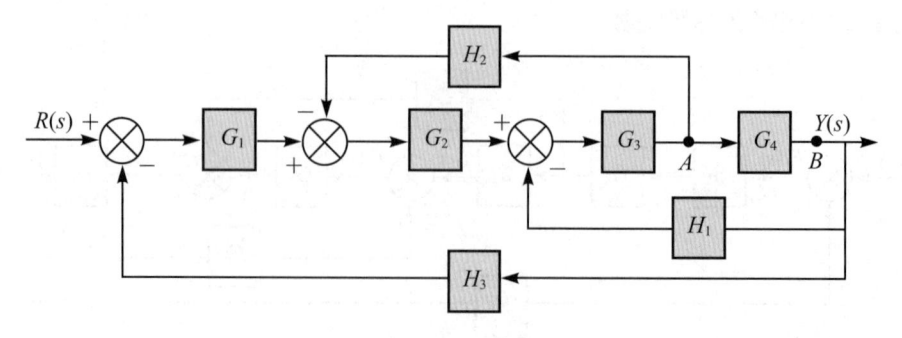

圖 2-8　例題 2-2

解

(1) 先將 A 點移至 B 點 →讓 $H_2 \to H_2/G_4$

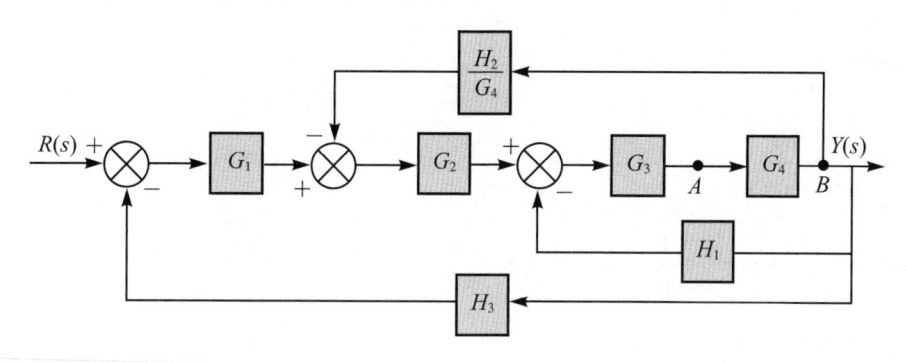

(2) 化簡 (G_3, G_4, H_1) 之迴路

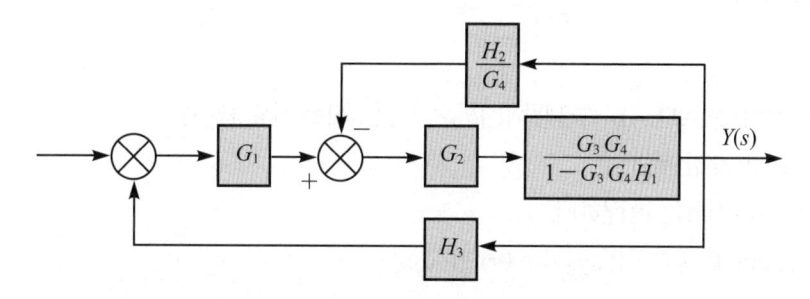

(3) 把 $(G_2, G_4, H_2, G_3, G_4, H_1)$ 迴路化簡

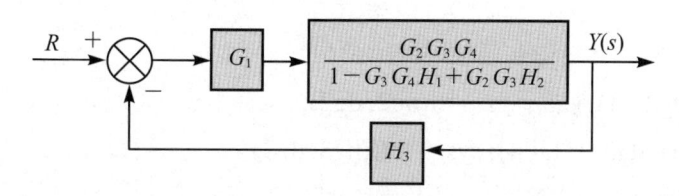

(4) 整合

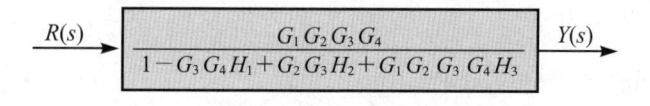

$$\frac{G_1 G_2 G_3 G_4}{1 - G_3 G_4 H_1 + G_2 G_3 H_2 + G_1 G_2 G_3 G_4 H_3}$$

圖 2-9　例 2-2 之結果

例題 2-3

現對例題 2-2，假設其傳輸函數之分式如下 (參考資料 3)：

$$G_1(s) = \frac{1}{s+10}$$

$$G_2(s) = \frac{1}{s+1}$$

$$G_3(s) = \frac{s^2+1}{s^2+4s+4}$$

$$G_4(s) = s + \frac{1}{s} + 6 = \frac{s+1}{s+6}$$

$H_2(s) = 2, H_3(s) = 1$

須由 MATLAB 求出 $T(s) = \dfrac{Y(s)}{R(s)} = \dfrac{輸出}{輸入}$

解

我們也可利用 MATLAB 作迴路化簡之工具 (如參考資料 3)
如下列之閉迴路化簡指令
以 MATLAB 之簡化過程如下：

>> ng1=[1]; dg1=[1 10]; sysg1=tf(ng1, dg1)

Transfer function:

$$\frac{1}{s+10}$$

>> ng2=[1]; dg2=[1 1]; sysg2 =tf(ng2, dg2);

>> ng3=[1 0 1]; dg3=[1 4 4]; sysg3=tf(ng3, dg3)

Transfer function:

$$\frac{s^2+1}{s^2+4s+4}$$

>> ng4=[1 1]; dg4=[1 6]; sysg4=tf(ng4, dg4)

Transfer function:

$$\frac{s+6}{s+1}$$

>> nh2=[2]; dh2=[1]; sysh2=tf(nh2, dh2)

>> nh3=[1]; dh3 =[1]; sysh3=tf(nh3, dh3);

>>sys1=sysh2/sysg4

Transfer function:

$$\frac{2s+12}{s+1}$$

\>\> sys2＝series(sysg3, sysg4)

Transfer function:

$$\frac{s^\wedge 3+s^\wedge 2+s+1}{s^\wedge 3+10s^\wedge 2+28s+24}$$

s^3＋10s^2＋28s＋24

\>\> sys3＝feedback(sys2, sysh1, ＋1)

Transfer function:

$$\frac{s^\wedge 4+3s^\wedge 3+3s^\wedge 2+3s+2}{10s^\wedge 3+46s^\wedge 2+78s+47}$$

\>\> sys4＝series(sysg2, sys3)

Transfer function:

$$\frac{s^\wedge 4+3s^\wedge 3+3s^\wedge 2+3s+2}{10s^\wedge 4+146s^\wedge 3+538s^\wedge 2+827s+470}$$

\>\> sys5＝feedback(sys4, sys1)

Transfer function:

$$\frac{s^\wedge 5+4s^\wedge 4+6s^\wedge 3+6s^\wedge 2+5s+2}{12s^\wedge 5+174s^\wedge 4+726s^\wedge 3+1407s^\wedge 2+1337s+494}$$

\>\> sys6＝series(sysgl, sys5)

Transfer function:

$$\frac{s^\wedge 5\ +4s^\wedge 4+6s^\wedge 3+6s^\wedge 2+5s+2}{12s^\wedge 6+294s^\wedge 5+2466s^\wedge 4+8667s^\wedge 3+15407s^\wedge 2+13864s+4940}$$

\>\> sys＝feedback(sys6, sysh3)

Transfer function:

$$\frac{s^\wedge 5\ +4s^\wedge 4+6s^\wedge 3+6s^\wedge 2+5s+2}{12s^\wedge 6+295s^\wedge 5+2470s^\wedge 4+8673s^\wedge 3+15413s^\wedge 2+13869s+4942}$$

即答案之 $T(s)=\dfrac{s^5+4s^4+6s^3+6s^2+5s+2}{15s^6+295s^5+2470s^4+8673s^3+15413s^2+13867s+4942}$

例題 2-4

試簡化下列閉迴路為開迴路，求 $\dfrac{Y(s)}{R(s)} = ?$

解

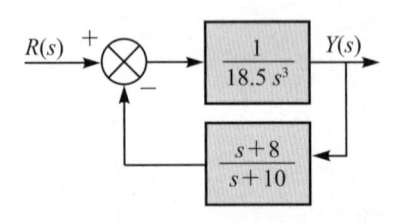

圖 2-10　例題 2-4

```
>> n1=[1]; d1=[18.5 0 0 0]; sys1=tf(n1,d1)
```
Transfer function:

$$\frac{1}{18.5s^3}$$

```
>> n2=[1 8]; d2 =[1 10]; sys2=tf(n2,d2)
```
Transfer function:

$$\frac{s+8}{s+10}$$

```
>> sys=feedback(sys1,sys2)
```
Transfer function:

$$\frac{s+10}{18.5s^4+185s^3+s+8}$$

```
>> sys
```
Transfer function:

即 $T(s) = \dfrac{s+10}{18.5s^4+185s^3+s+8} = \dfrac{Y(s)}{R(s)}$

◎ 2-5　方塊 I/O 交叉輸入之特性 (參考資料 3)

此為二個輸入 r_1, r_2，同時通過 $G_{11}(s)$，及 $G_{22}(s)$，$G_{12}(s)$，$G_{21}(s)$ 由 $y_1(s)$ 與 $y_2(s)$ 輸出，則：

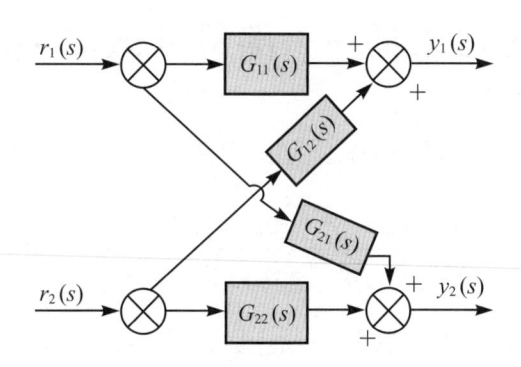

圖 2-11　多輸入／輸出之圖示

$y_1(s) = G_{11}(s)\, r_1(s) + G_{12}(s)\, r_2(s)$

$y_2(s) = G_{21}(s)\, r_1(s) + G_{22}(s)\, r_2(s)$

若利用 Matrix 方式寫出

$$\begin{bmatrix} y_1(s) \\ y_2(s) \end{bmatrix} = \begin{bmatrix} G_{11}(s) & G_{12}(s) \\ G_{21}(s) & G_{22}(s) \end{bmatrix} \begin{bmatrix} r_1(s) \\ r_2(s) \end{bmatrix} \tag{2-13}$$

即向量〔輸出〕＝〔特性 Matrix〕〔輸入〕

若有 N 個輸出，M 個輸入，則：

$$\begin{bmatrix} y_1(s) \\ y_2(s) \\ \vdots \\ y_n(s) \end{bmatrix}_{n \times 1} = \begin{bmatrix} G_{11} & G_{12} & G_{13} & \cdots & G_{1m} \\ G_{21} & & & & G_{2m} \\ G_{31} & & & & G_{3m} \\ \vdots & & & & \vdots \\ G_{n1} & G_{n2} & \cdots & \cdots & G_{nm} \end{bmatrix}_{n \times m} \begin{bmatrix} r_1(s) \\ r_1(s) \\ \vdots \\ r_n(s) \end{bmatrix}_{m \times 1} \tag{2-14}$$

如果只有一個輸入，一個輸出，則為單一輸入／輸出 (Single Input and Single Output, SISO)，若有 m 個輸入，n 個輸出，則為多輸入／輸出 (Multi Input and Multi Output, MIMO)。

若是 SISO，則可以傳輸分式表示其 I/O 關係，可以用古典法 (根訊路或頻率分析法) 分析，但是在多輸入／輸出之方式，討論其特性則必須用近代控制理論較佳，也就是用狀態方程式 (state equation) 在狀態空間 (state space) 處理較為方便，這即是以矩陣 (Matrix) 及線性代數為基礎來處理其問題，詳情在後面章節中會介紹。

◎ 2-6 系統簡化之工具──部份分式法 (partial fraction expansins)

一般之傳輸函數可視為二個多項式之除式接合

$$X(s)=\frac{N(s)}{D(s)}=\frac{b_m S^m+b_{m-1}S^{m-1}+b_{m-2}S^{m-2}+\cdots+b_1 S+b_0}{S^n+a_{n-1}S^{n-1}+a_{n-2}S^{n-2}+\cdots+b_1 S+a} \quad (2\text{-}15)$$

其中 $m \leq n$ (表示為真分式)，其分子 $N(s)$ 與分母 $D(s)$ 二者之關係可以略分於下述：

〈方式一〉：異根──分子為常數，分母為負數根

$$X(s)=\frac{N(s)}{(s+r_1)(s+r_2)\cdots(s+r_n)}$$

其中 $r_1 \neq r_2 \neq \cdots\cdots \neq r_n$，則上式可化為：

$$X(s)=\frac{C_1}{s+r_1}+\frac{C_2}{s+r_2}+\cdots+\frac{C_n}{s+r_n} \quad (2\text{-}16)$$

透過工程數學上所述之方法，可求出 $C_1, C_2, \cdots\cdots, C_n$ 來，最後

$$x(t)=C_1 e^{-r_1 t}+C_2 e^{-r_2 t}+C_3 e^{-r_3 t}+\cdots\cdots+C_u e^{-r_n t} \quad \text{(時域解)}$$

例題 2-5

試求 $X(s)=\dfrac{5}{s(s+3)}$ 之部份分式

解

(1)
$$X(s)=\frac{5}{s(s+3)}=\frac{C_1}{s}+\frac{C_2}{s+3}$$

(2) 利用等式對應項相同法

$$\frac{5}{s(s+3)} = \frac{C_1(s+3) + C_2 s}{s(s+3)}$$

$$\therefore 5 = C_1(s+3) + C_2 s = (C_1 + C_2)s + 3C_1$$

左式只有常數項 5，沒有 s 之一次項

$$\begin{cases} C_1 + C_2 = 0 \\ 3C_1 = 5 \end{cases}$$

$$\therefore 5 = 3C_1 \rightarrow C_1 = \frac{5}{3}$$

則另求出

$$C_2 = -\frac{5}{3}$$

亦可把 C_1, C_2 代回原傳輸函數

$$X(s) = \frac{1}{S} \cdot \left(\frac{5}{3}\right) + \left(-\frac{5}{3}\right)\frac{1}{s+3}，化為時域\ x(t) = C_1 + C_2\, e_1^{-3t} = \frac{5}{3} - \frac{5}{3} e^{-3t}$$

〈方式二〉：異根——分子、分母均為根

例題 2-6

$$X(s) = \frac{7s + 4}{2s^2 + 16s + 30}$$

解

(1) 由上式可利用 roots 指令 (MATLAB)

$D = [2\ \ 16\ \ 30]$

$R = \text{roots}(D)$

則可求出雙根 $s = -3$ 及 $s = -5$

$$X(s) = \frac{7s + 4}{2s^2 + 16s + 30} = \frac{1}{2}\left[\frac{7s + 4}{(s+3)(s+5)}\right]$$

(2) 利用部份分式法：

$$X(s) = \frac{C_1}{s+3} + \frac{C_2}{s+5}$$

(3) 亦用例題 2-5 之比較係數法，可求出
    則分式

$$X(s) = \frac{C_1}{s+3} + \frac{C_2}{s+5} = \frac{C_1(s+5) + C_2(s+3)}{(s+3)(s+5)}$$

$$(7S+4) = C_1(S+5) + C_2(S+3)$$

$$= (C_1+C_2)s + (5C_1+3C_2) \rightarrow \begin{cases} C_1+C_2 = 7 \\ 5C_1+3C_2 = 4 \end{cases}$$

$$C_1 = -\frac{17}{2},\ C_2 = \frac{31}{2}$$

(4) 把 C_1, C_2 代入全式可寫為

$$X(s) = \frac{1}{s+3}\left(-\frac{17}{2}\right) + \left(\frac{1}{s+5}\right)\left(\frac{31}{2}\right)$$

或時域解

$$x(t) = C_1 e^{-3t} + C_2 e^{-5t} = -\frac{17}{2} e^{-3t} + \frac{31}{2} e^{-5t}$$

下面例題 2-7 為分母之根為基數，且有重根。

例題 2-7

$$X(s) = \frac{s+3}{(s+1)(s+2)^2}$$

其部份分式可設為：

$$Y(s) = \frac{N(s)}{D(s)} = \frac{k_1}{s+1} + \frac{k_2}{(s+2)^2} + \frac{k_3}{(S+2)}$$

請求出 k_1，k_2，k_3 並
試將此式化為功能方塊圖

解

(1) 依題目：$\dfrac{s+3}{(s+1)(s+2)^2} = \dfrac{k_1}{s+1} + \dfrac{k_2}{(s+2)^2} + \dfrac{k_3}{(s+2)}$

化為 $\dfrac{s+3}{(s+1)(s+2)^2} = \dfrac{k_1(s+2)^2}{(s+1)(s+2)^2} + \dfrac{k_2(s+1)}{(s+1)(s+2)^2} + \dfrac{k_3(s+1)(s+2)}{(s+1)(s+2)^2}$

$= \dfrac{k_1(s+2)^2 + k_2(s+1) + k_3(s^2+3s+2)}{(S+1)(S+2)^2}$

$= \dfrac{k_1(s^2+4s+4) + k_2(s+1) + k_3(s^2+3s+2)}{(s+1)(s+2)^2}$

(2) 二邊分子相等：

$$s+3 = (k_1+k_3)s^2 + (4k_1+k_2+3k_3)s + (4k_1+k_2+2k_3)$$

得 $\begin{cases} k_1+k_3 = 0 \quad \cdots\cdots\cdots\cdots\cdots\cdots\cdots\cdots\cdots\cdots\cdots ① \\ 4k_1+k_2+3k_3 = 1 \quad \cdots\cdots\cdots\cdots\cdots\cdots\cdots ② \\ 4k_1+k_2+2k_3 = 3 \quad \cdots\cdots\cdots\cdots\cdots\cdots\cdots ③ \end{cases}$

由 ② $4k_1+k_2 = 1-3k_3$ 代入 ③

$1-3k_3+2k_3 = 3 \quad \therefore 1-k_3 = 3 \quad k_3 = -2$

$\therefore k_1 = +2$，$4\times 2 + k_2 + 3(-2) = 1$，$k_2 = -1$

(3) $\therefore \dfrac{s+3}{(s+1)(s+2)^2} = \dfrac{2}{s+1} + \dfrac{-1}{(s+2)^2} + \dfrac{-2}{(s+2)} = T(s)$

(4) 則經 inverse Laplace transform，可得

$T(t) = 2 \cdot e^{-1t} + (-1)te^{-2t} + (-2)e^{-2t}$

(5) 其 MATLAB 指令

```
n1 = [1  3]
d1 = poly ([-1  -2  -2]);[r, p, k] = residue (n1, d1)
```

(6) 則其輸出為：

r=　　　　　　p=　　　　　　　k=

−2＝r1　　　−2＝p3　　　　[ ]
−1＝r2　　　−2＝p2　　　　 └── 表示為 0
 2＝r3　　　−1＝p1

由 3 個 pole (p) 值來決定 3 個分子。

$$\frac{s+3}{(s+1)(s+2)^2}=\frac{r_1}{s+p_1}+\frac{r_2}{s+p_2}+\frac{r_3}{(s+p_3)^2}+K$$

$$=\frac{2}{s+1}+\frac{-1}{s+2}+\frac{-2}{(s+2)^2}$$

(7) 依

$$Y(s)=\frac{N(s)}{D(s)}=\frac{2}{s+1}-\frac{1}{s+2}-\frac{2}{(s+2)^2}$$

(8) 設 3 個參數為

$$x_1(s)=\frac{D(s)}{s+1},\ x_2(s)=\frac{D(s)}{s+2},\ x_3(s)=\frac{D(s)}{(s+2)^2}$$

(9)

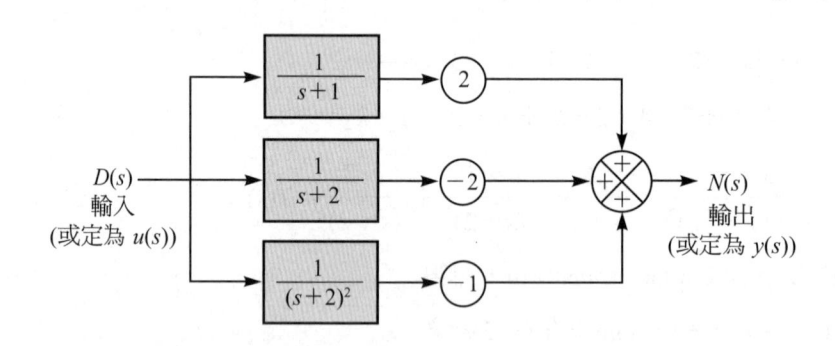

圖 2-12　SISO 但中間由部份分式之化法求得

(10) 再把平方項分離

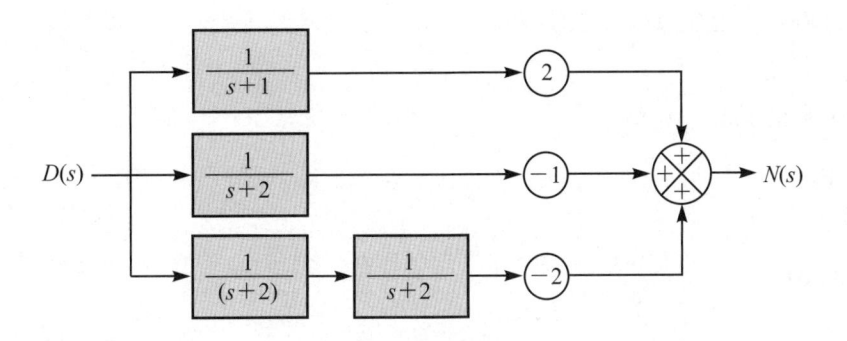

圖 2-13 SISO 之中間再化簡化

◎ 2-7 部份分式之 MATLAB 求解

例題 2-8

試求 $\dfrac{10}{s^2+2s+10}$ 之部份分式

解

設定：$\dfrac{10}{s^2+2s+10} = \dfrac{r_1}{s-p_1} + \dfrac{r_2}{s-p_2} + K$

```
>> n1=[0 0 10];d1=[1 2 10];[r,p,k]=residue(n1,d1)
r=
     0-1.6667i    =r1
     0+1.6667i    =r2
p=
    -1.0000+3.0000i    =p1
    -1.0000-3.0000i    =p2
k=
     []
>> [n,d]=residue(r,p,k)
n=
     0    10
d=
```

```
            1.0000        2.0000        10.0000
>> g1＝tf(n,d)
```
Transfer function:

$$\frac{10}{s^2+2s+10}$$

```
>> roots(d)
ans＝
   -1.0000＋3.0000i
   -1.0000－3.0000
```

其部份分式為：$\dfrac{10}{s^2+2s+10} = \dfrac{-1.6667i}{s-(-1+3i)} + \dfrac{1.6667i}{s-(-1-3i)}$

若分子、分母同項有 k 值出現。

例題 2-9

求 $\dfrac{2s^3+5s^2+3s+6}{s^3+6s^2+11s+6}$ 之部份分式

解

設其部份分式 (partial-fraction expansion) 為：

$$\dfrac{2s^3+5s^2+3s+6}{s^3+6s^2+11s+6} = \dfrac{r_1}{s-p_1} + \dfrac{r_2}{s-p_2} + \dfrac{r_3}{s-p_3} + K$$

```
> n2＝[2 5 3 6];d2＝[1 6 11 6];g2＝tf(n2,d2)
```
Transfer function:

$$\dfrac{2s\wedge3+5s\wedge2+3s+6}{s\wedge3+6s\wedge2+11s+6}$$

```
>> [r,p,k]＝residue(n2,d2)
r＝
       -6.0000    ＝r1
       -4.0000    ＝r2
        3.0000    ＝r3
```

```
p=
    -3.0000    =p1
    -2.0000    =p2
    -1.0000    =p3
k=
    2
>> roots(d2)
ans=
    -3.0000
    -2.0000
    -1.0000
>> [n,d]=residue(r,p,k)
n=
    2.0000    5.0000    3.0000    6.0000
d=
    1.0000    6.0000    11.0000    6.0000
>> g22=tf(n,d)
Transfer function:
 2s^3+5s^2+3s+6
 ─────────────
 s^3+6s^2+11s+6
```

由 roots 求出根來,其形式:

$$K + \frac{-6}{s+3} + \frac{-4}{s+2} + \frac{+3}{s+1} \quad (對應之係數)$$

$K = 2$

◎ 2-8 系統工程與功能方塊圖之關係

如何設計一個控制系統,使其輸出之信號依循輸入之信號,這也是系統工程中的系統設計之任務及目的,在於設計出之東西,必須要滿足原系統之設計目的及任務需求。就系統工程而言,即有其執行之流程步驟 (system engineering process),就控制系統而言,則是有其設計之步驟,控制系統之設計步驟:

(1) 確定設計之內容，物理系統——不可模稜兩可，一定要有量化之數據及規格。
(2) 依構想，利用系統四元素 (參考資料 1，第一章)，確定此設計系統之可行性——確定可行。
(3) 針對可行之系統 —— 讀圖：將其功能流程，用功能方塊流程圖來表示 (functional flow block diagram)。
(4) 把每一個方塊之數學模擬填入方塊中：其方法有許多，如常微方程式轉為傳輸分式，或改為狀態方程式。
(5) 把方塊之輸入、輸出，全部寫出。
(6) 利用 2-4 節之方式作簡化，或圖 2-6 之方式。
(7) 利用電腦輔助設計之方法，將其特性 (performance) 繪出，並與 (1) 作比對。
(8) 經過不同的 Trade-off (擇衷優化) 之方式完成設計 (模擬)。
(9) 把模擬結果化為硬體，完成工程設計。

◎ 2-9 利用傳輸函數應用於齒輪轉換

目前能源系統中，如風力機，利用葉片輸出之機械能，透過發電機產生電能，而發電機必須要用一定之轉速才可輸出所需要之電來，而風車葉片大小所產生轉速不同，必須與發電機相匹配，因此，齒輪即扮演一項重要的角色，對大葉片 (約 20 m 以上長) 其轉速小，對後面之發電機，必須要用齒輪來配接，而小葉片 (2-10 m 左右長) 其轉速若夠大，則可用無齒輪方式配接。

齒輪在彼此間之磨合上，會有卡齒留隙 (Backlash) 之非線性作用，而二個齒輪彼此傳動不平順，是為非線性現象，在本章中，在此先假設卡齒留隙不存在，齒輪彼此之運動 (轉動) 如下：

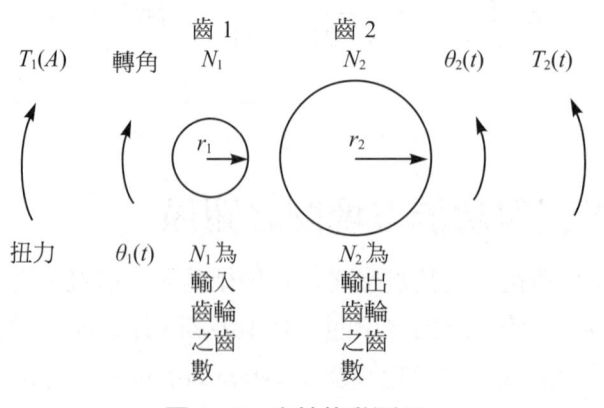

$T_1(A)$　轉角　齒 1 N_1　　齒 2 N_2　$\theta_2(t)$　$T_2(t)$

r_1　　r_2

扭力　$\theta_1(t)$　N_1 為輸入齒輪之齒數　N_2 為輸出齒輪之齒數

圖 2-14 齒輪傳動圖示

由上列關係圖 2-14 可知

$$r_1\theta_1 = r_2\theta_2 \tag{2-17}$$

或

$$\frac{\theta_2}{\theta_1} = \frac{r_1}{r_2} = \frac{N_1}{N_2} \tag{2-18}$$

這要注意的是齒輪之角位移量 (θ) 之比與齒輪齒數成反比，由風車系統得知，葉片轉動其輸入為扭矩 (Torque) T_1，透過傳輸函數亦可求得輸出之相應值 T_2，如其前所述，若齒輪無留隙的耗損，完全傳給 N_2 之齒輪則彼此間關係如下

圖 2-15　齒輪與角位移扭力間關係

透過轉動系統能量之傳輸關係：

$$T_1\theta_1 = T_2\theta_2 \tag{2-19}$$

則上式可為

$$\frac{T_2}{T_1} = \frac{\theta_1}{\theta_2} = \frac{N_2}{N_1} \tag{2-20}$$

現在假若有一個機械系統有阻抗 D，也有阻抗之彈力常數 K 表示，當輸入之扭矩 $T_1(t)$ 透過齒組 $\frac{N_2}{N_1}$ 轉送到馬達以轉動慣量表示 (J)，其圖示如下：

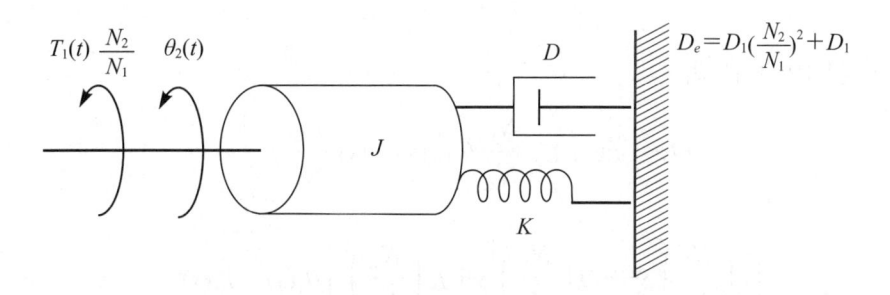

$$D_e = D_1(\frac{N_2}{N_1})^2 + D_1$$

圖 2-16　彈簧常數、慣量與阻滯三者之圖示，所產生扭力 (T) 與轉角 (θ) 及齒數比 ($\frac{N_2}{N_1}$) 之關係

其為常微方程式

$$(Js^2+Ds+K)\theta_2(s)=T_1(s)\cdot\frac{N_2}{N_1} \tag{2-21}$$

以上題目可推廣至多個齒輪之傳送，若有一齒輪組 (gear train)，由 N_1 至 N_6 組成共四組齒輪，則總輸出為：

$$\theta_4=\frac{N_1 N_3 N_5}{N_2 N_4 N_6}\theta_4 \tag{2-22}$$

其齒輪組之傳送如圖 2-17 所示：

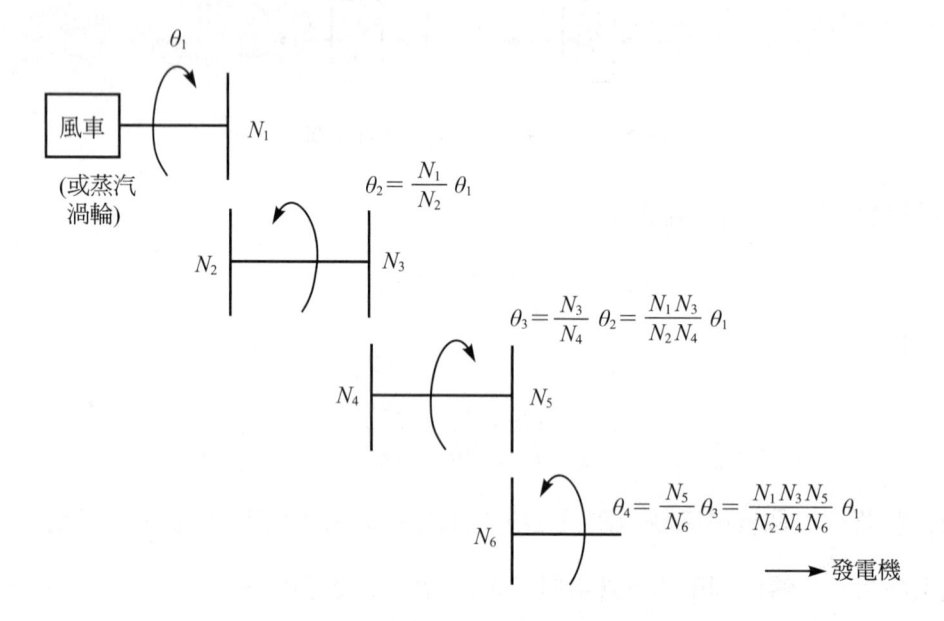

圖 2-17　多齒輪之齒數，齒角之關係

θ_2 經式 (2-19) 取代 θ_1

$$(Js^2+Ds+K)\frac{N_1}{N_2}\theta_1(s)=T_1(s)\frac{N_2}{N_1} \tag{2-23}$$

$$\left[J\left(\frac{N_1}{N_2}\right)^2 S^2 + D\left(\frac{N_1}{N_2}\right)^2 S + K\left(\frac{N_1}{N_2}\right)^2\right]\theta_1(s)=T_1(s) \tag{2-24}$$

由上式之物理意義：

在能量傳動過程當中，若二個轉速不同之系統要作結合傳動，則齒輪組 (gear train) 是一項選擇，但如前面所敘，其優點為可透過齒輪把不同轉速作一個轉換，但多一項齒輪對系統而言，也算是多了一項阻抗 (impedance)，下列有三個圖：

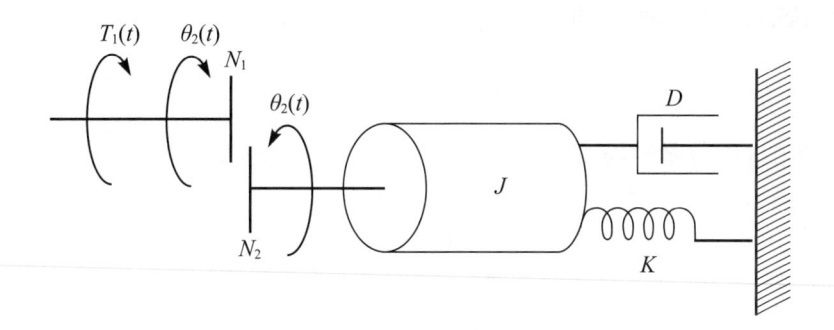

圖 2-18 此圖有齒輪組但未造成系統阻抗

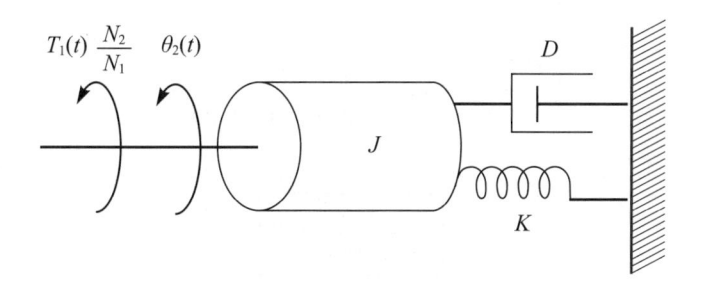

圖 2-19 此圖中為把前面輸入之把力經齒輪轉接後之輸入

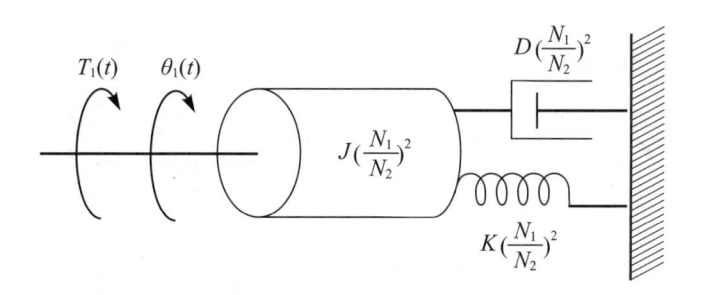

圖 2-20 此圖為考慮齒輪組之阻抗後加諸在系統輸入端之變化

在上式 (2-24) 把 θ_2 用 θ_1 取代後，在圖 2-22 中輸入端已無齒輪，而其負載 (load) 已加諸在 T，D，K 之諸項中，如此我們可得之。在機械轉動件之數量轉動時，其阻抗可以透過輸出軸之齒數與輸入軸之齒數比之平方來代表，如公式 (2-24) 中所示。

例題 2-10

若一齒輪傳送系統其輸入阻抗 (J_1, D_1) 與扭矩 (T_1)，如圖 2-22 其阻抗比為 $\left(\dfrac{N_1}{N_2}\right)^2$，其扭矩可以反映為 $\dfrac{N_2}{N_1}$，求其 $G(s)=\dfrac{O/P}{I/P}=\dfrac{\theta_2(s)}{T_1(s)}$ 關係式。

解

依公式 (2-21) 則其數學模式可為：

$$(J_eS^2+D_eS+K_e)\theta_2(s)=T_1(s)\dfrac{N_2}{N_1}$$

其中

$$J_e=(J_1)\left(\dfrac{N_2}{N_1}\right)^2+J_2 , \quad D_e=D_1\left(\dfrac{N_2}{N_1}\right)^2+D_2 ; \quad K_e=K_2$$

$$\dfrac{\theta_2(s)}{T_1(s)}=G(s)=\dfrac{N_2/N_1}{J_eS^2+D_eS+K_2}$$

圖 2-21 輸入 (Torque) 輸出 (θ_2) 與數模關係

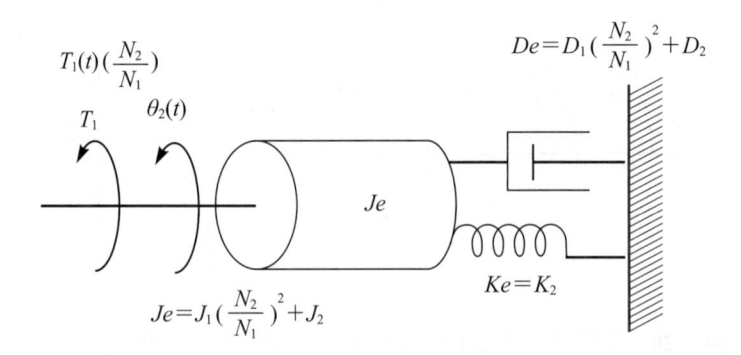

圖 2-22 彈簧常數、慣量與阻滯三者之圖示，所產生扭力 (T) 與轉角 (θ) 及齒數比 ($\dfrac{N_2}{N_1}$) 之關係

◎ 摘　要

　　本章旨在說明控制迴路中的數學模式，在 2-1 節中說明閉迴路控制傳輸函數之化法，在 2-2 節中說明一旦有雜訊進到迴路中，如何可避免之方法，在 2-3 節中說明經典控制中單輸入／單輸出，現代控制理論中之多輸入／多輸出 (較為實用也實際之方法)，並以我國自製戰機 IDF 之控制迴路說明其輸入／輸出之關係圖，並說明串、並聯及迴路之數學式如何利用 MATLAB 作模擬，及如何把微分方程式，透過狀態控制法與傳輸函數法透過 MATLAB 之簡化與互換，並以齒輪之機械數模說明傳輸函數之物理意義。

◎ 參考資料

1. 傅鶴齡著，《系統工程概論》第二版，滄海書局，2012 (第二版)。
2. Bernand Friedland, "Control System Design An Introduction to state-space Methods," McGraw-Hill Company, 1987.
3. Richard C. DORF and Robert H. Bishop, "Modern Control System," 7th Edition, pearson, 2008.
4. David Burghes and Alexander Graham, "Infroduction to control theory including optimal," Ellis Horwood Limited, Trnglad, 1980.
5. Katsuhiko Ogata, "Modern Control Engineering," 5th Edition, Pearson International, 2010.
6. 莊紹容、楊精松，《高等工程數學》台北，東華書局，2011。

◎ 習　題

1. 以傳輸函數，作為系統微分方程式數模之假設條件為何？
2. 一個迴路控制系統，其輸入與輸出之關係為何？
3. 試說明齒輪在傳動系統中之作用？
4. 試求出下列 4 種時域函數下之 Laplace transform。
   (1) $u(t)$
   (2) $tu(t)$
   (3) $\dfrac{1}{2}t^2 u(t)$
   (4) $w^2 wtu(t)$
5. 傳輸函數之物理意義為何？

6. 試寫出下列 2 個傳輸函數之對應微分方程式

$$T_1(s) = \frac{1}{s^2 + 2s + 10}$$

$$T_2(s) = \frac{100}{(s+3)(s+5)}$$

第 3 章

系統設計流程與低階反應特性

在設計或採購一套系統之首要,就是依系統工程之需求把「規格」開出來,即所設計或將來要作為成品的系統,必須要具備何種「特性」(performance),這個特性若滿足原先之系統需求就是一個系統之基本規格。

要了解一個系統,其基本設計:需求參數,就必須心中有譜,一般閉迴路控制系統設計參數至少包括(從時域上來看):

(1) 數學模式 (mathematics model)
(2) 時間常數 (time constant)
(3) 上昇時間 (rise time)
(4) 定態時間 (settling time)
(5) 穩態 (steady state)
(6) 暫態 (transient state)
(7) 穩態誤差值 (steady state error)
(8) 峰值時間 (peak time)
(9) 超值百分比 (percent overshoot, % OS)
(10) 阻滯比 (damping ratio)

◎ 3-1 系統工程中之設計流程

3-1-1 把設計性能或須求轉化為一個物理系統 (Physical System)

舉例說明,要設計一套上下仰角可調角度之巨碟無線電望遠鏡系統,我們必須先知道此系統由原位置角度,要移動到新角度之位置要多久?而移動之「重量」有多少?其尺寸有多大?這些就是設計規格╱需求,有了這些作輸入,進到系統,找出其**設計特性**(含反應之快慢、動態反應及常態反應、精度等)。

3-1-2　繪出功能流方塊圖 (Functional Flow Block Diagram, FFBD)

這一部份之工作，就是把系統分解為許多方塊，每一塊有一數學模式 $G(s)$ 並含量化之數據，中國大陸叫「讀圖」。每一個「參數」如何一步一步的向後「走」去；一個前面的輸出，即為後面之輸入值，就以前面 3-1-1 系統縱向 (pitch) 之控制圖來說：

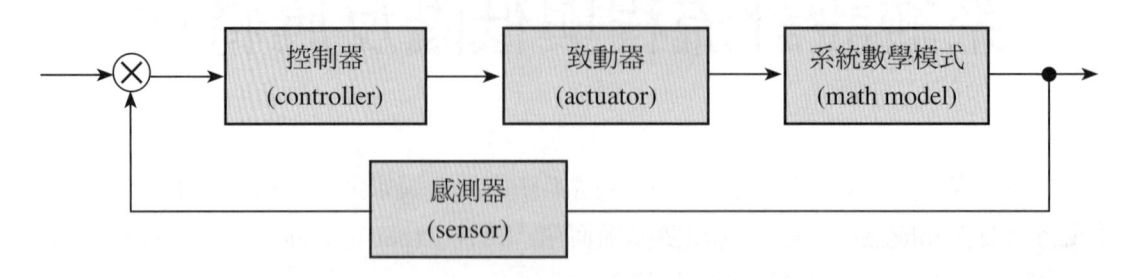

(a) 一個閉路控制系統基本元件圖

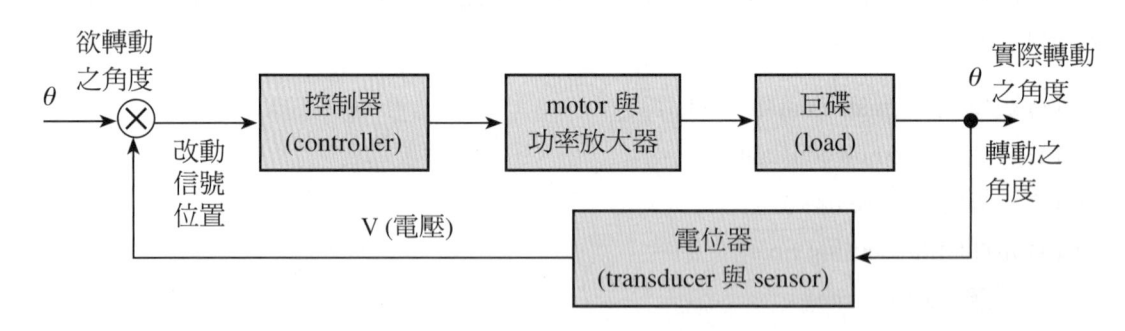

(b) 一個大型無線電望遠鏡控制系統之功能方塊圖

圖 3-1　無線電望遠鏡部份功能方塊圖

碟面欲轉動之角度為輸入值，若與回授之量測角度有一誤差量，此信號就會轉換為電壓送到控制器 (controller)，再以電流信號把角度下之扭力需求送到馬達 (motor)，在某一扭力值下使巨碟本體俯仰角度變化而由感測器之電位計量得，若有誤差再以電壓送出，持續修正至規格範圍內，如圖 3-1(a) 所示。

3-1-3　機電系統整合為一有序之圖形

在這裡說明一個無線電望遠鏡為例之位置控制系統，其內部組成之原件 (elements)，有電子件、機械件、感測器、馬達等所組成，因而形成一個系統，新系統我們稱為一個物理系統，但作為一個控制工程師，必須要將此物理系統轉換成為一種有序之圖形，如圖 3-1(b) 所示。

第 3 章　系統設計流程與低階反應特性　57

圖 3-2　無線電望遠鏡示意圖

工程師必須掌握系統之重要「工程」元件，將之用數學模式來取代，而放在圖 3-3 之方塊圖中，設計者可以用單一分二之方式如圖 3-2 所示，先簡化，再逐漸複雜化，利用分析及電腦模擬之方式逐一分析其輸出參數是否與實質接近，在許多假設之條件下是否合理，若把假設一一去掉，即可以把新序圖之元件或次系統再逐一的增加，成為圖 3-3：

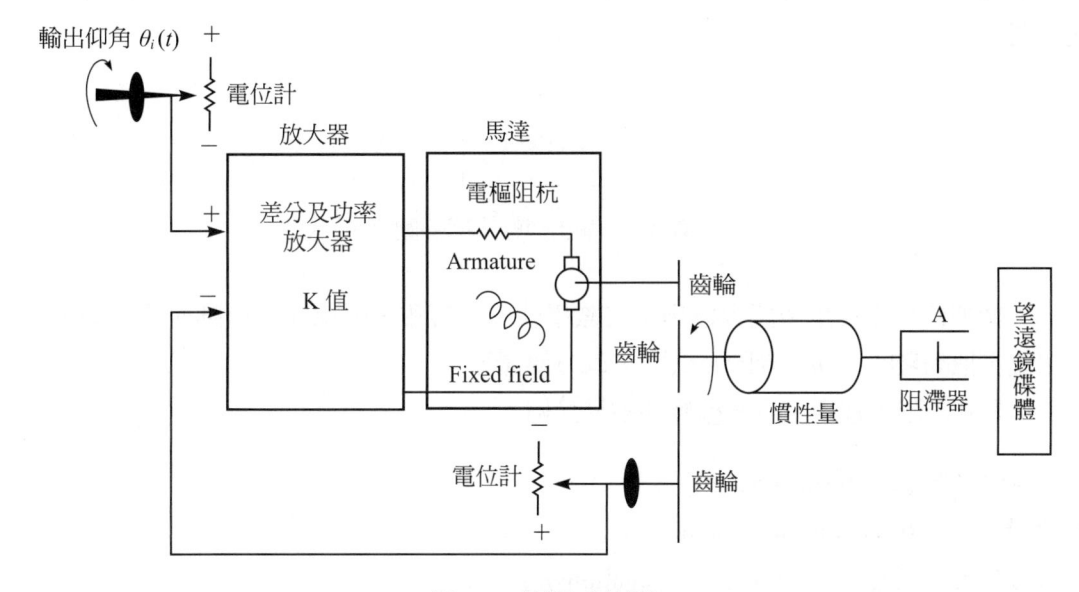

圖 3-3　實用系統圖

譬如說，我們回授之感測器，只考慮一個電信號時，就不考慮新感測器中之阻抗，我們將其視為一種直接反應之電壓而已。

圖 3-3 一個差分放大器 (differential amplifier)，與功率放大器 (power amplifier) 是用來驅動馬達之輸入源，同樣我們也假設放大器之動態與馬達對時間之反應很快不需加入，而只一個純量 K 表示。

再來就是馬達本體，其輸出量為一個扭力、角位移及轉速，而馬達之轉速與作用在馬達上之電壓成正比，而馬達本身之特性與之內阻及感應也全在電路上統一考量。

而在上圖中之碟體本體所表達的即以一個慣量，用一個阻滯 (damping) 來表示。

3-1-4　系統數學模式的建立 (傳輸函數方塊圖)

一旦上面的圖形完成，設計工程師就要按照物理定律，利用力學或電學之基礎，找出力或能之平衡關係，再將新關係以微分方程式 (時域) 寫出如：

$$\frac{d^n x(t)}{dt^n}+a_{n-1}\frac{d^{n-1} x(t)}{dt^{n-1}}+\cdots+a_0 x(t)$$
$$=b_m\frac{d^m y(t)}{dt^m}+b_{m-1}\frac{d^{m-1} y(t)}{dt^{m-1}}+\cdots+b_0 y(t)$$

在此式中，其中之參數 a, b 等諸項為系統之係數，說明系統輸入 $y(t)$，輸出 $x(t)$ 之間之關係

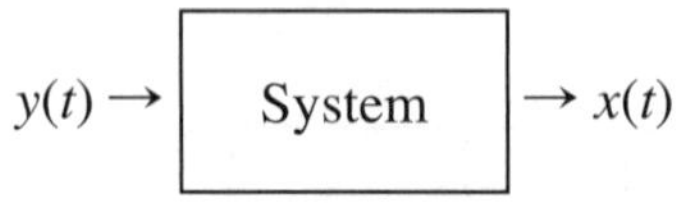

$$y(t) \rightarrow \boxed{\text{System}} \rightarrow x(t)$$

圖 3-4　輸出與輸入關係圖

一個把自然之現象所能表達出來之數學式十分複雜，因此在工程師而言，儘量使其簡單化，把高階的 n, m，降階為低階，以方便運算。

但是在降階過程中，有三種條件不易具備：

1. 非線性系統 (non-linear system)
2. 時變性系統 (time Varying system)
3. 偏微分方程式 (partial differential equations)

必須先假設再簡化，其中之 3 即輸入、輸出非單變數之函數，而是多變數之函數時，若要用此來描敘系統則得不到傳輸函數，而且其解析解有時也不一定找得到，只有依賴電腦而求得「數值解」(numerical solution)。

如果原系統在下列三項之假設下：

(1) 系統為線性化
(2) 系統之反應不具時變特性
(3) 系統之輸入與輸出均為單一變數 (時間) 之變數。

則我們可以將系統以簡單之線性常微方程式來表示，再經過**拉氏轉換** (laplace transform)，使系統方塊化成分式，此即傳輸函數之由來。

而另一種方法就是將常微方程式，透過「狀態空間」(state-space) 來表示，以狀態方程式之方式表示，這種表示法，透過電腦與適當之模擬軟體，就可進行「模擬」來分析系統之性能，反應快慢及是否合乎客戶之需求。

不論是用傳輸函數之方法或狀態方程式之方法，二者均要有完整之有序之功能方塊圖才可以，如以上例之無線電望遠鏡俯仰控制系統而言：

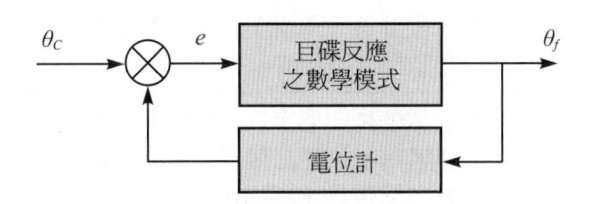

圖 3-5　無線電望遠鏡之數學模式

而無線電望遠鏡反應之數學模式也可細分為許多小方塊，每一方塊為每一細步之實體方塊，配合輸入與輸出之參考，成為一功能流程方塊圖。

3-1-5　系統傳輸函數之簡化

複雜之功能方塊流程在作分析時有其好處，即可以很明顯的看出其輸入與輸出之間之關係，但對設計者而言，運算時間慢，且無法馬上看到系統「實體」之反應。因此，必須加以簡化。其簡化之最後就是只有二個方塊，一個為主流線 (forward loop) 上方塊，一個是迴授線 (feed back loop) 下方塊，如圖 3-6：

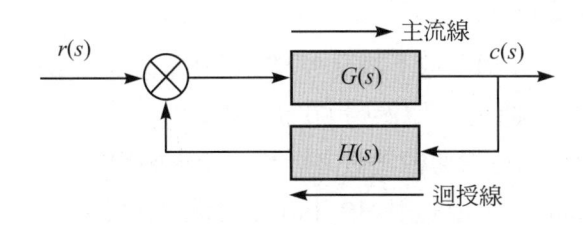

圖 3-6　系統傳輸函數圖

如此一來，下面就要進行初步分析之工作。

3-1-6 系統分析與設計

在這一過程之目的，就系統工程而言，即是在透過控制器或調整系統參數，使系統之輸出值與系統之輸入參考值一致 (output must follow input)，以滿足原先之設計需求 (或從規格，或客戶之要求) (如參考資料 1)。

在這一部份，輸入不同之信號 $r(t)$，可以看出系統不同之反應 (輸出值 (t)，或施外力，會使系統振動)。由於考慮到系統之複雜度、誤差精準度、輸出追隨輸入之快慢等特性，輸入之信號，至少分為五種 (表 3-1)。

表 3-1 五種輸入測試信號特性表

輸入信號	函數	使用之目的
脈衝信號 (impulse)	$\delta(t)$	工程師首先用來看系統之暫態反應，是否太大或太小用來調整數模參數極值。
階梯信號 (step)	$u(t)$	若信號是一個定值如位置、速度或加速度，用此信號可以看出其系統反應之快慢是否合乎系統需求達到系統之時間與快速之反應 (一般常用)。
衝壓信號 (ramp)	$t \cdot u(t)$	若輸出信號除定值外，有一定之誤差在上面，則利用線性增加之方式來看系統有無穩定超出之現象，或看看系統容忍度為多少。
拋線線信號 (parabola)	$1/2(t^2 \cdot u(t))$	若誤差值會隨時間增加，則可以用此方式來測試，看系統之穩態誤差值 (詳見第七章) 是否仍在可容忍之範圍內。
三角函數 Sin 信號 (sinusoid)	$\sin \omega t$	對系統輸出信號為變化性較大之信號，用 sin 函數來看看，此系統在高速下是否輸出信號也能完全追隨輸入信號，此種測試較為嚴格，又要快又要跟的好，付出代價會很大。

＊若函數 $u(t)$ 為時間函數則當視為 1，即 $u(t)=1$，則 $t \cdot u(t)=t$，$1/2t \cdot u(t)=1/2 \cdot t^2$

◎ 3-2 電腦輔助設計

此一項工作，在 1982 年以前還不普及，因為當時電腦僅麥金塔之圖形介面才出現不久，其麥金塔 (II) 系列也才進入各大學，也在試用階段。

在過去，許多古典控制法對傳輸函數之計算，全靠數學之工具，對時域計算及根軌跡，一部份靠數學如 Ruth 法，或利用 HP 小計算機或計算尺之牛頓逼近法，以近似解來判斷系統之特性，十分費時，也十分費力 (一題作下來也要 20 分鐘)。因為在早期計算機發明不但體積過太，且真空管耗損大量能源 (全為真空管)，且所計算量還不如現今手提電腦之一點點功能。

但電腦快速的進步，在 1982 年美國地理雜誌《晶片》的一篇文章中，說明了當時電腦的發展 (參考資料 2)。到現在手提電腦中的 RAM，就可以有 2G 擴至少 8G 且為雙核 (dual core)、四核或八核，與當時之 256 K RAM 真不可同日而語。

近代的飛控技術，如 F-16 飛機在 1982 年前幾乎是不可能存在的，但設計概念卻早在 1979 年前即已提出，因為飛機本身為不穩定 (壓力中心在重心前面)，飛行員在駕艙內是必須依靠電腦作快速運算下，才能使機體保持一定之穩定度，使飛行員安全且可作出飛行之靈敏動作。這些全是電腦「即時」(on-line) 之電腦輔助功勞。在「非現場」或「離線」(off-line) 之電腦輔助，就是利用快速之電腦作完整但非即時之計算。強大的 RAM，使用超省之軟體來解決系統、設計及實體模擬 (real time simulation) 之問題，以 F-16 飛控即時電腦軟體為例，必須透過電腦大記憶量，快速運算及周邊配合以達成即時之穩定控制。

我們可以依賴桌上型或手提式電腦解決什麼問題呢？這就是可依賴電腦及電腦輔助軟體來解決飛控及相關之問題 (離線模擬)，依參考資料 3 中所敘，至少有下列諸項特性：

(1) 可建立系統之性能規格。
(2) 可利用迴路經模擬改善性能規格。
(3) 把物理現象用數學式來表示後可用很快的與系統需求 (mission requirement) 特性作確認。
(4) 利用現有之電腦輔助軟體 (如 CAD 軟體) 可以作基本性能分析，作基本參數訂定之基本設計，可改善系統之反應，作出不確定環境下容許範圍之測試值。
(5) 對非線性系統可以用模擬方式來分析。
(6) 在控制系統硬體化之前完成所有之測試籌備儘量使輸出值追隨輸入值。

我們在控制上常用之軟體，至少有下列幾件：

(1) MATLAB (參考資料 4)
(2) SIMULINK
(3) MutiSim
(4) Labview
(5) 在電子元件及電路模擬上亦可用 NI 公司出的 ELVISE。

其中前 2 項為動力系統模擬，第三、四項為美國 NI 公司所出之電路系統及人機介面模擬。

◎ 3-3 數學模式

利用由一階到多階之傳輸函數在一定設計條件下可反應一個物理系統特性之數學式 (參考資料 12)。其目的是寫成數學式，在系統模擬及控制系統設計中了解系統擬定與否之一個表示方法，數學模式愈複雜，分母階數愈高，則系統時間延遲 (time delay 或 time lag) 愈長，反應愈慢，對系統性能就愈差 (註：但有些系統要愈慢愈好，則另當別論)。一般我們在採購硬體 (系統元件) 時，要讓反應又快又好，時間延遲愈短愈好，但時間延遲愈短則價格愈貴，而其優點是能讓全系統反應快速，近而達到即時 (real time)，而在工業上才有運用之價值，及實用性也會提高。在本書中，就基本數模表示就先以最前頭也是時間延遲最少的一階分母、分子為常數之表示來看。在第二章中所講為閉迴路之傳輸函數，在本章中則討論單純輸入與輸出之一階函數關係。

$$\frac{輸出}{輸入} = \frac{O/P}{I/P} = \frac{C(s)}{R(s)} = \frac{a}{s+a} \tag{3-1}$$

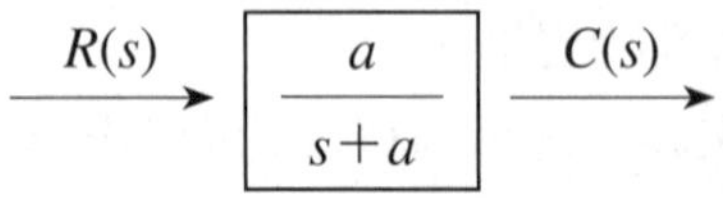

$$R(s) \rightarrow \boxed{\frac{a}{s+a}} \rightarrow C(s)$$

圖 3-7　一階數學模式，輸出／輸入之關係

這個式子，其實就是一個常微方程式之整體解 (total solution)，再經過拉氏轉換出來之結果，若其輸入為 $1/(s)$，即為階梯 (step) 輸入 (表 3-1)，則：

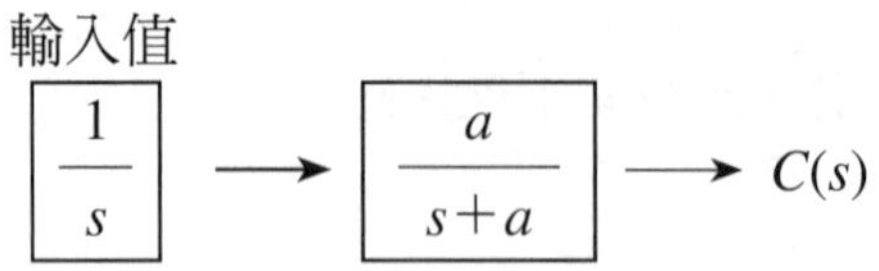

輸入值

$$\boxed{\frac{1}{s}} \rightarrow \boxed{\frac{a}{s+a}} \rightarrow C(s)$$

$$C(s) = \frac{1}{s} \cdot \frac{a}{s+a} = \frac{a}{s(s+a)} \tag{3-2}$$

則此式之常微整體解，即由反拉氏轉換回去，可得

$$C(t) = 1 - e^{-at} \tag{3-2a}$$

其中,我們稱 $\dfrac{a}{s+a}$ 中分母之 a 為系統極點 (system pole) (系統特性方程式之根),此點即在座標軸原點在複數平面上 $(jw, \sigma$ 軸$)$ 之左平面,為負值,即 $-a$,如圖 3-8。

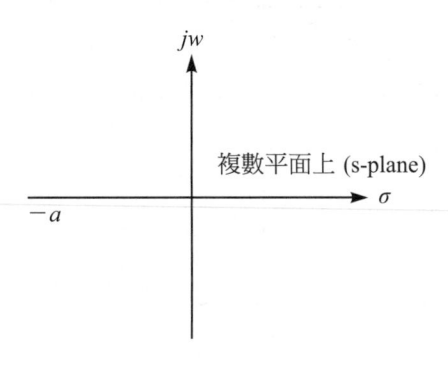

圖 3-8　複數平面下一階系統傳輸函數之極點位置

若把複數平面轉換為時域 (time response) 之座標,橫軸為時間,縱軸為輸出值,即 $e(t)$,則 $1 - e^{-at}$,即表示如圖 3-9 所示:

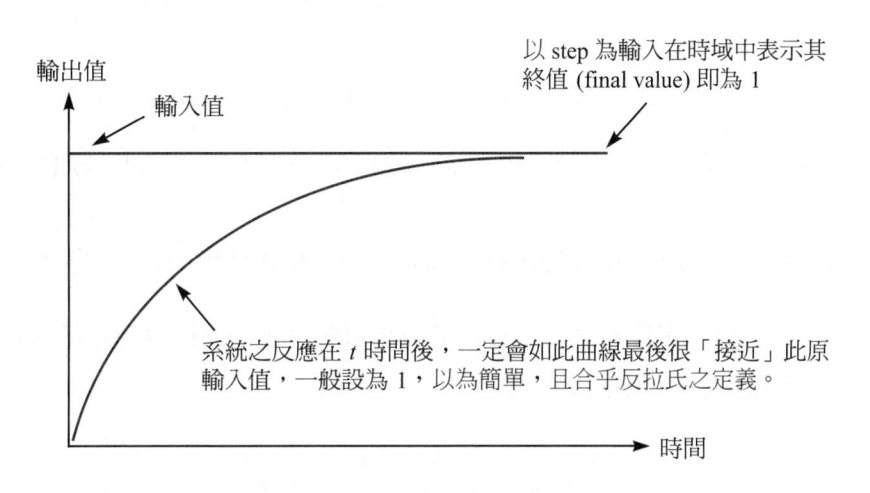

圖 3-9　輸出值與輸入值關係

◎ 3-4　一階之系統反應──時間常數 (time constant)

則由 step 為輸入,寫為 $(1/s)$,其時域下之輸入值即為 1 (如圖 3-10),而在時域下,由控制回饋之定理:輸出必須追隨輸入值 (output follow input),則會有下列之反應

(response) 出現:

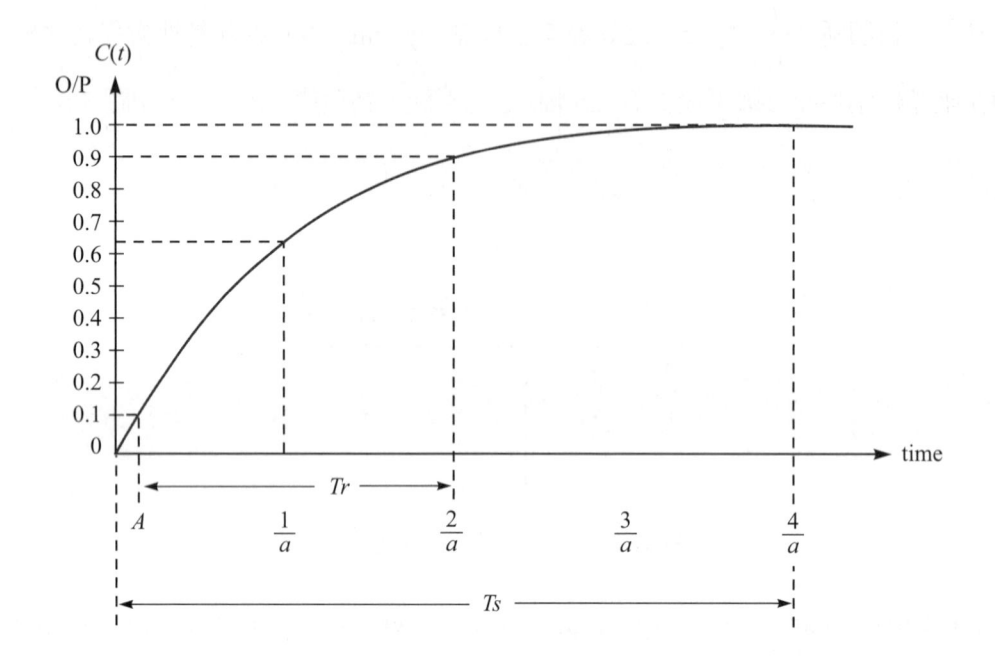

圖 3-10　一階傳輸函數之 $\frac{4}{a}$ 反應圖 (4 個時間常數)

我們定義一旦系統之反應時間到達最終值 (final value) 的 63% 時之時間，稱為一個時間常數 (one time constant) (即 $\frac{1}{a}$)，而由最終值的 10% (0.1) (A 點) 到最終值之 90% (0.9) ($\frac{2}{a}$ 點)。此段時間稱為 Tr 上昇時間 (rising time)，由起點 0 點到 $\frac{4}{a}$ 之時間，則為 Settling Time (4 個時間常數)，而其間之 a，上面說過在複數座標中為極點之位置，但在時域座標中則為系統反應之初始斜率值 a

$$a = \frac{1}{時間常數} = \frac{1}{t} \tag{3-3}$$

若拿 (3-2a) 之全解整體公式來看

$C(t) = 1 - e^{-at}$，若依其 $t = \frac{1}{a}$ (見公式 (3-3))，則

$$C(t) = 1 - e^{-at} = 1 - e^{-a \cdot \frac{1}{a}} = 1 - e^{-1}$$

而全解

$C(t)$ = final value + transient response value
　　　= $1 + (-e^{-1})$

則

$$|e^{-at}| = e^{-1} = 0.37 \tag{3-4}$$

$$C(t) = 1 - 0.37 = 0.63 \tag{3-5}$$

這就說明了 0.63 之由來，用同樣之方法可求得：

$$Tr = \frac{2.31}{a} - \frac{0.11}{a} = \frac{2.2}{a} \tag{3-6}$$

(由 $C(t)=0.1$ 到 $C(t)=0.9$ 之時間)

同理可得 $$Ts = \frac{4}{a} \tag{3-7}$$

(即 4 個時間常數定義為系統到達穩態之時間)

即 $C(t)$ 由 0.1 $C(t)$ 到 0.9 $C(t)$，所需要之時間即求出 settling time 來。

有時，到達穩態所需之時間 (Ts)，也可由輸出值已落在誤差度 2% 或 5% 之範圍內即算到達 Ts。

在時域圖上，表示其極點 (pole) 在實軸上之「$-a$」位置 ($a > 0$)，其反映出之值如圖 3-11，其中之 $\frac{1}{a}$ 即時間常數，而 a 為反應曲線上每一點之斜率。

在此解釋一下，圖 3-11 時間常數之物理意義

$$t = \frac{1}{a} \rightarrow C\left(t = \frac{1}{a}\right) = 1 - e^{-a\frac{1}{a}} = 1 - e^{-1} = 1 - \frac{1}{e} = 1 - 0.37 = 0.63$$

表示在 T 點時之時間常數為由 0 點上昇至輸出值 63% 之時間。

上昇時間 (rise time) Tr

指系統反應量由 0.1 到 0.9 (終值為 1) 所需時間

在 $C(t)=1-e^{-at}$ 中

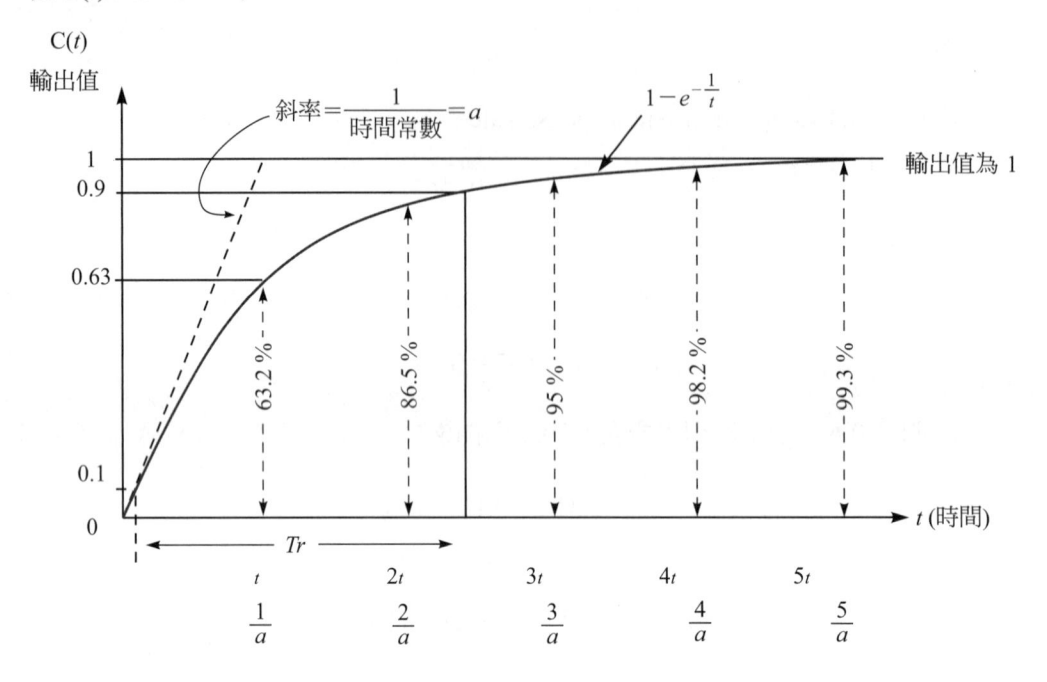

圖 3-11　時間常數與控制快慢關係圖

在 Set $C(t)=0.1$ 與 $C(t)=0.9$

$C(t)=0.1=1-e^{-at} \rightarrow e^{-at}=0.9 \Rightarrow -at=\ln(0.9)=-0.105$

$C(t)=0.9=1-e^{-at} \rightarrow e^{-at}=0.1 \Rightarrow -at=\ln(0.1)=-2.3026$

$\therefore e^{-at}=-0.105 \approx -0.11 \rightarrow \dfrac{1}{e^{at}}=-0.11$

$e^{-at}=-2.3026 \approx -2.30 \rightarrow \dfrac{1}{e^{at}}=-2.3$

$\therefore Tr=\dfrac{2.3}{a}-\dfrac{0.11}{a} \cong \dfrac{2.2}{a}$

3-4-1　由 RC 電路看電容與電流之關係

　　一般之基本電路有二，其一為由電感與電阻組成稱 RL 電路；另一為由電阻與電容組成，稱 RC 電路。本節中即以 RC 電路之實際操作透過 Muti Sim 之軟體，利用 Labview 的 Avis 系統可以將 RC 電路之反應結果與前面 3-1-1 之一階反應之時間常數作一致之驗證。表示時間常數是「真實」的東西，只要有電路完成控制系統其反應就是與一階之特性一致。

對電學初入門者，首先了解電子元件，諸如電阻、電路與電容，透過科希荷夫電壓與電流定律 (Kirchhoff's Voltage/Current Law) (KVL and KCL)：

(1) KVL 定理──
　① 一個迴路電路中，沿任一迴路 (loop)，其所有元件上之電壓降和為零。
　② 一個迴路電路中，任何二點間之電壓差降等於連接此二點之任一路徑上之所有壓降之總和。
(2) KCL 定理：一個電路中流進任一節點之電流和等於流出同一節點之電流和。

可作簡單之電路計算。

例題 3-1

下圖中有三個迴路，依 KVL 之特性，試寫出其電壓算式。

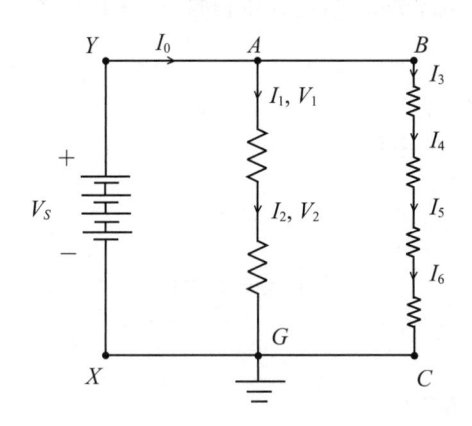

圖 3-12　R 迴路圖

解

(1) 在圖 3-12 有三個迴路 (Close Loop)
　　其一為 $XYBC$ (最大 Loop)
　　其二為 $XYAG$ (Loop 1)
　　其三為 $ABCG$ (Loop 2)
(2) Loop 1 中，依 KVL 其電壓降和為 0

$$\sum_{\text{Loop 1}} V = V_s - V_1 - V_2 = 0$$

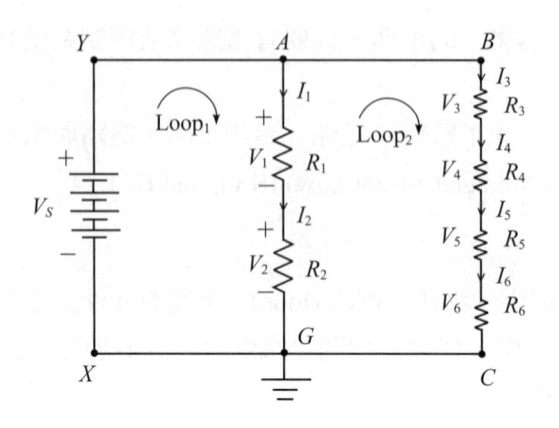

圖 3-13　三迴路求電壓值

(3) 大 Loop 中依 KVL 定理 1 其電壓降和為 0

$$\sum_{\text{Loop 1}} V = V_s - V_3 - V_4 - V_5 - V_6 = 0$$

(4) 依 KVL 定理 2，其電壓點二點之等量特性 X 與 Y 間之電壓為 V_s

$V_s = V_1 + V_2$

$V_s = V_3 + V_4 + V_5 + V_6$

故 $V_1 + V_2 = V_3 + V_4 + V_5 + V_6$

(5) 依 KCL，電流定律

$$I_0 \big]_{\text{A點}} = I_1 + I_2$$

在 A-G 中：$I_1 = I_2$

在 B-C 中：$I_3 = I_4 = I_5 = I_6$

$I_{\text{I/P}} \longrightarrow \boxed{\text{系統}} \longrightarrow I_{\text{O/P}}$

$$\sum I_{\text{I/P}} = \sum I_{\text{O/P}}$$

在 RC 電路中之基本公式：電容上所儲存之電能，以電荷 Q 表示，等於所有流入電容之電流 (I) 與時間乘積之總和

電容上儲存之電荷：

$$Q = \int I dt \tag{3-8}$$

第 3 章　系統設計流程與低階反應特性　69

在電路上電壓 (V)，電容 (C) 與電流 (Q) 之關係：

$$V \approx \frac{Q}{C} \qquad (3\text{-}9)$$

把 (3-8) 代入 (3-9) 中

$$V = \frac{1}{C} \cdot Q = \frac{1}{C} \cdot \int I\,dt$$

二邊若微分

$$dV = \frac{1}{C} \cdot I \cdot dt \rightarrow I = C\frac{dV}{dt} \rightarrow I \propto C \qquad (3\text{-}10)$$

即電容所儲之能量與電流大小成正比，比值為 $\dfrac{dV}{dt}$

3-4-2　由 RC 電路看電容、充電特性方程式

在圖 3-14 中 RC 電路中，電源 Vcc 提供之能量由 Vcc 經過 R，到達電容 C，由上述 3-4-1 之 KVL 定理，知

$$\begin{cases} Vcc = V_1 + V_2 \\ I_1 = I_2 \end{cases} \qquad (3\text{-}11)$$

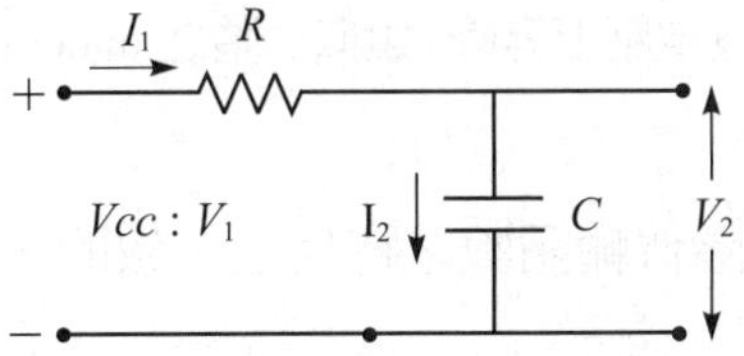

圖 3-14　R-C 電路圖

由上述 (3-9)，電流 $= \dfrac{電壓}{電阻}$，即 $I = \dfrac{V}{R}$

$$V_1 = I_1 R = I_2 R$$

$$V_1 = I_2 R = R\left(C \cdot \frac{dV_2}{dt}\right) \qquad (3\text{-}12)$$

代入 (3-11)，

$$Vcc = V_2 + R\left(C \cdot \frac{dV_2}{dt}\right) \qquad (3\text{-}13)$$

在公式 (3-13) 式中，表示提供電源之電壓與 RC 與 V_2 之關係，此為 V_2 之一階微分方程式，提供 $t=0$，$V_2=0$ 之初始條件，可求出

$$V_2(t) = Vcc \cdot \left(1 - e^{-\frac{1}{RC}}\right) \qquad (3\text{-}14)$$

其中 RC ≡ Ta = time constant = 時間常數 = $R \times C$ （3-15）

我們可利用一個簡單之 RC 電路，取 $Vcc = 10V$，$R = 1K\Omega$，$C = 1\mu F$ (法拉) 可以看時域下時間與 V_2 之關係圖

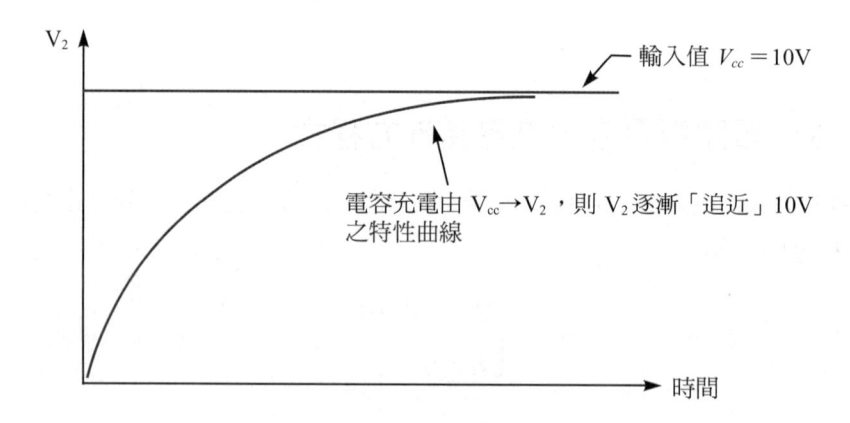

圖 3-15 RC 電路中之充電電壓上昇圖 (類似一階之 under damp 阻滯不足之時域圖)

以上之曲線與 3-1-1 之一階傳輸函數之特性是一致的，當 RC 時間增大時，$e^{-\frac{1}{RC}}$ 趨近於 0。

則最後 $V_2 \rightarrow Vcc$

由 (3-14) 式可以二邊取 ln 對數，

則

$$\ln V_2(t) = \ln Vcc\left(1 - e^{-\frac{1}{RC}}\right)$$

則

$$t = -R \cdot C \cdot \ln\left[1 - \frac{V_2}{V_{cc}}\right] \qquad (3\text{-}16)$$

由 (3-16) 式中把 V_2 值代入 (Vcc＝10 V)

$V_2 = 2V \rightarrow t = -RC \ln(0.8) = 0.22\text{ms}$ （ms 為 milsec，為 10^{-3} sec）

$V_2 = 4V \rightarrow t = 0.51\text{ms} = -RC \ln(1 - \frac{4}{10}) = -RC \ln(0.4)$

$V_2 = 6V \rightarrow t = 0.92 \text{ ms}$

當充電至愈接近 Vcc 之 10V 時，時間愈慢。

同樣也是求出電容放電特性，在此略去由 RC 電路，可用 RC 微分、積分電路作實驗，可以得到約 5 個時間常數時，$V_2 \rightarrow Vcc$ 即表示 T＝5RC 為電容充電所需時間。而在控制上即表示給一個 step (階梯式) 輸入，則在 5 個時間常數內，即可輸出與輸入一致 (在一定誤差範圍內)。

在我們控制技術上，均以 4 個時間常數表示已到達穩態狀態所在之誤差範圍內。根據參考資料 3 所示，當 T 為 4 位時間常數時，其與狀態之誤差範圍已在 2% 之內，從工程之立場而言已可接受。若為 T＝5 個時間常數時，誤差值 ＜ 1%。但時間數長，一般工業界較不採用，但對一些高精度之設計則另當別論。

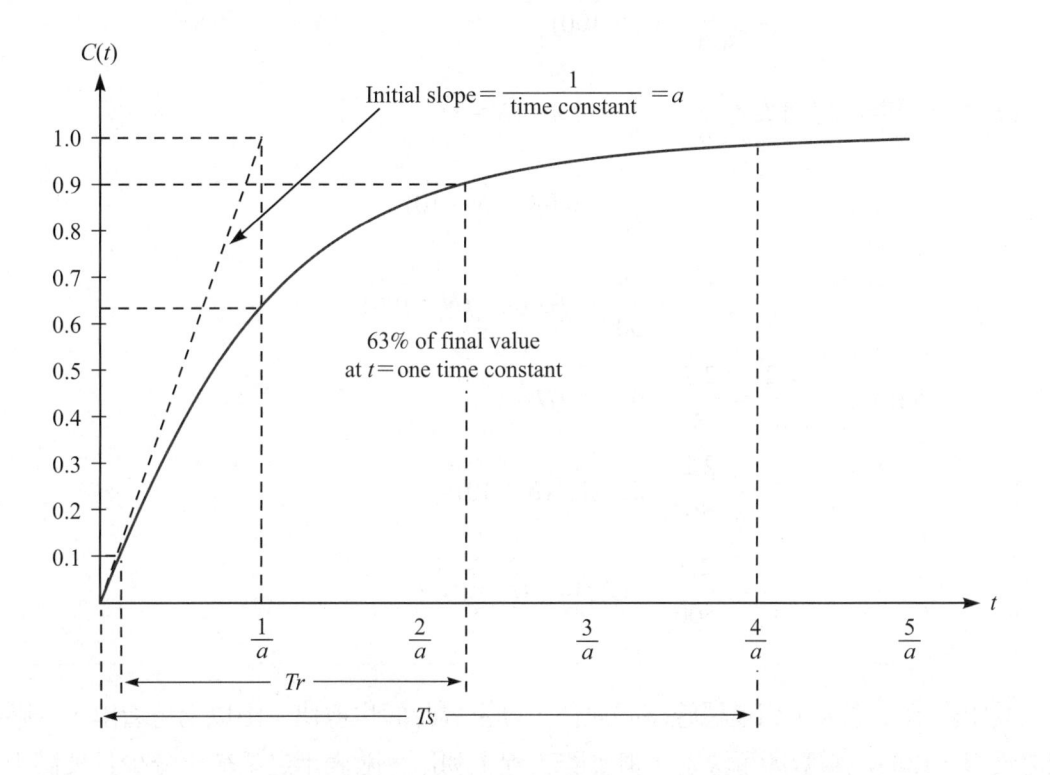

圖 3-15 在一階傳輸函數給階梯函數為輸入下之一階反應圖 (參考資料 3)

◎ 3-5 一階傳輸函數之參數：上昇時間 (Tr)、定態時間 (Ts)、穩態／暫態

我們用一個一階函數作例說明：Tc, Ts, Tr。

例題 3-2

某一個控制系統其閉迴路之**傳輸函數** (transfer function)，為一個一階函數以下式表之：
$G(s) = \dfrac{5N}{S+5N}$ （其中 N 為正整數），試求其時間常數及到達穩態之時間 Ts 及上時間 Tr。

解

(1) 時間常數 $T = \dfrac{1}{a} = \dfrac{1}{5}$　 $(N=1)$

$\qquad\qquad\qquad = \dfrac{1}{50}$　 $(N=10)$

$\qquad\qquad\qquad = \dfrac{1}{500}$　 $(N=100)$

(2) 到達穩態之時間 $Ts = \dfrac{4}{a} = \dfrac{4}{5} = 0.8$　 $(N=1)$

$\qquad\qquad\qquad\qquad = \dfrac{4}{50} = 0.08$　 $(N=10)$

$\qquad\qquad\qquad\qquad = \dfrac{4}{500} = 0.008$　 $(N=100)$

(3) 上昇時間 $Tr = \dfrac{2.2}{a} = \dfrac{2.2}{5} = 0.44$　 $(N=1)$

$\qquad\qquad\qquad\quad = \dfrac{2.2}{50} = 0.044$　 $(N=10)$

$\qquad\qquad\qquad\quad = \dfrac{2.2}{500} = 0.0044$　 $(N=100)$

其中表示 a 愈大，到達穩態時間愈快，其上昇時間也愈快，由以上可看出，一階系統之性質，以時間常數即可決定，但實際工程上利用一階表示之系統十分少且硬體十分昂貴，而一般則常用二階式來描述系統，一方面較為實際，另一方面也較便宜，但分析

起來較為複雜，那就要多加幾個參數，如峰值時間、超值百分比、阻滯、系數比與自然頻率。

例題 3-3

下面二圖中求其系統之 T, Tr 與 Ts

(1)
$$\xrightarrow{\frac{1}{s}} \boxed{\frac{5}{s+5}} \xrightarrow{C(s)}$$

(2)
$$\xrightarrow{\frac{1}{s}} \boxed{\frac{20}{s+20}} \xrightarrow{C(s)}$$

解

(1) $C(s) = \dfrac{1}{s} \cdot \dfrac{5}{s+5} = \dfrac{1}{s} - \dfrac{1}{s+5}$

其時域微分式：$C(t) = 1 - e^{-5t}$

所以

$$T = \frac{1}{5} \text{，} Tr = \frac{2.2}{a} = 0.44 \text{，} Ts = \frac{4}{a} = \frac{4}{5} = 0.8$$

(2) $C(s) = \dfrac{1}{s} \cdot \dfrac{20}{s+20} = \dfrac{1}{s} - \dfrac{1}{s+20}$

其時域微分式：$C(t) = 1 - e^{-20t}$

所以

$$T = \frac{1}{20} \text{ (秒)，} T = \frac{2.2}{a} = \frac{2.2}{20} = 0.11 \text{ (秒)，} Ts = \frac{4}{a} = \frac{4}{20} = 0.2 \text{ (秒)}$$

由上面例題可以看到 $s+a$ 或 $as+1$，改變 a 則對一階之時間常數，均會有影響。以下以一階函數為例，用 MATLAB 指令運作，並繪圖可以看出 t 愈大，則到達一定之穩態所費之時間愈久。

例題 3-4

如圖 3-17，其中 $T = 5, 10, 100$，試以單位階梯函數為輸入看其到達穩態之反應，並試求其狀態之值在 $t \to \infty$ 時為多少？

$$R(s) \longrightarrow \boxed{\frac{1}{Ts+1}} \longrightarrow C(s)$$

圖 3-17　一階函數之時間常數關係

解

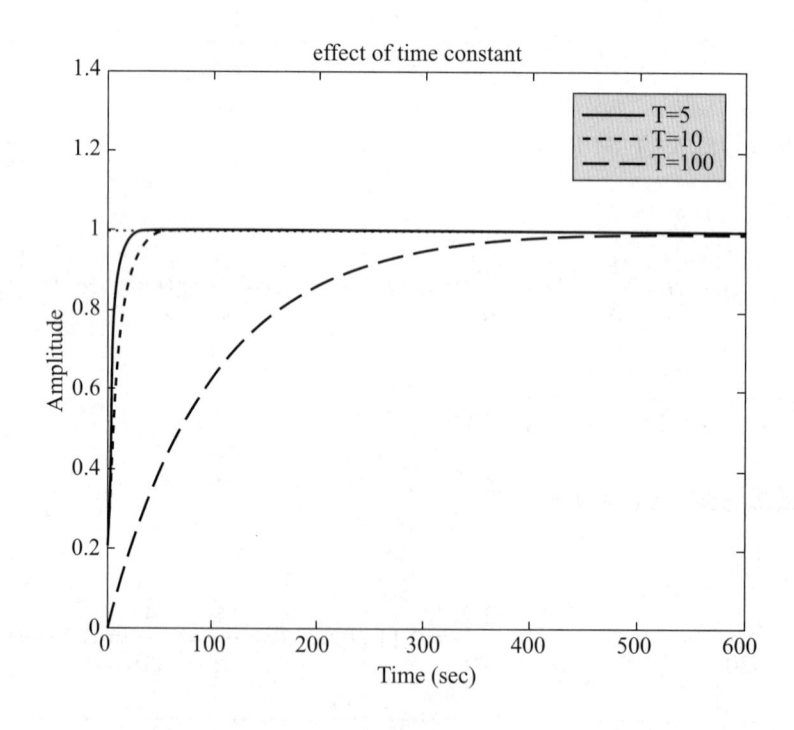

```
>>n1=[1];d1=[5 1];g1=tf(n1,d1);step(g1)
>>hold on
>>n2=[1];d2=[10 1];g2=tf(n2,d2);step (g2)
>>n3=[1];d3=[100 1];g3=tf(n3,d3);step (g3)
```

圖 3-18　不同時間常數下之不同的 $T = 5$ 時域圖

例題 3-5

有一個 RC 電路，如圖 3-19，試求其一階傳輸函數，及 Tc, Tr 及 Ts，並用 MATLAB 求出其解及圖。

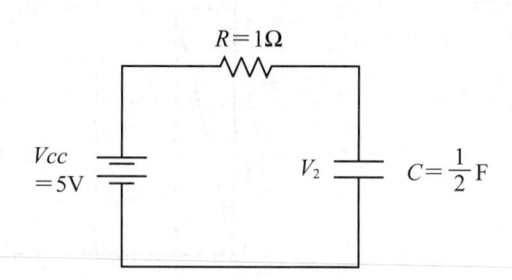

圖 3-19　RC 電路圖 $R=1\Omega$，$C=\dfrac{1}{2}$ 法拉

解

(1) 由 RC 電路 $\dfrac{O/P}{I/P}$ 關係式：$\dfrac{O/P}{I/P}=\dfrac{輸出}{輸入}=\dfrac{1}{RCs+1}$（參考資料 10)

上、下式同除 Cs：$\dfrac{V_2}{V_{cc}}=\dfrac{\dfrac{1}{Cs}}{(R+\dfrac{1}{Cs})}=\dfrac{2}{(s+2)}$

(2) 以 step 為輸入

$$C(s)=\dfrac{10}{s(s+2)}=\dfrac{5}{s}-\dfrac{5}{s+2}$$

其微分式：$V_c(t)=5-5e^{-2t}=5(1-e^{-2t})$

(3)

$$T=\dfrac{1}{2},\quad Tr=\dfrac{2.2}{a}=\dfrac{2.2}{\dfrac{1}{2}}=1.1$$

$$Ts=\dfrac{4}{a}=\dfrac{4}{2}=2\text{sec}$$

(4) MATLAB 式

```
num=2;
den=[1 2];
step(5*G)
Computer response:
transfer function:

2
───
s+2
```

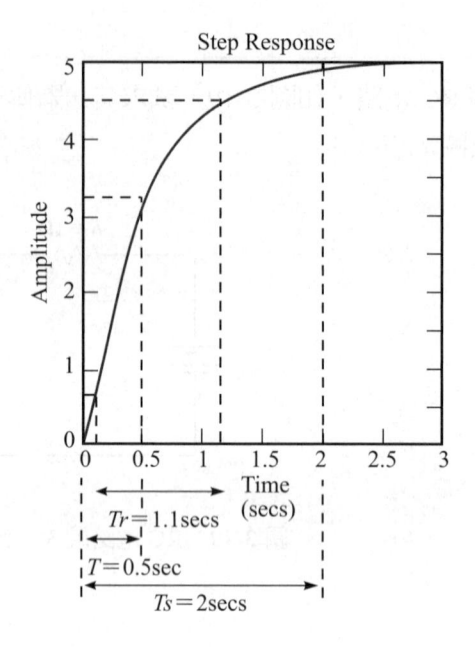

圖 3-20　以 $\frac{2}{s+2}$ 為例之時域反應圖

例題 3-6

有一由質量 Mass，$M=1$kg，與阻滯結合之一系統，其輸入 (外力) 與輸出 (位置) 之關係式，為

$$\frac{O/P}{I/P} = \frac{1}{Ms^2+8s} = \frac{1}{s^2+8s} = \frac{位置}{外力}$$

若把位置設成速度：

$$\frac{O/P}{I/P} = \frac{S(O/P)}{I/P} = \frac{S(位置)}{I/P} = \frac{速度}{I/P} = \frac{1}{Ms+8} = \frac{1/M}{s+8/M}$$

求其 Ts_1，$Ts_2 = ?$

解

$$a = \frac{8}{M}, \quad Ts = \frac{4}{8/M} = \frac{1}{2}M, \quad Tr = \frac{2.2}{8/M} = 0.275\,M$$

由此看出 M 愈大，則 Ts 愈大，自然 Tr 也愈大。

即表示 mass 愈大之物體在一定之阻滯下，到達穩態之時間就會拉長，此與物理之慣性是一致的。

例題 3-7

下列為一階之系統反應，請由此圖 3-21 中，「看」出此系統之傳輸函數來。

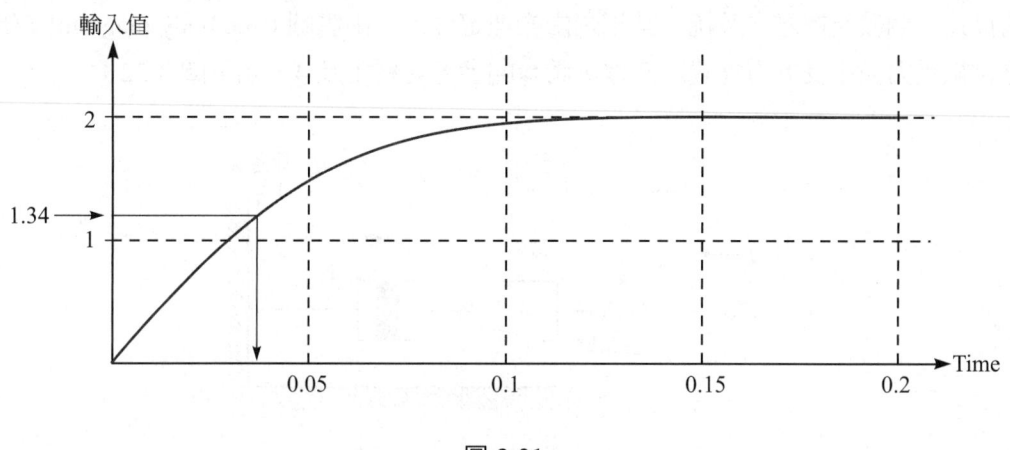

圖 3-21

解

(1) 由定義知，一個時間常數約是在輸入值之 67.7% 處。

(2) ∵此輸入值為 2，∴可得，2×0.67＝1.34。

由 1.34 對應之 time 為 (近似) 0.0244sec。

(3) 假設此一階式為

$$G(s)=\frac{K}{s+a}$$

已知：

$$a=\frac{1}{T}=\frac{1}{0.0244}=40.984$$

當 t → ∞ 時，

$$\lim_{s \to 0} G(s) = \frac{K}{a}=2 \quad \therefore K=81.967$$

$$G(s) = \frac{81.967}{s + 40.984}$$

◎ 3-6　二階函數之反應時間常數

　　二階系統，以彈簧 (spring)、質量 (mass)、阻滯 (damper) 所構成一具體之機械元件系統來描述一個較為複雜之系統，其相關由物理定理，自由體圖 (free body diagram) 寫出一般之常微受力與不受力方程式之過程，請參閱參考資料 1 及 4，如下圖 3-22：

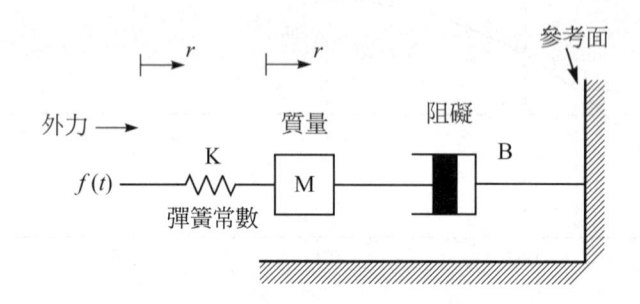

圖 3-22　彈簧、質量、阻滯圖

可寫成下式

$$m\ddot{x}(t) + b\dot{x}(t) + Kx(t) = r(t) \tag{3-17}$$

　　若旋轉之物體則可把質量 m，改為轉動為重量即可。即質量 mass 在受到外力 $f(t)$ (即 $r(t)$) 下，經過彈簧 (K) 與阻滯 (b) 之效應，得到系統位置 $x(t)$，速度 $\dot{x}(t)$，以及加速度 $\ddot{x}(t)$ 之變化關係。為了簡化問題，假定不受外力，即 $r(t)=0$ 之情形 (unforced dynamic response)：

若 $r(t)=0$

則上式 (3-17) 寫為

$$m\ddot{x}(t) + b\dot{x}(t) + Kx(t) = 0 \tag{3-18}$$

即

$$\ddot{x}(t) + \frac{b}{m}\dot{x}(t) + \frac{k}{m}x(t) = 0$$

上式中，取 $\omega = \sqrt{\dfrac{k}{m}}$，$\zeta = \dfrac{b}{2\sqrt{mk}}$

ω 為自然頻率，ζ 為阻滯比，ω 單位為 rad/sec，表示角頻率。則上式 (3-18) 為

$$\ddot{x} + 2\zeta\omega \cdot \dot{x} + \omega^2 x = 0 \tag{3-19}$$

若設輸出值 (output) $x = e^{rt}$，則代入上式 (3-19)

$$r^2 + 2\zeta \cdot \omega \cdot r + \omega^2 = 0 \quad \text{(特性方程式)} \tag{3-19a}$$

則此微分式解 $x(t) = Ae^{r_1 t} + Be^{r_2 t}$

而其中 $A = x(0) + \dfrac{r_1 x(0) - \dot{x}(0)}{r_1 - r_2}$

$B = -\left(\dfrac{r_1 x(0) - \dot{x}(0)}{r_1 - r_2}\right)$

在此二階系統中 (或以上)，則有我們在一階上未曾出現之幾個參數，其中阻滯比會影響到全系統之反應，現以阻滯為主軸討論如下：

Case 1：over-damping ($\zeta > 1$) (過阻滯)

則全式有 2 個不同之實根，其解

$x(t) = Ae^{r_1 t} + Be^{r_2 t}$ （A、B 已述之如前）

Case 2：critical damping ($\zeta = 1$) (臨界阻滯)

則全式有 2 個相同之重根，(實數)，則此系統為，其解

$x(t) = (A + Bt)e^{-\omega t}$，其中 $A = x(0)$，$B = \dot{x}(0) + \omega x(0)$

Case 3：under-damping ($0 \leq \zeta < 1$) (欠阻滯)

此時，r 為複數即有實、虛二部 ($a + bi$)，系統會有振盪發生，其振盪頻率為 ω_d (damped frequeucy)，其解

$x(t) = Ae^{-\zeta\omega t}(A\cos(\omega_d t) + B\sin(\omega_d t))$

$\omega_d = \omega\sqrt{1 - \zeta^2}$，其中 $A = x(0)$，$B = \dfrac{1}{\omega_d}(\zeta\omega x(0) + \dot{x}(0))$

當使用 sin 函數為輸入時，會有一個峰值 ω_{peak}

$$\omega_{peak} = \omega\sqrt{1-\zeta^2}$$

若把 ω_n 與 ζ 放在傳輸函數 $\dfrac{O/P}{I/P}$ 中，則其表示法：

R(s) → ⊗ → [$\dfrac{\omega_n^2}{s(s+2\zeta\omega_n)}$] → y(s)

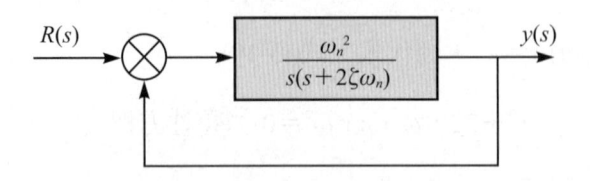

圖 3-23　二階段模之閉迴路圖

若作成閉迴路系統，則由迴路原理

$$\frac{O/P}{I/P} = G(s) = \frac{\dfrac{\omega_n^2}{s(s+2\zeta\omega_n)}}{1+\dfrac{\omega_n^2}{s(s+2\zeta\omega_n)}}$$

$$= \frac{\omega_n^2}{s^2+2\zeta\omega_n s} \cdot \frac{s^2+2\zeta\omega_n s}{s^2+2\zeta\omega_n s+\omega_n^2}$$

$$= \frac{\omega_n^2}{s^2+2\zeta\omega_n s+\omega_n^2} \tag{3-20}$$

我們在圖 3-10 中所示為一階傳輸函數 (transfer function) 之 $\dfrac{4}{a}$ 反應圖，到了二階我們以 $\omega_n t$ 為橫軸取代 t，而 y 軸仍以輸出 $c(t)$ 為主，仍以 unit-step 為輸入。則其以 4 個時間函數來看，每一個單位時間值為 $\dfrac{\pi}{\sqrt{1-\zeta^2}}$，圖 3-24 即為以圖 3-23 為迴路之傳輸函數 $\dfrac{\omega_n^2}{s^2+2\zeta\omega_n s+\omega_n^2}$ 之時域反應圖。

第 3 章　系統設計流程與低階反應特性

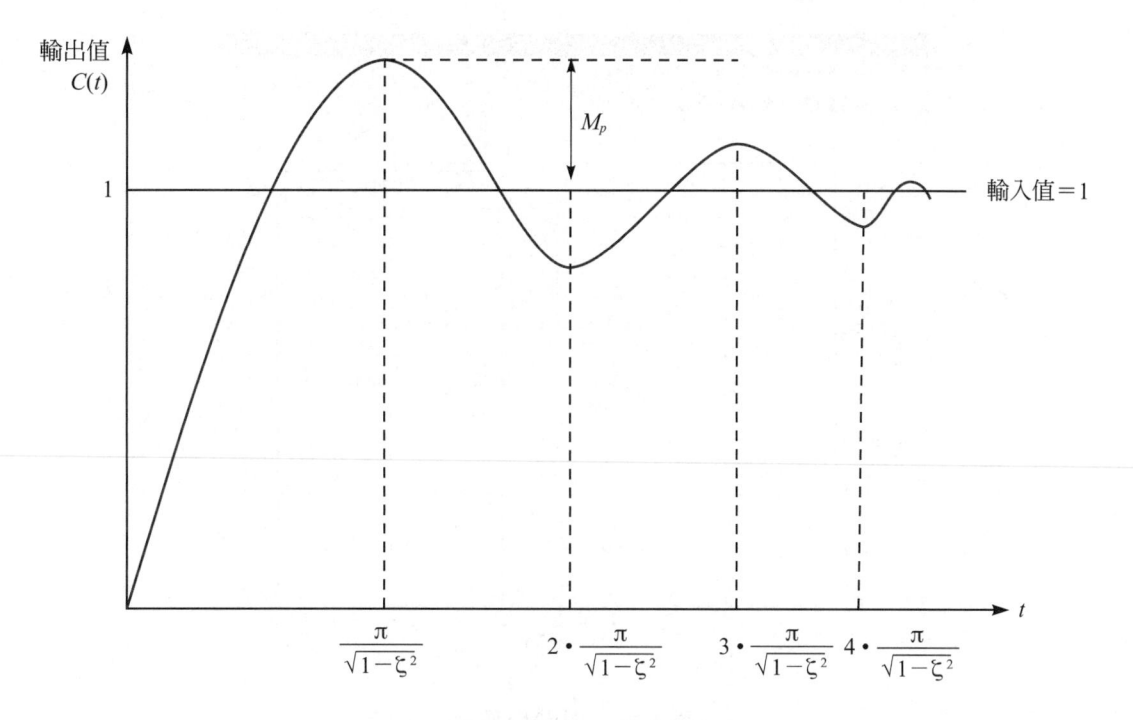

圖 3-24　二階函數之時間常數反應圖

例題 3-8

在公式 (3-17) 中，若 $y(0)=0.15$m，$\omega_n=1.414 \cdot$ rad/sec，$\dfrac{K}{M}=2$，$\dfrac{b}{M}=1$，且 $\zeta=\dfrac{1}{2\sqrt{2}}$，試以 MATLAB 作出此反應圖形。

解

```
>>y0=0.15;
>>wn=sqrt(2);
>>zeta=1/(2*sqrt(2));
>>t=[0:0.1:10];
>>c=(y0/sqrt(1-zeta^2));
>>y=c*exp(-zeta*wn*t).*sin(wn*sqrt(1-zeta^2)*t+acos(zeta));
>>bu=c*exp(-zeta*wn*t);bl=bu;
>>plot(t,y,t,bu,'-',t,bl,'--'),grid
>>xlabel('time(sec)'),ylabel('y(t)(position/meters)')
>>legend(['\omega_n=',num2str(wn),'\zeta=',num2str(zeta)])
>>
```

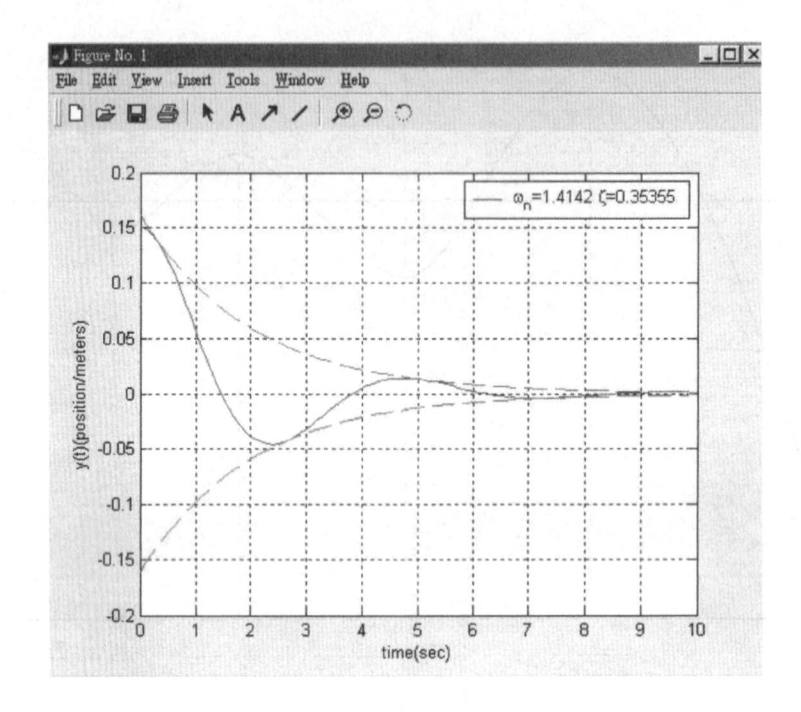

圖 3-25　阻滯反應圖

為一收斂之反應圖。

3-6-1　利用 MATLAB 指令串聯二個傳輸函數

例題 3-9

若有二個傳輸函數,則可透過 MATLAB 模擬其串聯動作,再使其形成閉迴路,並求閉迴路之總傳輸函數,如下例:

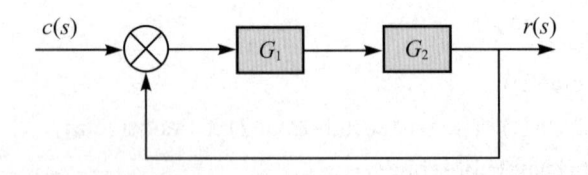

圖 3-26　主流路上串聯二個傳輸函數

解

```
>>n1＝[1];d1＝[31];sys1＝tf(n1,d1)
```

Transfer function:
$$\frac{1}{3s+1}$$
```
>>n2=[2 1];d2=[3 5];sys2=tf(n2,d2)
```
Transfer function:
$$\frac{2s+1}{3s+5}$$
```
>>sys=series(sys1,sys2)
```
Transfer function:
$$\frac{2s+1}{9s^2+18s+5}$$
```
>>closesys=feedback(sys,[1])
```
Transfer function:
$$\frac{2s+1}{9s^2+20s+6}$$
```
>>step(closesys)
>>grid
```

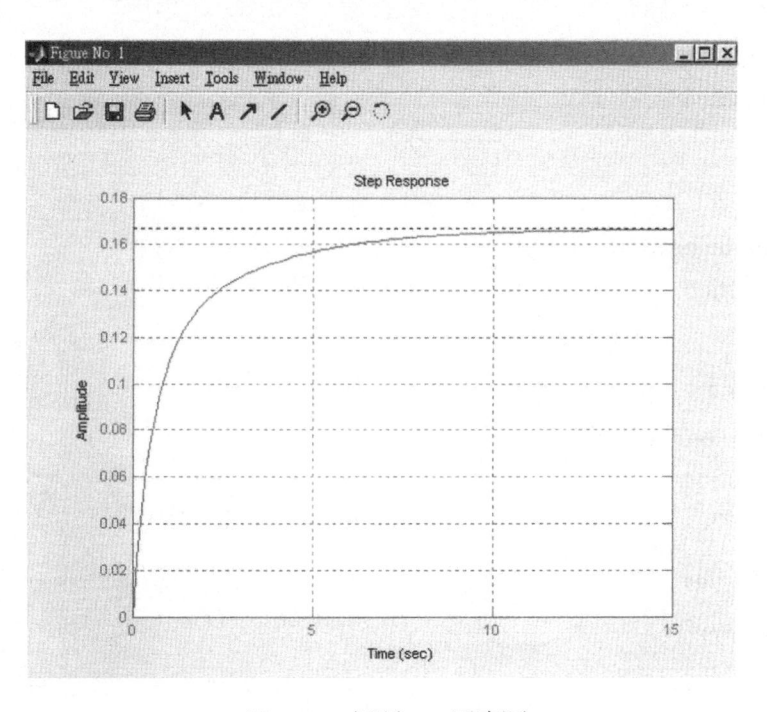

圖 3-27　例題 3-9 反應圖

3-6-2 利用 MATLAB 指令並聯二個傳輸函數

若有二個傳輸函數，以可透過 MATLAB 把其並聯合再合一，再作閉迴路，求其總傳輸函數，如前例之並接：

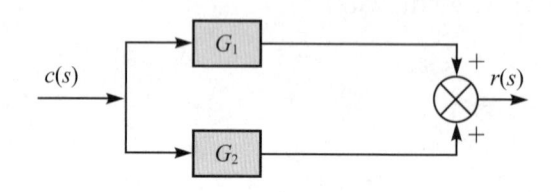

圖 3-28　並聯二個傳輸函數

例題 3-10

同前，僅改為並聯式之 G_1, G_2

解

```
>>n1=[1];d1=[3 1];sys1=tf(n1,d1)
Transfer function:
    1
  -----
  3s+1
>>n2=[2 1];d2=[3 5];sys2=tf(n2,d2)
Transfer function:
   2s+1
  -----
   3s+5
>>sys=parallel(sys1,sys2)
Transfer function:
   6s^2+8s+6
  ------------
   9s^2+18s+5
>>closesys=feedback(sys,[1])
Transfer function:
    6s^2+8s+6
  -------------
   15s^2+26s+11
>>step(closesys)
>>grid
```

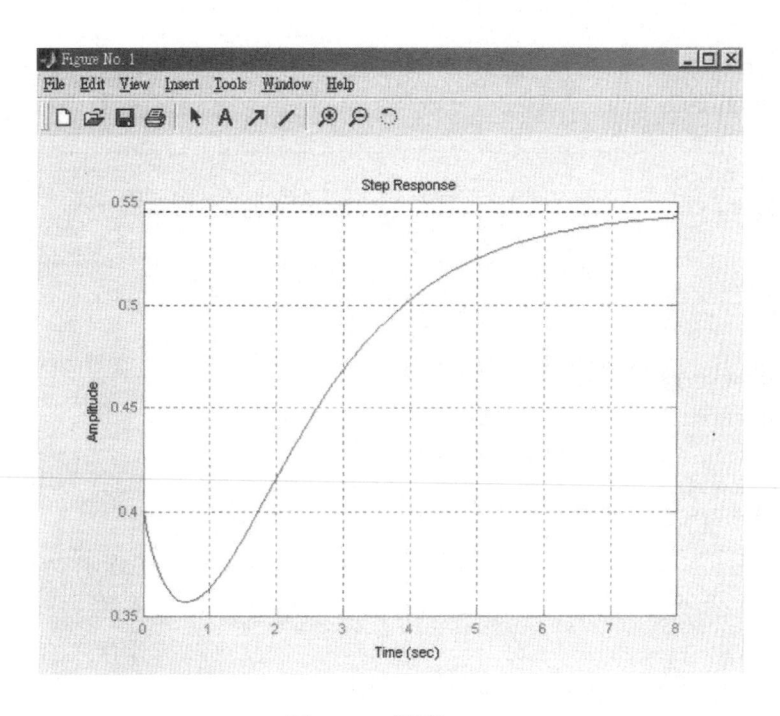

圖 3-29　例題 3-10

3-6-3　利用多根式配合 MATLAB 求解

若一個控制閉迴路，其傳輸函數為多個根直接組成，則可利用一個叫 convolution 之指令，寫為 conv 來直接求解。

例題 3-11

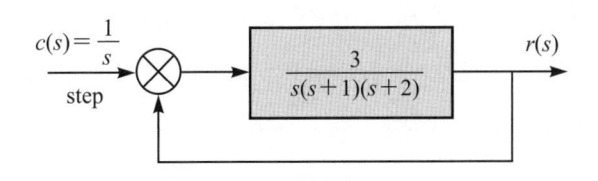

圖 3-30　多根式之求解法

解

```
>>n=3;
>>d=conv(conv([1 0],[1 1]),[1 2]);
```

```
>>sys=tf(n,d)
Transfer function:
      3
---------------
s^3+3s^2+2s
>>'T(s)'
ans=
T(s)
>>T=feedback(sys,1)
Transfer function:
        3
-----------------
s^3+3s^2+2s+3
>>step(T)
>>grid
```

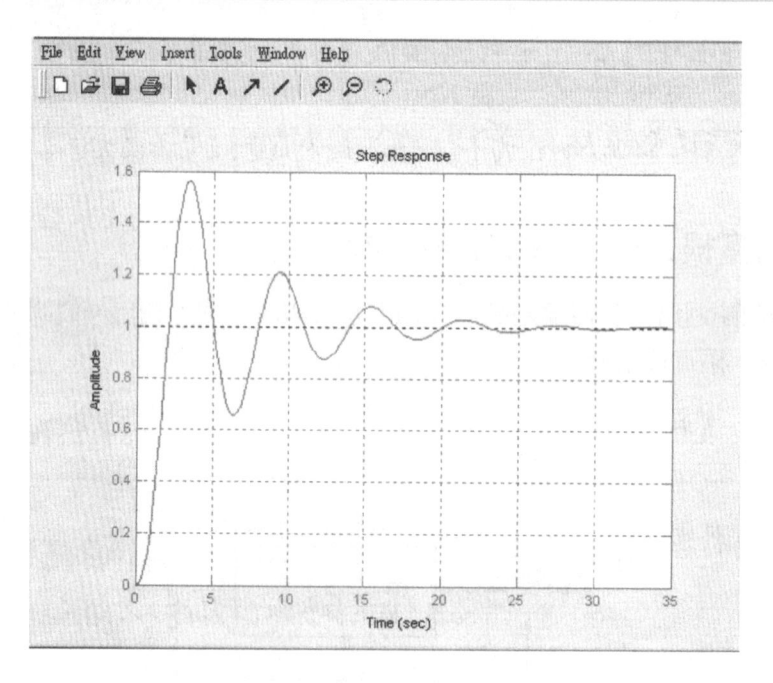

圖 **3-31**　例題 3-11 反應圖

◎ 3-7 二階傳輸函數之參數、穩態、暫態、穩態強度、峰值時間、超值百分比

二階函數以上會有振盪,則會出現較一階為複雜之變化,如下圖,在圖 3-32 中,名詞介紹如下:

(1) 延遲時間 t_d (delay time):響應曲線第一次峰值前 (或到達穩態),達到穩態值 (一般為輸入值) 之半所需之時間。

(2) 上升時間 t_r (rising time):響應曲線由峰值前,從穩態值之 10% 上升到 90% 所需之時間。

(3) 峰值時間 t_p (peak time):響應曲線達到第一個峰值所需之時間。

(4) 最大過量值 M_p (over shoot):若輸入值為 1,則超過 1 之量為最大過量值,若其輸入不為 1 或穩態值非 1,則用下列 % 過量來計算。

$$M_p = \frac{c(tp) + c(\infty)}{c(\infty)} \times 100\% \tag{3-21}$$

其中 $c(\infty)$ 為達到穩態 ($t \to \infty$) 時之輸出值 (對好的控制最後一定是穩態值 = 輸入值) 功輸出值在 $t \to \infty$ 時,應註等於輸入值 $c(tp)$:在峰值時間下之最大 $c(t)$ 值。

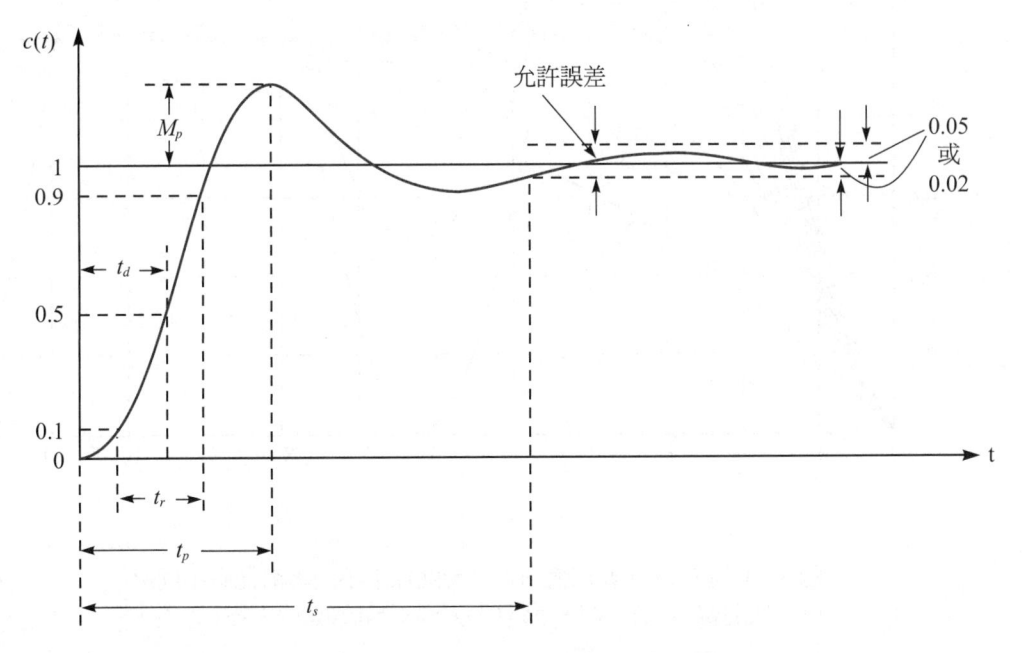

圖 3-32 時域反應圖中 t_d, t_r, t_p, M_p 與 t_s,在振幅收斂後之相關關係圖 (參考資料 5)

(5) 調整時間 t_s (settling time)：在響應曲線之穩態線 (直線) 上，用與穩態值相差之百分數 (5% 或 2%) 作一個允許誤差之範圍 (系統規格中訂妥，2% 較 5% 嚴格)，在反應時間之 $c(t)$ 落在此域中，則稱達成穩態值，即反應曲線達到此範圍所需之時間，即為 t_s。

在圖 3-33 中所示 (參考資料 9)，利用 unit-step 為輸入信號可以看出 ω_t 及 $c(t)$，即不同之 natural frequry 對輸入為 1 之情況下，其與輸出值 $c(t)$ 之關係式。當 $\zeta=0$，則表示有二虛根就在虛軸上不停的振盪，不會收斂。當有了阻滯 $\zeta=0.1$ 後，振盪峰值變小，有收斂之趨勢，但時間太慢，當 $\zeta=0.7$ 時，峰值變更小，較易收斂到 1，而 $\zeta=2.0$ 時，無振盪。但收斂則過慢。以上，則顯出二次控制系統之特色，可供設計者參考。

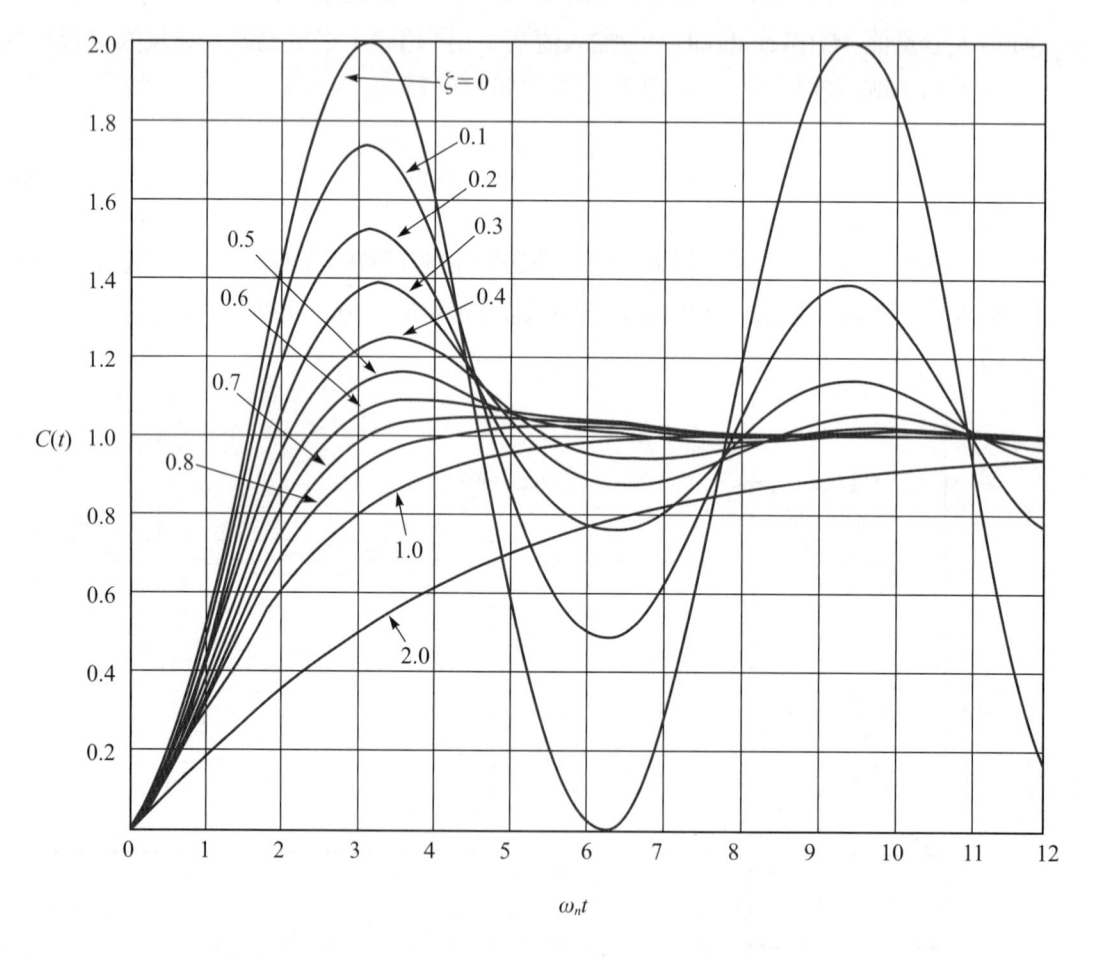

圖 3-33 在 $\omega_n t$ 與輸出值 $c(t)$ 二者關係上不同阻滯比有不同反應時域曲線，ζ 愈小則抖動愈大，愈不易收斂，穩態性愈差。

在圖 3-31 中說明了不同之阻滯值對輸入命令 $c(t)$ 值之反應，注意圖中 $c(t)=1.0$。假設為標章輸入式，則依輸出值必須追隨輸入值 Ju，看到阻滯在本圖中約 0.5~1.0 較易收斂，而 $\zeta=0$ 的即在激盪 (0.1, 0.3) 間的雖可收斂但卻要很久，再用例題 $G(t)=\dfrac{9}{s^2+9s+9}, \dfrac{9}{s^2+2s+9}, \dfrac{9}{s^2+9}, \dfrac{9}{s^2+6s+9}$ 及 4 個 W_N 相同 = 3 rad/sec 但 ζ 不同的 4 個系統作一個表。說明 4 者之不同，配合根之位置與圖形讓大家對二階系統有一個清楚的概念。

表 3-2　相同輸入 (階梯輸入) 相同 ω_N，不同 ζ 之 4 個不同系統之反應。

	根位置	圖形	根特性	穩態	反應特性 ωn / ζ	系統阻滯特性
$\dfrac{9}{s^2+9s+9}$	-7.8541 -1.1459		兩根在左平面二實根	穩態	3 / 1.5	$\zeta>1$ overdamp 過阻滯
$\dfrac{9}{s^2+2s+9}$	$-1+2.8284i$ $-1-2.8284i$		兩根在左平面二複根	穩態	3 / 0.33	$0<\zeta<1$ underdamp 欠阻滯
$\dfrac{9}{s^2+9}$	$0+3i$ $0-3i$		兩根在虛軸上二虛根	非穩態	3 / 0	$0=\zeta$ 無阻滯
$\dfrac{9}{s^2+6s+9}$	$-3+0i$ $-3-0i$		兩根在左平面重根	穩態	3 / 1	$\zeta=1$ 臨界阻滯

◎ 3-8　固定誤差範圍下，二次式之特徵值 (參考資料 11)

以一個伺服馬達為例 (參考資料 13)，其數模方塊圖如下。

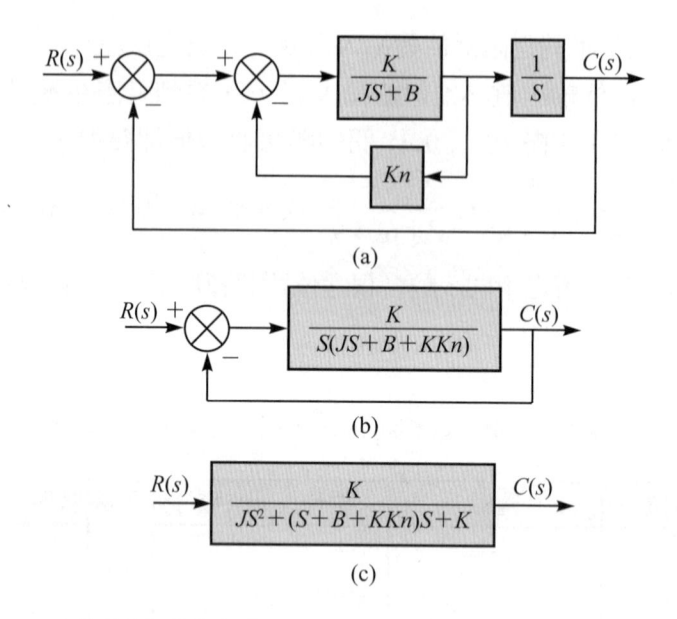

圖 3-34 伺服馬達功能方塊圖 (a) 經 (b) 前化整合為輸出／輸入關係 (c)

其中阻滯比 (damphy ratio) ζ 與二階之馬達代表式

$$\frac{C(s)}{R(s)} = \frac{K}{JS^2 + BS + K}$$

$$= \frac{K/J}{\left[S + \frac{B}{2J} + \sqrt{\left(\frac{B}{2J}\right)^2 - \frac{k}{J}}\right]\left[S + \frac{B}{2J} - \sqrt{\left(\frac{B}{2J}\right)^2 - \frac{k}{J}}\right]} \quad \textbf{(3-23)}$$

因為二個複根，但僅考慮有物理意義之正根 $B^2 - 4JK \geq 0$。

故
$$\frac{k}{J} = \omega_N^2 \, , \, \frac{B}{J} = 2\zeta \cdot \omega_N = 2\sigma \quad \textbf{(3-22)}$$

其中 σ 稱阻滯耗損值 (attenuation 簡稱阻耗)，而 W_N 為在未阻滯下之自無頻率而 ζ 即系統阻滯比，J 為馬達慣量。

$$\zeta = \frac{B}{BC} = \frac{\text{實際阻滯值}}{\text{臨界阻滯值}} = \frac{B}{2\sqrt{JK}} \quad \textbf{(3-23)}$$

一般定義臨界阻滯值為 1，所以 $\zeta = B$。
由此可得下列諸式。

最大超行量 $M_P = e^{-(\zeta/\sqrt{1-\zeta^2})\pi}$，$\sigma = \dfrac{\zeta\pi}{\sqrt{1-\zeta^2}}$ (3-24)

達到最大峰值之時間 $t_P = \pi/\omega_d$，$\omega_d = \omega_N\sqrt{1-\zeta^2}$ (3-25)

伺服馬達系統中阻滯值 $\zeta = \dfrac{B+KK_n}{2\sqrt{KJ}}$ (3-26)

上昇時間 $t_r = \dfrac{1}{\omega_d}\tan^{-1}\left(\dfrac{\omega_d}{-\sigma}\right) = \dfrac{\pi-\beta}{\omega_d}$ (3-27)

達到穩態之時間 t_s (settling)。

若以 4 倍時間常數計：$t_s = 4T = \dfrac{4}{\sigma} = \dfrac{4}{\zeta\cdot\omega_N}$ (2% 誤差域內)

若以 3 倍時間常數計：$t_s = 3T = \dfrac{3}{\sigma} = \dfrac{3}{\zeta\cdot\omega_N}$ (5% 誤差域內) (3-28)

例題 3-12

有一伺服馬達 (serve motion) (即馬達＋控制器＋感測器形成之一個閉迴路)，求馬達系統之 K 及速度迴授感測器常數 K_n，若以單位階梯輸入，希望其最大超行量 (overshoot) 為 0.2，而到達峰值之時間 (peak time) 為 1 sec，此馬達慣量為 1Kg-m^2，阻滯量 $B = 1$ N-M/rad/sec 圖 (3-31) 求 ① 以 2% 之誤差範圍下 4 個時間常數之 $t_s]_t = 4a$ ② 及以 5% 誤差範圍下 3 個時間常數之 $t_s]_t = 3a$ 為何？③ 伺服系統之 K 及 Kn 值＝？

解

(1) 在超行量為 0.2 下求阻滯比 ζ

$M_P = e^{-(\zeta/\sqrt{1-\zeta^2})\pi} = 0.2$

可求出 $\zeta = 0.456$，$\sigma = \dfrac{\zeta\pi}{\sqrt{1-\zeta^2}} = 1.61$

(2) 已知希望 $t_p = 1$ sec 求 ω_N (公式3-26)

$\dfrac{\pi}{\omega_d} = 1$，$\omega_d = 3.14$

$\omega_N = \dfrac{\omega_d}{\sqrt{1-\zeta^2}} = 3.53$

(3) 求伺服系統中重要常數 K 與 Kn

由公式 (3-24)：$K = J\omega_N^2 = 1 \times \omega_N^2 = 12.5$ N-m

由公式 (3-27)：$Kn = \dfrac{22\sqrt{JK}\,\zeta - B}{K} = 0.178$ sec

(4) 求系統之上昇時間 t_r

$$t_r = \frac{\pi - B}{\omega_d} = \frac{\pi - \tan^{-1}\dfrac{\omega_d}{\sigma}}{\omega_d} = \frac{3.14 - \tan^{-1}\dfrac{3.14}{1.61}}{3.14} = 0.65 \text{ sec}$$

(5) $t_s]_t = 4a = 4/\sigma = 2.48$ sec

$t_s]_t = 3a = 3/\sigma = 1.86$ sec

若以 unit-step 為 1 之輸入值，其 settling time t_s 以到達輸入值 ±1% 內之值為認可標準。如圖 3-35，則相對參數值可簡算如下：

(1) $t_r \cong \dfrac{1.8}{\omega_n}$ (誤差域在 1% 內)   **(3-29)**

(2) $t_s = 4.6/\zeta \cdot \omega_n$，$\zeta \cdot \omega_n = \sigma$(4.6 for ±1%，4.0 for ±2%，3.0 for ±5%)

(3) $t_p = \dfrac{\pi}{w_d}$，$\omega_d = w^*\sqrt{1-\zeta^2}$

(4) $y(t_p) = 1 + e^{(-\zeta \cdot \omega)\pi/\omega_d}$

(5) $M_p = e^{\frac{-\pi\zeta}{\sqrt{1-\zeta^2}}}$ $(0 \leq \zeta < 1)$

(6) % over shoot $= 100\, M_p$

(7) $\zeta = \dfrac{-\ln(\% \text{ overshoot}/100)}{\sqrt{\pi^2 + \ln(\% \text{ overshoot}/100)^2}} = \dfrac{2 \cdot \zeta \cdot \omega}{2\omega}$

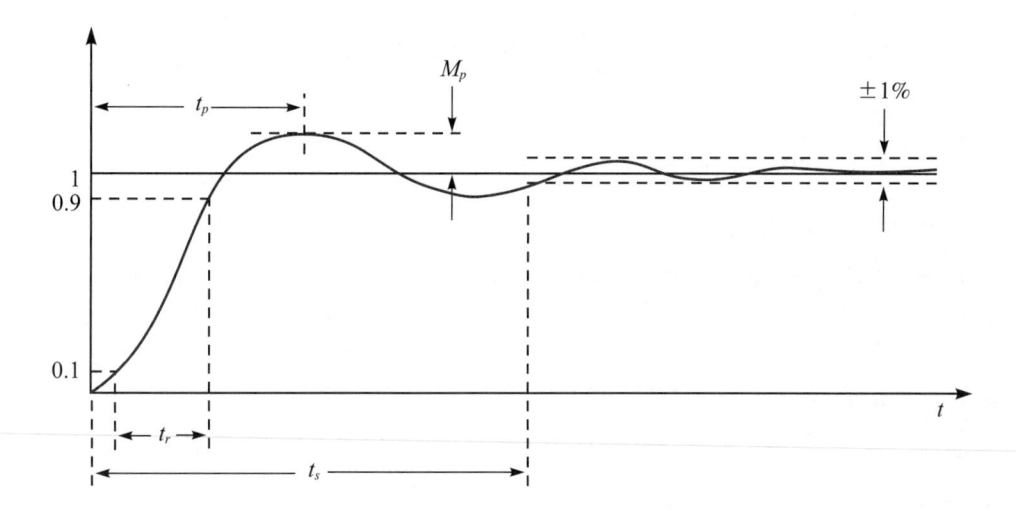

圖 3-35　在 settling time t_s 以 ±1% 內為認定值下，時域反應圖 (以 unit step＝1 為輸入)

例題 3-13

若一系統之數模在 open loop 下為 $\dfrac{4}{s^2+s}$，試求以 unit-step 為輸入其 close loop 之數模。且誤差值在 ±1% 下之 ζ (damping ratio)、t_r (rising time)、t_s (settlling time)、t_p (peak time) 及 M_p (overshoot value)。

解

(1) $G_1 = \dfrac{4}{s^2+s}$ (open loop)

$G_2 = \dfrac{(2)^2}{s^2+s+(2)^2}$ (close loop) (公式 3-20)

(2) damping ratio 與 ω 值

$\omega^2 = 4$　∴ $\omega = 2$　而 $2\zeta \cdot \omega = 1$　即 $\zeta = \dfrac{1}{2.2} = 0.25$

(3) 求 $\omega_d = \omega\sqrt{1-\zeta^2} = 2\sqrt{1-(0.25)^2} = 1.9365$

(4) 由 3-6 之公式

$t_r = \dfrac{1.8}{\omega} = \dfrac{1.8}{2} = 0.9 \text{sec}$

$t_p = \dfrac{\pi}{\omega_d} = \dfrac{3.14159}{1.9365} = 1.6223 \text{sec}$

$$M_p = e^{-\pi\zeta/\sqrt{1-\zeta^2}} = e^{-3.243} = \frac{1}{e^{3.243}} = 0.039 = 3.9\%$$

$$t_s = \frac{4.6}{\zeta \cdot \omega} = \frac{4.6}{(0.25)(2)} = 9.2\text{sec}$$

(5) 再用 MATLAB 來檢驗

```
>> n1=[4],d1=[1 1 0];g=tf(n1,d1)
n1 =
     4
Transfer function:
    4
  -------
  s^2+s

>> gf=feedback(g,1)
Transfer function:
      4
  ---------
  s^2+s+4

>> step(gf)
>> grid on
```

再利用滑鼠左鍵在 MATLAB 圖上，點下即有值出來可與上值比較。

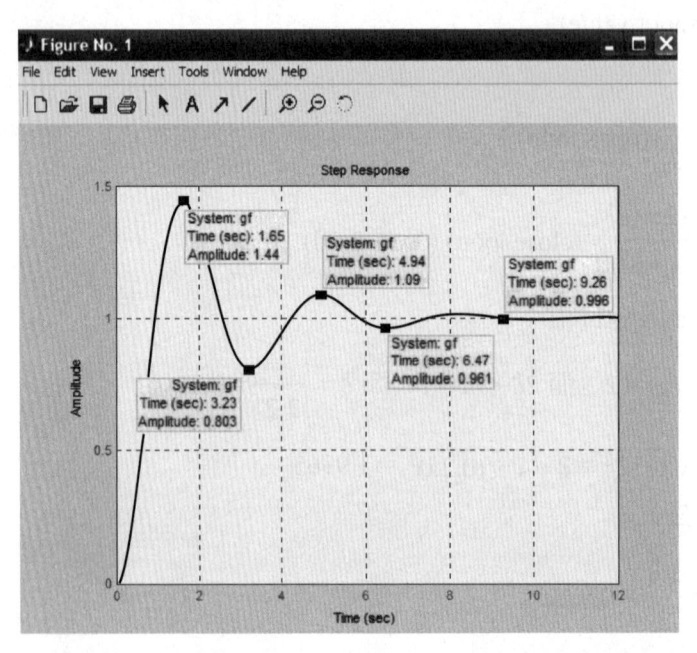

圖 3-36　二階時域函數之相關數據 (注意峰值及凹值)

◎ 3-9　二次傳輸函數在複數平面下之相關參數彼此關係與物理意義

在第八章中我們會談到根軌跡法，用來看一旦數模或傳輸函數的增量值 K 在閉迴路下之變化是否穩定，其所在之平面那為複數平面。

複數平面中 x 軸為實數值，y 軸為虛數軸 (Im axis) 用來表示任一個複數 $x+yi$ 之位置。其中相對於有關之時域重要參數 ω, ζ, σ 之關係。

(1) ω：代表根離原點 (0, 0) 之位置 (看上昇時間 (rise time))。
(2) ζ：代表根若在左平面 (LHP) 離 Im 軸及 Re^- (負數軸) 之位置 $\sin^{-1}\zeta$ (看 overshoot，峰值量大小)。
(3) σ：代表到達穩態值之時間長短 (settling)。
(4) 合成之圖形 (如圖 3-37)。

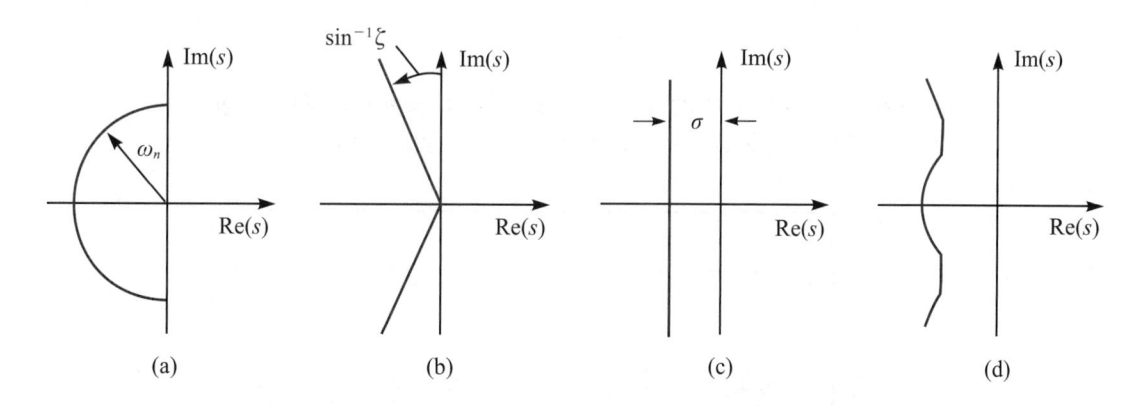

圖 3-37　在複數平面 (s-plan) 下之暫態反應關係圖 (參考資料 11)

而在二階之時域中，有阻滯值 (damping ratio, ζ)，與峰值及到達峰值之時間 (tp) 關係，見圖 3-38(a) (參考資料 10)。

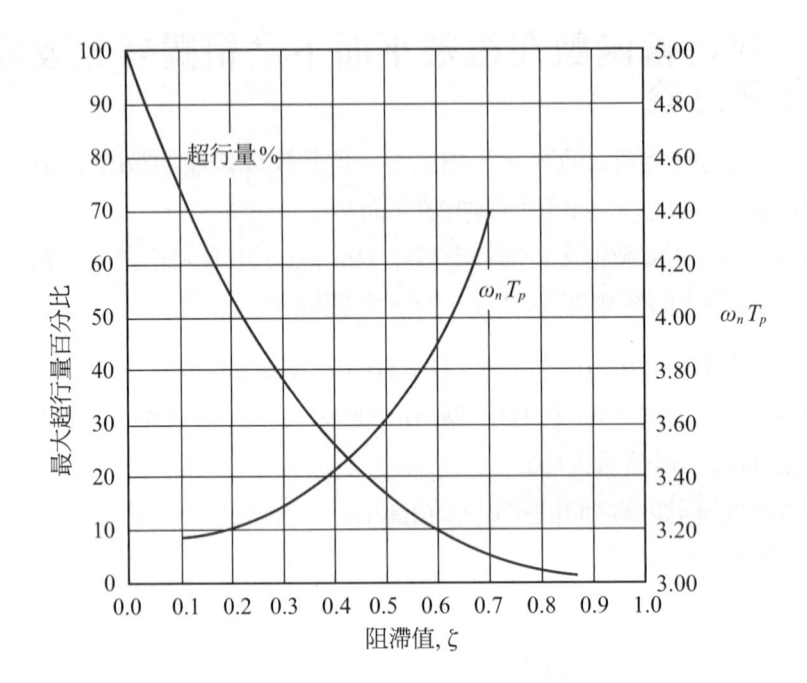

圖 3-38(a) 二階函數橫軸為阻滯，y 軸為峰值 (最大超行量) 及右側 y 軸為到達峰值時間 (T_p) 與 W_N 之關係圖。(參考資料 10, 11)

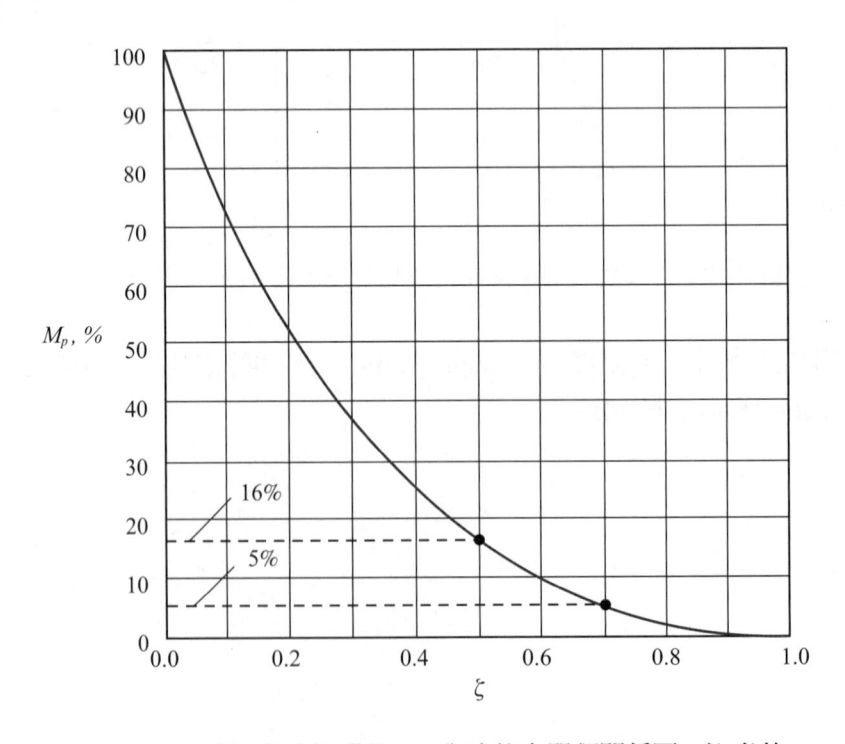

圖 3-38(b) 二階函數之阻滯值 (ζ) 與峰值之單獨關係圖，注意其 y 軸上有 5% 與 16% 之峰值 % 比所落在之 ζ 值域約 (0.45, 0.65) 間

第 3 章 系統設計流程與低階反應特性

現在用一簡單之二階函數，分子為 1，使 DC gain＝1 用不同之 step 及 impulse 為輸入看其變化之反應。同時也看 damping ratio 由小到大之變化對圖形之影響 (參考資料 10)。

$$G_1(s)=\frac{1}{s^3+0.2s+1} \text{ 到 } G(s)=\frac{1}{s^2+4s+1} \text{ 其輸出值之變化}$$

```
>> t=[0:0.1:12]; num=[1]
>> zeta2=0.2; den2=[1 2*zeta2  1]; sys2=tf(num,den2)
>> n1=[4],d1=[1 1 0];g=tf(n1.d1)
Transfer function:
      1
  ―――――――――
  s^2+0.8 s+1
>> zeta4=0.7; den4=[1 2*zeta4  1]; sys4=tf(num,den4);
>> zeta5=1.0; den5=[1 2*zeta5  1]; sys5=tf(num,den5);
>> zeta6=2.0; den6=[1 2*zeta6  1]; sys6=tf(num,den6);
>> zeta6=2.0; den6=[1 2*zeta6  1]; sys6=tf(num,den6)
Transfer function:
      1
  ―――――――――
  s^2+4 s+1
>> [y1,T1]=step(sys1,t); [y2,T2]=step(sys2,t);
>> [y3,T3]=step(sys3,t); [y4,T4]=step(sys4,t);
>> [y5,T5]=step(sys5,t); [y6,T6]=step(sys6,t);
>> plot(T1,y1,T2,y2,T3,y3,T4,y4,T5,y5,T6,y6)
>> xlabe('\omega_n t'), ylabel('y(t)')
>> title('\zeta=0.1, 0.2, 0.4, 0.7, 1.0, 2.0'), grid
grid on
```

98　自動控制

$\zeta = 0.1, 0.2, 0.4, 0.7, 1.0, 2.0$

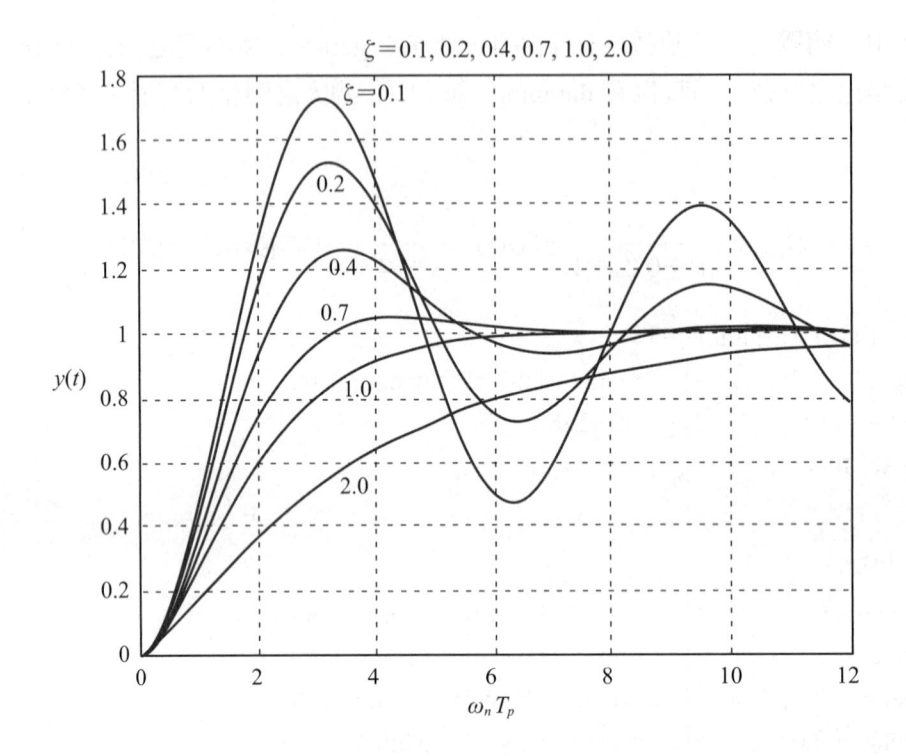

圖 3-39　用 unit-step 為輸入二階系統反應最上為阻滯值 $\zeta=0.1$ (最小值)，在 $\omega_n t = 12$ 還未收斂，最下為 $\zeta=2.0$ (最大值)，系統在 $\omega_n t = 12$ 時已可達一定收斂值。

```
>> [y1,T1]=impulse(sys1,t);
>> [y2,T2]=impulse(sys2,t);
>> [y3,T3]=impulse(sys3,t);
>> [y4,T4]=impulse(sys4,t);
>> plot(t,y1,t,y2,t,y3,t,y4)
>> xlabel('\omega_n t'), ylabel('y(t)/lomega_n')
>> title('\zeta=0.1, 0.25, 0.5,1.0'), grid
>> grid on
```

$\zeta=0.1, 0.25, 0.5, 1.0$

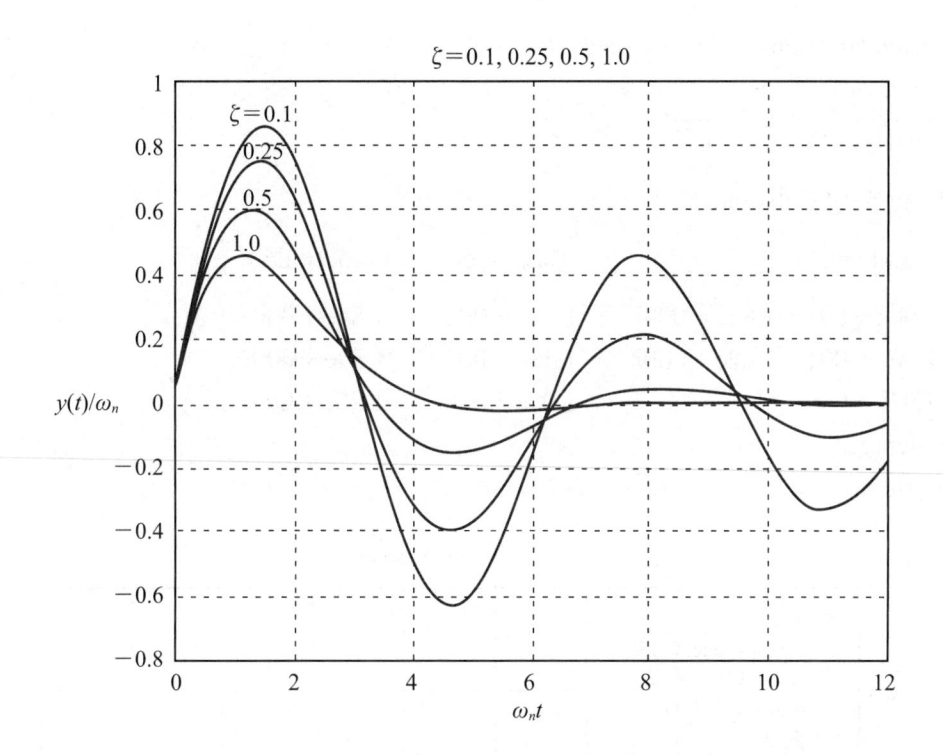

圖 3-40 用 impulse 一為輸入，看二階函數之系統反應之變化量，只有阻滯值 $\zeta=0.7$ 時略為收斂 (較為嚴峻之檢驗)

利用 damp 指令及配合滑鼠按鍵，可以把時域圖中之相關係數之數值一一列出 (須知其 steady state error 範圍是 1% 或 2%)。以下即以 $\dfrac{s^2+3s+5}{2s^3+4s^2+6s+8}$ 為例看 MATLAB 所算出之時域特性。

```
>> n1=[1 3 5];d1=[2 4 6 8];g1=tf(n1,d1)
Transfer function:
     s^2+3 s+5
  ─────────────────
  2 s^3+4 s^2+6 s+8
>> damp(d1)

    Eigenvalue              Damping         Freq. (rad/s)
  −1.75e−001+1.55e+000i    1.12e−001        1.56e+000
  −1.75e−001−1.55e+000i    1.12e−001        1.56e+000
  −1.65e+000               1.00e+000        1.56e+000

>> g2=feedback(g1,1)
```

Transfer function:

$$\frac{s^2+3s+5}{2s^3+5s^2+9s+13}$$

d2 = [2 5 9 13];damp(d2)

Eigenvalue	Damping	Freq. (rad/s)
$-2.90e-001+1.82e+000i$	$1.58e-001$	$1.84e+000$
$-2.90e-001-1.82e+000i$	$1.58e-001$	$1.84e+000$
$-1.92e+000$	$1.00e+000$	$1.92e+000$

\>> step(g2)
\>> grid on

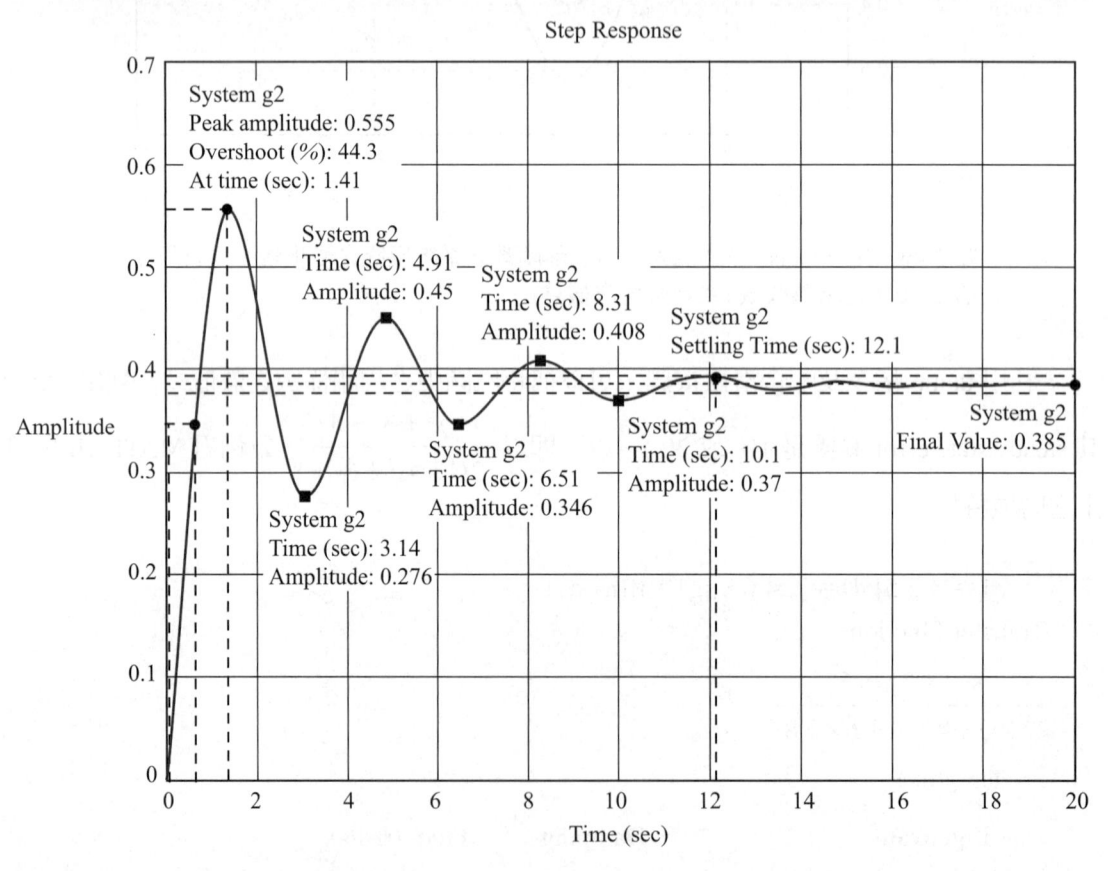

Step Response

System g2
Peak amplitude: 0.555
Overshoot (%): 44.3
At time (sec): 1.41

System g2
Time (sec): 4.91
Amplitude: 0.45

System g2
Time (sec): 8.31
Amplitude: 0.408

System g2
Settling Time (sec): 12.1

System g2
Final Value: 0.385

System g2
Time (sec): 6.51
Amplitude: 0.346

System g2
Time (sec): 10.1
Amplitude: 0.37

System g2
Time (sec): 3.14
Amplitude: 0.276

圖 3-41 $\dfrac{s^2+3s+5}{2s^3+4s^2+6s+8}$ 一旦 close loop 下，state state error 在 (0.01, 0.02) 間，利用 damp 及滑鼠右鍵之特性 (characteristics) 可得 eigenvalue, damp ratio 及 M_P、t_r、t_s 等參數值。

◎ 摘　要

　　本章由系統工程之概念出發客戶須求之規格 (specification) 與經過設計出來之系統性能 (performance) 要儘量一致，本章即在說明在一階，二階及高階之系統數模上，如何利用不同之輸入方式來看系統反應，透過時域之一些特性參數來掌握系統性能希望可以合乎客戶要求之「性能」。如此才能達成共識，形成規格。其中之 MATLAB 指令在設計起來會遠較計算輕鬆。但仍須要鍵入數字，MATLAB 僅可提供一個大概之範圍，還須用其它方法配合方可達到使大家均滿足之目標。MATLAB 是不可少之工具，缺了 MATLAB 恐怕連方向也找不到，大家可參考本章中之實例運算。

◎ 參考資料

1. 傅鶴齡著，《系統工程概論》，滄海書局，台中市，2007 年 8 月。
2. "The Chip," National Geographic Magazine, Oct. 1982.
3. John Gaffney, "Battle of the chips," popular Mechanics, January, 1998.
4. John J. D'Azzo, Constantine. Houpis, Stuart N. Sheldon "Linear Control Systerm Analysis and desiger with MATLAB," 5th ed., 2004.
5. http://ocw.nctu.edu.tw/riki_detail.php?pdig＝52 (交通大學機械系工數網頁)
6. Erwin Kreyseig, "Advanced Engineering Mathematics with Math Computer Guide Set," 9th edition, Wiley international Book Company, USA, 2009.
7. Norman S. Nise, "Control Systems Engineering," 4th edition, John Wiley & Sons, Inc., 2004.
8. Donald T. Greenwood, "Classical Dynamics," Dover publications, USA, 1997.
9. 緒方胜彥 (Katsnhiko Ogata) 著，盧伯英、于海勛譯《現代控制工程》(第四版)。(Modem Control Engineering) (中譯本)，電子工業出版社，北京，中國，2003。
10. Richard C. Dorf and Robert H. Bishop, "Modern Control Systems," 7th edition, Pearson International Edition, 2008.
11. Gene F. Franklin, J. David Powell and Abbas Emami-Naeini, "Feedbock control of Dynamic Systems," 5 edition, Pearson International Edition, 2006.
12. Katsuhiko Ogata, "System Dynamics," 2nd Edition, Prentice Hall, Englewood Chiffs, NJ. 07632, 1992.
13. Katsuhiko Ogata, "Modern Control Engineering" 5th Edition, Pearson In Ternationol Edition, 2010.

◎ 習　題

1. 請以 $\dfrac{\omega_n^2}{s^2+2\zeta\cdot\omega_n s+\omega_n^2}$ 為 Trunsfen function，求其分母 $s^2+2\zeta\cdot\omega_n s+\omega_n^2$。($\omega_n=\omega$ =natural frequency, ζ 為 damping ratio) ω_n 在 $0<\zeta<1$，$\zeta=1$ 及 $\zeta>1$ 下在 jw-σ 之 S-plane 上之位置及根。

2. 試找出 ζ 與 Max ouershoot 之關係圖，並說明其物理意義。

3. 試繪出以 ω_n 為同心圓之 ζ-ω_n 極座。

4. 若 Trunsfen function 非 $\dfrac{\omega_n^2}{s^2+2\zeta\cdot\omega_n s+\omega_n^2}$ 之樣本 form，如何分析其解 (time domain) (以 unit-step 為輸入)。

第 4 章
用 Simulink 及 Matlab 來分析之動態反應

　　一個完整之 (閉迴路) 系統，有輸入即會有輸出，沒有輸入就不會有輸出；若沒有輸入就有輸出則一定有問題；而有輸入沒有輸出也是有問題。如何知道上述這些「特性」？就針對一個系統送一個信號進去，看看其反應如何？若系統正常其反應有二種，其一即是「馬上」的反應，我們稱為**暫態反應** (transient response)；另一為 t 秒後 (或 $t \to \infty$) 才會達到第三章中所述之**穩態反應** (steady-state response)，當然我們均希望在「性能」之要求上，暫態反應最好是「馬上」降到零，而穩態反應常是 ($t \to \infty$ 時) 輸出追隨輸入之信號。我們當然希望一個信號進去「馬上」可到達穩態反應，即輸出值追隨 (最好等於) 輸入值，同時，達到系統在設計之需求。在前章已說過輸入信號之種類，至少有五種以上，對不同系統，為了測試或設計方便輸入上有不同之選擇，使在系統設計時能省時且省下花費。

　　最簡單之系統就是一階數模之系統，在前章已介紹過，其次，表現系統特性的常以二階系統表示，本章中講述不同之輸入之信號，對誤差值會有不同之影響。

◎ 4-1　一階線性系統 (含感測器) (參考資料 1)

　　如果一個系統其數模可以 $\dfrac{1}{TS}$ 來表示，而其輸出之迴授感測器假設其反應很快，對系統不造成時差 (time lag) 即以 1 表示，如圖 4-1：

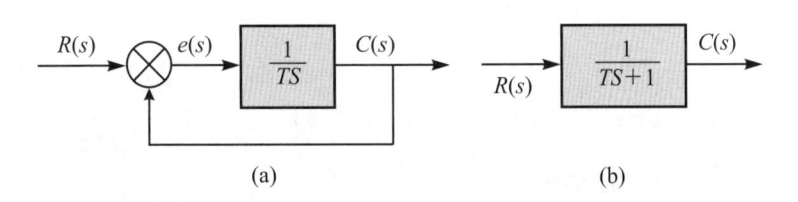

圖 4-1　系統閉迴路反應圖 (a) 經化為單一傳輸函數則則為 (b)

一旦其化為閉路之傳輸函數 (b)，則即為 $\dfrac{1}{TS+1}$，我們先以階梯函數 $\dfrac{1}{S}$ (已經拉氏轉換過之值) 作輸入信號，來看其反應。

4-1-1 階梯函數輸入 (Unit-step Function Input)，$R(s)=\dfrac{1}{s}$ (參考資料 2)

先由傳輸函數 $\dfrac{C(s)}{R(s)}$ 為關係出發

$$\dfrac{輸出}{輸入}=\dfrac{C(s)}{R(s)}=\dfrac{1}{TS+1}$$

輸出：$C(s)=\left(\dfrac{1}{TS+1}\right)\cdot R(s)$

$$=\left(\dfrac{1}{TS+1}\right)\cdot\left(\dfrac{1}{S}\right)$$

$$=\dfrac{1}{S}-\dfrac{1}{S+\dfrac{1}{T}}\quad (經化為部份分式後)$$

由反拉氏轉換 (inverse laplace transform) 查表 4-1，可得 (4-1)，

$$\mathcal{L}^{-1}(C(s))=\mathcal{L}^{-1}\left(\dfrac{1}{S}\right)-\mathcal{L}^{-1}\left(\dfrac{1}{S+\dfrac{1}{T}}\right)$$

$$=1-e^{-\frac{t}{T}}\quad (\text{for } t\geq 0) \tag{4-1}$$

以上即為系統時域下之特性 (或特徵) 方程式，其物理意義為 $t\to\infty$ 時，則系統反應值之輸出即為 1 (與輸入一致)。分析式 (4-1)，若反應之 $t=T$ (T 為系統原先之設定值)，則

$$C(T)=1-e^{-\frac{t}{T}}=1-e^{-\frac{t}{t}}=1-e^{-1}=1-\dfrac{1}{e}=1-\dfrac{1}{2.7183}$$

$$=1-0.3679$$

$$=0.6321$$

也就是說當一階系統之 T 與反應時間 t 一致時，其反應出之輸出量，只有原輸入值 (設為 1) 之 0.6321。同理，我們可以看 $t = 2T, 3T, 4T$ 之狀況。而當 t 為 $4T$ 時則輸出值可達到 99.3% 之輸入值。(即雖不中亦不遠矣！) 其 T 之變化如表 4-1。

表 4-1　反拉式轉換

反應時間 輸出值	T	$2T$	$3T$	$4T$
$C(t)$	0.6321	0.865	0.95	0.993
百分比	63.62%	86.5%	95%	99.3%

例題 4-1

以 $\dfrac{1}{TS}$ 之 $T=1$ 為例，形成閉迴路，迴授為 1 之情況下，以階梯函數 $\dfrac{1}{S}$ 為輸入，利用 MATLAB 求其輸出值為何？

解

```
n=[1];
>> d=[1 0];
>> sys1=tf(n,d);
```

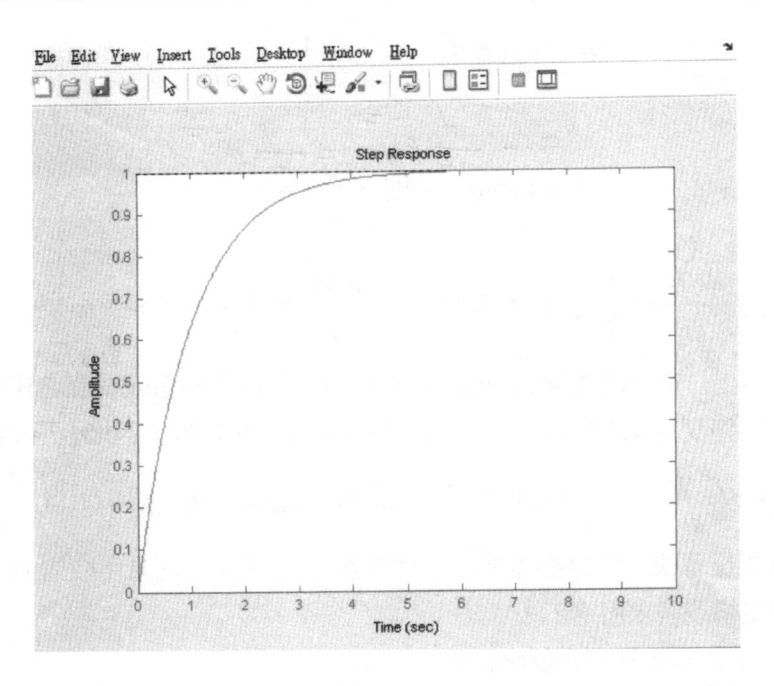

圖 4-2　以 step 為輸入之一階反應，T 約在 5″ 時達成 99.3% 之輸出量

```
>> n1=[1];
>> d1=[1 0];
>> sys2=tf(n1,d1);
>> sys=feedback(sys1,sys2);
>> t=(0:0.01:10);
>> step(sys,t)
```

以上是以 $T=1$ 為例,即物理數模為 $\dfrac{1}{S}$,則 $t=5$ 秒時即可達 99.3% 之輸出值,而與實際之輸入值 1 比較,誤差值僅差 $1-0.993=0.007$

因此,若系統精度在 $e \leq 0.007$ 之範圍內,則此數模之特性是可以接受的,若圖 4-2 的橫軸為 t(時間),縱軸為輸出值 $c(t)$,則其斜率可以 $\dfrac{dc(t)}{dt}$ 來表示。

由公式 (4-1) 知

$$C(t)=1-e^{-\frac{t}{T}}$$

$$\therefore \frac{dc(t)}{dt}=\frac{d}{dt}(1-e^{-\frac{t}{T}})$$

$$=-\frac{d}{dt} \cdot e^{-\frac{t}{T}}=\frac{1}{T} \cdot e^{-\frac{t}{T}} \tag{4-2}$$

$$\text{set } t=0 \quad \text{則} \quad \frac{dc(t)}{dt}=\frac{1}{T} \tag{4-3}$$

以上之公式 $\dfrac{dc(t)}{dt}=\dfrac{1}{T}$ 表示 T 愈大,則 $\dfrac{dc(t)}{dt}$ 愈小,一旦 $t \to \infty$ 時,$\dfrac{dc(t)}{dt}=0$。

T 即定義為上一章之**時間常數** (time constant),可以改變系統反應之快慢,T 愈小,則反應會快,即達到 0.993 之時間會愈短,以下以 $T=0.1$ 與 $T=0.01$,再看其分別之反應。所以 T 大則 $\dfrac{dc(t)}{dt}=0$,但時間太長,但若要反應快,則 T 要小,但 $\dfrac{dc(t)}{dt}$ 會增大,因此一個系統要反應快,還是誤差要小,就系統工程而言,就要作取捨 (trade-off) 之選擇,要以系統規格或需求而定了。

〈case 1〉:$T=0.1$ 秒下之反應結果

第 4 章　用 Simulink 及 Matlab 來分析之動態反應　107

```
n=[1];
>>d=[0.1 0];
>>sys1=tf(n,d);
>>n1=[1];
>>d1=[1 0];
>>sys2=tf(n1,d1);
>>sys=feedback(sys1,sys2);
>>t=(0:0.01:10);
>>step(sys,t)
```

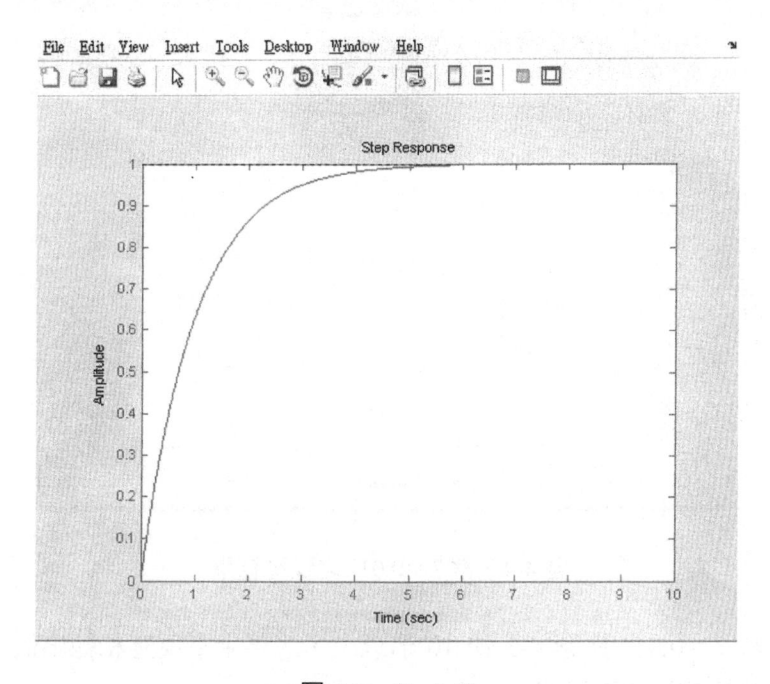

圖 **4-3**　$T=0.1''$

在圖 4-3 中為一階函數，但 T 由 $1''$ 換成 $0.1''$ 可看出其反應快了許多，在不到 $6''$ 之內即可達到輸入值之需求量。

〈case 2〉：$T=0.01''$ 下之反應結果

```
n=[1];
>> d=[0.01 0];
>> sys1=tf(n,d);
>> n1=[1];
```

```
>> sys2=tf(n1,d1);
>> d1=[1 0];
>> sys2=tf(n1,d1);
>> sys=feedback(sys1,sys2);
>> t=(0:0.01:10);
>> step(sys,t)
```

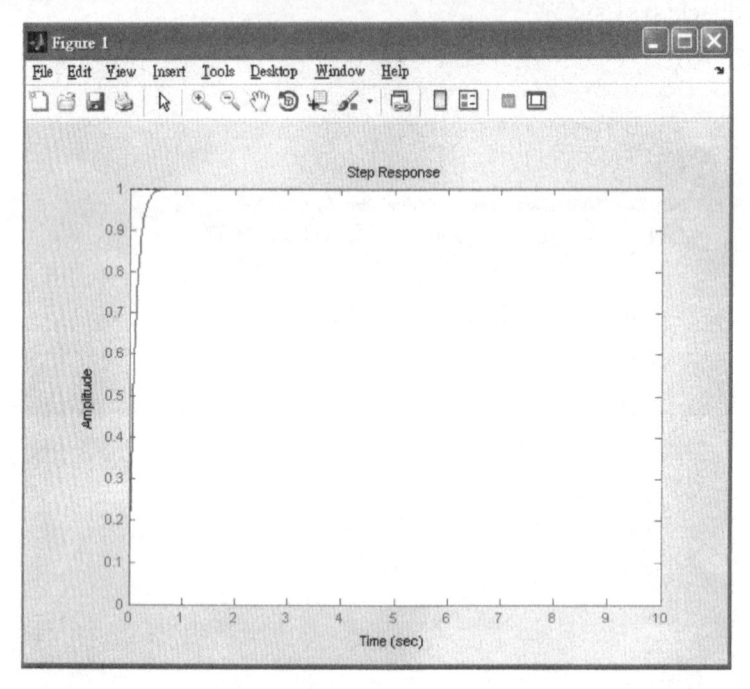

圖 **4-4**　當 $T=0.01''$ 之反應結果

圖 4-4 為當 $T=0.01''$ 比圖 4-3 快 10 倍以上,「馬上」反應和輸出值「接近」輸入值,從圖上幾乎看不出二者之不同。

4-1-2　RAMP 函數輸入 (unit-ramp function input) $R(s)=\dfrac{1}{S^2}$

若將前面 4-1-1 節之輸入改為 $\dfrac{1}{S^2}$,則為 Unit-Ramp Response,

$$\frac{輸出}{輸入}=\frac{C(s)}{R(s)}=\frac{1}{TS+1}$$

輸出:$C(s)=\left(\dfrac{1}{TS+1}\right)\cdot R(s)$ **(4-4)**

表 4-2　常用之拉氏轉換表

	$f(t)$	$F(s)$
1	Unit impulse $\delta(t)$	1
2	Unit step $1(t)$	$\dfrac{1}{S}$
3	t	$\dfrac{1}{S^2}$
4	$\dfrac{t^{n-1}}{(n-1)!}\ (n=1,2,3,\cdots)$	$\dfrac{1}{S^n}$
5	$t^n\ (n=1,2,3,\cdots)$	$\dfrac{n!}{S^{n+1}}$
6	e^{-at}	$\dfrac{1}{S+a}$
7	te^{-at}	$\dfrac{1}{(S+a)^2}$
8	$\dfrac{t^{n-1}}{(n-1)!}\ t^{n-1}te^{-at}\ (n=1,2,3,\cdots)$	$\dfrac{1}{(S+a)^n}$
9	$t^n te^{-at}\ (n=1,2,3,\cdots)$	$\dfrac{1}{(S+a)^{n+1}}$
10	$\sin \omega t$	$\dfrac{\omega}{S^2+\omega^2}$
11	$\cos \omega t$	$\dfrac{S}{S^2+\omega^2}$
12	$\sinh \omega t$	$\dfrac{\omega}{S^2-\omega^2}$
13	$\cosh \omega t$	$\dfrac{S}{S^2-\omega^2}$
14	$\dfrac{1}{a}(1-e^{-at})$	$\dfrac{1}{S(S+a)}$
15	$\dfrac{1}{b-a}(e^{-at}-e^{-bt})$	$\dfrac{1}{(S+a)(S+b)}$
16	$\dfrac{1}{b-a}(be^{-bt}-ae^{-at})$	$\dfrac{S}{(S+a)(S+b)}$
17	$\dfrac{1}{ab}\left[1+\dfrac{1}{b-a}(be^{-at}-ae^{-bt})\right]$	$\dfrac{1}{S(S+a)(S+b)}$

$$= \left(\frac{1}{TS+1}\right) \cdot \left(\frac{1}{S^2}\right)$$

$$C(s) = \left(\frac{1}{S^2(TS+1)}\right) \text{（利用工程數學之部份分式法）}$$

$$= \frac{1}{S^2} - \frac{T}{S} + \frac{T^2}{TS+1}$$

由反拉氏轉換查表 4-2 可得

$$\mathcal{L}^{-1}(C(s)) = C(s) = \mathcal{L}^{-1}\left(\frac{1}{S^2}\right) - \mathcal{L}^{-1}\left(\frac{T}{S}\right) + \mathcal{L}^{-1}\left(\frac{T^2}{TS+1}\right)$$

$$= t - T + \mathcal{L}^{-1}\left(\frac{T}{S + \frac{1}{T}}\right)$$

$$= t - T + T \cdot \mathcal{L}^{-1}\left(\frac{1}{S + \frac{1}{T}}\right)$$

$$= t - T + T \cdot e^{-\frac{t}{T}} \quad (t \geq 0)$$

此 Ramp 方式與前不同，前面 4-1-1，當 $t \to \infty$，其輸出與輸入為一致，沒有 error，但此式不同，故必須了解其誤差量：

$$e(t) = \text{輸入} - \text{輸出}$$
$$= r(t) - c(t)$$
$$= r(t) - \left(t - T + T \cdot e^{-\frac{t}{T}}\right)$$

查表知：Ramp 之 $F(s) = \frac{1}{S^2}$ $\therefore \mathcal{L}^{-1}(F(s)) = F(t) = t$
故

$$e(t) = t - t + T - Te^{-\frac{t}{T}}$$

$$= T\left(1 - e^{-\frac{t}{T}}\right) \tag{4-5}$$

其閉迴路下之傳輸函數為

$$\frac{C(s)}{R(s)} = \frac{1}{S^2+S}$$

由上式可知 $t \to \infty$ 時

$$e^{-\frac{t}{T}} = \frac{1}{e^{\frac{t}{T}}} \to 0$$

即

$$\lim_{t \to \infty} e(t) = T$$

故 T 設的愈大，則其 error 會大，以下為 $T=1$ 之傳輸函數所得之反應圖，當 t 取得一定之大小下，在圖中，$t > 1.5$ 秒則其 error 值近乎 T。

```
>> n=[0 0 1];
>> d=[1 1 0];
>>t=0:0.06:2.5;
>>r=t;
```

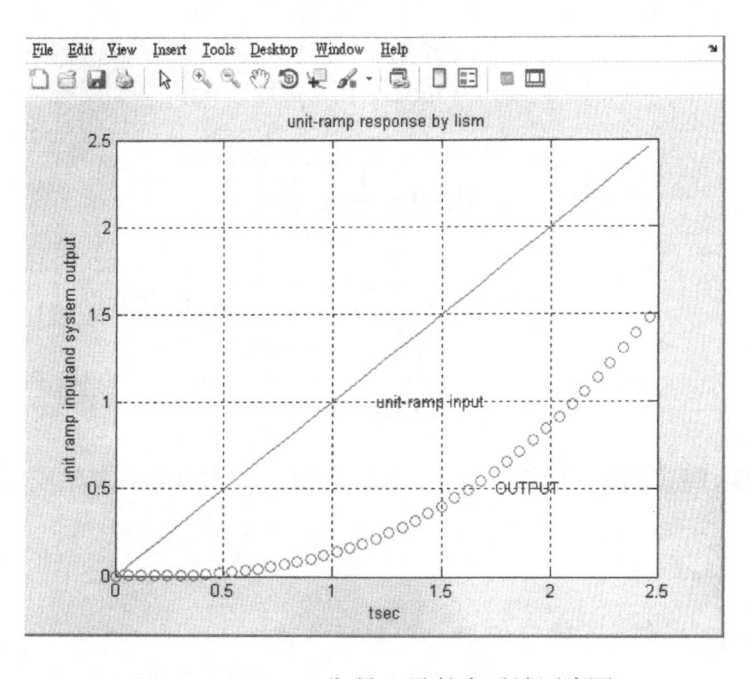

圖 4-5　以 Ramp 為輸入函數之系統反應圖

```
>>y=lsim (n,d,r,t);
>>plot(t,r,'-',t,y,'o')
>>grid
>>title('unit-ramp response by lism')
>>xlabel('tsec')
>>ylabel('unit ramp input and system output')
>>text(2.3,2., 'unit-ramp input')
>>text(1.75,0.5,'OUTPUT')
```

4-1-3 以 impulse 函數輸入(unit-ramp function input) $R(s)=1$

依原傳輸函數之關係式 $T=T$, Unit-impulse 時 $R(S)=1$ (見表 4-2)

$$\frac{C(s)}{R(s)}=\frac{1}{TS+1}$$

$$C(s)=\left(\frac{1}{TS+1}\right)\cdot R(s)$$

$$=\frac{1}{TS+1} \tag{4-6}$$

$$\mathcal{L}^{-1} C(s)=\mathcal{L}^{-1}\left(\frac{1}{TS+1}\right)=\frac{1}{T}e^{-\frac{t}{T}}, \quad t\geq 0$$

$$\therefore C(t)=\frac{1}{T}e^{-\frac{t}{T}} \tag{4-7}$$

一旦 $t\geq\infty$， $e^{-\frac{t}{T}}=\frac{1}{e^{\frac{t}{T}}}\to 0$

$$C(t)=0$$

在模擬時要注意在取時域或取樣時 t 要取的很大，才可看到其輸出會追隨輸入值，如圖 4-6。

```
n=[0 0 1];
>> d=[1 1 0];
```

d＝[1 1 0];
>> t＝0:0.06:10;
>> impulse(n,d,t)

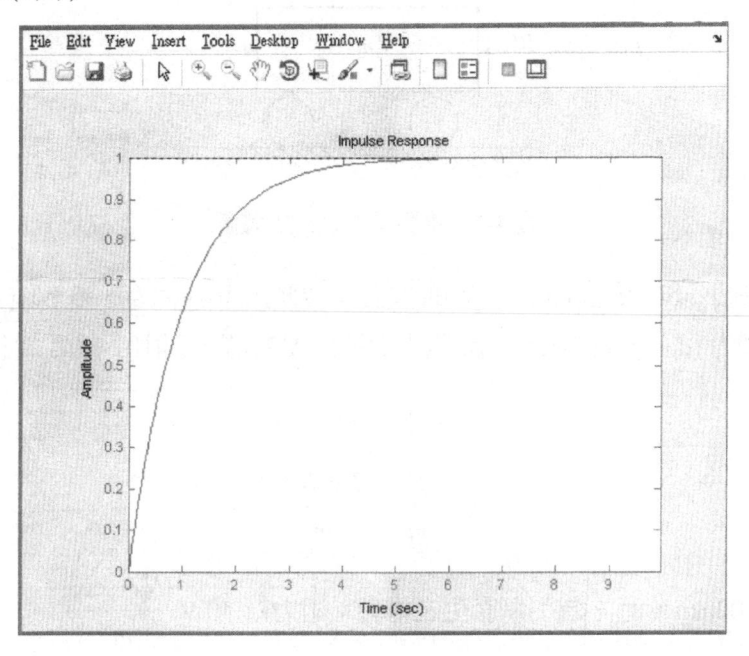

圖 4-6　以 impulse 為輸入之系統反應圖

◎ 4-2　一階傳輸函數之應用──Simulink 模擬

就一階傳輸函數之輸出／輸入關係來看：

$$\frac{C(s)}{R(s)} = \frac{O/P}{I/P} = \frac{a}{s+a}$$

前面以 unit step 為輸入，則輸出 $C(s) = \frac{a}{s+a} \cdot R(s)$，若 $R(s)$ 為 unit step，則：

$$C(s) = \frac{a}{s+a} \cdot \frac{1}{s} = \frac{a}{s(s+a)}$$

其時域值，可得

$$C(t) = 1 - e^{-at}$$

如一汽車圖示如圖 4-7，試以車速 V 前進，求其數模。(參考資料 3)

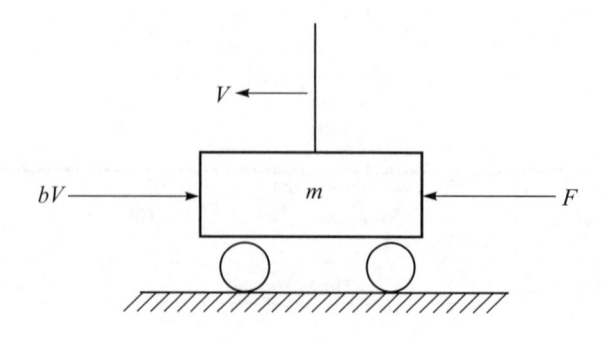

圖 4-7　車體受力之自由體圖

用汽車為例來說明 Ramp 輸入之物理意義。車體以 V 速向左，受到阻力為 bV，其中 b 為車體之阻滯力 (damping force) 或說阻力與速度 V 有關，則由牛頓第二定律：

$$F=ma$$

$$a=\frac{F}{m}=\frac{F-bV}{m}$$

設定 $m=1000\text{kg}$，而 F 為引擎產生之推力：阻力為 $40\,V\,\dfrac{N\cdot\sec}{m}$

則上式

$$a=\frac{F-40\,V}{1000}$$

$$\therefore (1000)\,a=F-40\,V$$

$$\therefore (1000)\,\frac{dv}{dt}=F-40\,V \to (1000)\,\frac{dv}{dt}+40\,V=F \tag{4-8}$$

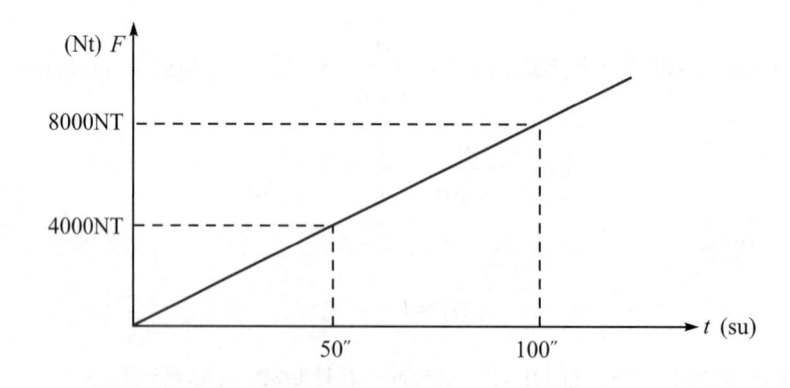

圖 4-8　車體之引擎力 F 與 t 時間關係圖

假設引擎之推力與時間成正比 (見圖 4-8)，有下列之關係 (輸入之動力關係為 ramp 方式)，用 simulink 方式聯出圖 (圖 4-9)，經過示波器 (scope)。其結果如圖 4-10)。

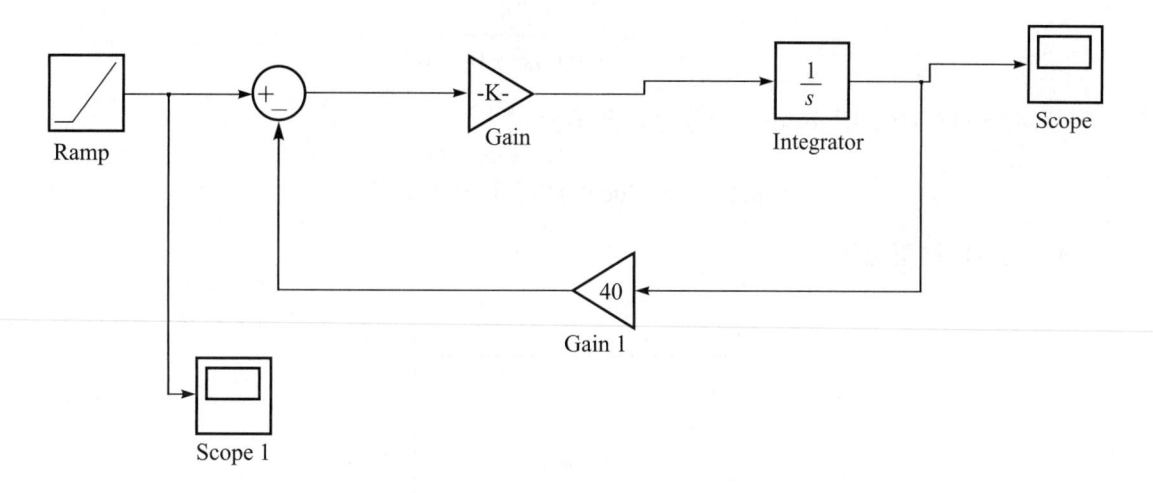

圖 4-9　以 Ramp 為輸入的 Simulink 模擬圖

則在 (F, t) 圖形 (圖 4-8) 中，其斜率

$$\frac{\Delta F}{\Delta t} = \frac{8000 - 4000}{100 - 50} = \frac{4000}{50} = 80$$

故 $F = 80\ t$　(在 $\Delta t = t \to 0$)

故由 (4-8) 導出後
$F = 80t$ 代入
故

$$1000\frac{dv}{dt} + 40v = 80t$$

此為一汽車前進之簡化數學模式。
經過拉氏轉換成 S-Domain

$$1000 \cdot s \cdot V(s) + 40\ V(s) = 80 \cdot \frac{1}{s^2}\ (\text{Ramp 輸入})$$

若以 MATLAB 來作計算
則

$$V(s) = \frac{0.08}{s^2(s+0.04)}$$

$$= \frac{0.08}{s^3+0.04s^2+0s+0}$$

利用 MATLAB：用 residue 指令化為部份分式

$$[r, p, k] = \text{residue}([0.08], [1\ 0.04\ 0\ 0])$$

MATLAB 結果可得：

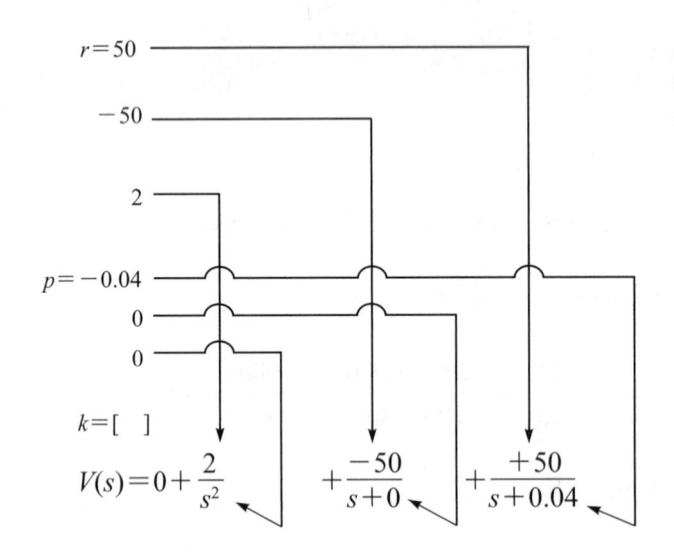

$$r = 50$$
$$-50$$
$$2$$
$$p = -0.04$$
$$0$$
$$0$$
$$k = [\ ]$$

$$V(s) = 0 + \frac{2}{s^2} + \frac{-50}{s+0} + \frac{+50}{s+0.04}$$

可利用得到之一次式求出時間常數來。
則由反拉氏轉換

$$V(t) = 2 \cdot t + (-50) + 50 \cdot e^{-0.04t}$$

其中

$$e^{-0.04t} = \frac{1}{e^{0.04t}}$$

表示 $t \to \infty$，此項為零，即此項為**暫態反應值** (transient respore value)。

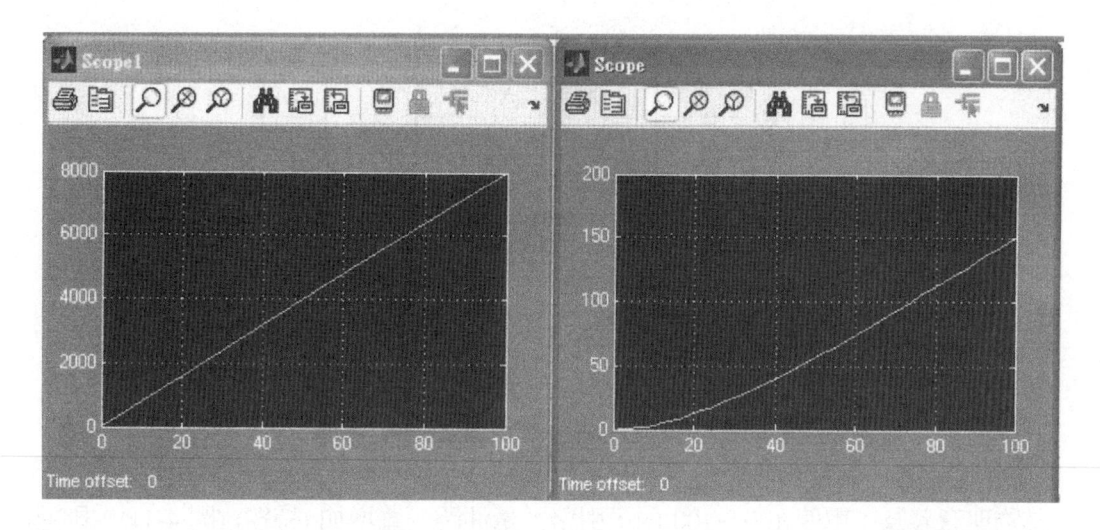

圖 4-10 (a) 油門一直上昇,速度一直增加。(b) 引擎力量修改一下,在若干值後才會增加。

式子中之 $e^{0.04t}$,其中之時間常數,即 $\dfrac{1}{0.04} = 25(\text{sec})$

而前面所得之上昇時間:

$$Tr = \frac{2.2}{a} = \frac{1}{0.04} = 55\text{sec}$$

即反應由 0.1 量到 0.9 (step 輸入) 量要 55sec
其到位 98.2% 之時間:

$$Ts = \frac{4}{a} = \frac{4}{0.04} = 100\text{sec} \ (4 \text{ 個 T})$$

即表示在 $t = 100\text{sec}$ 時,「輸出可 follow 輸入」(見圖 4-12)

在上式中,F 與 t 關係圖 4-8 即表示,此 system 是以「Ramp」方式輸入之結果,$F = 80\,t$。以下:即以 Simulink 來作模擬。

118 自動控制

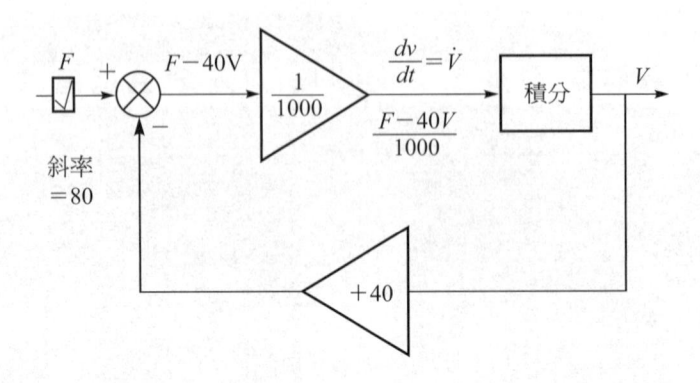

圖 4-11 利用 Simulink 作模擬之動態方塊圖

其物理意義為：車速在 0～100 內，引擎力量油門一直增加 (持續) (圖 4-11)，則速度也一直上昇，此種方式不合實際。(圖 4-12) 修改一下：(圖 4-12) 引擎力量有一個 limit，如不超過 1500 N，看其速度變化 (表 4-3)。

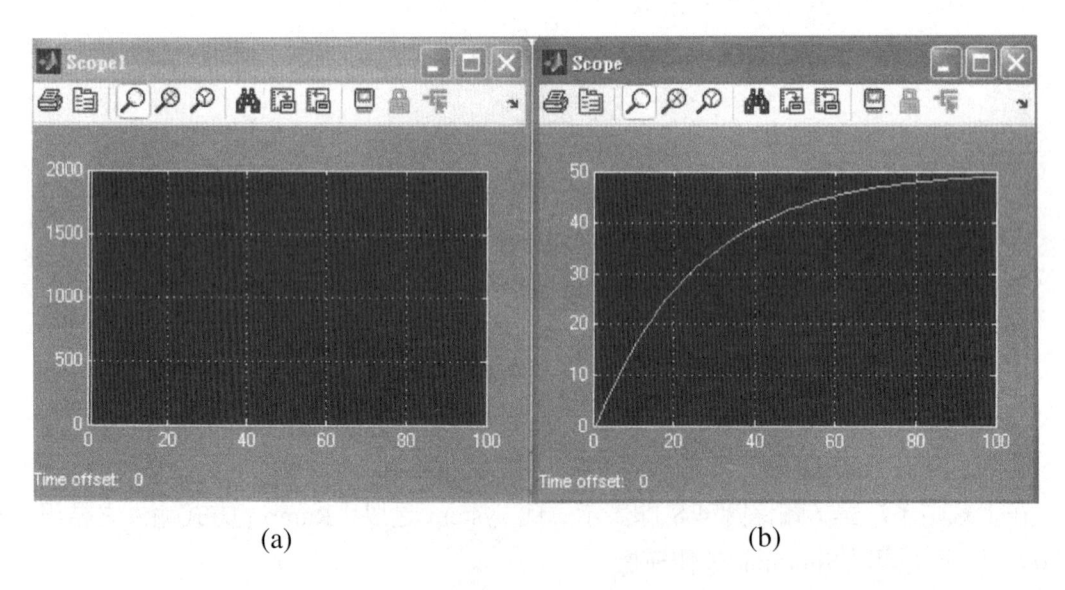

(a)　　　　　　　　　　　　　(b)

圖 4-12 以 step 為輸入之反應圖：(a) 反應在 0″ 直接上去 follow 2000，而 (b) 則有一個 over damp 量慢慢上昇。

表 4-3　四種情況比較表

	第一案 limit	第二案	第三案	第四案
F	1500	2000	3000	5000
V	40 m/s	50 m/s	80 m/s	120 m/s
到達飽合	No	Yes (圖 4-12(b))	No	almost
合理否		在 2000 牛頓(N) 下保持恆值		
上昇時間		120″		
何時到極限值		25″		

把 50 m/s 化為 Km/hr：

$$50 \cdot \frac{m}{sec} \cdot \frac{3600\ sec}{hr} \cdot \frac{1\ km}{1000\ m}$$

$$= \frac{50 \times 3600}{1000}$$

$$= 180\ km/hr$$

一加油門，在 100 sec 才可到 50 m/sec 之量相對的以 step 輸入即可較快達到。可以把 Ramp 換成 step，改用 2000 為 step 之最終值 (加 limit 之特性去掉)，如圖 4-12a (與 Ramp ＋limit 比較，圖 4-12b)。

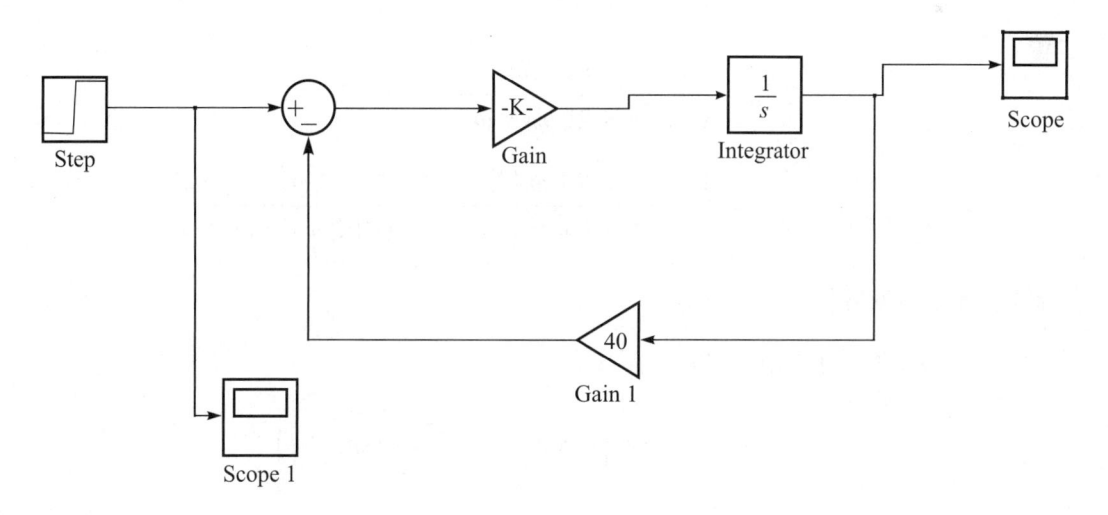

圖 4-13　以 step 為輸入之 Simulink 方塊圖

◎ 4-3 二階系統不同阻滯下之公式

上面我們講了一階之傳輸函數關係，現在將其擴充到二階之傳輸函數關係：

$$\frac{C(s)}{R(s)} = \frac{\omega_n^2}{S^2 + 2\zeta\omega_n S + \omega_n^2}$$

其中多了二個重要參數，ζ 與 ω_n，先看 ζ。

(1) $0 < \zeta < 1$：則閉迴路之極點 (poles) 為一對在複數 S-平面上，左平面 (RHP) 之複數根 system 為欠阻滯系統，穩定 (反之，在右平面 (RHP) 系統為不穩定)。

(2) $\zeta = 1$：則系統極點形成臨界阻滯系統。

(3) $\zeta > 1$：則系統為過飽合阻滯系統。

其相對公式推導在第三章已敘過不再敘，但對一些在不同情況下其公式之運用則補敘如後。

4-3-1 underdamped 欠阻滯系統之時域及 S 域反應。

若以 step 為輸入信號：

$$R(s) = \left(\frac{\omega_n^2}{s^2 + 2\zeta\omega_n s + \omega_n^2}\right) \cdot \frac{1}{s}$$

$$C(s) = \frac{1}{s} - \frac{s + 2\zeta\omega_n}{s^2 + 2\zeta\omega_n s + \omega_n^2}$$

$$= \frac{1}{s} - \frac{S + \omega_n^2}{(s + \zeta\omega_n)^2 + \omega_d^2} - \frac{\zeta\omega_n}{(s + \zeta\omega_n)^2 + \omega_d^2}$$

經過反拉氏轉換後：

$$\mathcal{L}^{-1}[C(s)] = C(t)$$

$$= 1 - e^{-\zeta\omega_n t}\left(\cos\omega_d t + \frac{\zeta}{\sqrt{1-\zeta^2}}\sin\omega_d t\right)$$

$$= 1 - \frac{e^{-\zeta\omega_n t}}{\sqrt{1-\zeta^2}}\sin\left(\omega_d t + \tan^{-1}\frac{\sqrt{1-\zeta^2}}{\zeta}\right) \quad (t \geq 0)$$

4-3-2：臨界阻滯系統之時域反應及 S 域反應

$$C(s) = \frac{\omega_n^2}{(s+\omega_n)^2 S}$$

$$C(t) = 1 - e^{-\zeta(\omega n)t}(1+\omega_n t)$$

4-3-3：過阻滯系統之時域反應及 S 域反應

$$C(s) = \frac{\omega_d^2}{(s+\zeta\omega_n+\omega_n\sqrt{\zeta^2-1})(s+\zeta\omega_n-\omega_n\sqrt{\zeta^2-1})S}$$

$$C(t) = 1 + \frac{1}{2\sqrt{\zeta^2-1}\,(\zeta+\sqrt{\zeta^2-1})}\, e^{-(\zeta+\sqrt{\zeta^2-1})\,\omega_0 t}$$

$$- \frac{1}{2\sqrt{\zeta^2-1}\,(\zeta-\sqrt{\zeta^2-1})}\, e^{-(\zeta-\sqrt{\zeta^2-1})\,\omega_0 t}$$

$$= 1 + \frac{\omega_n}{2\sqrt{\zeta^2-1}}\left(\frac{e^{-s_1 t}}{s_1} - \frac{e^{-s_2 t}}{s_2}\right)$$

其中

$$s_1 = (\zeta+\sqrt{\zeta^2-1})\,\omega_n$$

$$s_2 = (\zeta-\sqrt{\zeta^2-1})\,\omega_n \quad (\text{參考資料 1})$$

◎ 4-4 高階傳輸函數使用 Residue 指令

就一般之 S-Domain 之傳輸函數 $G(s)$ 若分子或分母在三階以上，或分子階數大於分母時，化簡單一之三階成為一階式時會有 $[r, p, k]$ 之出現，一旦假分式時則 k 有值如下例。

例題 4-2

$$G(s) = \frac{6S^3 + 57S^2 + 120S + 80}{S^2 + 9S + 14}$$

解

(1) 利用 Residue 之指令。

   $[r, p, k]$ = residue ([6, 57, 120, 80], [1, 9, 14])。

(2) 則 MATLAB 之輸出值。

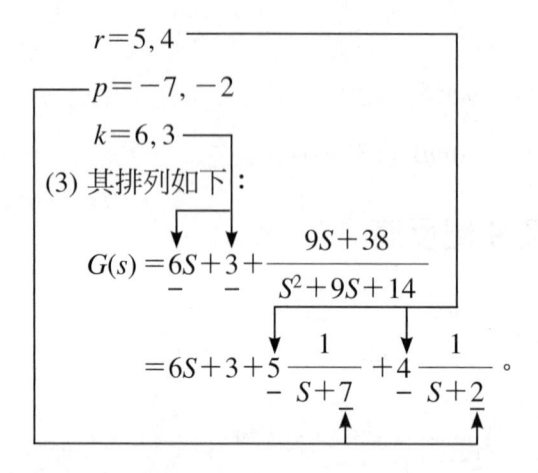

$$r = 5, 4$$
$$p = -7, -2$$
$$k = 6, 3$$

(3) 其排列如下：

$$G(s) = 6S + 3 + \frac{9S + 38}{S^2 + 9S + 14}$$

$$= 6S + 3 + 5\frac{1}{S+7} + 4\frac{1}{S+2}。$$

◎ 4-5 在一定之時區內比較至少二種傳輸函數之反應曲線

一般在作時域或 S-Domain 分析時為了比較其相同輸入下，透過不同之傳輸函數，利用圖形可以括整看出其差異，如下例。

例題 4-3

$$G_1(s) = \frac{3S+5}{10S^2+3S+5} \,,\, G_2(s) = \frac{8S+5}{10S^2+3S+5}$$

比較此二個 $G(s)$ 之反應快慢。

解

(1) 利用 MATLAB。

　　sys 1＝tf ([3 5], [10 3 5]);
　　sys 2＝tf ([8 5], [10 8 5]);

(2) 設定比較之時間為 15 秒，每 0.01 秒作一次。

　　t＝[0 : 0.01 : 15];

(3) 用 step 為輸入值看其輸出 (圖形即可出來)。

　　step (sys 1, ` ´, sys 2, `--´, t)

(4) 在上、下 X, Y 被加標示。

　　title (`step Response´)

```
> n1=[3 5];d1=[10 3 5];g1=tf(n1,d1);step(g1)
>> hold on
>> n2=[8 5];d2=[10 3 5];g2=tf(n2,d2);step(g2)
>> grid on
>>
>> %%blue for g1,greenfor g2
```

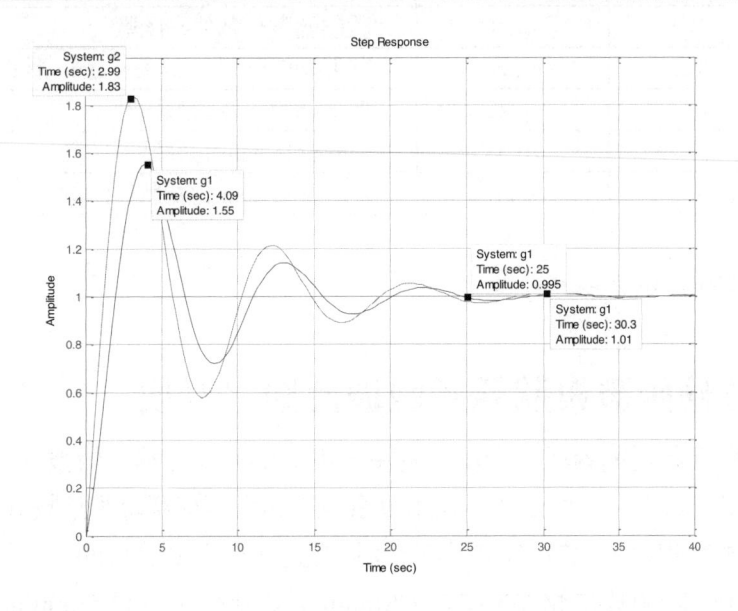

```
t=[0:0.1:50];step(g1,'',g2,'--',t)
```

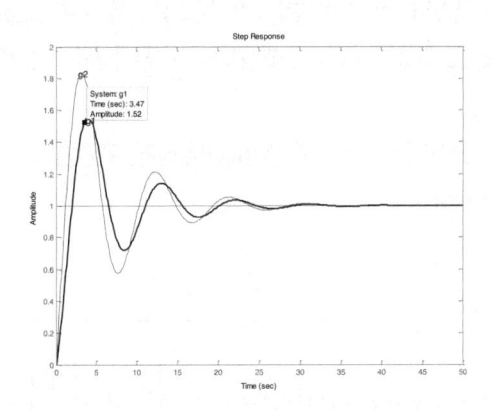

◎ 4-6　常用之模式轉換指令

一般常用之數模轉換指令，除前面講過之 residue 外，尚有下列，數種常用指令 (參考資料 4)。

等數	function	目的
1	residue	部份分式化簡
2	ss2tf	狀態函數化為傳輸函數
3	ss2zp	狀態函數化為 polo-zero-gain 形式
4	tf2ss	傳輸函數化為狀態函數
5	zp2ss	zero-pole-gain 化為狀態函數
6	zp2tf	zero-pole-gain 化為狀態函數

下節舉些例題提供參為。

◎ 4-7　傳輸函數與狀態函數彼此間之互換

在本章中所講敘之內容以一階反應為主，再加上不同之輸入信號，則在時域中透過拉氏轉換可求得時域下之特性公式。在第三章與第四章中有關時間常數 (time constant) 看起來似有重複本想刪除，但為了讓思路上連貫還是保留重要的東西，重複一下也沒有壞處。前面也講了一階函數在 MATLAB 及 Simulink 之比較，有關 Simnlink 可參考書後之附錄較為清楚。

在本章中放入 4-7 節似乎有些不相關，但是為配合 4-6 之應用及後面狀態函數之使用，還是放在此節，大家可以看了狀態函數再回來看本節，並與前面相互應，可態也算是一種腦力激盪吧。

例題 4-4，4-6 與 4-7 分別為傳輸函數與狀態函數之互換，十分重要，用法可參考前章請大家舉一反三，十分好用。

例題 4-4

有一狀態方程式 $\dot{X} = A \cdot X + Bu$。其中 $A = \begin{bmatrix} 0 & 1 \\ 5 & 4 \end{bmatrix}$，$B = \begin{bmatrix} 1 \\ 0 \end{bmatrix}$，

$$\begin{bmatrix} \dot{x}_1 \\ \dot{x}_2 \end{bmatrix} = \begin{bmatrix} 0 & 1 \\ 5 & 4 \end{bmatrix} \begin{bmatrix} x_1 \\ x_2 \end{bmatrix} + \begin{bmatrix} 0 \\ 1 \end{bmatrix} u$$

$$y = [5 \ 0] \begin{bmatrix} x_1 \\ x_2 \end{bmatrix} + [0] u$$

求傳輸函數。

解

```
>> a=[0 1;5 4];b=[0;1];c=[5 0];d=[0];[n,d]=ss2tf(a,b,c,d,1)
n =
    0    0    5
d =
    1   -4   -5
>> g=tf(n,d)
Transfer function:
      5
  -----------
  s^2 - 4 s - 5
```

例題 4-5

再以上題為例，試化為 z, p, k 之形式。

解

(1) $[z, p, k] = $ ss2tf(a, b, c, d, u)。

(2) 其 Form 為

$$G(s) = k \frac{(s-z_1)(s-z_2)\cdots(s-z_n)}{(s-p_1)(s-p_2)\cdots(s-p_m)}$$

(3) 注意以上 k 為「乘」前面 4-5 為「加」。

```
> g1=tf(n,d)

Transfer function:
       5
   -----------
   s^2 - 4 s - 5

>> zpk(g1)
```

```
Zero/pole/gain:
     5
─────────────
(s-5) (s+1)
```

例題 4-6

試將上列傳輸函數化為狀態函數,求 a, b, c, d 矩陣。

解

利用 [a, b, c, d]＝tf2ss(n, d)。

```
> [a,b,c,d]=tf2ss(n,d)
a =
    4    5
    1    0
b =
    1
    0
c =
    0    5
d =
    0
```

例題 4-7

試將下列之 $G(s)$ 化為狀態函數。$G(s) = \dfrac{10}{(s+3)(s+1)}$。

解

(1) 利用下列指令。

z＝[ ]; p＝[−3; −1]; k＝10;
[a, b, c, d]＝zp2ss(z, p, k);

(2) 其答案為:$a = \begin{bmatrix} -4 & -1.7321 \\ 1.7321 & 0 \end{bmatrix}$, $b = \begin{bmatrix} 1 \\ 0 \end{bmatrix}$

$C = [0 \ \ 5.7735], d = 0$

(3) 其形式為 $\begin{bmatrix} \dot{x}_1 \\ \dot{x}_2 \end{bmatrix} = \begin{bmatrix} -4 & -1.7321 \\ 1.7321 & 0 \end{bmatrix} + \begin{bmatrix} 1 \\ 0 \end{bmatrix} u$

$y = [0 \ \ 5.7735] \begin{bmatrix} x_1 \\ x_2 \end{bmatrix} + [0]u$

◎ 摘　要

本章在說明一階及二階系統，除時間常數外，還要考慮誤差大小之影響。反應快了，而誤差也有可能相對增加，另外首次介紹 Simulink 軟體，同時以不同之信號輸入看其輸出變化。另外，也對傳輸函數與空間狀態函數之互換列表，並舉例說明本章要注意矩陣輸入時行、列之不同均會影響結果。

◎ 參考資料

1. P. Atkinson, "Feedback Control theory for Engineers", Plenum, USA, 1968.
2. Gene H. Hostetter, etc., "Design of Feedback Corol Systems", Henry Holt and Company, 2001.
3. Agam Kumar Tyagi, "MATLAB and Simulink for Enginers", Oxford, 2012.
4. D. M. ETTER, "Engineering problem solving with MATLAB", Prentic Hall international edotions, 1993.

◎ 習　題

1. 請說明時間常數 $2T$ 至 $4T$ 其誤差值之比較 (以 unit-step 為例)
2. 在本章 4-8 圖中試以 $F=80t^2$ 送入 simulink，並討論結果？
3. 一個系統知道 W_N 及 ζ 如何求出其「可能」之傳輸函數？
4. 在公式 (4-2) 中 $\dfrac{dc(t)}{dt}$ 所表示之物理意義為何，且與 T 之關係為何？
5. 以系統工程中之 trade-off 手法說明系統反應與峰值 (peak value) 之關係。

第 5 章

狀態方程式與數模

◎ 5-1 利用狀態方程式來表達數模有好處嗎？

在上一章中已討論到利用所謂自由體圖可以把物體所受的力畫出來，利用力學平衡關係，可以寫出其微分方程，利用線性的假設，可以求得其 Laplace 之解，再化為傳輸函數來求解，這種是所謂經典，古典式之解法，如果把微分方程式以數學式之代數式來表示，則不但可以把系統分解為更小的次系統或模組，且看出其元件間輸入／輸出之關係，這就是本章要講的狀態空間下之狀態方程式表示法。

這種表示法，在**時域分析** (time domain) 下分析，遠較傳輸函數在複數平面下分析為方便且可以利用電路來作**實體模擬** (real time simulation) 在轉換成電子元件時較為方便，而且在分析設計一個控制系統，可看到各重要參數值。

用傳輸函數有至少二個缺點，其一為線性系統才可分析，其二是**單輸入／單輸出** (single input/single output, SISO) 才可行，對多輸入／多輸出 (multi input/multi output, MIMO) 則不行，這些就是用狀態方程式表示法之優點，也是由經典控制進入現代控制 (modern control) 之開始。

◎ 5-2 舉例說明如何「整」「化」狀態方程式

例題 5-1

請將下列質量－彈簧－阻滯系統，化為常微方程再化為狀態方程式之方式。

解

二質量 M_1、M_2，不考慮其對地之磨擦力 (frictionless)，在以 M_1、M_2，二個質量與彈簧常數 K 及阻滯力之系統下，其常微方程式：

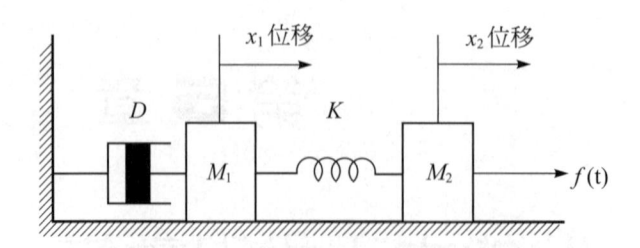

圖 5-1 以彈簧 K 與重量 M 為代表之物體受力圖

$$\begin{cases} M_1 \dfrac{d^2 x_1}{dt^2} + D \dfrac{dx_1}{dt} + Kx_1 - Kx_2 = 0 & \text{(5-1)} \\ -Kx_1 + M_2 \dfrac{d^2 x_2}{dt^2} + Kx_2 = f(t) & \text{(5-2)} \end{cases}$$

此系統之位置與速度關係之狀態方程式 (初始條件均為 0)：

$$\frac{dx_1}{dt} = V_1 \text{，} \quad \frac{d^2 x_1}{dt^2} = \frac{dV_1}{dt} = a_1 \tag{5-3}$$

$$\frac{dx_2}{dt} = V_2 \text{，} \quad \frac{d^2 x_2}{dt^2} = \frac{dV_2}{dt} = a_2 \tag{5-4}$$

若選用 x_1, x_2, V_1, V_2 四個變數為狀態參數 (state variables)，則上述之二個狀態方程式 (state equation) 可化為下式 (注意其補 0 之位置)：

$$\frac{dx_1}{dt} = 0 \cdot x_1 + 1 \cdot V_1 + 0 \cdot x_2 \tag{5-5}$$

$$\frac{dV_1}{dt} = -\frac{K}{M_1} x_1 + (-1)\frac{D}{M_1} V_1 + \left(\frac{K}{M_1}\right) x_2 \tag{5-6}$$

$$\frac{dx_2}{dt} = 0 \cdot x_1 + 0 \cdot V_1 + 0 \cdot x_2 + 1 \cdot V_2 \tag{5-7}$$

$$\frac{dV_2}{dt} = \frac{K}{M_2} x_1 + \left(-\frac{K}{M_2}\right) x_2 + \left(\frac{1}{M_2}\right) f(t) \tag{5-8}$$

再來即可寫成：

$$\begin{bmatrix} \dot{x}_1 \\ \dot{V}_1 \\ \dot{x}_2 \\ \dot{V}_2 \end{bmatrix}_{4\times 1} = \underbrace{\begin{bmatrix} 0 & 1 & 0 & 0 \\ -\dfrac{K}{M_1} & -\dfrac{D}{M_1} & \dfrac{K}{M_1} & 0 \\ 0 & 0 & 0 & 1 \\ \dfrac{K}{M_2} & 0 & -\dfrac{K}{M_2} & 0 \end{bmatrix}_{4\times 4}}_{A_{4\times 4}\ \text{Matrix}} \begin{bmatrix} x_1 \\ V_1 \\ x_2 \\ V_2 \end{bmatrix}_{4\times 1} + \underbrace{\begin{bmatrix} 0 \\ 0 \\ 0 \\ \dfrac{1}{M_2} \end{bmatrix}_{4\times 1}}_{B_{4\times 1}\ \text{Matrix}} \underbrace{f(t)}_{u(t)} \qquad \textbf{(5-9)}$$

以上之式有四個狀態變數 (state variable)　x_1, V_1, x_2, V_2

及其一次變量 (微分)　$\dot{x}_1$, $\dot{V}_1$, $\dot{x}_2$, $\dot{V}_2$

也可寫為

$$\dot{X} = A \cdot X + Bu$$

其中 $\dot{X}$ 為 state，X 為 state variable，A、B 為二個 matrix，u 為控制量 (或說外來之力)。

從上面例中可以看出一個二階微分方程式，可以化為一階之代數式，而利用矩陣方式把此數模表示出來。

我們可以推廣至一個多階之微分方程式：

$$\frac{d^n y}{dt^n} + a_{n-1}\frac{d^{n-1}y}{dt^{n-1}} + \cdots + a_1 \frac{dy}{dt} + a_0 y = b_0 u \qquad \textbf{(5-10)}$$

其中輸出為 $y(t)$ 有 $n-1$ 個微分，即有 $n-1$ 個 state variable，然後我們要選對 state Variable x_i

$$x_1 = y \qquad \textbf{(5-11a)}$$

$$x_2 = \frac{dy}{dt} \qquad \textbf{(5-11b)}$$

$$x_3 = \frac{d^2 y}{dt^2} \qquad \textbf{(5-11c)}$$

$$x_4 = \frac{d^3 y}{dt^3} \qquad \textbf{(5-11d)}$$

$$\vdots$$

$$x_n = \frac{d^{n-1} y}{dt^{n-1}} \qquad \textbf{(5-11e)}$$

二邊再微分:

$$\dot{x}_1 = \frac{dy}{dt} \tag{5-12a}$$

$$\dot{x}_2 = \frac{d^2y}{dt^2} \tag{5-12b}$$

$$\dot{x}_3 = \frac{d^3y}{dt^3} \tag{5-12c}$$

$$\dot{x}_4 = \frac{d^4y}{dt^4} \tag{5-12d}$$

$$\vdots$$

$$\dot{x}_n = \frac{d^n y}{dt^n} \tag{5-12e}$$

然後再把 (5-11) 諸式代入 (5-12) 中,則:

$$\dot{x}_1 = x_2 \tag{5-13a}$$
$$\dot{x}_2 = x_3 \tag{5-13b}$$
$$\dot{x}_3 = x_4 \tag{5-13c}$$
$$\vdots$$
$$\dot{x}_{n-1} = x_n \tag{5-13d}$$
$$\dot{x}_n = -a_0 x_1 - a_1 x_2 - \cdots\cdots - a_{n-1} x_n + b_0 u \tag{5-13e}$$

再把上式寫成 state equation

$$\begin{bmatrix} \dot{x}_1 \\ \dot{x}_2 \\ \dot{x}_3 \\ \dot{x}_4 \\ \vdots \\ \dot{x}_{n-1} \\ \dot{x}_n \end{bmatrix}_{n \times 1} = \begin{bmatrix} 0 & 1 & 0 & \cdots & \cdots & 0 \\ 0 & 0 & 1 & \cdots & \cdots & 0 \\ 0 & 0 & 0 & 1 & \cdots & 0 \\ 0 & \vdots & \vdots & & & \vdots \\ \vdots & \vdots & \vdots & & & \vdots \\ \vdots & \cdots & \vdots & \cdots & \cdots & 1 \\ -a_0 & -a_1 & -a_2 & -a_3 & \cdots & -a_{n-1} \end{bmatrix}_{n \times n} \begin{bmatrix} x_1 \\ x_2 \\ x_3 \\ \vdots \\ \vdots \\ x_{n-1} \\ x_n \end{bmatrix}_{n \times 1} + \begin{bmatrix} 0 \\ 0 \\ 0 \\ \vdots \\ \vdots \\ 0 \\ b_0 \end{bmatrix}_{n \times 1} u \tag{5-14}$$

其輸出 $y(t)$ 即

$$y = [1 \quad 0 \quad 0 \quad \cdots \quad 0]_{1 \times n} \begin{bmatrix} x_1 \\ x_2 \\ x_3 \\ \vdots \\ x_{n-1} \\ x_n \end{bmatrix}_{n \times 1} u \tag{5-15}$$

◎ 5-3 傳輸函數與狀態方程式間之互換

若下列有一個傳輸函數，可由數模先化為常微分，再由其階數化為狀態方程式及分系統方塊圖 (subsystem block diagram)。

例題 5-2

求圖 5-2 之分系統方塊圖，及 A，B，Y 三個矩陣值。

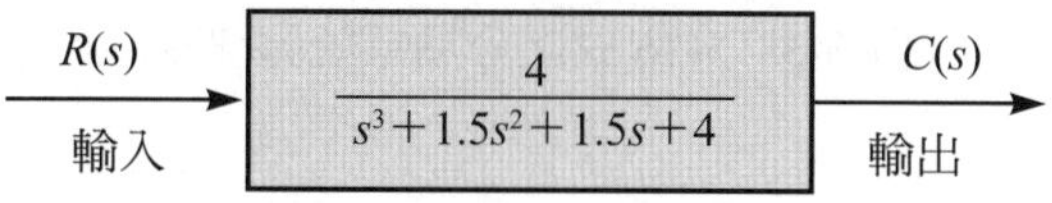

$$R(s) \longrightarrow \boxed{\dfrac{4}{s^3 + 1.5s^2 + 1.5s + 4}} \longrightarrow C(s)$$

輸入　　　　　　　　　　　　　　　　輸出

圖 5-2　系統輸入與輸出之間的圖 (複數平面域)

解

(1) 其傳輸函數之關係為：

$$\frac{輸出}{輸入} = \frac{C(s)}{R(s)} = \frac{4}{s^3 + 1.5s^3 + 1.5s + 4} \tag{5-16}$$

二邊交叉相乘

$$(s^3 + 1.5s^2 + 1.2s + 4) \cdot C(s) = 4 \cdot R(s) \tag{5-17}$$

(2) 利用反拉普拉斯 (inverse laplace) 及初始條件為 0 之假設

$$\dddot{C} + 1.5\ddot{C} + 1.2\dot{C} + 4 \cdot C = 4r \tag{5-18}$$

(3) 因為三次式即有三個 state variable

134　自動控制

$$\begin{cases} x_1 = C \\ x_2 = \dot{C} \\ x_3 = \ddot{C} \end{cases} \tag{5-19}$$

其分系統方塊圖如圖 5-3：

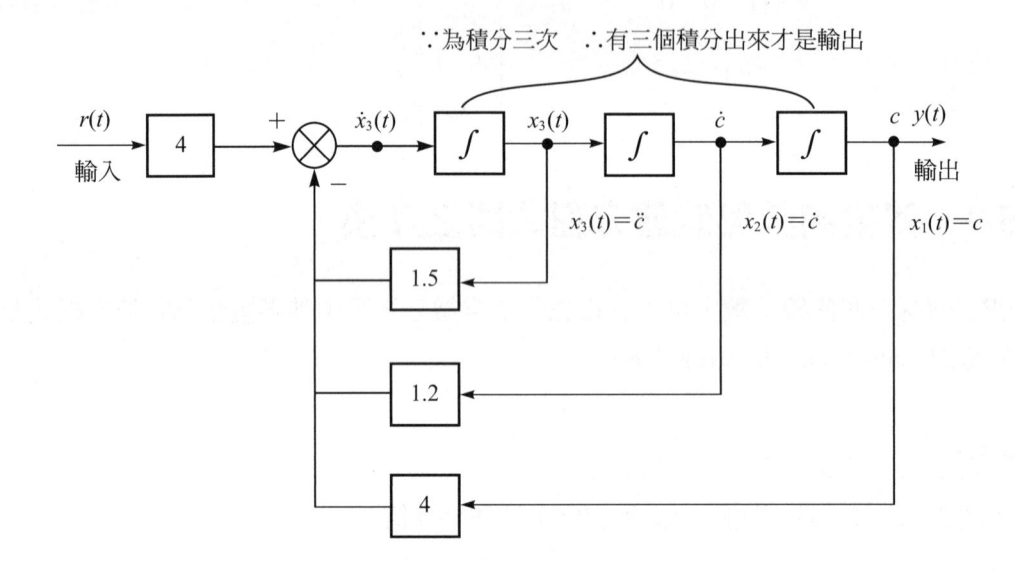

∵為積分三次　∴有三個積分出來才是輸出

圖 5-3　5-16 式之分項系統方塊圖

再依

$$x_1 = c \rightarrow \dot{x}_1 = \dot{c} = x_2 \rightarrow \dot{x}_2 = \ddot{c} = x_3$$

$$\begin{cases} \dot{x}_1 = \qquad\qquad\qquad 1 \cdot x_2 \\ \dot{x}_2 = \qquad\qquad\qquad\qquad 1 \cdot x_3 \\ \dot{x}_3 = -4 \times x_1 - 1.2 \times x_2 - 1.5 \times x_3 + 4r \end{cases} \tag{5-20}$$

輸出

$$y = c = x_1 \tag{5-21}$$

其 vector-matrix form：$\dot{X} = AX + Bu$

$$\begin{bmatrix} \dot{x}_1 \\ \dot{x}_2 \\ \dot{x}_3 \end{bmatrix} = \begin{bmatrix} 0 & 1 & 0 \\ 0 & 0 & 1 \\ -4 & -1.2 & -1.5 \end{bmatrix} \begin{bmatrix} x_1 \\ x_2 \\ x_3 \end{bmatrix} + \begin{bmatrix} 0 \\ 0 \\ 4 \end{bmatrix} r \tag{5-22}$$

$$Y = \begin{bmatrix} 1 & 0 & 0 \end{bmatrix} \begin{bmatrix} x_1 \\ x_2 \\ x_3 \end{bmatrix} \quad \text{(5-23)}$$

若用 unit step 為輸入值，則在時域圖形上利用 (5-24) 之特性可以得到輸入與輸出值之特性

$$\lim_{s \to 0} \frac{4}{s^3 + 1.5s^3 + 1.2s + 4} = 1 \quad \text{(5-26)}$$

由 (5-24) 可知系統輸出必須追蹤輸入為 1 (DC gain)。但不一定傳輸函數分子為常數，而分子之常數項可以為下列之一般式 $b_1s^2 + b_2s + b_3$ 或任何項次。

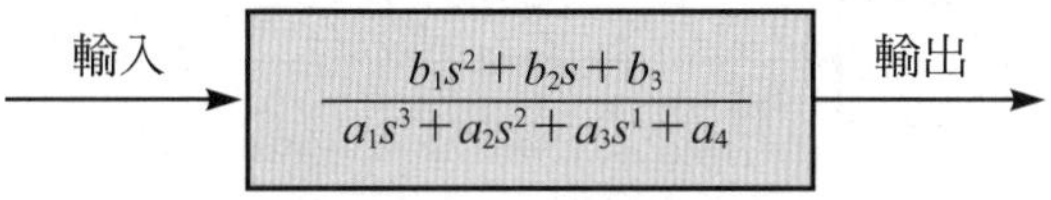

$$\text{輸入} \longrightarrow \boxed{\frac{b_1s^2 + b_2s + b_3}{a_1s^3 + a_2s^2 + a_3s^1 + a_4}} \longrightarrow \text{輸出} \quad \text{(5-25)}$$

圖 5-4　有分子之系統其輸入輸出之關係式

則其輸出必須追蹤輸入之值：

$$\lim_{s \to 0} \frac{b_1s^2 + b_2s + b_3}{a_1s^3 + a_2s^2 + a_3s^1 + a_4} = \frac{b_3}{a_4} \quad \text{(5-26)}$$

此亦為 DC gain 之觀念

現在反過來，若已知為一個分系統之方塊圖如何求出其 State Equation 及傳輸函數？
由圖 5-5 中之分子可得：

$$b_1s^2 + b_2s + b_3 \quad \text{(5-27)}$$

由分母可得：

$$a_1s^3 + a_2s^2 + a_3s + a_4 \quad \text{(5-28)}$$

再化為分式

136　自動控制

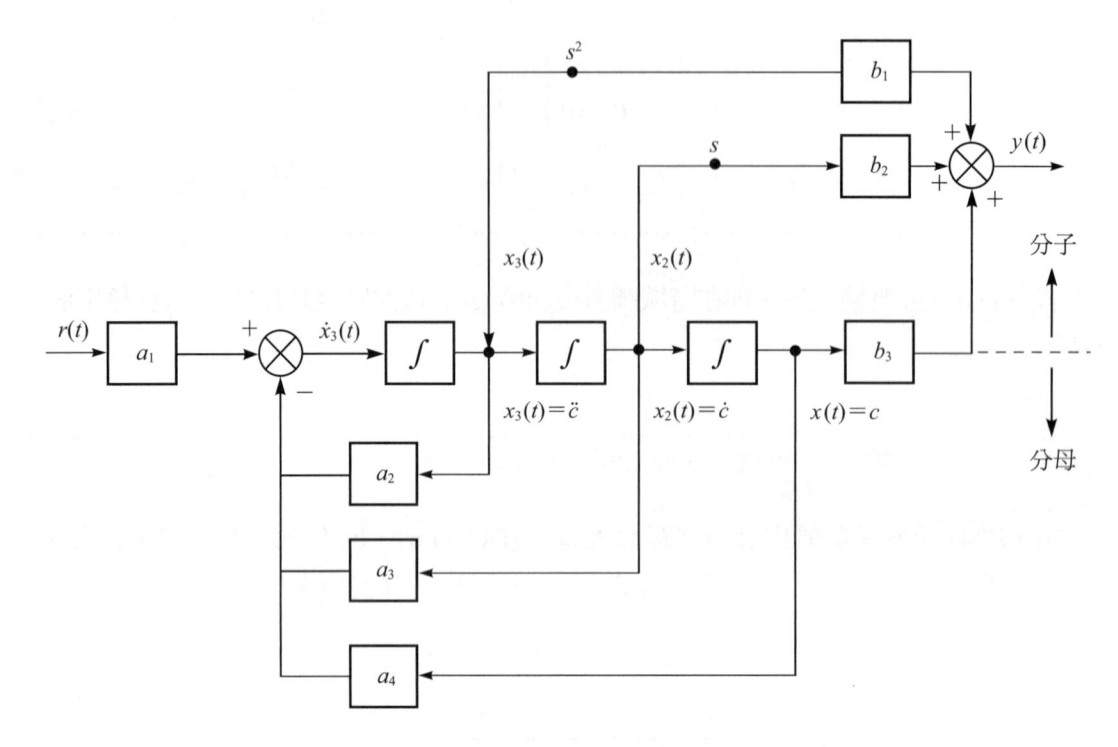

圖 5-5　一個系統 (含分子) 之分項方塊圖 (5-25) 中傳輸函數之功能方塊圖

$$R(s) \rightarrow \boxed{\frac{1}{a_1s^3+a_2s^2+a_3s^1+a_4}} \xrightarrow{x_1(s)} \boxed{b_1s^2+b_2s+b_3} \rightarrow C(s) \quad \text{(5-29)}$$

$$R(s) \rightarrow \boxed{\frac{b_1s^2+b_2s+b_3}{a_1s^3+a_2s^2+a_3s^1+a_4}} \rightarrow C(s) \quad \text{(5-30)}$$

其分子 (5-27) 式之反拉普拉斯

$$C = b_1\ddot{x}_1 + b_2\dot{x}_1 + b_3x_1$$

因為為二次常微式，所以有二個 state variable，若分母為三次式，則為三個 state variable，此即為 state variable 之數目。

$$x_1 = x_1$$
$$\dot{x}_1 = x_2$$
$$\dot{x}_2 = \ddot{x}_1 = x_3$$

其輸出

$$y = C(t) = b_1 x_3 + b_2 x_2 + b_3 x_1$$

故

$$y(t) = \begin{bmatrix} b_3 & b_2 & b_1 \end{bmatrix} \begin{bmatrix} x_1 \\ x_2 \\ x_3 \end{bmatrix} \tag{5-31}$$

◎ 5-4　由傳輸函數化為狀態方程式之矩陣式

例題 5-3

一個閉迴路下之傳輸函數

$$G(s) = \frac{1}{s^2 + 3s + 12}，試化簡為矩陣式$$

解

```
>> n1=[1];d1=[1 3 12];g1=tf(n1,d1);[A,B,C,D]=tf2ss(n1,d1)
A =
    -3  -12
     1    0
B =
     1
     0
C =
     0    1
D =
     0
>> step(A,B,C,D)
```

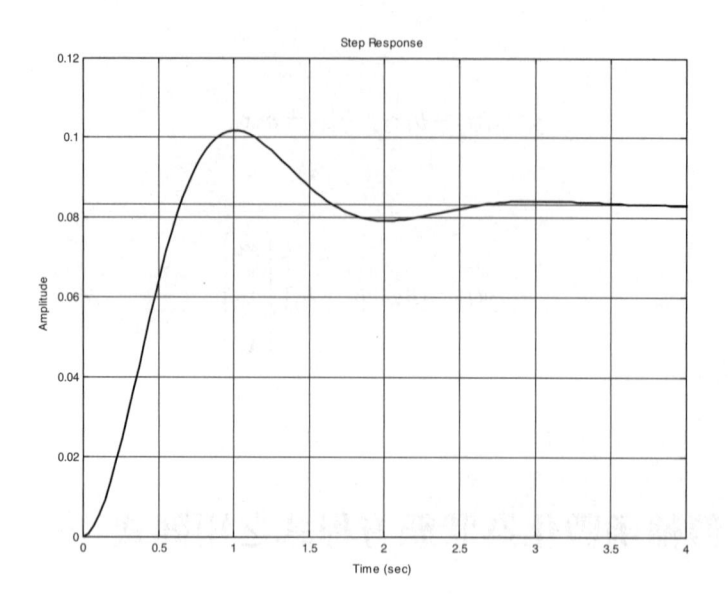

圖 5-6　$\dfrac{1}{s^2+3s+12}$ 之步階輸入系統反應圖

例題 5-4

試將：$G(s)=\dfrac{s+10}{s^2+3s+12}$ 化為矩陣形式

解

```
>> n2=[1 10];d2=[1 3 12];g2=tf(n2,d2);n1=[1];[A,B,C,D]=tf2ss(n2,d2)
A =
   -3  -12
    1    0
B =
    1
    0
C =
    1   10
D =
    0
>> step(A,B,C,D)
```

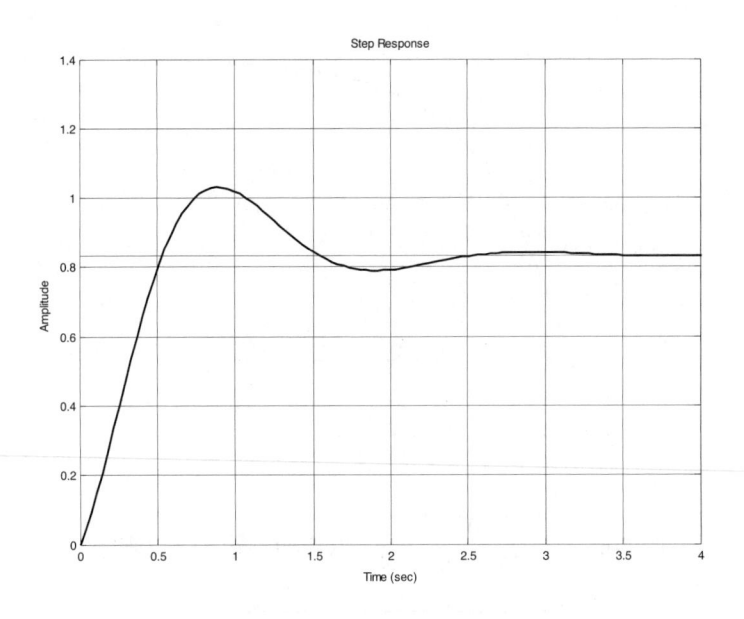

圖 5-7　$\dfrac{s+10}{s^2+3s+12}$ 以步階輸入系統反應圖

例題 5-5

試求 $\dfrac{45}{s^3+15s^2+59s+45}$ 之矩陣形式及在步階輸入下之反應圖。

解

```
>> n2=[45];d2=[1 15 59 45];g2=tf(n2,d2);[A,B,C,D]=tf2ss(n2,d2)
A =
   -15   -59   -45
     1     0     0
     0     1     0
B =
     1
     0
     0
C =
     0     0    45
D =
     0
>> step(A,B,C,D)
```

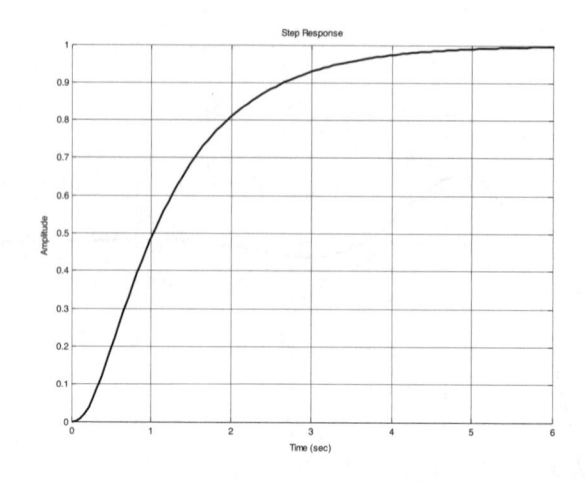

圖 5-8 $\dfrac{45}{s^3+15s^2+59s+45}$ 以步階為輸入之反應圖

◎ 5-5 傳輸函數之數學式及高階降階之指令

前面說過利用線性微分方程式可以用來表示一個系統，而利用一階之線性微分方程式，可以把系統之參數表示如下：(如圖 5-9)

$$\dot{x}=\frac{dx}{dt}=Ax+Bu$$

$$y=Cx+Du$$

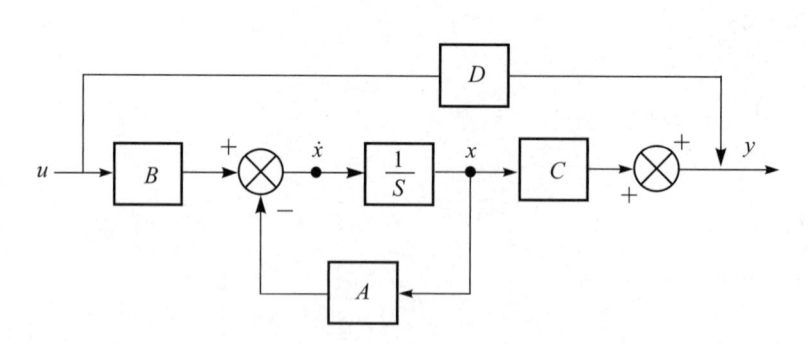

圖 5-9　$\dot{x}=Ax+B$ 與 $y=Cx+Du$ 之分解圖

其中 $x_{n\times 1}$ vector 表示系統之狀態 (速度、位置或加速度)，u 為一個純量 (scale) 表示系統之輸入值 (如力或扭矩)，y 為一個純量 (scale) 之輸出值。而 $A_{n\times n}$、$B_{n\times 1}$、$C_{1\times n}$，分別為表示狀態與輸入／輸出變數間之關係。此狀態方程式不但可以適用 SISO (單入單出) 之系統，也可描述 MIMO (多入多出) 之系統。

高階的傳輸函數可以透過前面所講之 tf2zp 即指令看看能否化簡原有之傳輸函數，也可透過矩陣之指令 ss(H, 'min') 得到小矩陣之聯乘，而在計算上可減少計算機之負擔加速運算。

例題 5-6

有 $G_1(s) = \dfrac{s+1}{s^3 + 3s^2 + 3s + 2}$ 及 $G_2(s) = \dfrac{s^2 + 3}{s^2 + s + 1}$，試問該 G_1, G_2 形成一個矩陣 $H(s)$ 有幾個輸出，有幾個輸入，有幾個 states 形式？

解

(1) $H(s) = \begin{bmatrix} \dfrac{s+1}{s^3 + 3s^2 + 3s + 2} \\ \dfrac{s^2 + 3}{s^2 + s + 1} \end{bmatrix}_{2\times 1}$

(2) 利用指令 size 可得出：
    故有 2 個輸出，1 個輸入，5 個 states。

(3) 再利用 sys = ss(H, 'min') 可求出最少表示此系統之 state 為 3 個。

(4) 再利用 tf2ZP 指令看看是否可化簡為分式聯乘，因為由 sys = ss(H, 'min') 已得知可化簡

$$H(s) = \begin{bmatrix} \dfrac{s+1}{s^3 + 3s^2 + 3s + 2} \\ \dfrac{s^2 + 3}{s^2 + s + 1} \end{bmatrix}_{2\times 1} = \begin{bmatrix} \dfrac{1}{s+2} & 0 \\ 0 & 1 \end{bmatrix}_{2\times 2} \begin{bmatrix} \dfrac{s+1}{s^3 + 3s^2 + 3s + 2} \\ \dfrac{s^2 + 3}{s^2 + s + 1} \end{bmatrix}_{2\times 1}$$

表示：$\dfrac{s+1}{s^3 + 3s^2 + 3s + 2} = \dfrac{1}{(s+2)} \cdot \dfrac{s+1}{(s^2 + s + 1)}$

(5)
```
>> H = [tf([1 1],[1 3 3 2]) ; tf([1 0 3],[1 1 1])];
sys = ss(H);
```

```
size(sys)
State-space model with 2 outputs, 1 input, and 5 states.
>> sys = ss(H, 'min');
size(sys)
State-space model with 2 outputs, 1 input, and 3 states.
> [z,p,k]=tf2zp([1 1],[1 3 3 2])
z =
    -1
p =
  -2.0000
  -0.5000 + 0.8660i
  -0.5000 - 0.8660i
k =
    1
```

在 MATLAB 中矩陣之運算，在給定一個矩陣 A 可以利用下列 4 個指令分別求出矩陣之特性 (參考資料 9)。

特性	名稱	指令	Remark
矩陣大小	維度	size (A)	
行列式絕對值	行列式值	det(A)	
矩陣秩數	秩數	rank(A)	
系統之根	特徵值 (d) 與特徵向量 (V)	eig(A)	[V, d]＝eig(A)

◎ 5-6　由 A, B, C, D 矩陣形式，可化為傳輸函數形式

由指令 ss2tf (A, B, C, D, 1) 為之

$$[N, d] = ss2tf(A, B, C, D, 1)$$

例題 5-7

將例題 5-2 由 A, B, C, D 轉回傳輸函數

解

第 5 章　狀態方程式與數模　143

```
>> [n,d]=ss2tf(A,B,C,D,1)
n =
     0   0   1
d =
   1.0000   3.0000   12.0000
>> g1=tf(n,d)
Transfer function:
        1
   ─────────────
    s^2 + 3 s + 12
```

例題 5-8

將例題 5-3 由 A, B, C, D 轉回傳輸函數

解

```
>> [n,d]=ss2tf(A,B,C,D,1)
n =
     0   1.0000   10.0000
d =
   1.0000   3.0000   12.0000
>> g1=tf(n,d)
Transfer function:
      s + 10
   ─────────────
    s^2 + 3 s + 12
```

其數學基礎用一次狀態函數來說明：

$$\dot{x} = Ax + Bu \tag{5-32a}$$

$$y = Cx + Du \tag{5-32b}$$

假設在初始條件 $x(t)=0$，$\dot{x}(t)=0$ 下把 (5-32) 作拉氏轉換 (Laplace Tranform)。

$$sX(s) = AX(s) + BU(s) \tag{5-33a}$$

$$Y(s) = CX(s) + DU(s) \tag{5-33b}$$

由 (5-33a) 移項

$$sX(s) - AX(s) = BU(s)$$

$$(s-A)X(s) = BU(s)$$

若 $SI - A \neq 0$，即 $(SI-A)^{-1}$ 存在。(I 為單位矩陣，identical matrix)

$$X(s) = (sI-A)^{-1} BU(s) \qquad (5\text{-}34)$$

其中 I 為 identity matrix，把 (5-34) 代入 (5-32b)：

$$y(s) = C((sI-A)^{-1} BU(s)) + D \cdot U(s)$$
$$= (C(sI-A)^{-1} B + D) U(s)$$

在上式中，我們稱 $C(sI-A)^{-1} B + D$ 為傳輸函數矩陣 (transfer function matrix)，而 $y(s)$ 為輸出值構成之矩陣，$U(s)$ 為輸入值構成之矩陣，若輸入／輸出值均為純量 (scale) 則

$$G(s) = \frac{\text{輸出}}{\text{輸入}} = \frac{y(s)}{u(s)} = C(sI-A)^{-1} B + D$$

在下面先舉一例為代數解法，再用 MATLAB 作電腦輔助解法，可以看出何者方便、快、又準 (當然是後者)。

例題 5-9

若狀態函數輸入／輸出之關係如下：

$$\dot{x} = \underbrace{\begin{bmatrix} 0 & 1 & 0 \\ 0 & 0 & 1 \\ -1 & -2 & -3 \end{bmatrix}}_{A_{3\times 3}} X + \underbrace{\begin{bmatrix} 10 \\ 0 \\ 0 \end{bmatrix}}_{B_{3\times 1}} u$$

$$y = \underbrace{[1 \ \ 0 \ \ 0]}_{C_{1\times 3}} X + \underset{\underset{D=0}{|}}{0}\ u$$

〈代數法：〉

第 5 章　狀態方程式與數模　145

$$(sI-A) = s\begin{bmatrix} 1 & 0 & 0 \\ 0 & 1 & 0 \\ 0 & 0 & 1 \end{bmatrix} - \begin{bmatrix} 0 & 1 & 0 \\ 0 & 0 & 1 \\ -1 & -2 & -3 \end{bmatrix}$$

$$= \begin{bmatrix} s & 0 & 0 \\ 0 & s & 0 \\ 0 & 0 & s \end{bmatrix}_{3\times 3} - \begin{bmatrix} 0 & 1 & 0 \\ 0 & 0 & 1 \\ -1 & -2 & -3 \end{bmatrix}_{3\times 3}$$

$$= \begin{bmatrix} s & -1 & 0 \\ 0 & s & -1 \\ 1 & 2 & s+3 \end{bmatrix}$$

再求 $(sI-A)^{-1} = \dfrac{\text{adj}(sI-A)}{\det(sI-A)} = \dfrac{\begin{bmatrix} (s^2+3s+2) & s+3 & 1 \\ -1 & s(s+3) & s \\ -s & -(2s+1) & s^2 \end{bmatrix}}{s^3+3s^2+2s+1}$

其中 adj $(sI-A)$ 可利用公式：

$$\text{adj}(sI-A) = \text{adj}\begin{bmatrix} s & -1 & 0 \\ 0 & s & -1 \\ 1 & 2 & s+3 \end{bmatrix} = \begin{bmatrix} +\begin{vmatrix} s & -1 \\ 2 & s+3 \end{vmatrix} & -\begin{vmatrix} 0 & -1 \\ 1 & s+3 \end{vmatrix} & +\begin{vmatrix} 0 & s \\ 1 & 2 \end{vmatrix} \\ -\begin{vmatrix} -1 & 0 \\ 2 & s+3 \end{vmatrix} & +\begin{vmatrix} s & 0 \\ 1 & s+3 \end{vmatrix} & -\begin{vmatrix} s & -1 \\ 1 & 2 \end{vmatrix} \\ +\begin{vmatrix} -1 & 0 \\ s & -1 \end{vmatrix} & -\begin{vmatrix} s & 0 \\ 0 & -1 \end{vmatrix} & +\begin{vmatrix} s & -1 \\ 0 & s \end{vmatrix} \end{bmatrix}^T$$

$$= \begin{bmatrix} s^2+3s+2 & -1 & s \\ (s+3) & s(s+3) & -(2s+1) \\ 1 & s & s^2 \end{bmatrix}^T$$

$$= \begin{bmatrix} s^2+3s+2 & (s+3) & 1 \\ -1 & s(s+3) & s \\ s & -(2s+1) & s^2 \end{bmatrix}$$

可由 det $(sI-A) = s^3 + 3s^2 + 2s + 1$
由此可得：

$$G(s) = C(sI-A)^{-1}B + D$$

$$= \frac{10(s^2 + 3s + 2)}{s^3 + 3s^2 + 2s + 1}$$

以上方法十分麻煩，尤其在求 adj $(sI-A)$ 中只要有一符號錯則全錯，以下為 MATLAB 法。

〈MATLAB 法〉

```
a=[0 1 0;0 0 1;-1 -2 -3];b=[10;0;0];c=[1 0 0];d=[0]
d =
    0
>> [n,m]=ss2tf(a,b,c,d)
n =
         0   10.0000   30.0000   20.0000
m =
    1.0000    3.0000    2.0000    1.0000
>> g1=tf(n,m)
Transfer function:
   10 s^2 + 30 s + 20
  ─────────────────────
  s^3 + 3 s^2 + 2 s + 1
```

上面所講為用特徵值及特徵向量來處理狀態函數及傳輸函數彼此間之互換，其中 $(sI-A)$ 之因子十分重要，下面舉 2 個例說明 $(sI-A)$ 可以作為狀態函數轉成時域之例子，其中必須要有起始值 $X(0)$，則透過 $(sI-A)$，$X(0)$ 及 $u(s)$ 與輸入值之關係可作出轉換。

$$u(s) = (sI-A^{-1})[X(0) + Bu(s)] \tag{5-35}$$

再由 MATLAB 轉為時域即可，換言之微分方程式之多階可透過多一個一階之矩陣，再用電腦轉化為時域，這種電腦輔助之特性不但省時也可省下手誤之缺點。

另外，過去在作軌道估算時，由一點之狀態，可透過狀態轉移矩陣 (state transition Matrix, STM) 而求得下一點之狀態特性。這在一定軌道 (車輛、衛星、火箭) 上均常使用，過去電腦不發達要用手算常出錯，現在透過電腦即可輕鬆求解，本章即以下面二例說明，STM 為時域下之計算公式，簡寫為 Φ(t) 則任何時間 t 之狀態 X(t) 之值 (經過一個時間 τ 後) (參考資料 12,13)。

$$X(A) = \Phi(t) X(0) + \int_0^t \Phi(t-\tau) Bu(\tau)\, d\tau \tag{5-36}$$

例題 5-10

試將下列之狀態一階方程式，求出其時域下之解，並求出其特徵值 (eigenvalue)，並判別此系統之穩定性。

$$\dot{X} = \begin{bmatrix} 0 & 1 & 0 \\ 0 & 0 & 1 \\ -24 & -26 & -9 \end{bmatrix} X + \begin{bmatrix} 0 \\ 0 \\ 1 \end{bmatrix} e^{-t}$$

$$y = [1\ 1\ 0]\, X$$

此狀態值 X 之 t=0 之初始條件為 $x(t=0) = \begin{bmatrix} 0 \\ 0 \\ 1 \end{bmatrix}$

解

(1) 題目全為用 MATLAB 指令解出，指令如下：

```
>>a=[0 1 0;0 0 1;-24 -26 -9];b=[0;0;1];c=[1 1 0];x0=[1;0;2];
>> u=1/(s+1);i=[1 0 0;0 1 0;0 0 1];x=((s*i-a)^-1)*(x0+b*u)
>> syms s
>> u=1/(s+1);i=[1 0 0;0 1 0;0 0 1];x=((s*i-a)^-1)*(x0+b*u)
x =
[ (s^2+9*s+26)/(s^3+9*s^2+26*s+24)+1/(s^3+9*s^2+26*s+24)*(2+1/(s+1))]
[       -24/(s^3+9*s^2+26*s+24)+s/(s^3+9*s^2+26*s+24)*(2+1/(s+1))]
[     -24*s/(s^3+9*s^2+26*s+24)+s^2/(s^3+9*s^2+26*s+24)*(2+1/(s+1))]
>> x1=ilaplace(x(1))
x1 =
23/6*exp(-4*t)-19/2*exp(-3*t)+13/2*exp(-2*t)+1/6*exp(-t)
```

```
>> x2=ilaplace(x(2))
x2 =
-46/3*exp(-4*t)+57/2*exp(-3*t)-13*exp(-2*t)-1/6*exp(-t)
>> x3=ilaplace(x(3))
x3 =
184/3*exp(-4*t)-171/2*exp(-3*t)+26*exp(-2*t)+1/6*exp(-t)
>> y=x1+x2
y =
-23/2*exp(-4*t)+19*exp(-3*t)-13/2*exp(-2*t)
>> y=vpa(y,3)
y =
-11.5*exp(-4.*t)+19.*exp(-3.*t)-6.50*exp(-2.*t)
>> 'y(t)'
ans =
y(t)
>> pretty(y)
        -11.5 exp(-4. t) + 19. exp(-3. t) - 6.50 exp(-2. t)
>> 'b'
ans =
b
>> [v,d]=eig(a)
v =
    0.2182   -0.1048   -0.0605
   -0.4364    0.3145    0.2421
    0.8729   -0.9435   -0.9684
d =
   -2.0000         0         0
         0   -3.0000         0
         0         0   -4.0000
>> 'eigenvalues on diagonal'
ans =
eigenvalues on diagonal
>> d
d =
   -2.0000         0         0
         0   -3.0000         0
         0         0   -4.0000
```

(2) 首先，輸入 $\dot{X}=AX+Bu$ 及 $y=cX$ 之數值。

其中 $u=e^{-t}$，查第 4 章，表 4-2 知。

$$f(t)=e^{-at} \ \& \ F(s)=\frac{1}{s+a}$$

∵ 為 e^{-t} 故 $a=1$，$u=\dfrac{1}{s+1}$

(3) 再輸入單位矩陣 I

$$X(s)=(sI-A)^{-1}[X(0)+Bu(s)]：$$

則 s 域下之 X 即可求出。

(4) 透過 inverse Laplace 把 $X(s) \to x(t)$ 把 S 域轉回時域。

即可求得 $x_1(t)$，$x_2(t)$，$x_3(t)$。

(5) 再利用 $y(s)=\begin{bmatrix}1 & 1 & 0\end{bmatrix}\begin{bmatrix}x_1(s)\\x_2(s)\\x_3(s)\end{bmatrix}$

$$=x_1(s)+x_2(s)$$

即 $y=x_1+x_2$。

(6) 由此在 $y(s)$ 為三階式下，再化為時域。

$$y=vpa(y,3)$$

(7) 為了要讓解答好看些則用 pretty(y)。

(8) 最後求出該系統之特徵值(即此特性方程式之根)。

$$[v,d]=\text{eig}(a)$$

此三個根均為負值，在左平面
故此系統為穩定。

另外，我們也可由 State Transition Matrix 配合狀態值之 $t=0$ 或 $t=t_1$ 之初始條件，得到 $t=t_2$ 下之值。

例題 5-11

若一個人造衛星,其系統狀態方程式 $\dot{X}=AX+Bu$,可寫為下式:

$$\dot{X}=\begin{bmatrix}0 & -2\\ 1 & -3\end{bmatrix}X, \quad X(0)=\begin{bmatrix}1\\ 1\end{bmatrix}$$

試求其在 $dt=0.2$ sec 後衛星狀態 $X(t=2)$ 之值。

解

(1) 題目全由 MATLAB 指令解出,指令說明如下:

```
>> a=[0 -2;1 -3];dt=0.2;
>> phi=expm(a*dt)
phi =
    0.9671  -0.2968
    0.1484   0.5219
>> x=[1;1];xnew=phi*x
xnew =
    0.6703
    0.6703
```

(2) 首先輸入矩陣及相關時間 dt。

則透過 expm($a\times dt$) 即可求出狀態轉移矩陣 (STM) phi (十分容易上手算比上例更快)。

(3) 再利用已知之起始條件 X,可求出 $t=0.2$ 秒後之新值 xnew。

(4) 在本題中或許有人會問 $\dot{X}=Ax+Bu$ 中,為何沒有 B?

其實,可以有 B 之存在,但必須 $u=0$ 才會有 $\dot{X}=AX$,即是說一個衛星在不受外力之軌道上 $u=0$,可以利用此法估算出下一點 (不可過久,過久可能會有外力出現) 來。

◎ 5-7 分子、分母均有長式之傳輸函數化為類比計算機模擬之數模方塊

若有一開路之傳輸函數 $G(s)=\dfrac{s^2+7s+2}{s^3+9s^2+26s+24}$ 欲分析其結果,先化為狀態函數,再逐步求其解。

```
>> n3=[1 7 2];d3=[1 9 26 24];g3=tf(n3,d3)
```
Transfer function:

$$\frac{s^2+7s+2}{s^3+9s^2+26s+24}$$

```
>> [A,B,C,D]=tf2ss(n3,d3)
A =
    -9    -26    -24
     1      0      0
     0      1      0
B =
     1
     0
     0
C =
     1      7      2
D =
     0
>> [n,d]=ss2tf(A,B,C,D,1)
n =
     0    1.0000    7.0000    2.0000
d =
 1.0000    9.00000   26.0000   24.0000
>> g1=tf(n,d)
```
Transfer function:

$$\frac{s^2+7s+2}{s^3+9s^2+26s+24}$$

把上列中之 A、B 矩陣作下列整合

$\dot{x}=Ax+Bu$

$$\begin{bmatrix}\dot{x}_3\\ \dot{x}_2\\ \dot{x}_1\end{bmatrix}=\begin{bmatrix}-9 & -26 & -24\\ 1 & 0 & 0\\ 0 & 1 & 0\end{bmatrix}\begin{bmatrix}x_3\\ x_2\\ x_1\end{bmatrix}+\begin{bmatrix}1\\ 0\\ 0\end{bmatrix}u$$

取 $\dot{x}_3=-9x_3-26x_2-24x_1+u(t)$ **(5-37)**

利用狀態函數特性 $x_1 = x_1$，$\dot{x}_1 = x_2$，$\dot{x}_2 = \ddot{x}_1 = x_3$ **(5-38)**

化 (5-37) 為類比計算機模式

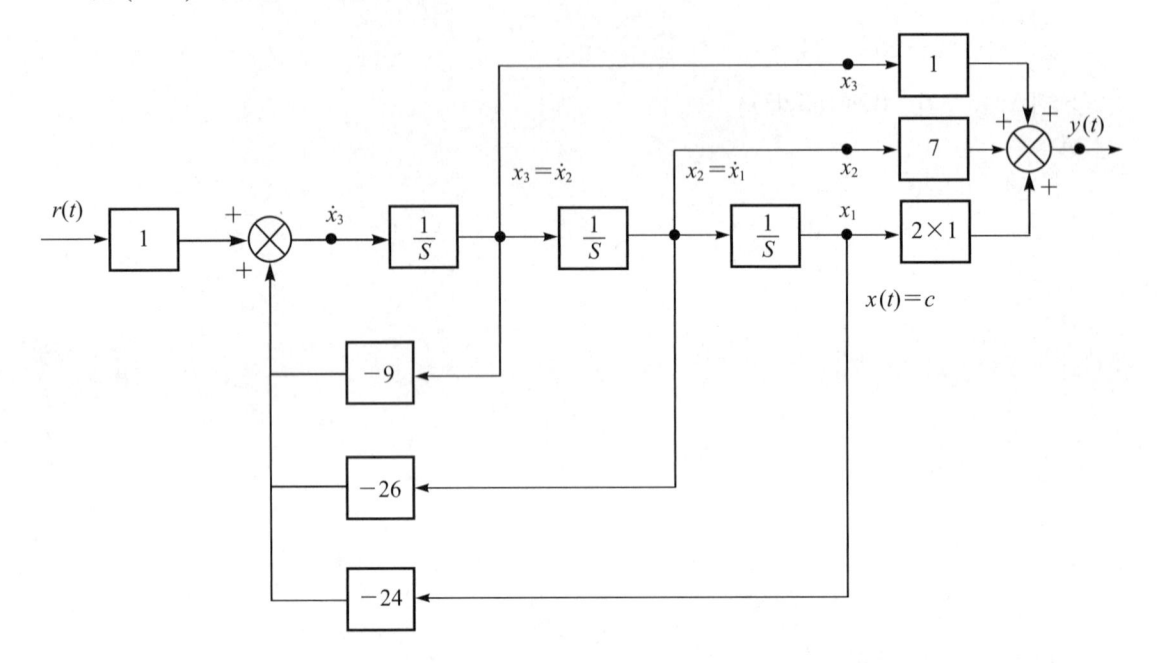

圖 5-10　類比計算機模擬方塊圖

〈step 1〉：化 $y(t) = Cx + D$ ($D = 0$)

有 3 個輸入點 x_1, x_2, x_3

一個輸出點 $y(t)$

$$y = x_1 \rightarrow y = \begin{bmatrix} 1 & 0 & 0 \end{bmatrix} \begin{bmatrix} x_1 \\ x_2 \\ x_3 \end{bmatrix}$$

〈step 2〉：再把分式中之分子加入上圖

$s^2 + 7s + 2 = C(s) \rightarrow$ 化為時域

$\overset{x_3}{\ddot{y_1}} + 7\overset{x_2}{\dot{y_1}} + 2\overset{x_1}{y_1} = y(t)$ (見公式 (5-38))

則輸出值 $y(t)$ 即改變了

$$y = \begin{bmatrix} 2 & 7 & 1 \end{bmatrix} \begin{bmatrix} x_1 \\ x_2 \\ x_3 \end{bmatrix}$$

其分母之化解已有說明，故不重複。

由上面方式透過 MATLAB 求出 A, B, C, D 之矩陣，再利用其中較複雜之一項展開可得到一個類比計算機之特性方程式。利用此方程式可把系統特性式放在類比計算機上，可觀看各點之性能。若設計一個控制器，可依特性調控制器之參數來滿求系統參數特性。

例題 5-12

試將下列常微方程式化為類比計算機之數模及部份分式形狀。

$$\dddot{y} + 6\ddot{y} + 11\dot{y} + 6y = 6u$$

解

(1) 先把上式 $\dddot{y}$ 與其它項分離

$$\dddot{y} + 6\ddot{y} + 11\dot{y} + 6y = 6u$$

(2) state variable：x_1, x_2, x_3 (因為三次式的 3 個變數)

$x_1 = \ddot{y}$

$x_2 = \dot{y}$

$x_3 = y$

(3) 再把 state variable：x_1, x_2, x_3 (因為三次式的 3 個變數) 轉成下式

$\dot{x}_1 = \dddot{y} = -6\ddot{y} - 11\dot{y} - 6y + 6u = -6x_1 - 11x_2 - 6x_3 + 6u$

$\dot{x}_2 = \ddot{y} = x_1$

$\dot{x}_3 = \dot{y} = x_2$

(4) 化為類比圖：

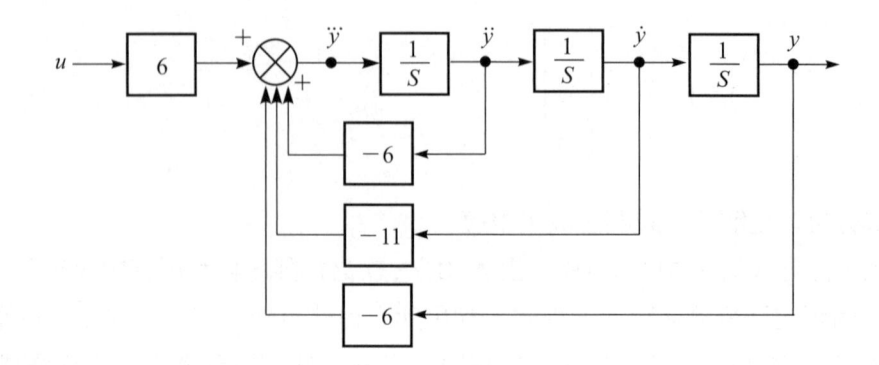

(5) 得 A, B, C 矩陣

$$\dot{x} = \begin{bmatrix} \dot{x}_1 \\ \dot{x}_2 \\ \dot{x}_3 \end{bmatrix} = \begin{bmatrix} -6 & -11 & -6 \\ 1 & 0 & 0 \\ 0 & 1 & 0 \end{bmatrix} \begin{bmatrix} x_1 \\ x_2 \\ x_3 \end{bmatrix} + \begin{bmatrix} 6 \\ 0 \\ 6 \end{bmatrix} u$$

$$y = \begin{bmatrix} 0 & 0 & 1 \end{bmatrix} \begin{bmatrix} x_1 \\ x_2 \\ x_3 \end{bmatrix} \quad D = 0$$

(6) 再由指令 $ss2ZP(A, B, C, D)$ 得出分式

$[Z, P, K] = ss2ZP(A, B, C, D)$

(7) $\dfrac{輸出}{輸入} = \dfrac{6}{s^3 + 6s^2 + 11s + 6} = \dfrac{6}{(s+1)(s+2)(s+3)}$

(8) 三個根數在左平面應為穩定系統

(9) 指令：

```
>> a=[-6 -11 -6;1 0 0;0 1 0];b=[6;0;0];c=[0 0 1];d=[0]
d =
    0
>> [n,m]=ss2tf(a,b,c,d)
n =
         0   -0.0000   -0.0000    6.0000
m =
    1.0000    6.0000   11.0000    6.0000
>> g1=tf(n,m)
```

Transfer function:

$$\frac{-5.329e\text{-}015 \, s^2 - 1.954e\text{-}014 \, s + 6}{s^3 + 6 s^2 + 11 s + 6}$$

```
>> [z,p,k]=ss2zp(a,b,c,d)
z =
   Empty matrix: 0-by-1
p =
   -3.0000
   -2.0000
   -1.0000
k =
    6
```

◎ 5-8 由傳輸函數求出之 A, B, C, D 四個矩陣的幾種變形

在 $\dot{X} = AX + Bu$ 過程中，若求得之矩陣 A

$$A = \begin{bmatrix} a & b & c \\ d & e & f \\ g & h & j \end{bmatrix} \quad , \quad B = \begin{bmatrix} k \\ l \\ m \end{bmatrix}$$

配合 $\begin{bmatrix} \dot{x}_1 \\ \dot{x}_2 \\ \dot{x}_3 \end{bmatrix} = \begin{bmatrix} a & b & c \\ d & e & f \\ g & h & j \end{bmatrix} \begin{bmatrix} x_1 \\ x_2 \\ x_3 \end{bmatrix} + \begin{bmatrix} k \\ l \\ m \end{bmatrix} u$

若 $\dot{X}$ 中 x_1, x_2, x_3 之順序有時改為：

$$\begin{bmatrix} \dot{x}_3 \\ \dot{x}_2 \\ \dot{x}_1 \end{bmatrix}$$

則 A 矩陣中之第一列與第三列必須要互換，即 $A' = \begin{bmatrix} g & h & j \\ d & e & f \\ a & b & c \end{bmatrix}$

而 $B' = \begin{bmatrix} m \\ e \\ k \end{bmatrix}$，則可利用一個指令 $a = \text{flipud}(a)$

若 $a = \begin{bmatrix} 1 & 2 & 3 \\ 4 & 5 & 6 \\ 7 & 8 & 9 \end{bmatrix}$，透過 $a = \text{flipud}(a)$，則 $a = \begin{bmatrix} 7 & 8 & 9 \\ 4 & 5 & 6 \\ 1 & 2 & 3 \end{bmatrix}$ (即第一列與第三列可互換)

同理也可用 $b = \text{flipud}(b)$ 為之。

若第一行與第三行要互換，則用 fliplr 指令

如 $a = \begin{bmatrix} 7 & 8 & 9 \\ 4 & 5 & 6 \\ 1 & 2 & 3 \end{bmatrix}$，則 $a = \text{fliplr}(a)$，則 $a' = \begin{bmatrix} 9 & 8 & 7 \\ 6 & 5 & 4 \\ 3 & 2 & 1 \end{bmatrix}$

左右互換　垂直軸不變

實際操作如例題 5-13 所示。

例題 5-13

試以傳輸函數 $T(s) = \dfrac{s^2 + 7s + 2}{s^3 + 9s^2 + 26s + 24}$ 為例，求出 A, B, C, D 四個矩陣。同時，利用 flipud 及 fliplr 求出相關矩陣。

解

```
>> n = [1 7 2]; d = [1 9 26 24];
>> [A, B, C, D] = tf2ss(n,d)
a =
    -9   -26   -24
     1     0     0
     0     1     0
b =
     1
     0
     0
```

```
c =
      1     7     2
d =
      0
>> a = fliplr(a)
a =
    -24   -26    -9
      0     0     1
      0     1     0
>> af = flipud(a);a = fliplr(af)
a =
      0     1     0
      1     0     0
     -9   -26   -24
>> b = flipud(b)
b =
      0
      0
      1
>> c = fliplr(c)
c =
      2     7     1
```

◎ 5-9 系統可控性 (Controllability)

一個系統中之輸入值可以從一開始影響參數 (initial state) 一直到最後 (desired final state) 之參數值，我們稱此系統為可控 (controllable)，若一個系統之輸入值無法影響其中任何一個參數值之狀態，則為不可控。

〈情況 1〉：就 $\dot{X}=AX+Bu$ 來看，若其系統矩陣 A 為對角矩陣之形式

$$\dot{X} = \begin{bmatrix} -a_1 & 0 & 0 \\ 0 & -a_2 & 0 \\ 0 & 0 & -a_3 \end{bmatrix} \cdot X + \begin{bmatrix} 1 \\ 1 \\ 1 \end{bmatrix} u$$

化為代數式

$$\dot{x}_1 = -a_1 x_1 + u$$
$$\dot{x}_2 = -a_2 x_2 + u$$
$$\dot{x}_3 = -a_3 x_3 + u$$

以上三式每一個獨立,而 u 又可影響每一個狀態參數 x。所以我們說其可控。

若
$$\dot{X} = \begin{bmatrix} -a_4 & 0 & 0 \\ 0 & -a_5 & 0 \\ 0 & 0 & -a_6 \end{bmatrix} \cdot X + \begin{bmatrix} 0 \\ 1 \\ 1 \end{bmatrix} u$$

化為代數式
$$\dot{x}_1 = -a_4 x_1 + Ou = -a_4 x_1$$
$$\dot{x}_2 = -a_5 x_2 + u$$
$$\dot{x}_3 = -a_6 x_3 + u$$

其中
$$\dot{x}_1 = -a_4 x_1$$

不為 u 所影響,則此系統為不可控。

所以一個系統具備可控之條件是:
(1) 有 eigenvalues。
(2) 為對角矩陣形式。
(3) 可控之矩陣非退化矩陣。

〈情況 2〉:若 $\dot{X} = AX + Bu$ 中,A 非對角矩陣,則 B 中之元素為 0 或不為 0,不能作為判斷可控性之依據,而只能以全秩 (full Rank) 為依據,如例題 5-12。

在 $\dot{X} = AX + Bu$ 中,利用 A、B 二個矩陣來作測試樣本

$$C = [B\ AB\ A^2 B\ ...\ A^{n-1} B]$$

若 C 矩陣滿足以下二個條件

① C 矩陣其行列式 $\neq 0$

② $C_{n \times n}$ 矩陣其階數 (rank) 為 n

則此 C 矩陣稱為可控性矩陣,其所在之系統即為可控其 MATLAB 之指令為 ctrb。

例題 5-14

以下之一個系統

$$\dot{X}=AX+Bu=\begin{bmatrix} -1 & 1 & 3 \\ 0 & -1 & 9 \\ 0 & 3 & -4 \end{bmatrix}x+\begin{bmatrix} 1 \\ 2 \\ 1 \end{bmatrix}u$$

試求傳輸函數之可控性

解

```
>> a=[-1 1 3;0 -1 9;0 3 -4]
a=
    -1    1    3
     0   -1    9
     0    3   -4
>> b=[1;2;1]
b=
     1
     2
     1
>> c=ctrb(a,b)
c=
     1    4    9
     2    7   11
     1    2   13
>> rank=rank(c)
rank=

     3
```

此系統為可控

例題 **5-15**

以下之一個系統

$$\dot{X}=AX+Bu=\begin{bmatrix} -1 & 1 & 0 \\ 0 & -5 & 0 \\ 0 & 0 & 3 \end{bmatrix}x+\begin{bmatrix} 0 \\ 1 \\ 2 \end{bmatrix}u$$

請檢驗其可控性是否存在？

解

```
>> a=[-1 1 0;0 -5 0;0 0 3];b=[0;1;2];c=ctrb(a,b)
c=
     0     1    -6
     1    -5    25
     2     6    18
>> rank=rank(c)
rank=
     3
```

此系統為可控

例題 5-16

試求下列系統之可控性

$$\dot{X}=AX+Bu=\begin{bmatrix} 0 & 0 & 0 \\ 0 & 0 & 0 \\ 1 & 5 & 9 \end{bmatrix}x+\begin{bmatrix} 0 \\ 0 \\ 6 \end{bmatrix}u$$

解

```
>> a=[0 0 0;0 0 0;1 5 9];b=[0;0;6];c=ctrb(a,b)
c=
     0     0     0
     0     0     0
     6    54   486
>> rank=rank(c)
rank=
     1
```

此系統為不可控，因 3×3 之矩陣退化為秩為 1 之矩陣

◎ 5-10　系統之可觀測性 (Observability)

　　在前面 5-9 節中表示過，一個系統，其加了控制器後可以使系統之輸出追隨輸入。但其條件之一是可控性必須存在，若有一參數不可控，則就算系統再好，最後一定是那個不可控之參數使系統發散或說那個不可控之狀態變數 (state variable) 使系統發散。在例題中說明過具對角特性之 A 矩陣，是一個可能之不可控系統。換一個方式來說，若一個系統利用各種感測器均可量到輸出之數據。這些數據均是變量，若這些數據可量到，但品質差，我們可透過控制器參數之調變來修改，使系統在穩定下繼續運作且達到一定之品質，但若一些變量感測器量不到，而這些變量又不是品質很好之狀態變好，則系統變的不可測，當然也更不可控而使系統不穩定了。本節中介紹用 $\dot{x}=Ax+Bu$，以簡易之 MATLAB 來看系統之可觀測性。

　　若一個 n 階的系統方程式，其狀態與輸出之關係式為：

$\dot{x}=Ax+Bu$

$y=Cx$

則若以下觀測矩陣

$$O=\begin{bmatrix} C \\ CA \\ CA^2 \\ \vdots \\ CA^{n-1} \end{bmatrix} \quad (5\text{-}39)$$

為全秩 (full Rank)$=n$，同時 O 行列式 $\neq O$，則此系統為完全可觀測。
使用可觀測之判斷矩陣為 Obsv (A, B)。

例題 5-17

$$\dot{x}=Ax+Bu=\begin{bmatrix} 0 & 1 & 0 \\ 0 & 0 & 1 \\ -9 & -4 & -2 \end{bmatrix}x+\begin{bmatrix} 0 \\ 0 \\ 4 \end{bmatrix}u$$

$$y=Cx=[0\ 3\ 1]x$$

求此系統是否具可觀測性？

解

```
>> a=[0 1 0;0 0 1;-9 -4 -2];c=[0 3 1];o=obsv(a,c)
o=
        0     3     1
       -9    -4     1
       -9   -13    -6
>> rank=rank(o)
rank=
        3
```

此系統具可觀測性

例題 5-18

若有一系統

$$\dot{X}=\begin{bmatrix} 0 & 1 \\ -1 & -2 \end{bmatrix}X+\begin{bmatrix} 0 \\ 1 \end{bmatrix}u$$

$$y=[C_1 \quad C_2]X$$

求此系統是否具可觀測性及不可觀測之條件為何？

解

利用 (5-37) 求得

$$O=\begin{bmatrix} C_1 & C_2 \\ -C_2 & (C_1-2C_2) \end{bmatrix}, \quad |O|=C_1^2-2C_1C_2+C_2^2$$

若 $|O|=0$，即 $C_1^2-2C_1C_2+C_2^2=0$ 即 $C_1=C_2$

則此系統為不可觀測

若 $|O|\neq 0$，即 $C_1\neq C_2$ 則系統為可觀測。

例題 5-19

若有一系統

$$\dot{x} = \begin{bmatrix} 0 & 1 & 0 \\ 0 & 0 & 1 \\ -6 & -11 & -6 \end{bmatrix} x + \begin{bmatrix} 0 \\ 0 \\ 1 \end{bmatrix} u$$

$$y = [6\ 2\ 0]x$$

求此系統是否具可觀測性？

解

```
a=[0 1 0;0 0 1;-6 -11 -6];c=[6 2 0];o=obsv(a,c)
o=
         6        2        0
         0        6        2
       -12      -13       -6
>> rank=rank(o)
rank=
         2
```

因 a 矩陣為全秩，秩＝3，而得出之檢測秩為 2，為退化矩陣故不可觀測。
此系統不具可觀測性

在了解上述十個小節後，對於線性系統則前章中simulink 之汽車模擬及本章之類比電路可以擴充作為實例，若對非線性系統如大氣飛行之飛控系統可參考本章後參考資料 10，尤其第三章中對可控系統之處理，而在大氣外飛行之太空船或衛星可參考筆者在 1991 年發表之人造衛星軌道定位之文章，而系統之可控性好，但觀測性差則可依據 Kalman 在早年之卡門濾波器 (Kalman filter) 作估測之計算，在一定之精度內也是可行的。但在太過非線性時，則可使用另一種延伸型卡門濾波器 (extended Kalman filter) 來處理。

◎ 摘　要

本章已開始進入矩陣之運算，對初學者或較不適，可參考資料 1 後面之附錄以為強化。

本章中共分十個章節，首先說明並介紹狀態空間之使用及其好處，再於 5-2 節中說明其利用矩陣關係之解題方式，透過 5-3 節將之與 MATLAB 結合，同時也與類比計算機結合,透過在類比計算機上之各節點可抽出之特性,可以觀測到所需要觀測之參數或狀態變數。在 5-4 節中把前面傳輸函數,及本章中之狀態函數作一個轉換工具之介紹,同時直接用指令在不同輸入下,畫出閉迴路圖。在 5-5 節中說明用手算也可以得到狀態方程式,但與 MATLAB 相比則慢多了,不過基本理論性仍需要了解。

最後透過可控制性與可觀測性,利用 MATLAB 來了解系統之內部,透過狀態方程式可抽出「想」要「看」的點出來作為基礎之結束。

◎ 參考資料

1. Gene F. Franklin, J. David powell, and Abbas Emami-Naeini, "Feedback control of dynanic systems", 6th edition, Peasson Company, Oct 3, 2009.
2. The MathWorks, "Getting started with control system", Toolbox 8, The MathWorks, Natick, MA, 2000-2007.
3. The MathWorks, "Getting started with MATLAB Version 7", The MathWorks, Natick, MA, 1984-2004.
4. Katsuhiko Ogata, "state space analysis of control systems", Prentice-Hall, Inc., Englewood Cliffs., N.J., 1967.
5. Katsuhiko Ogata, "System dynamics", 4th edtion, Prentice-Hall, Inc., 2003.
6. Katsuhiko Ogata, "Modern control engineering", Prentice Hall, Englewood Cliffs, N.J., 1990.
7. M. M. Monahemi, J. B. Barlow and D. P. O'Leary, "Design of reduced-order observers with precise loop transfer recovery," Journal of guidance, control, and dynamics, vol. 15, No. 6, Nov.-Dec., 1992.
8. http://baikebgidu.com/view/493165/.htm
9. http://aecl.ee.nchu.edu.tw/drupal/AECL/course/102_2/Control%20Lab/Slide/Lec05.pd
10. Dzordzoenyenye Kwame Kufoalor, "configurable Autopilot Design using Nonlinear Model Predictive Control", Master of Science in Engineering Cybernetics, Norwegian University of Science and Technology, Department of Engineering Cybernetics.june 2012 http://www.diva-portal.org/smash/get/diva2:565931/FULLTEXT01.pdf
11. R.Culp, Ho-Ling Fu, D. Mackison "Satellite Orbit Determination By Tracking Data From Ground Station with Statistical Kalman Filter Algorithm" AIAA-91-2679,AIAA Guidance and Control Conference 1991,New Orleans, USA
12. 何謂STM

What is State Transition Matrix.
http://www.google.com.tw/url?url=http://web.nuu.edu.tw/~marilyn/meilingweb/linear%2520system/Lesson%25206.ppt&rct=j&frm=1&q=&esrc=s&sa=U&ei=z7raVNDLEs7Y8gXKp4DYCA&ved=0CBkQFjAB&usg=AFQjCNF6K4Y4DxTChVRA2umUW6sp3kzOmg.

13. John D'Azzo and Constantine Houpis, "Linear Control System Analysis And Design: Conventional and Modern", 1995, McGraw-Hill Book Company.

◎ 習 題

1. 試解釋狀態變數 (state variable)、狀態 (state)。
2. 用狀態空間解題之好處為何？
3. 請說明矩陣中線性獨立與線性相依。
4. 試說明何謂時域與複數平面域？
5. 試將下列二個傳輸函數，用狀態空間 $\dot{x}=Ax+Bu$ 表示

   ① $\dfrac{100}{s^4+20s^3+10s^2+3s+100}$ ② $\dfrac{30}{s^5+8s^4+9s^3+6s^2+s+3}$

6. 利用 MATLAB 求下列 $\dot{X}=AX+Bu$ 之傳輸函數為何

$$\dot{X}=\begin{bmatrix} 3 & 1 & 0 & 4 & -2 \\ -3 & 5 & -5 & 2 & -1 \\ 0 & 1 & -1 & 2 & 8 \\ -7 & 6 & -3 & -4 & 0 \\ -6 & 0 & 4 & -3 & 1 \end{bmatrix}_{5\times 5} X + \begin{bmatrix} 2 \\ 7 \\ 6 \\ 5 \\ 4 \end{bmatrix}_{5\times 1} u$$

$$y=[1\ -2\ -9\ 7\ 6]_{1\times 5}\cdot X$$

7. 有一系統 $\dot{X}=AX+Bu$，$A=\begin{bmatrix} -1 & 0 \\ 1 & 1 \end{bmatrix}$，$B=\begin{bmatrix} -2 \\ 1 \end{bmatrix}$ 求此系統為可控或不可控？

8. 一系統 $\dot{X}=AX+Bu$，$A=\begin{bmatrix} -2 & 1 \\ 1 & 0 \end{bmatrix}$，$B=\begin{bmatrix} 1 \\ 0 \end{bmatrix}$，$y=CX$，$C=[1\ 2]$，試求出一個 K，使 $(A-B\cdot K,C)$ 為不可觀測。

第 6 章

信號系統與穩定性探索

　　了解一個控制系統,最先就是要看此系統之**穩定性** (stability),因為一個不可控的系統,不但無法把系統之反應調到客戶之需求,也更不用講輸出追隨輸入了。

　　就一個線性且輸出值不隨時間之變化而變化之系統 (time-invariant) 而言,則為本章討論之重點,在參考資料 7 第 14 頁曾提及所謂系統就是「an organized whole」「一個有特定功能之整體」,再依參考資料 1 之分類,一個系統依方程式之寫法可分為下列諸方式。

表 6-1　系統方程式分類表

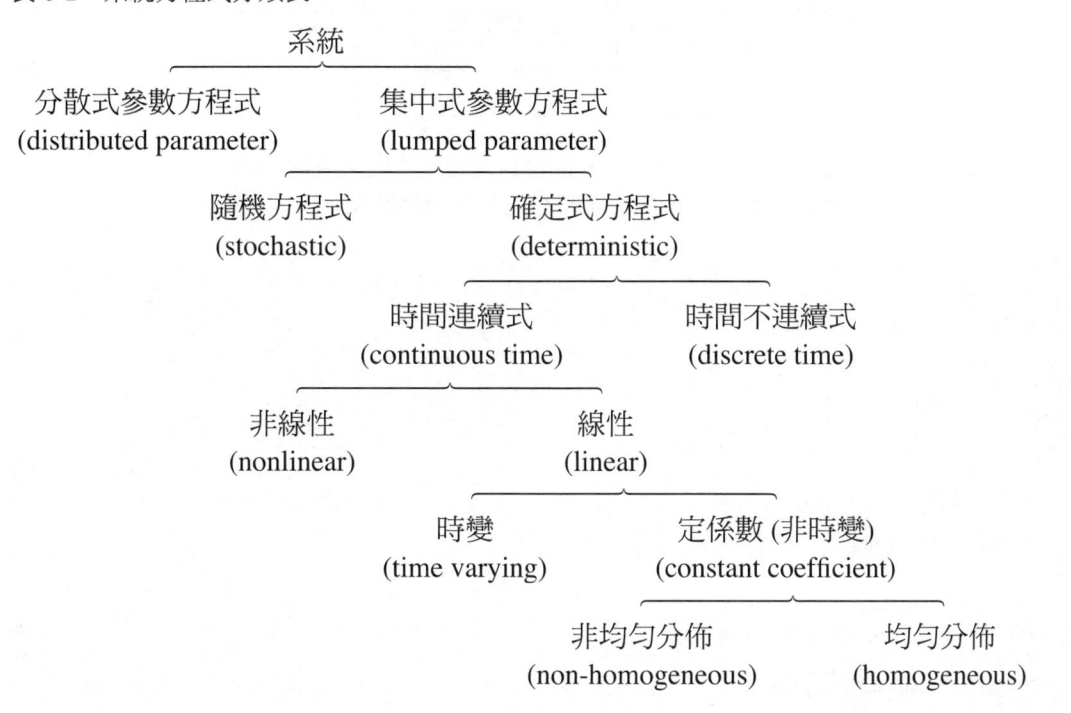

```
                        系統
              ┌──────────┴──────────┐
        分散式參數方程式            集中式參數方程式
    (distributed parameter)       (lumped parameter)
                          ┌──────────┴──────────┐
                     隨機方程式              確定式方程式
                    (stochastic)          (deterministic)
                                    ┌──────────┴──────────┐
                                時間連續式              時間不連續式
                            (continuous time)        (discrete time)
                          ┌──────────┴──────────┐
                       非線性                  線性
                    (nonlinear)             (linear)
                                    ┌──────────┴──────────┐
                                  時變              定係數 (非時變)
                            (time varying)     (constant coefficient)
                                              ┌──────────┴──────────┐
                                          非均勻分佈              均勻分佈
                                      (non-homogeneous)       (homogeneous)
```

　　而我們本章所討論之主題依表 6-1 就很清楚了,依線性、非時變定係數之系統對

「穩定」之定義為，系統之自然或穩態反應。當時間無限延伸下去時，其誤差 (輸出與輸入之差) 輸出值應為 0，而「不穩定」之定義為，當時間無限延伸下去時，其反應值會無上限 (bound) 之增大而隨時間發散性擴增。而除此外，若寬鬆其定義則有所謂**區域型之穩定** (marginally stable)，表示在時間無限延伸下，其自然之反應不會收斂，但也不會發散，而是呈現在一定範圍內一定波幅之常數式振盪，但對絕對穩定性而言，它仍是屬於不穩定域內，如特性方程式之根為零或根落在複數平面之虛軸上時即為此例，一般列為不穩定域內；另外，若對穩定性在線性而非時變系統中，一般所謂為 BIBO (bounded-input, bounded-output) 穩定，即輸入有界而輸出也是有界之方式。

對一個閉迴路系統，當迴路之傳輸函數所得到之極值 (pole) 落在 s-平面左半平面時，則稱為一穩定之閉迴路系統。為什麼要說閉迴路系統 (close loop) 呢？

我們看下面二個傳輸函數：

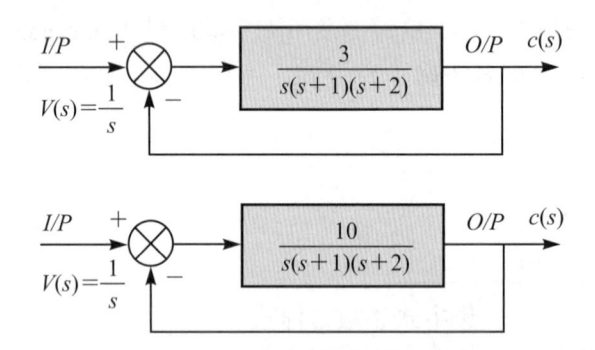

圖 6-1 二個 open loop 開迴路僅分子不同之傳輸函數，但一旦成閉迴路時有完全不同之結果。

```
>> n=3;
>> d=poly([0 -1 -2]);
>> 'G(s)'
ans =
G(s)
>> G=tf(n,d)
Transfer function:
       3
----------------
 s^3+3 s^2+2s
>> sys=feedback(G,[1]);
>> step(sys)
>> rlocus(sys)
```

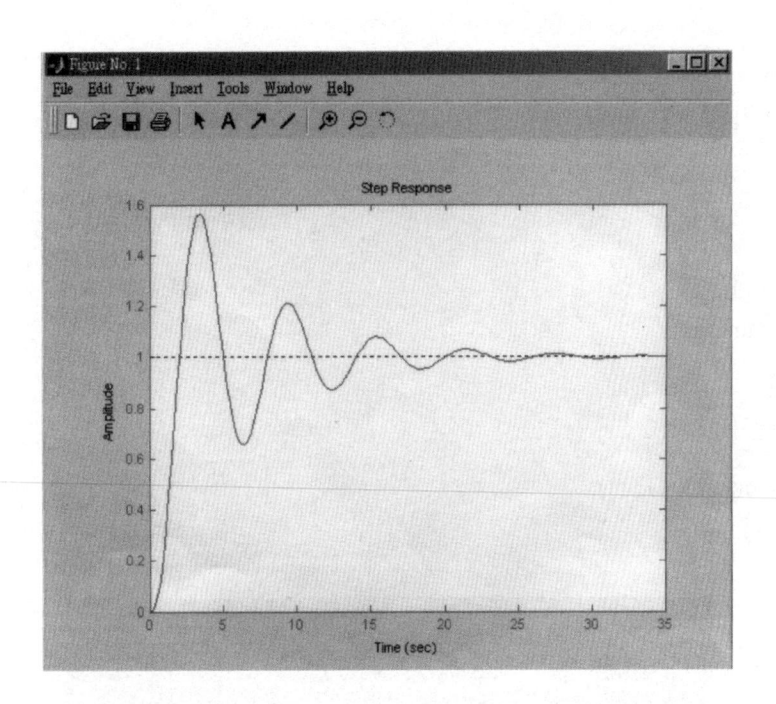

圖 6-2 傳輸函數分母為 s^3＋3s^2＋2s 但分子為 3，其閉迴路傳輸函數所得為一收斂之穩定系統，雖然其特性方程式中有一極點根 s＝0 在原點。

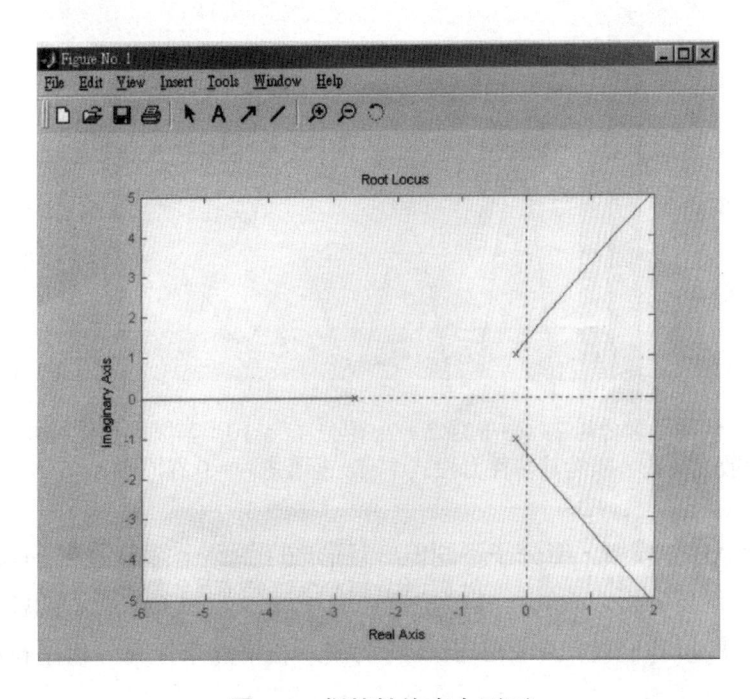

圖 6-3 根特性均在左平面

```
>> n=10;
>> d=poly([0 -1 -2]);
>> 'G(s)'
ans=
G(s)
>> G=tf(n,d)
>Transfer function:
        10
   ─────────────
   s^3+3s^2+2s

>> sys=feedback(G,[1]);
>> step(sys)
```

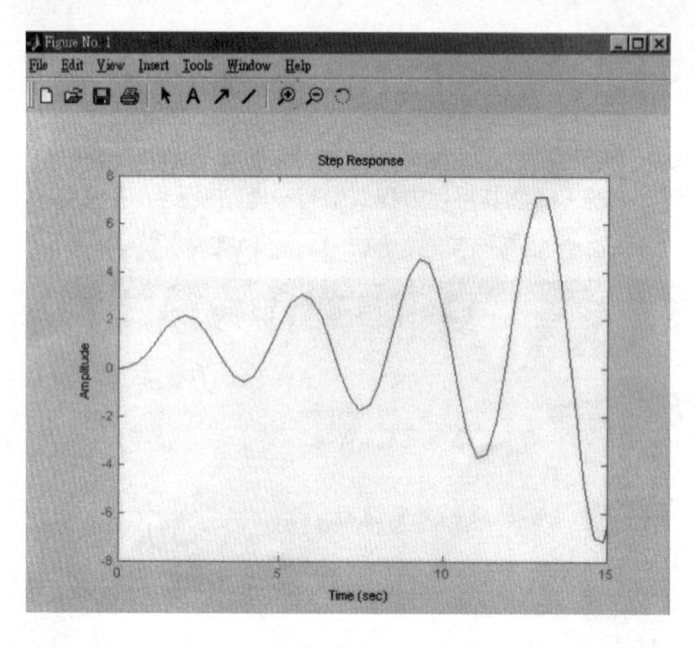

圖 6-4　傳輸函數分母為 s^3+3s^2+2s 但分子為 10，其閉迴路傳輸函數所得為一發散之系統，雖然其特性方程式中有一極點根 s＝0 在原點。

利用 MATLAB 作模擬，僅分子不同但一旦形成閉迴路，卻有迥然不同之結果。由上面結果可看出一旦要分析之系統，其根位置在右平面，如圖 6-5 所示則會有發散而不穩定之結果出現，所以我們就集中在由根之判別左／右平面來作為分析系統和定域不穩定之首要方法。

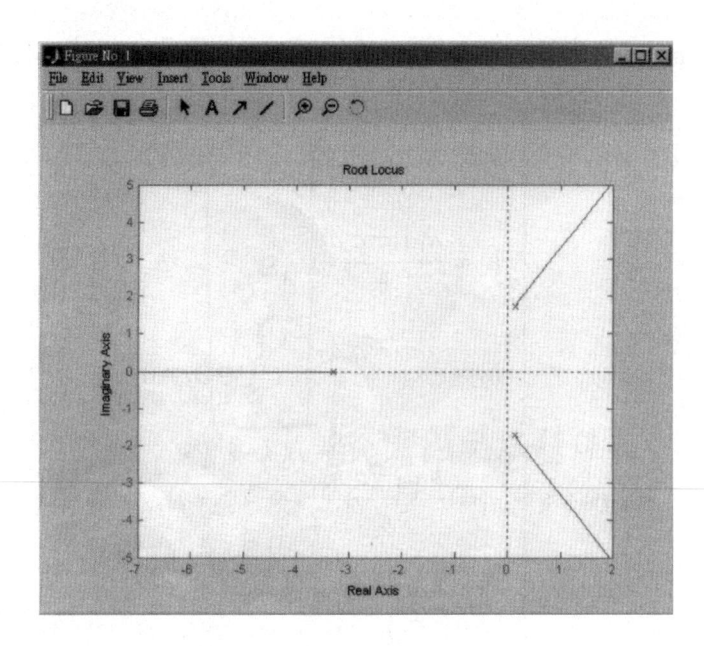

圖 6-5　根特性二個在右平面

◎ 6-1　魯氏霍羅威茲條件 (Routh-Hurwitz Criterion)　——手算法 (絕對穩定判別法) (參考資料 2)

設有一 S^N 之多項式

$$a_0 S^N + a_1 S^{N-1} + \cdots + a_{N-1} S + a_N = 0 \tag{6-1}$$

若其係數 $a_0, a_1, \ldots, a_N$ 均為正數 (positive)，則可依表 6-2，作絕對穩定之判斷。

表 6-2　魯氏霍羅威茲條件表

S^N (係數)	a_0	a_2	a_4	a_6	$\cdots$
S^{N-1}	a_1	a_3	a_5	a_7	$\cdots$
S^{N-2}	b_1	b_2	b_3	b_4	$\cdots$
S^{N-3}	c_1	c_2	c_3	c_4	$\cdots$
$\vdots$					
S^2	e_1	e_2			
S^1	f_1				
S^0	g_1				
	> 0				

其中僅 $a_0, a_2, a_4, a_6 \cdots$ 與 $a_1, a_3, a_5, a_7 \cdots$ 等為多項式係數，其餘均為以下代數式

$$\begin{cases} b_1 = \dfrac{a_1 a_2 - a_0 a_3}{a_1} \\ \\ b_2 = \dfrac{a_1 a_4 - a_0 a_5}{a_1} \\ \\ b_3 = \dfrac{a_1 a_6 - a_0 a_7}{a_1} \quad \text{(其中 } a_1 \neq 0\text{)} \end{cases} \quad \text{(6-2)}$$

$$\begin{cases} c_1 = \dfrac{b_1 a_3 - a_1 b_2}{b_1} \\ \\ c_2 = \dfrac{b_1 a_5 - a_1 b_3}{b_1} \\ \\ c_3 = \dfrac{b_1 a_7 - a_1 b_4}{b_1} \quad \text{(其中 } b_1 \neq 0\text{)} \end{cases} \quad \text{(6-3)}$$

$$\begin{cases} d_1 = \dfrac{c_1 b_2 - b_1 c_2}{c_1} \\ \\ d_2 = \dfrac{c_1 b_3 - b_1 c_3}{c_1} \quad \text{(其中 } c_1 \neq 0\text{)} \end{cases} \quad \text{(6-4)}$$

在 a_0 直框 (第一行) 中之諸項必須全部大於零，系統才算穩定。

例題 6-1

若有一閉迴路傳輸函數如下，試分析其穩定性。

輸入 → $\boxed{\dfrac{1}{a_4 s^4 + a_3 s^3 + a_2 s^2 + a_1 s + a_0}}$ → 輸出

解

(1) 先列如表 6-2 之條件表：

S^4	a_4	a_2	a_0	
S^3	a_3	a_1	0	
S^2	b_1	b_2	$b_3=0$	
S^1	c_1	c_2	$c_3=0$	
S^0	d_1	d_2		

(2) 其中，s^4, s^3 為係數母值，以下才為變值。

$$b_1=\frac{-\begin{vmatrix}a_4 & a_2\\ a_3 & a_1\end{vmatrix}}{a_3}, \quad b_2=\frac{-\begin{vmatrix}a_4 & a_0\\ a_3 & 0\end{vmatrix}}{a_3}, \quad b_3=\frac{-\begin{vmatrix}a_4 & 0\\ a_3 & 0\end{vmatrix}}{a_3}=0$$

$$c_1=\frac{-\begin{vmatrix}a_3 & a_1\\ b_1 & b_2\end{vmatrix}}{b_1}, \quad c_2=\frac{-\begin{vmatrix}a_3 & 0\\ b_1 & 0\end{vmatrix}}{b_1}, \quad c_3=\frac{-\begin{vmatrix}a_3 & 0\\ b_1 & 0\end{vmatrix}}{b_1}=0$$

$$d_1=\frac{-\begin{vmatrix}b_1 & b_2\\ c_1 & c_2\end{vmatrix}}{c_1}, \quad d_2=\frac{-\begin{vmatrix}b_1 & 0\\ c_1 & 0\end{vmatrix}}{c_1}, \quad 0$$

a_4, a_3, b_1, c_1, d_1 均 > 0，則系統才為穩定。

例題 6-2

若有一閉迴路傳輸函數如下，試分析其穩定性。

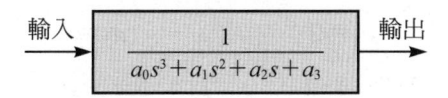

輸入 → $\dfrac{1}{a_0s^3+a_1s^2+a_2s+a_3}$ → 輸出

解

(1) 先列表：

s^3	a_0	a_2
s^2	a_1	a_3
s^1	$\dfrac{a_1 a_2 - a_0 a_3}{a_1} = b_1$	0
s^0	$b_2 = \dfrac{b_1 a_3 - a_1 \cdot 0}{b_1} = a_3$	

(2) 列別式：a_0，a_1，$\dfrac{a_1 a_2 - a_0 a_3}{a_1}$，$a_3$ 必須大於 0

$$a_0 > 0$$
$$a_1 > 0$$
$$a_1 a_2 - a_0 a_3 > 0 \quad \rightarrow \quad a_1 a_2 > a_0 a_3$$
$$a_3 > 0$$

故必須系統分母 $a_1 a_2 > a_0 a_3$ 系統才為穩定。

例題 6-3

試以手算法判斷下列某一系統其分母之特性方程式，試判別其穩定性。

$$1s^4 + 2s^3 + 3s^2 + 4s + 5 = 0$$

解

(1) 列表：

s^4	$a_0 = 1$	$a_2 = 3$	5
s^3	$a_1 = 2$	$a_3 = 4$	0
s^2	$\dfrac{2 \cdot 3 - 1 \cdot 4}{2} = 1$	$\dfrac{4 \cdot 5 - 3 \cdot 0}{2} = 10$	0
s^1	$\dfrac{1 \cdot 4 - 2 \cdot 5}{1} = -6$	0	
s^0	$\dfrac{-6 \cdot 5 - 1 \cdot 0}{-6} = 5$		

(2) ∵ −16 < 0，系統為不穩定

s^2	1	5
s^1	−16	0
s^0	5	

1 → −16 有一個變號數，−16 → 10 也有一個變號數，表示有 2 個正根，在 s-place 之右平面，故系統不穩定。

例題 6-4

試以手算法判斷其穩定性。

$$s^3 + 10s^2 + 31s + 1030 = 0$$

解

(1) 列表：

s^3	1	31	0
s^2	10	1030	0
s^1	$\dfrac{10 \cdot 31 - 1 \cdot 1030}{10} = -73$	0	0
s^0	$\dfrac{-72 \cdot 1030 - 10 \cdot 0}{-72} = 1030$		

(2) ∵ s^1 之係數為 −72 < 0，故為不穩定系統。

例題 6-5

在下列之開迴路之傳輸函數中分子僅有一 K，如下圖 (參考資料 2)。

$$\frac{K}{s(s^2+s+1)(s+2)}$$

試求 (1) 全系統閉迴路下之傳輸函數。

(2) 如何選定 K，使系統穩定。

解

(1) 閉迴路傳輸函數

$$\frac{c(s)}{R(s)}=\frac{輸出}{輸入}=\frac{K}{s(s^2+s+1)(s+2)+K}$$

其分母所在之特性方程式化開為：

$$s^4+3s^3+3s^2+2s+K=0$$

(2) 判別式如下：

s^4	1	3	K
s^3	3	2	0
s^2	$\dfrac{3\cdot 3-1\cdot 2}{3}=\dfrac{7}{3}$	$\dfrac{3\cdot K-1\cdot 0}{3}=K$	
s^1	$\dfrac{\dfrac{7}{3}\cdot 2-3\cdot K}{\dfrac{7}{3}}=2-\dfrac{9}{7}K$		
s^0	K		

(3) 依判別式條件：

$$K>0，2-\frac{9}{7}K>0$$

而 $2-\dfrac{9}{7}K>0 \rightarrow 2>\dfrac{9}{7}K \rightarrow \dfrac{14}{9}>K$

$\therefore \dfrac{14}{9}>K>0$，則系統才穩定。

例題 6-6

試判別 $\dfrac{10}{s^3+2s^2+s+2}$ 之系統穩定否?

輸入 → $\boxed{\dfrac{10}{s^3+2s^2+s+2}}$ → 輸出

解

(1) 先由 MATLAB

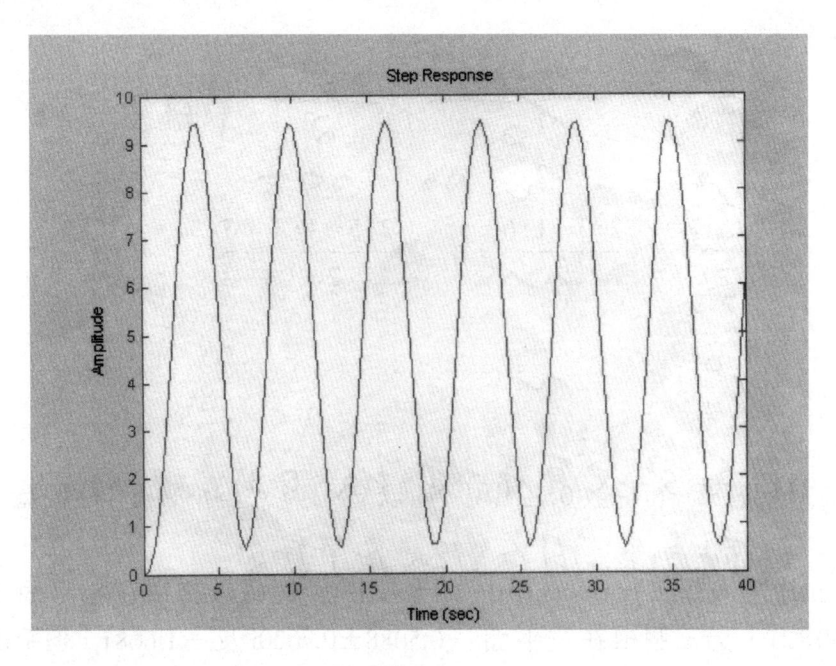

```
>> n=10;
>> d=[1 2 1 2];
>> r=roots(d)
r=
   -2.0000
    0.0000+1.0000i
    0.0000-1.0000i
>> step(n,d)
```

圖 6-6

圖 6-6 知 open loop 有二個根在虛軸上,所以為振盪之不穩定系統。

(2) 再利用判別法——s^1 之判別式=0，∴不穩定。

S^3	1	1
S^2	2	2
S^1	$\dfrac{2\cdot 1-1\cdot 2}{2}=0$	
S^0	2	

故其 close loop 也不穩定，且發散。

例題 6-7

試說明下列閉迴路傳輸函數之穩定性。

$$\frac{輸出}{輸入}=\frac{100}{s^5+2s^4+3s^3+6s^2+5s+3}$$

解

(1) 由判別式：

s^5	1	3	5
s^4	2	6	3
s^3	$\dfrac{2\cdot 3-1\cdot 6}{2}=0$	$\dfrac{2\cdot 5-1\cdot 3}{2}=\dfrac{7}{2}$	0
s^2			
s^1			
s^0			

(2) 因為 s^3 已有第一行係數 0 之出現，所以 s^2, s^1, s^0 均不必再作。因為系統已為不穩定。

(3) 再利用根之判斷法 r＝roots (p)，即已求出有 2 個數的根在右平面 0.3429±1.5083i，另三個根在左平面 −0.5088±0.7020i 及 −1.6681，但系統仍為不穩定。

◎ 6-2 一個閉迴路與變數 K 在特性方程式中之關係

若一個閉迴路系統如下圖：

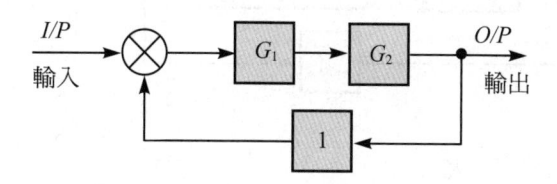

則其傳輸函數 $T(s) = \dfrac{G_1 G_2}{1+G_1 G_2}$。

而 $1+G_1 G_2$ 即為其傳輸函數，若此圖中之 G_1 與 G_2，G_1 為控制器 (controller)，而 G_2 為待訂 K 之主系統，若上圖為：

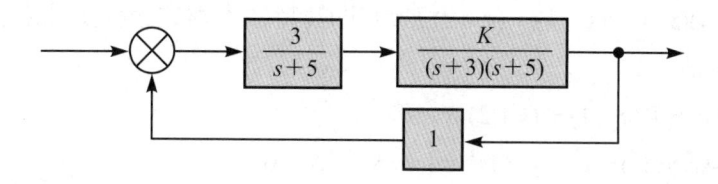

則特性方程式即為：$1+G_1 \cdot G_2$ 即：

$$\dfrac{\dfrac{3}{(s+5)} \cdot \dfrac{K}{(s+3)(s+5)}}{1+\dfrac{3}{(s+5)} \cdot \dfrac{K}{(s+3)(s+5)}} = T(s)$$

則全式 $T(s) = \dfrac{\dfrac{3}{(s+5)} \cdot \dfrac{K}{(s+3)(s+5)}}{1+\dfrac{3 \cdot K}{(s+5)(s+3)(s+5)}} = \dfrac{3K}{(s+5)(s+3)(s+5)+3K}$

其中 $(s+5)(s+3)(s+5)+3K=0$ 即為特性方程式。表示在開路中之 K 值在 $T(s)$ 方程式之分母中會影響在閉迴路中之特性方程式中根之走向。

例題 6-8

試求 $\dfrac{K(s+2)}{(s^2+1)(s+4)(s-1)}$ 在閉迴路下之 K 值，使閉迴路系統成穩定系統。

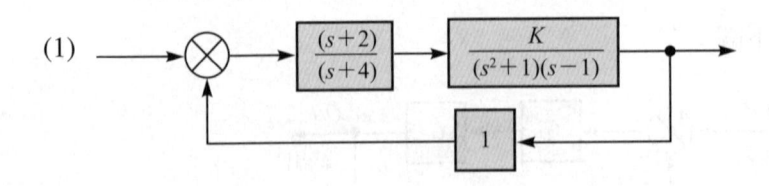

解

(1)

$$\longrightarrow \otimes \longrightarrow \boxed{\frac{(s+2)}{(s+4)}} \longrightarrow \boxed{\frac{K}{(s^2+1)(s-1)}} \longrightarrow$$

反饋: $\boxed{1}$

(2) $T(s) = \dfrac{\dfrac{(s+2)}{(s+44)} \cdot \dfrac{K}{(s^2+1)(s-1)}}{1 + \dfrac{(s+2) \cdot K}{(s+4)(s^2+1)(s-1)}}$

化簡後之分式之分母。

其中 $(s+4)(s^2+1)(s-1)+(s+2)K=0$ 即為特性方程式之穩定性求解。

化開：

(3) $(s^3+s+4s^2+4)(s-1)+(s+2)K=0$

$(s^4+s^2+4s^3+4s)-s^3-s-4s^2-4+sK+2K=0$

$s^4-s^3+4s^3+s^2-4s^2+4s-s+Ks+(-4+2K)=0$

$s^4+3s^3-3s^2+(3+K)s+(2K-4)=0$

(4) 列表：

	第一行		
s^4	1	-3	$2K-4$
s^3	3	$3+K$	0
s^2	$\dfrac{-(K+12)}{3}$	$2K-4$	0
s^1	$\dfrac{K(K+33)}{K+12}$	0	0
s^0	$2K-4$	0	0

(5) 系統要穩定必須，第一行均 > 0。

$\dfrac{-(K+12)}{3} > 0 \rightarrow K < -12$

$$\frac{K(K+33)}{K+12} > 0 \to K > -33$$

$$2K - 4 > 0 \to K > 2$$

(6) 以上三者 K 無交集 ∴ 系統不穩定。

① $\dfrac{-9-3-K}{3} = \dfrac{-12-K}{3} > 0 \to -12 - K > 0 \to \boxed{-12 > K}$

② case 1: $\left.\begin{array}{l} -K^2 - 33K > 0 \\ -12 - K > 0 \end{array}\right\} \to \begin{array}{l} K(-K-33) > 0 \\ \boxed{K > 0, \text{ and } -33 > K} \end{array}$

case 2: $-K^2 - 33K < 0$
$-12 - K < 0$ （與①不合）

③ $2K - 4 > 0 \to 2K > 4 \to K > 2$

取 K 為 ①∩②∩③ 之三者①、②、③ 交集

由於彼此無交集，故沒有 K 值使系統穩定。

另外亦有傳輸函數之數模有可調參數 a，如下列情形。

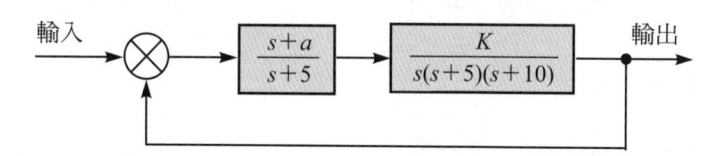

```
輸入 →⊗→ [ (s+a)/(s+5) ] → [ K/(s(s+5)(s+10)) ] →• 輸出
      ↑_____|
```

即系統中有參數 a，及 K，須雙調，即最後可找出一條 a 與 K 變化之曲線，在穩定域內可自訂 (K, a) 之值，以滿足系統需求。

◎ 6-3　由狀態空間求系統穩定性

狀態空間 (state space) 是利用一階微分式 $\dot{x}$，及 $y = cx + du$ 來表示系統之狀態變數 ($\dot{x}$) 及輸出 y 與輸入 x 之關係。

我們可以透過　$s\mathbf{I} - \mathbf{A}$
　　　　　　　　↑　↑　←狀態變數 $\dot{X} = AX + Bu$ 之 A 矩陣
　　　　　　S-plane　單位矩陣

之轉換手算法而得到多項式，作為判別式，爾後再與前面所敘比較。

例題 6-9

有一狀態方程式 $\dot{X}=AX+Bu$，如下：

$$\begin{bmatrix} \dot{x}_1 \\ \dot{x}_2 \\ \dot{x}_3 \end{bmatrix} = \begin{bmatrix} 0 & 3 & 1 \\ 2 & 8 & 1 \\ -10 & -5 & -2 \end{bmatrix} \begin{bmatrix} x_1 \\ x_2 \\ x_3 \end{bmatrix} + \begin{bmatrix} 10 \\ 0 \\ 0 \end{bmatrix} u$$

$y=[1\ 0\ 0]\mathbf{x}$，求系統是否穩定性

解

(1) 求 $s\mathbf{I}-\mathbf{A}$

$$(s\mathbf{I}-\mathbf{A}) = \begin{bmatrix} s & 0 & 0 \\ 0 & s & 0 \\ 0 & 0 & s \end{bmatrix} - \begin{bmatrix} 0 & 3 & 1 \\ 2 & 8 & 1 \\ -10 & -5 & -2 \end{bmatrix}$$

$$= \begin{bmatrix} s & -3 & -1 \\ -2 & s-8 & -1 \\ 10 & 5 & s+2 \end{bmatrix}$$

(2) 再透過行列式求出特性方程式

$$\det(s\mathbf{I}-\mathbf{A}) = s^3 - 6s^2 - 7s - 52$$

(3) 亦可用狀態方程式直接透過 MATLAB 求出特性方程式，如下列指令。

```
>> a=[0 3 1;2 8 1;-10 -5 -2] ; b=[10;0;0];c=[1 0 0];d=[0]
d =
    0
>> sys=ss(a,b,c,d)

a =
       x1   x2   x3
   x1   0    3    1
   x2   2    8    1
   x3  -10  -5   -2

b =
```

```
        u1
   x1  10
   x2   0
   x3   0
c =
       x1  x2  x3
   y1   1   0   0
d =
        u1
   y1   0
```

Continuous-time model.

`>> tf(sys)`

Transfer function:

$$\frac{10\,s^2 - 60\,s - 110}{s^3 - 6\,s^2 - 7\,s - 52}$$

`>> n=[10 -60 -110];d=[1 -6 -7 -52]`

```
d =
     1   -6   -7   -52
```

`>> tf(n,d)`

Transfer function:

$$\frac{10\,s^2 - 60\,s - 110}{s^3 - 6\,s^2 - 7\,s - 52}$$

`>> t=1:0.1:10;step(n,d,t)`

`>> grid on`

由此式中可看出圖 6-7 為一發散系統，再可由下求上式中分母 (特性方程式)

$$s^3 - 6s^2 - 7s - 52$$

上式可得三根，一根為正，二根均為負，即在 s-平面，右側有一正根。故系統為不穩定系統，如此一來即不必用表 6-2 之方式來判斷了。

```
>> r=roots(d)
r =
  7.7642
 -0.8821 + 2.4330i
 -0.8821 - 2.4330i
>>>> t=1:0.1:10;step(n,d,t)
>> grid on
```

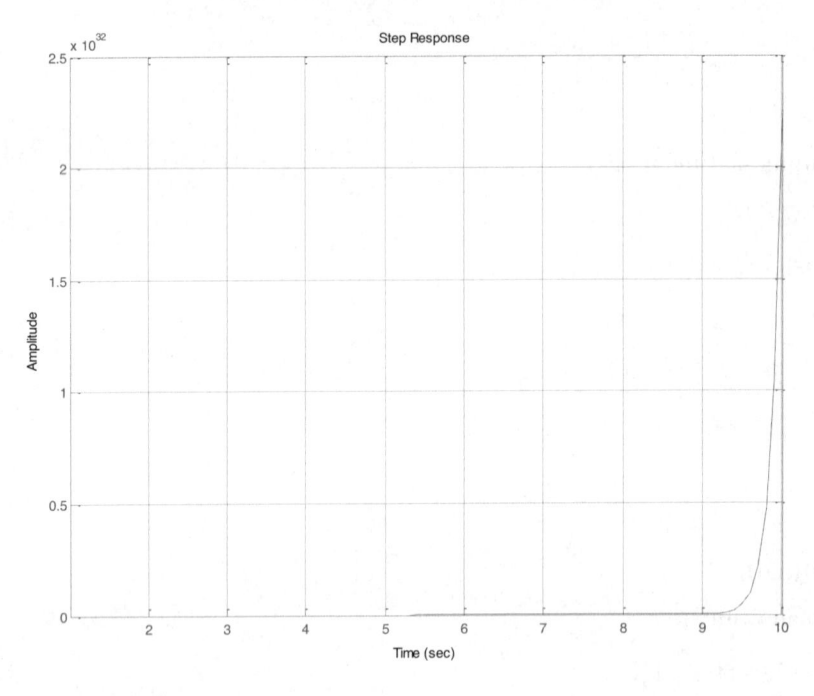

圖 6-7　例題 6-9 中反應為一不穩定之發散系統

例題 6-10

試求 $G(s) = \dfrac{100}{s^4 + 20s^3 + 10s^2 + 7s + 100}$ 系統傳輸函數之

(1) 狀態方程式四個矩陣 a, b, c, d。

(2) 求特性方程式之根，看系統穩定性。

解

利用其特性方程式 (分母)

$$s^4 + 20s^3 + 10s^2 + 7s + 100$$

用 MATLAB，取 m＝[1 20 10 7 100]
再依以下指令

```
>> p＝roots(m)
p＝
  －19.4919
  －1.8914
    0.6917＋1.4947i
    0.6917－1.4947i
```

其中由根已看出有一正根在右平面，故系統不穩定。

若以 n＝100;

    det＝[1 20 10 7 100];

    G＝tf(n,den)

$$\frac{100}{s^4+20s^3+10s^2+7s+100}$$

\>> n＝[100];
\>> d＝[1 20 10 7 100];

求 4 個矩陣 a, b, c, d。

```
>> m=[1 20 10 7 100]
m =
   1   20   10   7   100
>> p=roots(m)
p =
  -19.4919
  -1.8914
   0.6917 + 1.4947i
   0.6917 - 1.4947i
>> [a,b,c,d]=tf2ss([100],[1 20 10 7 100])
a =
  -20  -10  -7  -100
   1    0    0    0
   0    1    0    0
   0    0    1    0
```

```
b =
    1
    0
    0
    0
c =
    0    0    0    100
d =
    0
>> t=[0:0.3:5];step([100],m,t)
>> grid on
```

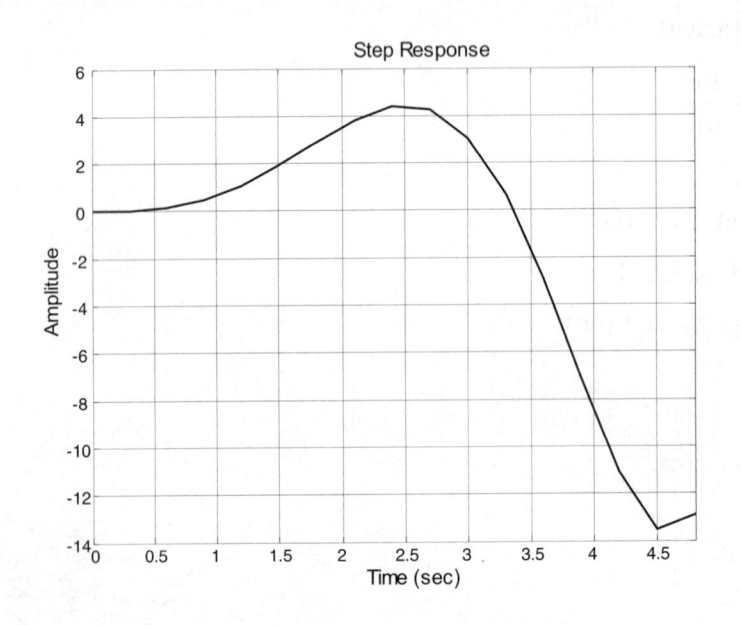

圖 6-8 例題 6-10 中之不穩定系統

再反求驗證其傳輸函數。

```
>> [n,m]=ss2tf(a,b,c,d,1)
n =
    0   -0.0000   0.0000   0.0000   100.0000
m =
    1.0000   20.0000   10.0000   7.0000   100.0000
>> G=tf(n,m)
```

即

$$R(s) \rightarrow \boxed{\frac{100}{s^4+20s^3+10s^2+7s+100}} \rightarrow c(s)$$

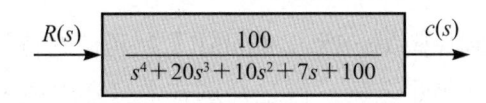

在求根方法上，可以判斷系統之穩定性 (有正根則表示有根落在 s 平面之右邊為不穩定，若全為負根則系統為穩定)。

求根可用 MATLAB 中之指令

roots

也可用前面所述之 eigenvalues 方法求出如下例題：

例題 6-11

試求特性方程式 $s^3-6s^2-7s-52$ 之根，並判斷其系統之穩定性。

解

(1) m＝[1 －6 －7 －52]

   m＝

   　　1,000　－6,000　－7,000　－52,000

(2) >> r＝roots(m)

   r＝

   　　7.7642

   　－0.8821＋2.4330i

   　－0.8821－2.4330i

(3) 亦可由求 eigenvalues 來求其指令為 eig (a)。

   >> eig(a)

   ans＝

   －0.8821＋2.4330i

   －0.8821－2.4330i

   　　7.7642

(4) 此系統為不穩定系統。

◎ 6-4 Routh 法則之特殊變異

利用 Routh 法則可得到係數第一行 (column) 全為正值的特性,則此特性方程式之根會在左平面,系統為穩定,但是若第一行之判別式中有零出現,有時則會造成系統特性方程式之根在虛軸附近,如參考資料 6 中所示。可利用 MATLAB 求出根來,立刻可以判斷左、右平面根之特性,而 Routh 法則僅可供電腦當機或停電時之輔助法則或在傳輸函數中調變參數 k 使系統穩定,以下面例題為例。

例題 6-12

請可利用 $\dfrac{s^2+s+1}{s^4+s^3+2s^2+2s+5}$ 為一閉迴路之傳輸函數,求其系統之穩定性。

解

(1) 利用其特性方程式 $G(s)=s^4+s^3+2s^2+2s+5$。

(2) 用 Routh 法則:

s^4	1	25
s^3	1	2
s^2	0	5

出現 0 之狀況

(3) 利用 MATLAB 知此系統四個根分別為:

　　0.5753±1.3544i

　－1.0753±1.0737i

均接近虛軸 jw,應該是不穩定系統

再利用「step」指令,立即可看出圖 6-9(a) 之反應。

```
>> d=[1 1 2 2 5]
d =
    1   1   2   2   5
>> r1=roots(d)
r1 =
   0.5753 + 1.3544i
```

```
     0.5753 - 1.3544i
    -1.0753 + 1.0737i
    -1.0753 - 1.0737i
>> n=[1 2 3]
n =
     1    2    3
>> tf1=tf(n,d)
Transfer function:
      s^2 + 2 s + 3
  ─────────────────────────
  s^4 + s^3 + 2 s^2 + 2 s + 5

>> step(n,d)
```

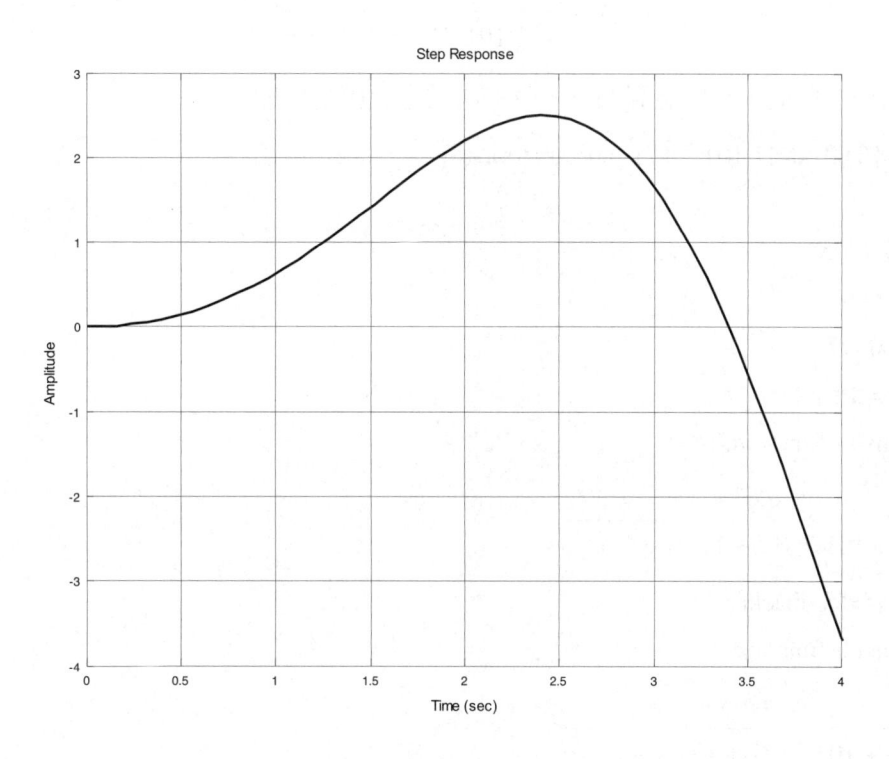

圖 6-9(a)

由 MATLAB 所得該變化也為不穩定之系統。

在參考資料 3 中，作者嘗試用下圖中之一迴路作一潛艇之系統控制。

190　自動控制

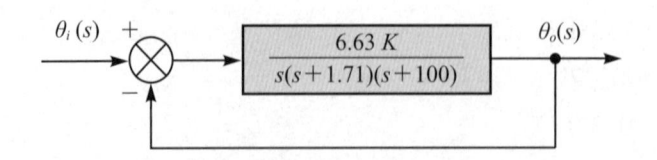

$$\theta_i(s) \xrightarrow{+} \bigotimes \xrightarrow{} \boxed{\frac{6.63\,K}{s(s+1.71)(s+100)}} \xrightarrow{} \theta_o(s)$$

圖 6-10(b)　潛能反應之俯仰系統迴路圖

利用 MATLAB 看其結果

將上圖化開 $T(s) = \dfrac{6.63\,K}{s^3 + 101.71s^2 + 171s + 6.63K}$

利用參考資料 3 中之 Routh 之範圍可得出 $0 < K < 2623$，可以使首列之值均大於零，令 $K = 1$

$$T_1(s) = \frac{6.63}{s^3 + 101.71s^2 + 171s + 6.63}$$

三根均為負值，其反應圖如下，為一次式之反應為穩態。

```
> n=[6.63];d=[1 101.7 171 6.63];r=roots(d)
r =
  -99.9905
   -1.6698
   -0.0397
>> g=tf(n,d)

 Transfer function:
            6.63
 -----------------------------
 s^3 + 101.7 s^2 + 171 s + 6.63

>> gf=feedback(g,1)
 Transfer function:
            6.63
 -----------------------------
 s^3 + 101.7 s^2 + 171 s + 13.26

>> r=roots([1 101.7 171 13.26])
r =
  -99.9912
   -1.6273
```

```
    -0.0815
>> step(gf)
>> grid on
```

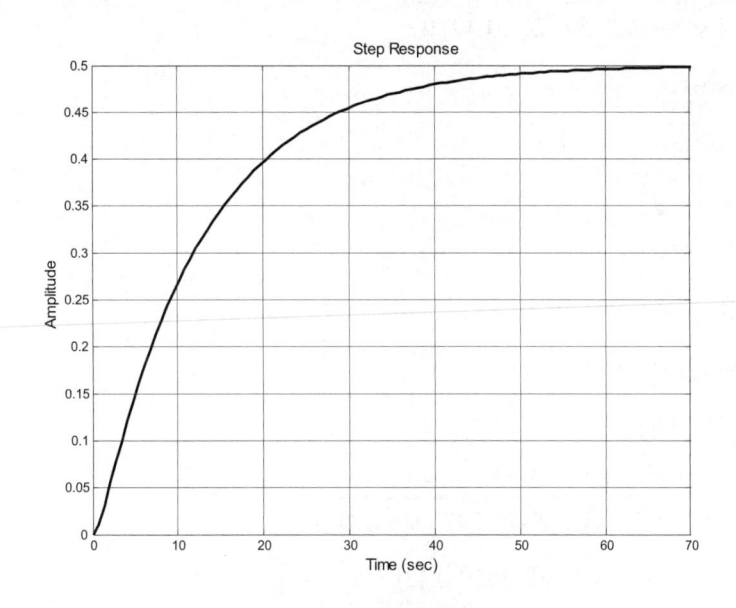

图 6-11　系统反应图

在参考资料 4 中则可看到利用另一个传输函数之系统方程式。

$$\frac{-0.25s+0.10925}{s^4+3.483s^3+3.21497s^2+0.49794s}$$

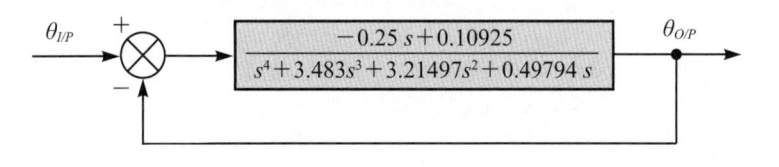

也为潜艇之系统数模。

图 6-12

其一旦呈回路则其根均为负值在左平面，其系统已为稳定，但根据之位置均近虚轴之零点，再看其反应图系统在 (图 6-13) 才达到稳态。就一个潜艇而言，若在此 140″ 内又来一个大的扰动，势必造成危险，则可透过调增益值 PID 之方式，作调定而达到快速反应之效果。

```
>> n=[-0.2 0.10925];d1=[1 3.483 3.21497 0.49794 0];tf1=tf(n,d1)
```
Transfer function:

$$\frac{-0.2\,s + 0.1093}{s^4 + 3.483\,s^3 + 3.215\,s^2 + 0.4979\,s}$$

```
>> r1=roots(d1)
r1 =
       0
   -2.0000
   -1.2900
   -0.1930
>> tff=feedback(tf1,1)
```
Transfer function:

$$\frac{-0.2\,s + 0.1093}{s^4 + 3.483\,s^3 + 3.215\,s^2 + 0.2979\,s + 0.1093}$$

```
>> r2=roots([1 3.483 3.215 0.2979 0.1])
r2 =
   -1.7107 + 0.2103i
   -1.7107 - 0.2103i
   -0.0308 + 0.1809i
   -0.0308 - 0.1809i
>> step(tff)
>> grid on
```

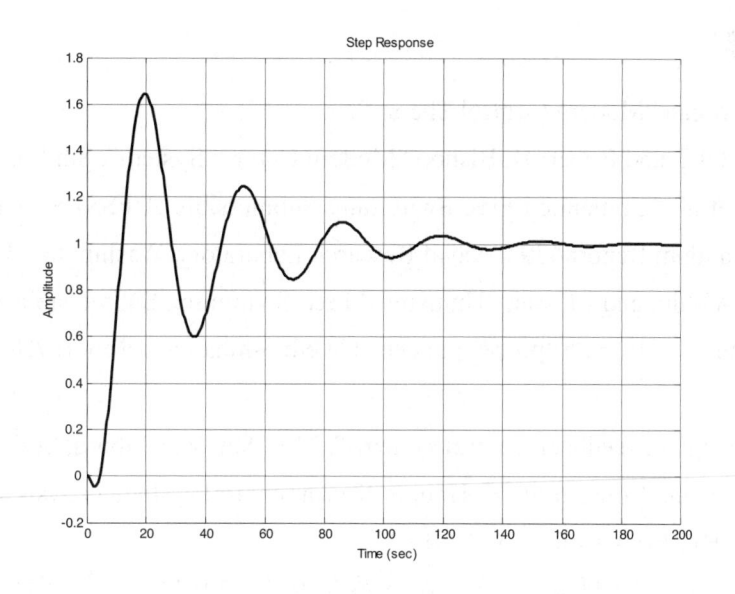

圖 **6-13**

◎ 摘　要

　　在此章中，首先利用系統之數模，一旦成為迴路，則分析此迴路系統下數模之分圖定為特性方程式。則可由 Routh 來作虛軸，其優點為簡單，用代數式即可為之，但缺點是若特性方程式非 2 階而是 4 階以上之高階，則處理不便，且一旦有零發生時，會有不易列行之缺點。當然，可以輔以微分式來處理 (參考資料 5，p.121。但若用 MATLAB 分析，求其根或 eiguvalue 之值，看是否在左平面，若是則系統穩定，但在設計問題上，本章利用一潛艇之俯仰控制來作一例題。潛艇若數模得出為負根，表系統穩定，但其根近虛軸零點，所以必須再看其反應特性，如例題中，系統要在 140″ 後才到穩定，故較不切實際，若在其中受到一個大擾動，則潛艇就有危險，故本章只能就理論作一分析。雖穩定但系統不一定可行，其餘就要加一些其它設計，使全系統既穩定又實用。

　　下一章要由系統穩定後討論 system 之特性，到底為何種系統，是 type 0、type 1 或 type 2，或更高階之系統。

　　本章僅為系統穩定性之探討，過去由於電腦不發達，故 Routh 法可以使用，為了紀念他，本文中仍提出其例題，但在分子不知或變化參數時，仍有使用價值。但若系統均知道則使用 MATLAB「確」是較快之一選擇。

◎ 參考資料

1. William L. Brogan "Modern Control Theory".
2. Richard C. DORF and Robert H. Bishop "Modern Control System", 8th Edition, 1998.
3. Johnson, H. et al. "Unmanned Free-Swimming Submersible (UFSS) System Description", NRL Memorandum Report 4393. Naval Research Laboratory, Washington, DC. 1980.
4. Chris, Matt, Afshin, and Messan "Unmanned Free-Swimming Submersible Vehicle Heading Coutrol System", EECS, http://people.eecs.Ku.edu/~mhannon/Reports/Heading_Control_System.pdf
5. Hostetter "Design of feedback control systems", M.E. Van Valkenburg, Series Editor, 1982.
6. John J. D'Azzo and Constantine H. Houpis "Linear control system analysis and design", 2nd Ed. McGraw-Hill Book Company, 1981.
6. 傅鶴齡著，「系統工程概論」(第二版)，滄海書局，2012 年 9 月，台北。

◎ 習　題

1. 試以 Routh 法，求 $s^4+2s^3+3s^2+4s+5=0$ 看系統是否穩定？
2. 試求 $s^3+2s^2+s+2=0$ 系統穩定性，並討論其結果？
3. 若一系統，其特性方程式為

$$s^4+2s^3+(4+K)s^2+9s+25=0$$

試用分析法，求出 K 來，使系統穩定。

4. 系統穩定如何由根之位置來判斷？
5. 若求系統之根在虛軸上，請問其物理意義為何？
6. 若系統求出之根有重根，請問其對系統穩定性是否有影響？

第 7 章

系統誤差值與時域之組合

一個受控制且穩定之系統,其反應由二大部份組成,其一為**暫態反應** (transient response);另一部份為**穩態反應** (steady-state response)。所謂穩態反應就是當 $t \to \infty$ 時,在理論上輸出值就必須 follow 輸入值,輸出值=輸入值]$_{t \to \infty}$。但實際上,受到許多因素影響輸出值≠輸入值]$_{t \to \infty}$,因此就有一個誤差值。此值即穩態誤差值,其數學定義為:

$$e_{ss} = 輸入值 - 輸出值 = r(t \to \infty) - c(t \to \infty)$$

誤差值 e_{ss} 愈小,表系統之精準度就愈高。此值受二大因素所主導:
(1) 輸入信號之不同。
(2) 在 open-loop 下之傳輸函數特性之不同。

◎ 7-1　來自輸入信號之誤差

• 在位置控制閉迴路下之輸入信號:

要看一個系統,我們可以給一個標準信號,來看其對此信號之追隨度。即可大略看出此系統之特色,就如同一個警察在學校中要訓練快速追到小偷,最簡單方法就是一條直巷子,小偷在前跑,警察後面追。只要警察跑的夠快,小偷一定可以手到擒來。

此相對應的就是**步階式輸入信號** (step input);此測試信號,只是一種最基本之測試,其次為**斜坡式輸入信號** (ramp input),小偷在彎曲的巷內跑,警察在後面追。這就要有些技巧了,所以以這種信號源來作系統測試,可以測出較快速之系統在此種快速輸入下之反應如何?若跟不上,就會有穩態誤差之出現。第三種為迷宮式追蹤,小偷在迷宮中跑,警察仍要快速的「馬上」追到。這種測試信號即為**拋物線式輸入信號** (parabola input)。表 7-1 為三種輸入波型之特性。

表 7-1　討論誤差分析之三種基本輸入信號

輸入波型	輸入信號名稱	物理意義	在 (0,0) pole 個數	時間函數	多少個 1/s	Laplace Transform
$r(t)$ (步階圖)	步階式	定位 (constant position)	1	1	1	$\dfrac{1}{s}$
$r(t)$ (斜坡圖)	斜坡式	定速 (constant speed)	2	t	2	$\dfrac{1}{s^2}$
$r(t)$ (拋物線圖)	拋物線式	定加速度 (constant acceleration)	3	$\dfrac{1}{2}t^2$	3	$\dfrac{1}{s^3}$

- 在 open loop 中傳輸函數之種類不同。

若以下列之功能方塊圖來看一個系統：

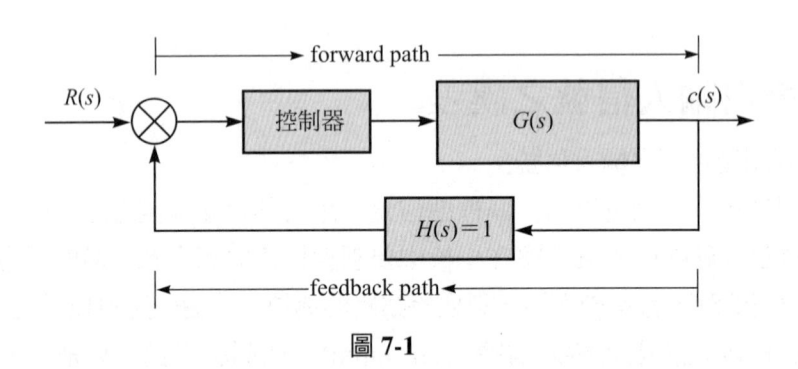

圖 7-1

$$G(s) = \frac{K(T_a s+1)(T_b s+1)\cdots(T_m s+1)}{s^N(T_1 s+1)(T_2 s+1)(T_3 s+1)\cdots(T_p s+1)} \quad \text{(以時間常數 (time cost) 表示)}$$

$$= \frac{K}{s^N} \frac{(s+z_1)(s+z_2)\cdots(s+z_m)\cdots}{(s+p_1)(s+p_2)\cdots(s+p_m)\cdots} \quad \text{(以極點及零點 (pole, zero) 表示)} \quad (7\text{-}1)$$

從許多文獻上我們知道穩定誤差與在 forward path 上 $G(s)$ 與積分子 (integration)(1/s) 個數有關，或 s 之階數有關。若 s^N 中

$N=0$　為 type 0 之系統
$N=1$　為 type 1 之系統
$N=2$　為 type 2 之系統
$N=3$　為 type 3 之系統
⋮
↓　　　↓
N 增加　高階系統

其中若 $N=0$，type 0 系統，例：$\dfrac{K(s+z_1)\cdots}{(s+p_1)(s+p_2)\cdots}$。

若 $N=1$，type 1 系統，例：$\dfrac{1}{s^1}$。$G(s)$：表示原點 $(0,0)$ 有一個 pole

若 $N=2$，type 2 系統，例：$\dfrac{1}{s^2}$。$G(s)$：表示原點 $(0,0)$ 有二個 poles

若 $N=3$，type 3 系統，例：$\dfrac{1}{s^3}$。$G(s)$：表示原點 $(0,0)$ 有三個 poles

其三者之關係

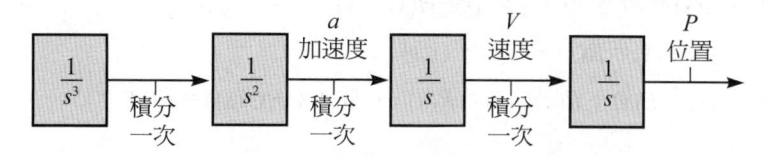

圖 7-2　積分因子 $1/s$ 多次積分之物理意義

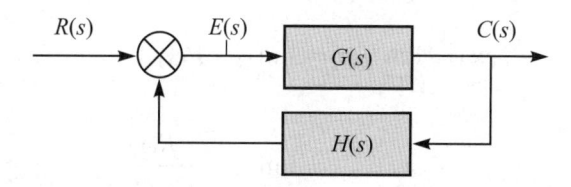

圖 7-3　迴路與 $C(s)/R(s)$，$E(s)$ (error) 之關係

圖 7-3 中系統閉迴路 (close loop) 之誤差值 $E(s)$

$$C(s) = E(s) \cdot G(s) \rightarrow E(s) = \frac{C(s)}{G(s)} \quad \cdots\cdots ①$$

(在 forward loop 上)

而閉迴路之 $\dfrac{C(s)}{R(s)} = \dfrac{G(s)}{1+H(s)G(s)}$ $\cdots\cdots ②$

把 ② 變化一下 $\dfrac{C(s)}{G(s)} = \dfrac{R(s)}{1+H(s)G(s)}$ $\cdots\cdots ③$

then：由 ① 代 ③ $E(s) = \dfrac{R(s)}{1+H(s)G(s)}$

由拉氏轉換之 final value 定理知：$t \rightarrow \infty$ 時

$$e_{ss} \equiv \lim_{t \to \infty} e(t) = \lim_{s \to 0} s \cdot E(s)$$

$$= \lim_{s \to 0} s \cdot \frac{R(s)}{1+H(s)G(s)} \quad \cdots\cdots ④$$

在圖 7-3 中：$E(s) = R(s) - C(s)$ (假設 $H(s) = 1$)

$\therefore E(s) = R(s) - E(s) \cdot G(s)$

$E(s) + E(s)G(s) = R(s) \rightarrow E(s)(1+G(s)) = R(s)$

$$E(s) = \frac{R(s)}{1+G(s)} \quad \cdots\cdots ⑤$$

再把 ④ 代入 ⑤

$$e(\infty) = \lim_{t \to \infty} e(t) = \lim_{s \to 0} s \cdot E(s)$$

$$= \lim_{s \to 0} s \cdot \frac{R(s)}{1+G(s)} \quad (7\text{-}2)$$

即一個系統，其穩態誤差與輸入 $R(s)$ 及系統本身數模 $G(s)$ 有關。現在已導出 e_{ss} 來，則利用上面之表看各項數據。以下就三種數模看穩態誤差常數 (steady state error constants)。

表 7-2 輸入／系統及穩態誤差間之關係 (參考資料 1)

輸入	穩態下之誤差數模	type 0 穩態誤差常數	type 0 誤差	type 1 穩態誤差常數	type 1 誤差	type 2 穩態誤差常數	type 2 誤差
Step, $u(t)$	$\dfrac{1}{1+K_p}$	$K_p=$ 常數	$\dfrac{1}{1+K_p}$	$K_p=\infty$	0	$K_p=\infty$	0
Ramp, $tu(t)$	$\dfrac{1}{K_v}$	$K_v=0$	∞	$K_v=$ 常數	$\dfrac{1}{K_v}$	$K_v=\infty$	0
Parabola, $\dfrac{1}{2}t^2u(t)$	$\dfrac{1}{K_a}$	$K_a=0$	∞	0	∞	$K_a=$ 常數	$\dfrac{1}{K_a}$

◎ 7-2 輸入信號為步階信號、斜坡信號及拋物式信號之誤差式

(1) 以步階式輸入：輸入為 $R(s)=\dfrac{1}{s}$

代入 (7-2)

$$e(\infty)_{\text{step}} = \lim_{s \to 0} s \cdot \left(\dfrac{1}{s}\right) \cdot \dfrac{1}{1+G(s)}$$

$$= \lim_{s \to 0} \dfrac{1}{1+G(s)} = \dfrac{1}{1+\lim\limits_{s \to 0} G(s)} \tag{7-3}$$

此即 $\lim\limits_{t \to \infty} G(s) = K_p$：位置常數 (position constant)，此 $\lim\limits_{s \to 0} G(s)$ 也稱閉迴路中 forward 傳輸函數之 DC gain 值。

(2) 以 ramp 斜坡式信號輸入：即 $R(s)=\dfrac{1}{s^2}$

代入 (7-2)

$$e(\infty)_{\text{ramp.}} = \lim_{s \to 0} s \cdot \left(\dfrac{1}{s^2}\right) \cdot \dfrac{1}{1+G(s)}$$

$$= \lim_{s \to 0} \dfrac{1}{s} \cdot \dfrac{1}{1+G(s)}$$

$$= \frac{1}{\lim\limits_{s \to 0} s + \lim\limits_{s \to 0} s \cdot G(s)} = \frac{1}{\lim\limits_{s \to 0} s \cdot G(s)} \quad (7\text{-}4)$$

此 $\lim\limits_{s \to 0} s \cdot G(s) = K_v =$ 速度常數 (velocity constant)，

此即表示在以 ramp 為輸入之 case 中 $G(s)$ 必須有二個或二個以上之 s 才具有 $\left(s \cdot \dfrac{1}{s^2}\right)^{-1}$

$= \left(\dfrac{1}{s}\right)^{-1} = (\infty)^{-1} = 0$。才有機會，使穩態誤差＝0。

(3) 以拋物線式信號為輸入即 $R(s) = \dfrac{1}{s^3}$

代入 (7-2)

$$e(\infty)_{\text{parabolic}} = \lim_{s \to 0} s \cdot \left(\frac{1}{s^3}\right) \cdot \frac{1}{1 + G(s)}$$

$$= \frac{1}{\lim\limits_{s \to 0} s^2 + \lim\limits_{s \to 0} s^2 \cdot G(s)} = \frac{1}{\lim\limits_{s \to 0} s^2 \cdot G(s)} \quad (7\text{-}5)$$

此 $\lim\limits_{s \to 0} s^2 \cdot G(s) = K_a =$ 加速度常數 (acceleration constant)

此即表示在以拋物線作為信號測試輸入，$G(s)$ 必須要有二個或三個以上之 s 才有機會使穩態誤差＝0。

完成了三種不同信號之公式導入後。可以再看 $G(s)$ 為 type 0 即 s^0 為分母，type 1 即 s^1 為分母。如此代入即可作各種延展。

◎ 7-3 穩態誤差與外界擾動信號進入之關係

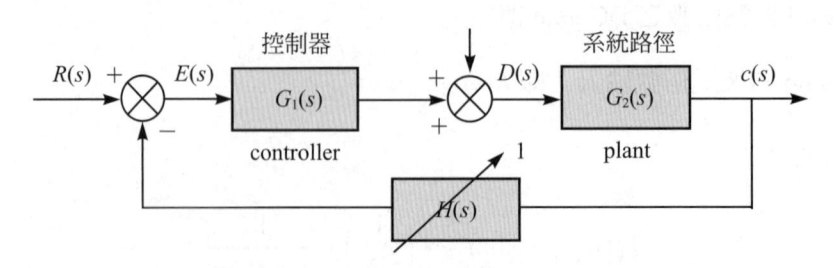

圖 7-4 受到外界擾動 $D(s)$ 下之系統圖

一個有控制器 $G_1(s)$，且外界有擾動信號 $D(s)$ 不斷注入之系統 $G_2(s)$

(1) 首先看總誤差值

$$E(s) = (R(s)=0 \text{ 之輸入}) + (D(s)=0 \text{ 之輸入})$$
$$= G_2(s) \cdot C(s) + G_1(s)G_2(s) \cdot C(s)$$

(2) 把上式中 $C(s)$ 取代掉

$$E(s) = R(s) - C(s) \rightarrow C(s) = R(s) - E(s)$$
$$E(s) = G_2(s) \cdot (R(s) - E(s)) + G_1(s) \cdot G_2(s) \cdot (R(s) - E(s))$$
$$= G_2(s) \cdot R(s) - G_2(s) \cdot E(s) + G_1(s) \cdot G_2(s)R(s)$$
$$- G_1(s) \cdot G_2(s)E(s)$$

(3) $c(s) = \text{輸出} = \dfrac{G_1(s)G_2(s)}{1+G_1(s)G_2(s)} \cdot R(s) \Big]_{D=0} + \dfrac{G_2(s)}{1+G_1(s)G_2(s)} \cdot D(s) \Big]_{R=0}$

而誤差值 $E(s) = R(s) - C(s)$ 代入本式

$$E(s) = R(s) - \frac{G_1(s)G_2(s)}{1+G_1(s)G_2(s)} R(s) - \frac{G_2(s)}{1+G_1(s)G_2(s)} D(s)$$
$$= \frac{(1+G_1(s)G_2(s) - G_1(s)G_2(s))}{1+G_1(s)G_2(s)} R(s) - \frac{G_2(s)}{1+G_1(s)G_2(s)} D(s)$$
$$= \frac{1}{1+G_1(s)G_2(s)} R(s) - \frac{G_2(s)}{1+G_1(s)G_2(s)} D(s) \tag{7-6}$$

分析：$G_1(s)G_2(s) \gg 1$。

若 $G_1(s)$ 或 $G_1(s) \cdot G_2(s)$ 夠大，則 $\dfrac{1}{1+G_1(s)G_2(s)} \approx 0$

而 $\dfrac{G_2(s)}{1+G_1(s)G_2(s)} = \dfrac{G_2(s)}{G_1(s)G_2(s)} = \dfrac{1}{G_1(s)}$

即 $E(s) = -\dfrac{G_2(s)}{1+G_1(s)G_2(s)} \cdot D(s)$

以上之物理意義，表示一個控制系統中控制器中高增益值可以抗雜訊，若從頻寬的專業來講，W_N 頻寬愈高，即抗拒雜訊能力也愈大。

在考慮輸入為階梯式輸入與擾動同時存在於一個 type 1 系統時，在高增值控制器

$G_1(s)$ 作用下其穩態誤差值，以下例說明：

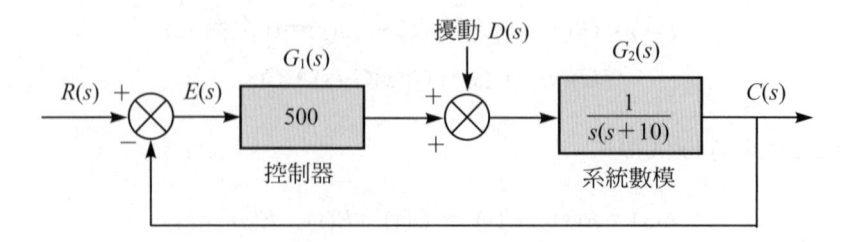

圖 7-5 在受到擾動下之誤差與擾動關係圖

則依表 7-2 及公式 (7-3)

$$e_D(\infty)_{\text{step}} = \frac{-1}{1 + \lim_{s \to 0} \cdot G(s)} \text{ 若加入擾動 } D(s) \text{ 則}$$

$$e(\infty) = \frac{-1}{\lim_{s \to 0} \frac{1}{G_2(s)} + \lim_{s \to 0} G_1(s)}$$

$$= \frac{-1}{10 + \lim_{s \to 0}(500)} = \frac{-1}{500}$$

表示若以 type 1：s^1 來考慮其 $e_D(\infty)$ 其值與 DC gain $G_1(s)$ 之值之倒數成反比。

　就靜態誤差常數，是指控制系統一直到達穩態輸出時，其輸入與輸出之差，即穩態誤差值 (steady state error)。其值表現出來對系統 ($G(s)$) 之特性值，即為靜態誤差常數 (static error constants) ($e(\infty)$) 此值與輸入信號之不同，有關：

(1) 輸入信號為階梯函數 (step input)，則

$$e(\infty) = e_{\text{step}}(\infty) = \frac{1}{1 + \lim_{s \to 0} G(s)} \tag{7-7}$$

(2) 輸入信號為斜坡函數 (ramp input，即前章所述之衝壓輸入)，則

$$e(\infty) = e_{\text{ramp}}(\infty) = \frac{1}{\lim_{s \to 0} S \cdot G(s)} \tag{7-8}$$

(3) 輸入信號為拋物線函數 (parabolic input)，則

第 7 章　系統誤差值與時域之組合　203

$$e(\infty)=e_{\text{parabola}}(\infty)=\frac{1}{\lim_{s\to 0} S^2 \cdot G(s)} \tag{7-9}$$

而其分母中三個值，分別以 K_p (位置常數)，K_v (速度常數)，及 K_a (加速度常數) 來表示：

$$\left.\begin{aligned}K_p &= \lim_{s\to 0} G(s) \\ K_v &= \lim_{s\to 0} S \cdot G(s) \\ K_a &= \lim_{s\to 0} S^2 \cdot G(s)\end{aligned}\right\} \tag{7-10}$$

◎ 7-4　實例說明誤差之實際運作

例題 7-1

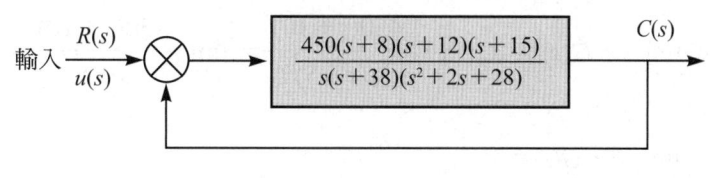

圖 7-6　例題 7-1 圖

若 $u(t)$ 為 unit step 即單位步階輸入，求其 $e_{ss}=$？

解

(1) 由前面公式 7-2

$$R(s)=\frac{1}{s}$$

$$e(\infty)=\lim_{s\to 0} s \cdot \frac{R(s)}{1+G(s)}=\lim_{s\to 0} s \cdot \left(\frac{1}{s}\right)\frac{1}{1+G(s)}=\frac{1}{1+\lim_{s\to 0} \cdot G(s)}$$

則

$$\lim_{s\to 0} G(s)=\lim_{s\to 0} \cdot \frac{450(s+8)(s+12)(s+15)}{s(s+38)(s^2+2s+28)}=\infty$$

$$\therefore \frac{1}{1+\infty}=0 \quad \therefore e(\infty)=0$$

例題 7-2

若 $G(s)=\dfrac{450(s+10)}{s(s+5)}$ 以 (1) unit step $u(t)$，(2) $5t \cdot u(t)$，(3) $t^2 u(t)$ 為輸入信號，求其穩態誤差值？

解

(1) 由前公式 7-2

$$e_{ss}(\infty)=\lim_{s \to 0} s \cdot \frac{R(s)}{1+G(s)}=\lim_{s \to 0} s \cdot \frac{(\text{輸入信號})}{1+G(s)}$$

先求 $K_p = \lim\limits_{s \to 0} G(s) = \dfrac{450 \times 10}{0} = \infty$

$$K_v = \lim_{s \to 0} s \cdot G(s) = \lim_{s \to 0} s \cdot \frac{450(s+10)}{s(s+5)} = \lim_{s \to 0} \frac{450(s+10)}{s+5} = 900$$

$$K_a = \lim_{s \to 0} s^2 \cdot G(s) = \infty$$

輸入信號即 $u(t)=\dfrac{1}{s}$

$$e_{ss}(\infty)=\lim_{s \to 0} s \cdot \frac{\frac{1}{s}}{1+G(s)} = \frac{1}{1+\lim\limits_{s \to 0} G(s)} = \frac{1}{1+\infty}=0$$

∴ 分母有一個原點之 pole ∴ 由表知 $e_{ss}(\infty)$ 為 type 1 為 0 合理

(2) 輸入信號為 $5t \cdot u(t)$，即 $R(s)=5 \cdot \dfrac{1}{s^2}$，為 ramp 輸入

$$e_{ss}(\infty)=\frac{1}{\lim\limits_{s \to 0} s \cdot G(s)}=\frac{5}{900}=0.0056$$

(3) 輸入信號為 $t^2 \cdot u(t)$，即 $R(s) = \dfrac{1}{s^3}$，為拋物線輸入

$$e_{ss}(\infty) = \dfrac{1}{\lim\limits_{s \to 0} s^2 \cdot G(s)} = \dfrac{1}{\infty} = \infty$$

〈註〉有關 t 與拉氏轉換間之關係以 $F(t) = 12\, t^3 u(t)$ 為例，說明如下：

則其 $F(s) = 12 \cdot \dfrac{3!}{s^{3+1}}$

$\qquad\qquad = 12 \cdot \dfrac{3 \cdot 2 \cdot 1}{s^4}$

$\qquad\qquad = \dfrac{72}{s^4}$

例：$F(t) = 15\, t^1 u(t)$

$\qquad F(s) = 15 \cdot \dfrac{1!}{s^{1+1}}$

$\qquad\qquad = 15 \cdot \dfrac{1}{s^2}$

例：$F(t) = 15\, t^2 u(t)$

$\qquad F(s) = 15 \cdot \dfrac{2!}{s^{2+1}}$

$\qquad\qquad = \dfrac{30}{s^3}$

即 $t^n = f(t) \rightarrow F(s) = \mathcal{L}\{f(t)\} = \dfrac{n!}{s^{n+1}}$ 如附表 7-3 (參考資料 3)

例題 7-3

有一個為以 step 輸入 10 之步階函數，若其 $G(s) = \dfrac{100(s+5)}{(s+1)(s+5)}$ 求其 steady-state error。

表 7-3　拉氏轉換表

	$f(t)=\mathcal{L}^{-1}\{F(s)\}$	$F(s)=\mathcal{L}\{f(t)\}$		$f(t)=\mathcal{L}^{-1}\{F(s)\}$	$F(s)=\mathcal{L}\{f(t)\}$
1.	1	$\dfrac{1}{s}$	2.	e^{at}	$\dfrac{1}{s-a}$
3.	$t^n,\ n=1,2,3\ldots$	$\dfrac{n!}{s^{n+1}}$	4.	$t^p,\ p>-1$	$\dfrac{\Gamma(p+1)}{s^{p+1}}$
5.	$\sqrt{t}$	$\dfrac{\sqrt{\pi}}{2s^{\frac{3}{2}}}$	6.	$t^{n-\frac{1}{2}},\ n=1,2,3\ldots$	$\dfrac{1\cdot 3\cdot 5\cdots(2n-1)\sqrt{\pi}}{2^n s^{n+\frac{1}{2}}}$
7.	$\sin(at)$	$\dfrac{a}{s^2+a^2}$	8.	$\cos(at)$	$\dfrac{s}{s^2+a^2}$
9.	$t\sin(at)$	$\dfrac{1as}{(s^2+a^2)^2}$	10.	$t\cos(at)$	$\dfrac{s^2+a^2}{(s^2+a^2)^2}$
11.	$\sin(at)-at\cos(at)$	$\dfrac{2a^3}{(s^2+a^2)^2}$	12.	$\sin(at)+at\cos(at)$	$\dfrac{2as^2}{(s^2+a^2)^2}$
13.	$\cos(at)-at\sin(at)$	$\dfrac{s(s^2+a^2)}{(s^2+a^2)^2}$	14.	$\cos(at)+at\sin(at)$	$\dfrac{s(s^2+3a^2)}{(s^2+a^2)^2}$
15.	$\sin(at+b)$	$\dfrac{s\sin(b)+a\cos(b)}{s^2+a^2}$	16.	$\cos(at+b)$	$\dfrac{s\cos(b)-a\sin(b)}{s^2+a^2}$
17.	$\sinh(at)$	$\dfrac{a}{s^2-a^2}$	18.	$\cosh(at)$	$\dfrac{s}{s^2-a^2}$
19.	$e^{at}\sin(bt)$	$\dfrac{b}{(s-a)^2+b^2}$	20.	$e^{at}\cos(bt)$	$\dfrac{s-a}{(s-a)^2+b^2}$
21.	$e^{at}\sinh(bt)$	$\dfrac{b}{(s-a)^2-b^2}$	22.	$e^{at}\cosh(bt)$	$\dfrac{s-a}{(s-a)^2-b^2}$
23.	$t^n e^{at},\ n=1,2,3\ldots$	$\dfrac{n!}{(s-a)^{n+1}}$	24.	$f(ct)$	$\dfrac{1}{c}F\left(\dfrac{s}{c}\right)$
25.	$u_c(t)=u(t-c)$	$\dfrac{e^{-cs}}{s}$	26.	$\delta(t-c)$	e^{-cs}
27.	$u_c(t)f(t-c)$	$e^{-cs}F(s)$	28.	$u_c(t)g(t)$	$e^{-cs}\mathcal{L}\{g(t+c)\}$
29.	$e^{ct}f(t)$	$F(s-c)$	30.	$t^n f(t),\ n=1,2,3\ldots$	$(-1)^n F^{(n)}(s)$
31.	$\dfrac{1}{t}f(t)$	$\int_s^{\infty} F(u)\,du$	32.	$\int_0^t f(v)\,dv$	$\dfrac{F(s)}{s}$
33.	$\int_0^t f(t-\tau)g(\tau)d(\tau)$	$F(s)G(s)$	34.	$f(t+T)=f(t)$	$\dfrac{\int_0^T e^{-st}f(t)\,dt}{1-e^{-sT}}$
35.	$f'(t)$	$sF(s)-f(0)$	36.	$f''(t)$	$s^2F(s)-sf(0)-f'(0)$
37.	$f^{(n)}(t)$	$s^nF(s)-s^{n-1}f(0)-s^{n-2}f'(0)\cdots-sf^{(n-2)}(0)-f^{(n-1)}(0)$			

解

(1) 本題應用於有特定放大需求之控制系統。

(2) 由公式階梯函數輸入：$e_{ss}(\infty) = \lim_{s \to 0} s \cdot \dfrac{R(s)}{1+G(s)}$

$$= \lim_{s \to 0} s \cdot \dfrac{10 \cdot \dfrac{1}{s}}{1+G(s)}$$

$$= \dfrac{10}{1+\lim_{s \to 0} \cdot G(s)} = \dfrac{10}{1+\dfrac{100 \cdot 5}{1 \cdot 5}}$$

$$= \dfrac{1}{\dfrac{1}{10}+\dfrac{100}{10}} = \dfrac{1}{0.1+10} = 0.099009$$

例題 7-4

在下列 loop 中，(1) 求 K_p 值。(2) 若輸入為 $50u(t)$，$50t \cdot u(t)$，$50u^2(t)$ 求 $e_{ss}(\infty)$，並求此系統之 type＝？

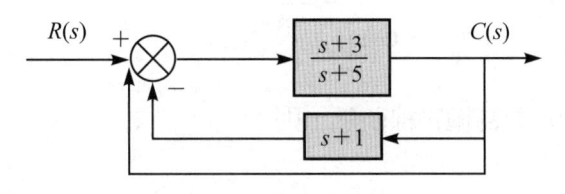

圖 7-7　例題 7-4 圖

解

(1) 先化簡 $\dfrac{s+3}{s+5}$ 及 $s+1$ 之 loop：$G_1(s) = \dfrac{\dfrac{s+3}{s+5}}{1+(s+1)(\dfrac{s+3}{s+5})} = \dfrac{\dfrac{s+3}{s+5}}{\dfrac{(s+5)+(s+1)(s+3)}{s+5}}$

$$= \dfrac{s+3}{(s+1)(s+3)+(s+5)}$$

$$G_1(s) = \frac{s+3}{s^2+4s+3+s+5} = \frac{s+3}{s^2+5s+8} \text{ 此為 type 0 之系統}$$

(2) 依前面公式 (7-10)：

$$K_p = \lim_{s \to 0} G(s) = \lim_{s \to 0} \frac{s+3}{s^2+5s+8} = \frac{3}{8}$$

$$K_v = \lim_{s \to 0} s \cdot G(s) = 0$$

$$K_a = \lim_{s \to 0} s^2 \cdot G(s) = 0$$

(3) 若輸入為 $50 \cdot u(t)$ 為階梯函數，則：

依公式 (7-7)

$$e(\infty) = e_{\text{step}}(\infty) = \frac{50 \cdot 1}{1+K_p} = \frac{50 \cdot 1}{1+\frac{3}{8}} = 0.7273 \times 50 = 36.3636$$

若輸入為 $50\,t \cdot u(t)$ 為斜坡函數，則：

依公式 (7-8)

$$e(\infty) = e_{\text{ramp}}(\infty) = \frac{50 \cdot 1}{\lim_{s \to 0} s \cdot G(s)} = \frac{50}{0} = \infty$$

若輸入為 $50\,u^2(t)$ 則為拋物線函數，則：

依公式 (7-9)

$$e(\infty) = e_{\text{parabola}}(\infty) = \frac{50}{\lim_{s \to 0} s^2 \cdot G(s)} = \frac{50}{0} = \infty$$

例題 7-5

在下圖中有一控制功能方塊圖。試以 MATLAB 方式將之化簡求最終之傳輸函數，並求出此 $G(s)$ 為 type？並在此最後求出其 K_p、K_v 與 K_a。另外，在三種不同輸入下求其穩態誤差值。

① 30 $u(t)$

② 30 $tu(t)$

③ 30 $t^2 u(t)$

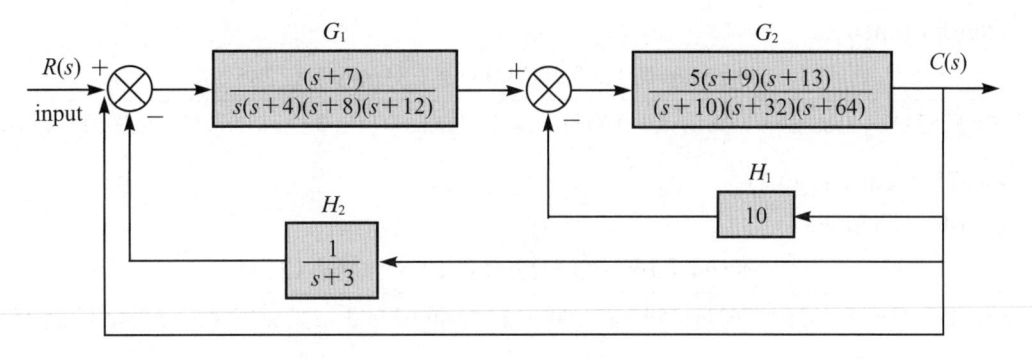

圖 7-8　例題 7-5 圖

解

MATLAB 之程式如下

```
>> n1=[1 7];d1=poly([0 −4 −8 −12]);g1=tf(n1,d1)
```
Transfer function:

$$\frac{s+7}{s^4+24 s^3+176 s^2+384 s}$$

```
>> n2=5*poly([−9 −13]);d2=poly([−10 −32 −64]);g2=tf(n2,d2)
```
Transfer function:

$$\frac{5 s^2+110 s+585}{s^3+106 s^2+3008 s+20480}$$

```
>> g3=feedback(g2,10)
```
Transfer function:

$$\frac{5 s^2+110 s+585}{s^3+156 s^2+4108 s+26330}$$

```
>> g4=g1*g3
```
Transfer function:

$$\frac{5 s^3+145 s^2+1355 s+4095}{s^7+180 s^6+8028 s^5+152762 s^4+1.415e006 s^3+6.212e006 s^2+1.011e007 s}$$

```
>> n4=[1];d4=[1 3];g5=tf(n4,d4)
```
Transfer function:

$$\frac{1}{s+3}$$

\>\> g6=feedback(g4,g5)

Transfer function:

$$\frac{5\,s^4+160\,s^3+1790\,s^2+8160\,s+12285}{s^8+183\,s^7+8568\,s^6+176846\,s^5+1.873e006\,s^4+1.046e007\,s^3+2.875e007\,s^2+3.033e007\,s+4095}$$

\>\> g7=feedback(g6,1)

Transfer function:

$$\frac{5\,s^4+160\,s^3+1790\,s^2+8160\,s+12285}{s^8+183\,s^7+8568\,s^6+176846\,s^5+1.873e006\,s^4+1.046e007\,s^3+2.875e007\,s^2+3.034e007\,s+16380}$$

\>\> r=[1 183 8568 176846 1.873e006 1.046e07 2.875e07 3.034e07 16380];rr=roots(r)

ans=

−124.7657

−21.3495

−12.0001

−9.8847

−7.9999

−4.0000

−2.9994

−0.0005

\>\> kp=dcgain(g6)....open loop 下 s=0 之值

kp=

　　3

\> gg=tf([1 0],1)

Transfer function:

　　s

\>\> sg=gg*g6

Transfer function:

$$\frac{5\,s^5+160\,s^4+1790\,s^3+8160\,s^2+12285\,s}{s^8+183\,s^7+8568\,s^6+176846\,s^5+1.873e006\,s^4+1.046e007\,s^3+2.875e007\,s^2+3.033e007\,s+4095}$$

\>\> sg=minreal(sg)

Transfer function:

$$\frac{5\,s^5+160\,s^4+1790\,s^3+8160\,s^2+1.229e004\,s}{s^8+183\,s^7+8568\,s^6+1.768e005\,s^5+1.873e006\,s^4+1.046e007\,s^3+2.875e007\,s^2+3.033e007\,s+4095}$$

```
>> kv=dcgain(sg)
kv=
    0
>> s2g=gg*sg
Transfer function:
        5 s^6+160 s^5+1790 s^4+8160 s^3+1.229e004 s^2
-------------------------------------------------------------------
s^8+183 s^7+8568 s^6+1.768e005 s^5+1.873e006 s^4+1.046e007 s^3+2.875e007 s^2+3.033e007 s+4095
>> s2g=minreal(s2g)
Transfer function:
        5 s^6+160 s^5+1790 s^4+8160 s^3+1.229e004 s^2
-------------------------------------------------------------------
s^8+183 s^7+8568 s^6+1.768e005 s^5+1.873e006 s^4+1.046e007 s^3+2.875e007 s^2+3.033e007 s+4095
>> ka=dcgain(s2g)
ka=
    0
>> essstep=30/(1+kp)
essstep=
    7.5000
```

在上面用 MATLAB 求出

$K_v = 0$

$K_a = 0$

則在 $30\,t \cdot u(t)$ 為斜坡函數輸入，依公式 (7-8)。

$$e(\infty) = e_{\text{ramp}}(\infty) = \frac{30}{\lim_{s \to 0} s \cdot G(s)} = \frac{30}{K_v} = \frac{30}{0} = \infty$$

在 $30 \cdot t^2 u(t)$ 為拋物線函數輸入，依公式 (7-9)。

$$e(\infty) = e_{\text{parabala}}(\infty) = \frac{30}{\lim_{s \to 0} s^2 \cdot G(s)} = \frac{30}{K_v} = \frac{30}{0} = \infty$$

在上面指令中求根主要原因為看有無重根 $s=0$ 以判斷其 type，本題為 type 0，因為無重根。

◎ 7-5　二階函數之穩態誤差與系統性能之相關性

二階函數之穩態誤差與控制器 K 值及超行量 (overshoot) 及阻滯值 (damp) 之關係對一般之二階系統，其阻滯比 (damping ratio) 與超行量 (overshoot) 有圖 7-9 之關係，且其阻滯比與 W_N，Tr (rising time) 也有相關性 (參考資料 1)。

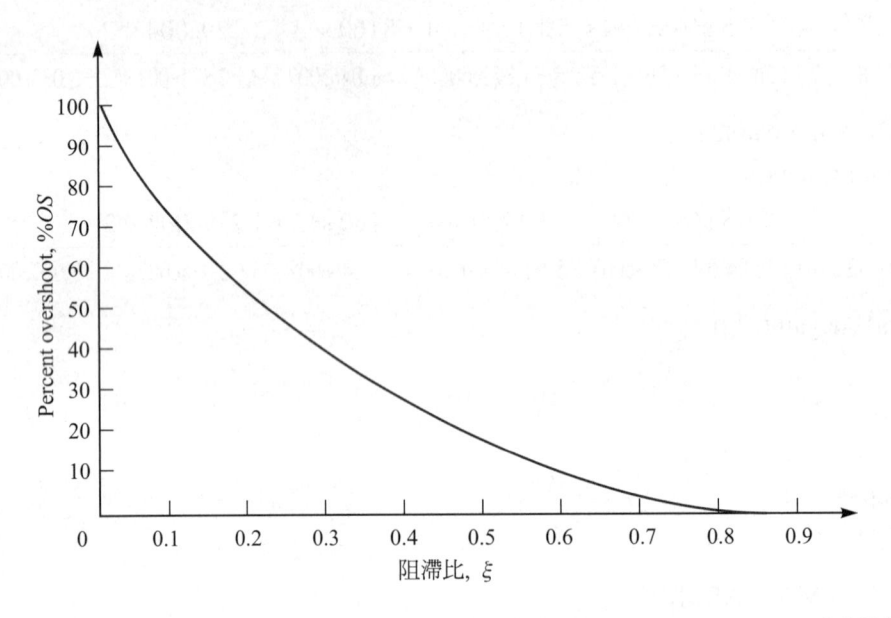

圖 7-9　二階傳輸函數之阻滯比 (damping ratio) 與超行量 (percent overshoot) 百分比關係

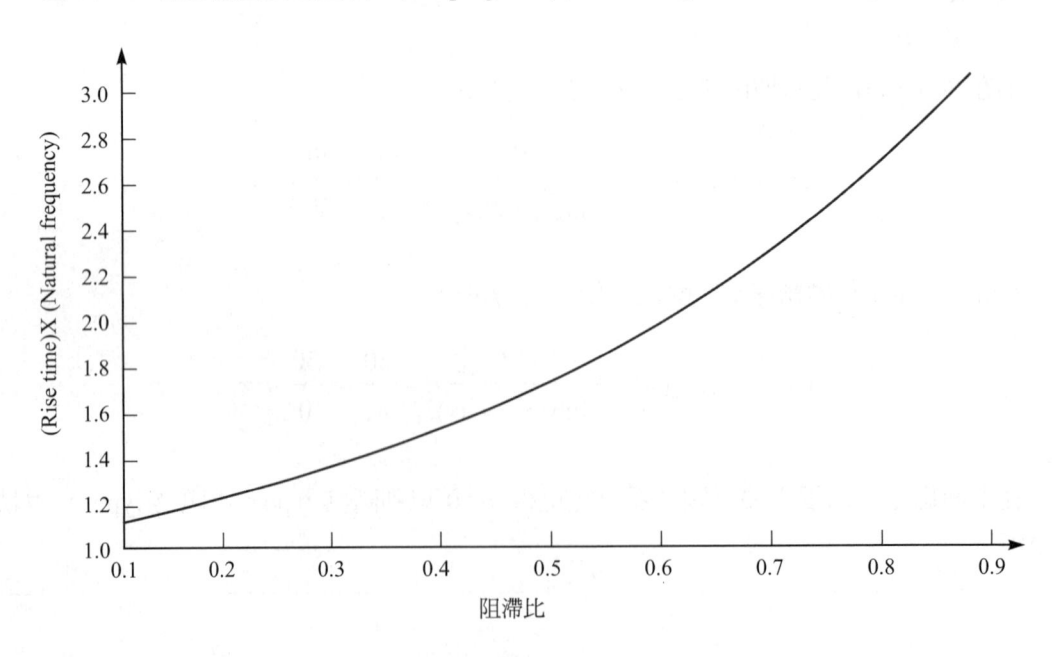

圖 7-10　二階傳輸函數之阻滯比與 W_N，Tr 乘積之關係

例題 7-6

試以 $G(s) = \dfrac{K}{s(s+a)}$ 推導其穩態誤差 $e_{ss}(\infty)$，若輸入方式為斜坡函數，$K_v = 1,000$，試求其 $e_{ss}(\infty)$。

解

(1) $G(s) = \dfrac{K}{s(s+a)}$，即二階不含常數之式，且輸入方式為斜坡式 (ramp)。

因 s^1 故 type 1，系統是速度迴授控制，由前面表 7-2 知 type 1，斜坡式輸入，$K_v =$ 常數，其誤差量為 $\dfrac{1}{K_v}$

(2) $\quad G(s) = \dfrac{K}{s(s+a)}$，$e_{ss}(\infty) = \lim\limits_{s \to 0} s \cdot \dfrac{R(s)}{1 + H(s)G(s)}$，$H(s) = 1$

$$e_{ss}(\infty) = \lim_{s \to 0} s \cdot \dfrac{R(s)}{1 + G(s)}, \quad G(s) = \dfrac{K}{s(s+a)}$$

(3) 為斜坡式輸入 $\quad \therefore R(s) = \dfrac{1}{s^2}$

(4) 已知 $K_v = 1,000$ 且為斜坡函數輸入，依公式 (7-8) 與 (7-10)。

$$e(\infty) = \dfrac{1}{K_v} = \dfrac{1}{1,000} = 0.001$$

而 $K_v = \lim\limits_{s \to 0} \dfrac{K}{s+a} = \dfrac{K}{a} \quad \therefore e_{ss}(\infty) = \dfrac{1}{0 + K_v} = \dfrac{1}{K_v}$

(5) 已知 $K_v = 1,000 \quad \therefore e_{ss}(\infty) = \dfrac{1}{K_v} = \dfrac{1}{1,000} = 0.001$

例題 7-7

如圖 7-11 承上題，若系統之穩態誤差量，規格誤差必須在 1% 之內，請問在一階系統下，如何調頻寬 W_N 及阻滯比 ζ 使其滿足需求。

解

(1) 若系統規格只可容忍 1% 誤差，即

$$e_{ss}(\infty) = \frac{1}{\frac{K}{a}} = 1\% = 0.01 \quad \therefore \frac{a}{K} = 0.01$$

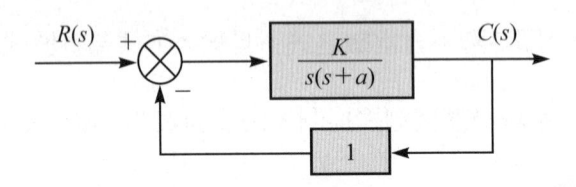

```
R(s) ──+─→⊗──→[ K/(s(s+a)) ]──┬──→ C(s)
       −                       │
       └──────────[ 1 ]────────┘
```

圖 7-11　例題 7-7 圖

(2) $G(s) = \dfrac{K}{s(s+a)}$ 為開路之傳輸函數，故其閉迴路下之傳輸函數改為：

$$\frac{輸出}{輸入} = \frac{C(s)}{R(s)} = \frac{\dfrac{K}{s(s+a)}}{1 + \dfrac{K}{s(s+a)}} = \frac{\dfrac{K}{s(s+a)}}{\dfrac{s(s+a)+K}{s(s+a)}}$$

$$= \frac{K}{s(s+a)+K} = \frac{K}{s^2 + s \cdot a + K} \tag{7-11a}$$

$$\frac{C(s)}{R(s)} = \frac{W_N^2}{s^2 + 2\zeta \cdot W_N s + W_N^2} \tag{7-11b}$$

比較二式 (7-11a) 及 (7-11b) 分子及分母

$$\therefore W_N^2 = K \rightarrow W_N = \sqrt{K} \text{，} 2\zeta \cdot W_N = a$$

(3) 若系統已知頻寬 W_N，再由系統控制器之增益 K 及 a，知道 $2\zeta \cdot W_N = a$ 及 $\dfrac{a}{K} = 0.01$ 則 ζ 也知。或者，若系統要求超行量，則也可由前面表 7-1 超行量與阻滯比關係圖 (二階) 可求出 ζ 再由 $2\zeta W_N = a$ 及 $W_N^2 = K$，求出其它參數。

◎ 7-6 利用 Residue 與 ZPK 指令求根

若經推導得一個傳輸函數之分子、分母，若化為多個一次式之連加，其在 MATLAB 上方法有許多種，均可以同時求得一次式之簡化式，以下即分別說明之。

〈方法一〉利用 residue 指令，所得為連加之分式。

例題 7-8

試化 $\dfrac{3s-1}{s^2-3s+2}$ 為一次式之和。

解

[r, p, k]＝residue ([3 －1], [1 －3 2])

由指令結果可得：

$$G(s)=\dfrac{3s-1}{s^2-3s+2}=\dfrac{5}{s-2}+\dfrac{-2}{s-1}+0\;\overset{K}{\nearrow}$$

（r 對應分子，p 對應分母）

```
>> [r,p,k]=residue([3 -1],[1 -3 2])
r =
    5
   -2
p =
    2
    1
k =
   []
```

例題 7-9

試化 $\dfrac{7s^3+2s^2+3s-5}{3s^2-3s+2}$ 為一次式之和

解

[r, p, k]＝residue ([7 2 3 −5], [3 −3 2])

由指令可得：

$$G(s)=\frac{7s^3+2s^2+3s-5}{3s^2-3s+2}=\frac{1.2222+1.8935i}{s-(0.5+0.6455i)}+\frac{1.2222-1.8935i}{s-(0.5-0.6455i)}+2.333s+3.0$$

```
>> [r,p,k]=residue([7 2 3 -5],[3 -3 2])
r =
   1.2222 + 1.8935i
   1.2222 - 1.8935i
p =
   0.5000 + 0.6455i
   0.5000 - 0.6455i
k =
   2.3333   3.0000
```

例題 7-10

試化 $\dfrac{7s^3+2s^2+3s-11}{s^2-3s+2}$ 為一次式之和。

解

[r, p, k]＝residue ([7 2 3 −11], [1 −3 2])

由指令可得：$\dfrac{7s^3+2s^2+3s-11}{s^2-3s+2}=\dfrac{59}{(s-2)}+\dfrac{-1}{(s-1)}+7s+23$

```
>> [r,p,k]=residue([7 2 3 -11],[1 -3 2])
r =
   59
   -1
p =
   2
   1
k =
   7   23
```

residue 指令解分母為重根之例題。

例題 7-11

試化 $\dfrac{2s^2+3s-1}{s^3-5s^2+8s-4}$ 為一次式

解

```
[r, p, k]＝residue ([2  3  －1], [1  －5  8  －4])
r =
   -2.0000
   13.0000
   4.0000
p =
   2.0000
   2.0000
   1.0000
k =
   []
```

由指令可得：$\dfrac{2s^2+3s-1}{s^3-5s^2+8s-4}=\dfrac{-2}{s-2}+\dfrac{13}{(s-2)^2}+\dfrac{4}{(s-1)}$

以下可利用 zpk 指令為連乘之分式。

可利用此一指令求出高階或複雜之傳輸函數之一次式。

例題 7-12

試化簡 $\dfrac{s^3+2s^2+3s+4}{3s^5+4s^4+5s^3+6s^2+7s+8}$ 為一次或二次式聯乘。

解

```
n1=[1 2 3 4];d1=[3 4 5 6 7 8];g1=tf(n1,d1)
 Transfer function:
        s^3 + 2 s^2 + 3 s + 4
   ─────────────────────────────────
   3 s^5 + 4 s^4 + 5 s^3 + 6 s^2 + 7 s + 8
```

```
>> zpk(g1)
Zero/pole/gain:
        0.33333 (s+1.651) (s^2  + 0.3494s + 2.423)
─────────────────────────────────────────────────────
(s+1.223) (s^2 + 1.248s + 1.492) (s^2 - 1.138s + 1.461)
```

$$\frac{s^3+2s^2+3s+4}{3s^5+4s^4+5s^3+6s^2+7s+8}=(0.3333)\frac{(s+1.651)(s^2+0.3494s+2.423)}{(s+1.223)(s^2+1.248s+1.492)(s^2-1.138s+1.461)}$$

或欲再化細可使用 $[z, p, k] = \text{tf 2 zp}(n_1, d_1)$

指令如下：

```
> [z,p,k]=tf2zp(n1,d1)
z =
  -1.6506
  -0.1747 + 1.5469i
  -0.1747 - 1.5469i
p =
   0.5691 + 1.0664i
   0.5691 - 1.0664i
  -1.2234
  -0.6241 + 1.0499i
  -0.6241 - 1.0499i
k =
   0.3333
```

其得出之 z 為分式分子，p 為分母 (根)，均為一次式。

◎ 7-7 系統敏感度分析

　　了解一個自然界之系統是不容易的，但是在某些假設條件下，可以把一個系統簡化，用數學來表達此一系統，此即數學模式 (Mathematics Model)，透過系統之輸入、輸出，可使用數位或類比之模擬 (simulation) 技術來了解系統之特性，由數模中不同參數之變化來看系統之變化。參數改變，可使系統產生不同程度之變化，我們稱此一程度為敏感度 (sensitivity)。若一個系統因某一個參數些許改變，即有大的變化，則稱此系統之敏感度很大，系統設計不好。反之若某個參數作各種大變化，系統均不受影響，則稱此系統之敏感度為零，此為理想狀況，較不容易。現在用傳輸函數之觀點來分析系統之敏感度。

例題 7-13

若有一式 $\dfrac{K}{K+a}=F$，$K=10$，$a=50$ 及 $a=500$，請分析 F 在不同 a 值下之敏感度。

解

(1) 當 K 值固定下 $K=10$，$a=50$：$F=\dfrac{10}{10+50}=0.16$

(2) 當 K 值固定下，$a=500$：$F=\dfrac{10}{10+500}=0.0196$

(3) a 值(輸入)之變化，由 50 變到 500：$\dfrac{500-50}{50}=\dfrac{450}{50}=9$，表示 a 值變化 9 倍

而 $a\%=900\%$ —即 a 變化 900% 情況下

(4) F 值(輸入)：$\dfrac{0.0196-0.16}{0.16}=\dfrac{-0.1404}{0.16}=-0.8775$，表示 F 之變化僅 0.8775 倍

故 $F\%=87.75\%$ —則表示參數 a 變化 9 倍，輸出變化僅 87.75%(反向變化)。
即表示當 a 對系統之敏感度不大。

若一系統 F 對某參數即 P 之敏感度以 $S_{F:P}$

$$S_{F:P}=\lim_{\Delta P\to 0}\dfrac{\text{影響系統 }F\text{ 結果之變化量}}{\text{輸入某參數之變化量}}=\lim_{\Delta P\to 0}\dfrac{\Delta F/F}{\Delta P/P}=\lim_{\Delta P\to 0}\dfrac{P}{F}\dfrac{\Delta F}{\Delta P}$$

若 ΔP 之微量變化 δP，引起系統下之微量變化 δF

則 $S_{F:P}=\dfrac{P}{F}\dfrac{\delta F}{\delta P}$

或利用微分之關係及公式來處理系統敏感度。

$$S_{F:P}=\dfrac{P}{F}\dfrac{\delta F}{\delta P} \tag{7-12}$$

例題 7-14

若有一 type 1 之系統如下圖，試問若欲降低此敏感度要如何處理。

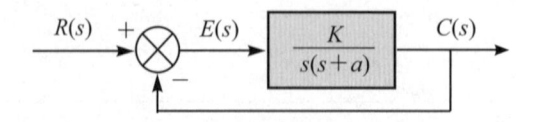

$$R(s) \xrightarrow{+} \bigotimes \xrightarrow{E(s)} \boxed{\frac{K}{s(s+a)}} \xrightarrow{C(s)}$$

圖 **7-12** 例題 7-14 圖

解

(1) 先求系統閉迴路之傳輸函數 $F(s) = \dfrac{K}{s^2+as+K}$。

(2) 利用上列公式 7-12

$$S_{F:P} = \frac{a}{F}\frac{\delta F}{\delta a}$$

$$\approx \frac{a}{F}\frac{\delta F}{\delta P} = \frac{a}{\left(\dfrac{K}{s^2+as+K}\right)} \cdot \frac{d\left(\dfrac{K}{s^2+as+K}\right)}{da}$$

(3) 利用微分公式：$\left(\dfrac{u}{V}\right)' = \dfrac{Vu' - uV'}{V^2}$

則 $\dfrac{d\left(\dfrac{K}{s^2+as+K}\right)}{da} = \dfrac{(s^2+as+K)K' - K(s^2+as+K)'}{(s^2+as+K)^2}$

(4) 把 (3) 代回 (2) 中，$S_{F:P} = \dfrac{-as}{(s^2+as+K)}$

(5) 物理意義：當 a 一定下，把增益值 K 增大，則可降低此迴路系統對 a 之敏感度，即高增益值 K 下之控制系統可降低 a 值的敏感度。

以上舉例為二階之系統，若二階以上之系統，有時在實用上要配合結構上常用之 Notch filter (凹凸濾波器) 相關習題可見參考資料 7 之例題。其餘相關運算可參考第十章

10-3 之內容。

◎ 7-8　以步階信號輸入 type 0 系統之靈敏度

我們可以 MATLAB 中之符號語言，求不同 type 下之靈敏度。並利用 MATLAB 中之微分指令 diff 直接求出在靈敏度中之微分式。最後只要會分析結果，即可如下題以 $\dfrac{K}{(s+a)(s+b)}$ 為一迴路系統中之傳輸函數。試求其以步階信號為輸入下之系統，對參數 a 之靈敏度分析。

例題 7-15

求出圖 7-13 中若輸入為階梯函數，則參數 a 在數模中參數有變化下，對穩態誤差改變量之靈敏度 $S_{e:k}=$ ？

解

(1) 先求出在 type 0 (因為系統中僅 s^0) 之 $e(\infty)$

$$e(\infty)=\dfrac{1}{1+Kp}=\dfrac{1}{1+\dfrac{K}{ab}}=\dfrac{ab}{ab+K}$$

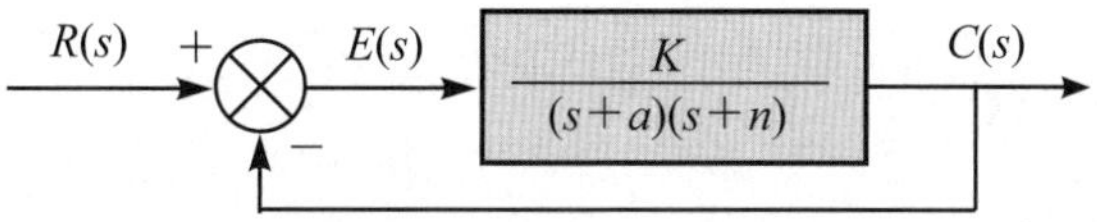

圖 7-13　分母有雙參數，另有一增益 K 之數模

(2) 列出靈敏度對 a 之公式：$S_{e:a}=\dfrac{a}{e}\dfrac{\delta e}{\delta a}\approx\dfrac{a}{e}\dfrac{de}{da}$

$$=\dfrac{a}{\dfrac{ab}{ab+K}}\cdot\dfrac{(ab+K)b-ab^2}{(ab+K)^2}=\dfrac{K}{ab+K}$$

(3) 靈敏度對 K 之公式：$S_{e:K}=\dfrac{K}{e}\dfrac{Se}{SK}\approx\dfrac{K}{e}\dfrac{de}{dK}=\dfrac{K}{\dfrac{ab}{ab+K}}\cdot\dfrac{-ab}{(ab+K)^2}=\dfrac{-K}{ab+K}$

其中 $S_{e:K}$ 中，增益 K 之增大，會使全系統靈敏度下降。

而 $S_{e:a}$ 中，若 a, b 均為正值 K 愈大，則系統靈敏度愈小。

◎ 7-9 利用狀態空間之三個矩陣，在不同輸入信號下之系統誤差

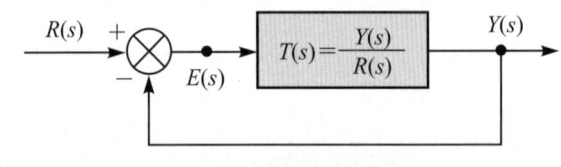

圖 7-14 系統數模方塊圖

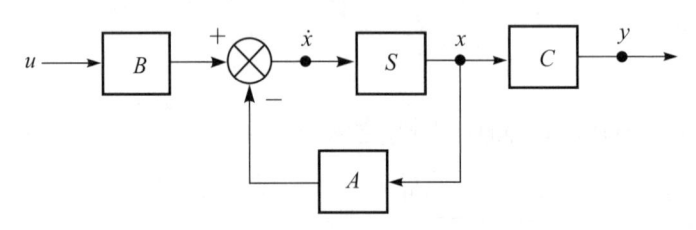

圖 7-15 狀態空間 $\dot{x} = Ax + Bu$ 方塊圖

由圖 7-14 及圖 7-15 之關係圖中。

誤差值 $E(s) = R(s) - Y(s)$ (7-13)

但 $T(s) = \dfrac{\text{輸出}}{\text{輸入}} = \dfrac{Y(s)}{R(s)}$ 故 $Y(s) = T(s) \cdot R(s)$ (7-14)

代回 $E(s) = R(s) - Y(s) = R(s) - T(s) \cdot R(s)$

$\qquad\qquad = R(s)(1 - T(s))$ (7-15)

而在圖 7-15 中，若再考慮輸入 u 之特性，則

$$\dot{X} = AX + Bu \tag{7-16}$$

$$Y = CX + Du \tag{7-17}$$

則 $X(s) = AX(s) + BU(s)$ (7-18)

$\quad\; Y(s) = CX(s) + DU(s)$ (7-19)

其中 X, Y, A, B, U, D, C 均為矩陣

則 $SX(s) = AX(s) + BU(s)$ (7-20)

$\quad SX(s) - AX(s) = BU(s)$

$\quad (SI - A) X(s) = BU(s)$

$\quad X(s) = (SI - A)^{-1} \cdot BU(s)$ (7-21)

其中 I 為單位矩陣，且 $(SI - A)^{-1} \neq 0$，而 (7-18) 式中，

$$\begin{aligned} Y(s) &= CX(s) + DU(s) \\ &= C((SI - A)^{-1} \cdot BU(s)) + DU(s) \\ &= [C(SI - A)^{-1} B + D] U(s) \end{aligned}$$ (7-22)

故 $T(s) = \dfrac{\text{輸出}}{\text{輸入}} = \dfrac{Y(s)}{U(s)} = C(SI - A)^{-1} B + D$ (7-23)

把 (7-23) 代回 (7-15) 式中

$$\begin{aligned} E(s) &= R(s)(1 - T(s)) \\ &= R(s)(1 - C(SI - A)^{-1} B \cancel{+ D}^{\,0}) \end{aligned}$$ (7-24)

再由 e_{ss} 公式，最後係數之誤差，經 final value theorem

$$\lim_{s \to 0} S \cdot E(s) = \lim_{s \to 0} S(R(s) [1 - C(SI - A)^{-1} B])$$ (7-25)

例題 7-16

一個系統之 A, B, C 矩陣如下，若以步階信號及 Ramp 信號為輸入信號。

$$A = \begin{bmatrix} -5 & 1 & 0 \\ 0 & -2 & 1 \\ 20 & -10 & 1 \end{bmatrix} ; B = \begin{bmatrix} 0 \\ 0 \\ 1 \end{bmatrix} ; C = [-1 \ 1 \ 0] ; D = 0$$

求系統之穩態誤差值 (steady-state-error)。

解

```
>> a=[-5 1 0;0 -2 1;20 -10 1]
a =
    -5     1     0
```

```
         0   -2    1
        20  -10    1
>> b=[0;0;1]
b =
    0
    0
    1
>> c=[-1 1 0]
c =
   -1   1   0
>> [n,d]=ss2tf(a,b,c,0,1)
n =
        0    0.0000    1.0000    4.0000

d =
   1.0000    6.0000   13.0000   20.0000

>> r=roots(d)

r =

  -4.0000
  -1.0000 + 2.0000i
  -1.0000 - 2.0000i
>> i=[1 0 0;0 1 0;0 0 1]

i =

   1   0   0
   0   1   0
   0   0   1

>> syms s
>> E=(1/s)*[1-c*[(s*i-a)^-1]*b]

E =

1/s*(1+1/(s^3+6*s^2+13*s+20)-(s+5)/(s^3+6*s^2+13*s+20))

>> error=subs(s*E,s,0)

error =

   0.8000

>>
```

由上面得知其 $e_{ss}=0.8$ (階梯信號)，若利用其四個矩陣可經 $[n, m]=$ss2tf$(a, b, c, d, 1)$ 求出 n, m，再由 $G=$tf(n, m) 可得傳輸函數，亦可求出 DC gain，再代入本章表 7-2，亦可得相同答案，而 Ramp 輸入，因系統為 type 0，查表 7-2，故其誤差為 ∞。

◎ 摘　要

本章在說明不同之輸入信號，其穩態下之誤差值，會因系統之不同及輸入信號之不同而有所差異，在本章之開始先推導誤差之數學式再一一代入不同之輸入信號，以簡單公式作為量化計算之參考，章後對參數之不確定性作了基本之探討。最後利用 MATLAB 之指令來運算一個系統之穩態誤差，以作為實際例題之實例應用。

◎ 參考資料

1. Norman S. Nise; "Control Systems Engineering", 4th edition, 2004 John Wiley & Sons, Inc.
2. Richend C. Dorf and Robert H. Bishop; "Modern control systems", Person International edition. Person Prentice Hall, company, 2008.
3. http://tutorial-math.lamar.edu/pdf/caplace_Table.pdf.
4. Joseph Distefanq lll, Allen R, Stubbeurd and Ivan J. Williams, "Schaum's Qutline of Feedbak and control systems", 2nd Wdition, 2013.
5. Rajko Romonc, "Sensitivity analysis of dynamic systems". McGraw-Hill electronic sciences secies, 1963.
6. Assers Deif, "Sensitivity Analysis in Linear Systems". Springer-Verlag Company, 2011.
7. Sensitivity of control system to time delays, http://www.mathworks.com/hllp/control/ug/sensitivity-of-control-system-to-time-delays.html.

◎ 習　題

1. $\mathbf{A}=\begin{bmatrix} -5 & 1 & 0 \\ 0 & -2 & 1 \\ 20 & -10 & 1 \end{bmatrix}$，$\mathbf{B}=\begin{bmatrix} 0 \\ 0 \\ 1 \end{bmatrix}$，$\mathbf{C}=\begin{bmatrix} -1 & 1 & 0 \end{bmatrix}$

求以步階信號及 Ramp 信號為輸入下之穩態誤差值，並求其傳輸函數及根。

2. 如何利用 Root 指令，判斷系統之 type 值？

3. 如何知道 a, b, c, d 四個矩陣求出一個傳輸函數之分子分母？

4. 請問 zpk 指令與 residue 指令有何不同？

5. 若一個系統其輸入值增加 50 倍，其誤差值是否也增大 50 倍？

6. 在一個飛行體在外干擾源極大的環境下，如何設計一個控制器，使其受到之擾動最小？

第 8 章

根軌跡下之系統反應

　　本章講述根軌跡之方法，利用已知系統作妥之數模，作為已知之開路系統 (open loop)，分析其分子 (zero)，分母 (pole) 在 S-plane 上之位置，一旦成為迴路 (close loop)。透過增量值 K 之作用，在 S-plane 上形成根軌跡 (root locus) 此法用來分析在單一到多變數下，隨 K 值變化下系統圖形之改變。其中根之走向最好在實軸上走 (對飛行器來講沒有振盪)，但不容易，因此只要在左平面就算「可容許」之穩定設計，若圖形到了虛軸上，則為臨界穩定 (critical stable)，雖然為一定振幅之振動，但也會頭昏眼花。一但圖形到了右平面就是不穩定了。這就是用根軌跡法來快速判定系統穩定與否的方法，在二戰末 1947 年，美國 MIT 已將其應用在飛行器與火炮系統上 (參考資料 10)。早期計算利用計算尺，本人 1981 年在密西根大學航空研究所唸書時，即是用計算尺。在本章後之練習題就是我導師 Green Wood 教授給我的習題。現在採用 MALTAB 來作輕鬆愉快。但在分析問題上必須要參考 8-4 節，而在設計上要了解 8-1 節與 K 關係及 8-3 節之物理意義，其中一些特殊 MALTAB 指令常用到的會在 8-5 節、8-11 節中說明，8-13 節為我在密西根大學電機系修莊魁教授的一個小題目也提供大家參考，8-8 節為一實際飛行器之設計實例，用 MATLAB 來作也是在一分鐘內完成 (這並不表示飛機設計很容易)。

　　在 8-12 節我提出一項 pole-cancelation 之看法提供大家參考。相近之 pole 與 zero 在數學上可相消，但在系統物理意義上是不可以的，早期 MATLAB 僅作 SISO (單入單出) 之設計，後來工具就達到了 MIMO (多入多出) 之設計。

　　在附件中的是 pole 及 zero 在圖形上一些有趣變化，根軌跡圖形變化無窮，小而無內，大而無外，提供圖 8-54 給大家參考。

　　現在，分敘各章節如下：

◎ 8-1　系統數模與 K 之關係

　　若有一個控制系統，系統數模為 $H(s)$，增益值為 K，則其受到輸入信號 r，而產生之

輸出信號 y，彼此間之關係如圖 8-1：

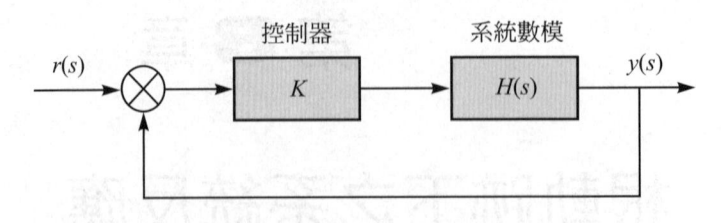

圖 8-1 基本迴路圖

其閉迴路之傳輸函數為：

$$\frac{y(s)}{r(s)} = \frac{K \cdot H(s)}{1 + K \cdot H(s)}$$

若以 open loop 分子根式 z，分母根式 p 代表 $H(s) = \frac{z(s)}{p(s)}$，其閉迴路之特性方程式 $1 + K \cdot H(s)$ 或 $p(s) + K \cdot z(s) = 0$，此為本章要分析之系統反應式。

若 $H(s)$ 以傳輸函數表示出來：

$$H(s) = \frac{b(s)}{a(s)}$$

則

$$\frac{K \cdot H(s)}{1 + K \cdot H(s)} = \frac{K \frac{b(s)}{a(s)}}{1 + K \frac{b(s)}{a(s)}} = \frac{\frac{K \cdot b(s)}{a(s)}}{\frac{a(s) + K \cdot b(s)}{a(s)}}$$

$$= \frac{K \cdot b(s)}{a(s) + Kb(s)}$$

則其特性方程式在分母即 $a(s) + K \cdot b(s)$

若要看其根之特性則令 $a(s) + K \cdot b(s) = 0$

即
$$\frac{a(s)}{K} + b(s) = 0 \text{ (for } K \neq 0) \tag{8-1}$$

$$H(s) = \frac{b(s)}{a(s)} = \frac{b^m + k_2 b^{m-1} + \cdots + b_0}{a^n + k_1 a^{n-1} + \cdots + a_0} = \frac{m \text{ 階式}}{n \text{ 階式}}$$

若 $K \geq 0$，一旦 $K \to 0$ 則在分母上 (如公式 (8-1)) $a(s)=0$，可求出系統 $H(s)$ 極 (pole) 之值，若 $K \to \infty$ 則在閉迴路上之根，分母為 n 階，則有 n 個分母根，分子為 m 階，則有 m 個分子根。n 表示有 n 條線 (Branch)，每一條 Branch 由 $H(s)$ 之極點 (x) (分母) 到分子之零極 (0) 位置。若 $H(s)$ 式為真分式 (分母階數較分子階數高) 即 $m < n$，則稱 $H(s)$ 為 zeros at infinity，即 $H(s)=0$，當 $s \to \infty$ 時之分子根個數為 $n-m$，也就是當 $s \to \infty$ 時 (漸近線) 軌跡線之 Branch 數。

所謂根軌跡是指一旦閉迴路形成時，所有分母根之「位置」軌跡所在，因此在穩定情況下，儘量讓軌跡根落在 s 平面之左邊 (不含虛軸) 為上策。這就要調查 K 值，不希望 K 值變化下讓軌跡「走」到 s 平面之右邊 (也儘量避免走到虛軸上)。這就要靠根軌跡圖了。

◎ 8-2 在 Root Locus 中選取適當 K 值，使系統由不穩定轉為穩定

利用 rlocus 可執行根軌跡指令，本節中先說明其優點，大家才有興趣來學，看一個例題如下：

例題 8-1

試將 $G(s)=\dfrac{s+3}{s^2-s-2}$，(1) 求出開迴路之根軌跡圖；(2) 閉迴路下根軌跡圖；(3) 在圖形上找到該系統穩定之增益值 k；(4) 求系統穩定下之時域圖。

解：(1) 說明：

$$G(s)=\dfrac{s+3}{s^2-s-2}$$

利用 MATLAB 看其開路之分母根在 2 及 -1，系統為不穩定，一旦其形成閉迴路，則二個根為複虛根 $\pm i$ 形成時域圖為振盪仍不穩定。由其根軌跡可看到圖 8-2(a) 開路，其一個分母根 pole 在右平面，確為不穩定，再看其圖 8-2(b) 為閉路，其不穩定之根已移到虛軸上，仍其時域仍不穩定圖 8-2(c)。因此，我們可由閉路之 rlocus 圖用滑鼠得之在穩定左平面上之軌跡 8-2(d) 圖找到隨意點 $K=5.1$ 加到原系統中，求出新的根為穩定，且由 8-2(e)，可知軌跡穩定且時域已大大改善。

以上之手法即表示，原來由根之判斷不穩定之系統，可以透過根軌跡之走勢，找到適當之增益值，而得到改善後之系統，這就是根軌跡圖之一大優點及主要功能。

(2) MATLAB 指令：

```
n1=[1 3];d1=[1 -1 -2];g1=tf(n1,d1)
g1 =
     s+3
   ---------
   s^2 - s - 2
>> rlocus(g1)
>> r=roots([1 -1 -2])
r =
    2
   -1
>> gf1=feedback(g1,1)
gf1 =
     s+3
   ---------
    s^2 + 1
>> r=roots([1 0 1])
r =
   0.0000 + 1.0000i
   0.0000 - 1.0000i
>> rlocus(gf1)
>> figure
>> rlocus(g1)
```

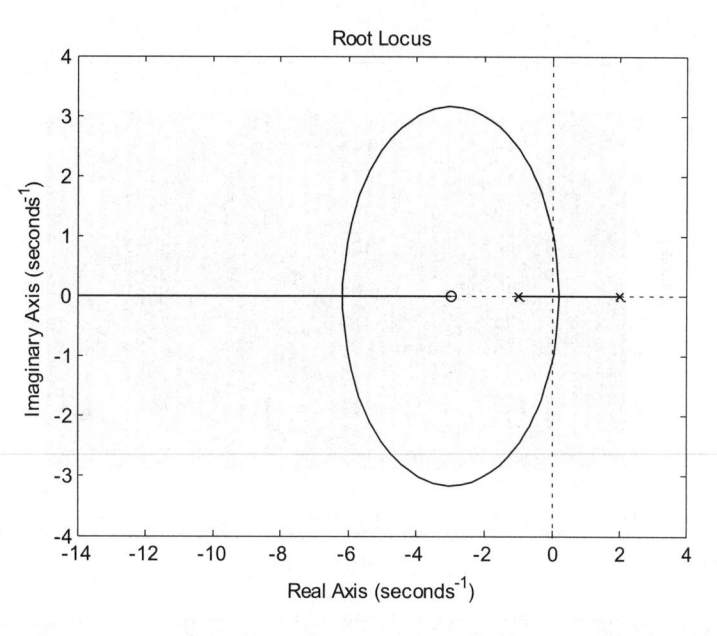

圖 8-2(a)　$\dfrac{S+3}{S^2-S-2}$　開始根軌跡圖

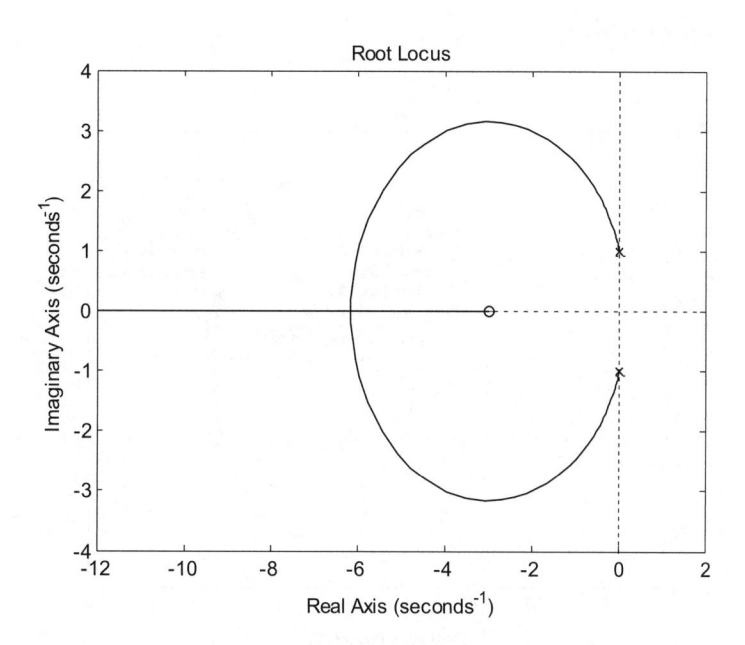

圖 8-2(b)　$\dfrac{S+3}{S^2-S-2}$　閉迴路根軌跡圖，其根已漸向左移但仍未脫離險境

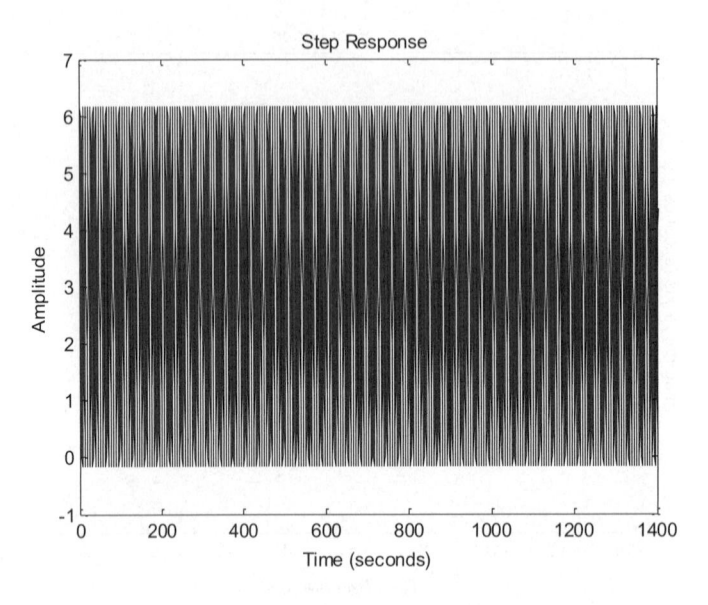

圖 8-2(c) 時域圖雙複根在虛軸上未脫離險境，系統仍在作同幅振盪，不穩定

(3) 由指令及圖形及根關係，此系統為不穩定，但利用調定 k 值可以把系統拉到穩定之平面，如圖 8-2(d)。

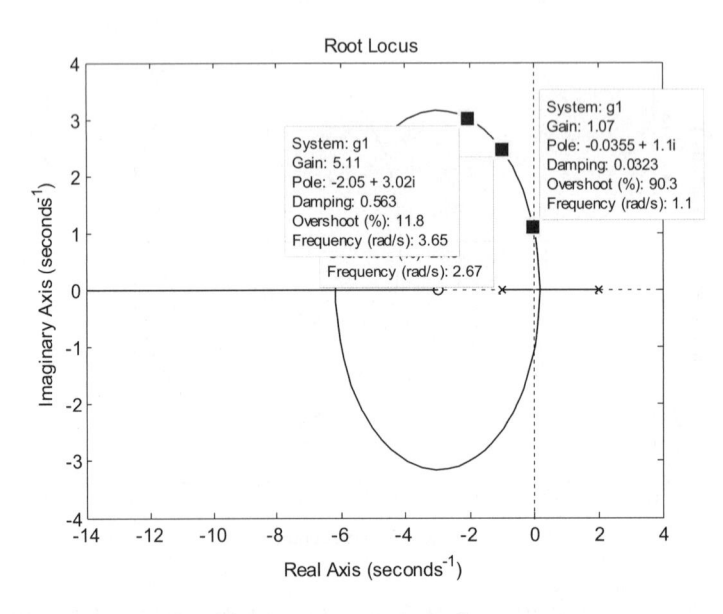

圖 8-2(d) 在 $\dfrac{S+3}{S^2-S-2}$ 閉迴路根軌跡圖上找到穩定域之 k 值

(4) 把增益再提改 5.1 倍，如下列指令：

```
Try 5.1*n1
>> n1=5.1*[1 3];d1=[1 -1 -2];g1=tf(n1,d1)
g1 =
    5.1 s + 15.3
   ─────────────
    s^2 - s - 2

>> gf1=feedback(g1,1)
gf1 =
    5.1 s + 15.3
   ──────────────────
    s^2 + 4.1 s + 13.3

>> r=roots([1 4.1 13.3])
r =
   -2.0500 + 3.0162i
   -2.0500 - 3.0162i
>> rlocus(gf1)
>> step(gf1)
```

則得出圖形如下：圖 8-2(e) 為穩定系統。

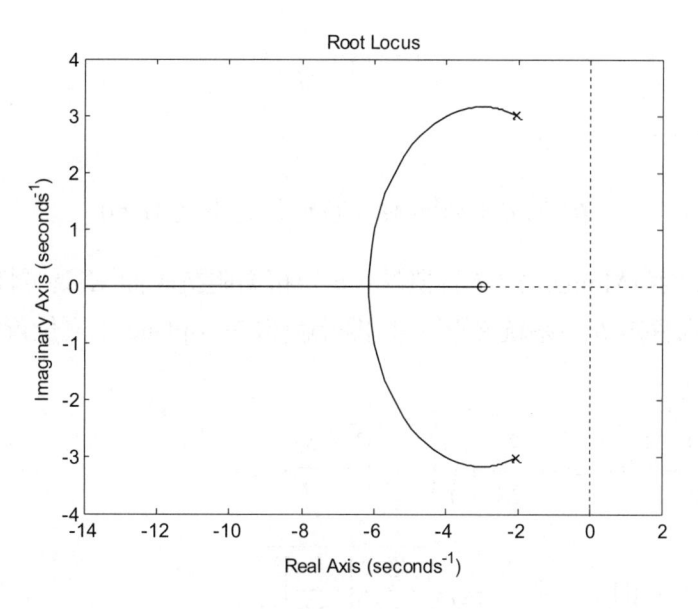

圖 8-2(e) 修改後之新系統 $\dfrac{5.1S+15.3}{S^2+4.1S+13.3}$ 穩定之根軌跡圖

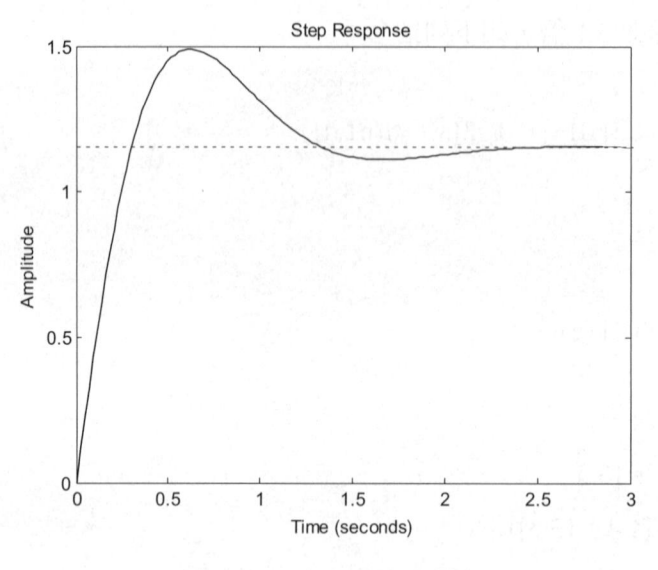

圖 8-2(f) 新系統之時域圖

◎ 8-3 由根的平面特性看時域的反應性 (參考資料 1)

考慮一個標準彈簧質量與阻滯之二階式，其特性方程式為：

$$s^2+\frac{b}{J}s+\frac{K}{J}=0$$

其中母式來自：

$$J\ddot{\theta}+b\dot{\theta}+K\theta=M \text{ 一旦無外力下之 } M=0$$

其中 M 為力矩 (Moment)，J 為慣量，b 為扭力阻抗，而 K 為彈性係數 (參考資料 1)。我們先由阻滯係數 b 對系統之影響來作討論 (根在 S-plane 上之位置)。其二個根之方程式如下：

若 $\dfrac{K}{J} \leq \left(\dfrac{b}{2J}\right)^2$ 則 $s=-\dfrac{b}{2J} \pm \sqrt{\left(\dfrac{b}{2J}\right)^2-\dfrac{K}{J}}$

若 $\left(\dfrac{b}{2J}\right)^2 \leq \dfrac{K}{J}$ 則 $s=-\dfrac{b}{2J} \pm j\sqrt{\dfrac{K}{J}-\left[\dfrac{b}{2J}\right]^2}$

討論：(1) 若 $\left(\dfrac{K}{J}\right)=\left(\dfrac{b}{2J}\right)^2$，則 $s=-\dfrac{b}{2J}$

表示系統根在左平面，為穩定且其衰減 (decay) 之量可用一時間常數 $\tau = \dfrac{2J}{b}$ 來表示。

(2) 在圖 8-3 中可以看到阻滯係數 b，會影響根位置之變化由 (f) → (e) 系統由不穩定，逐漸反應走向穩定。

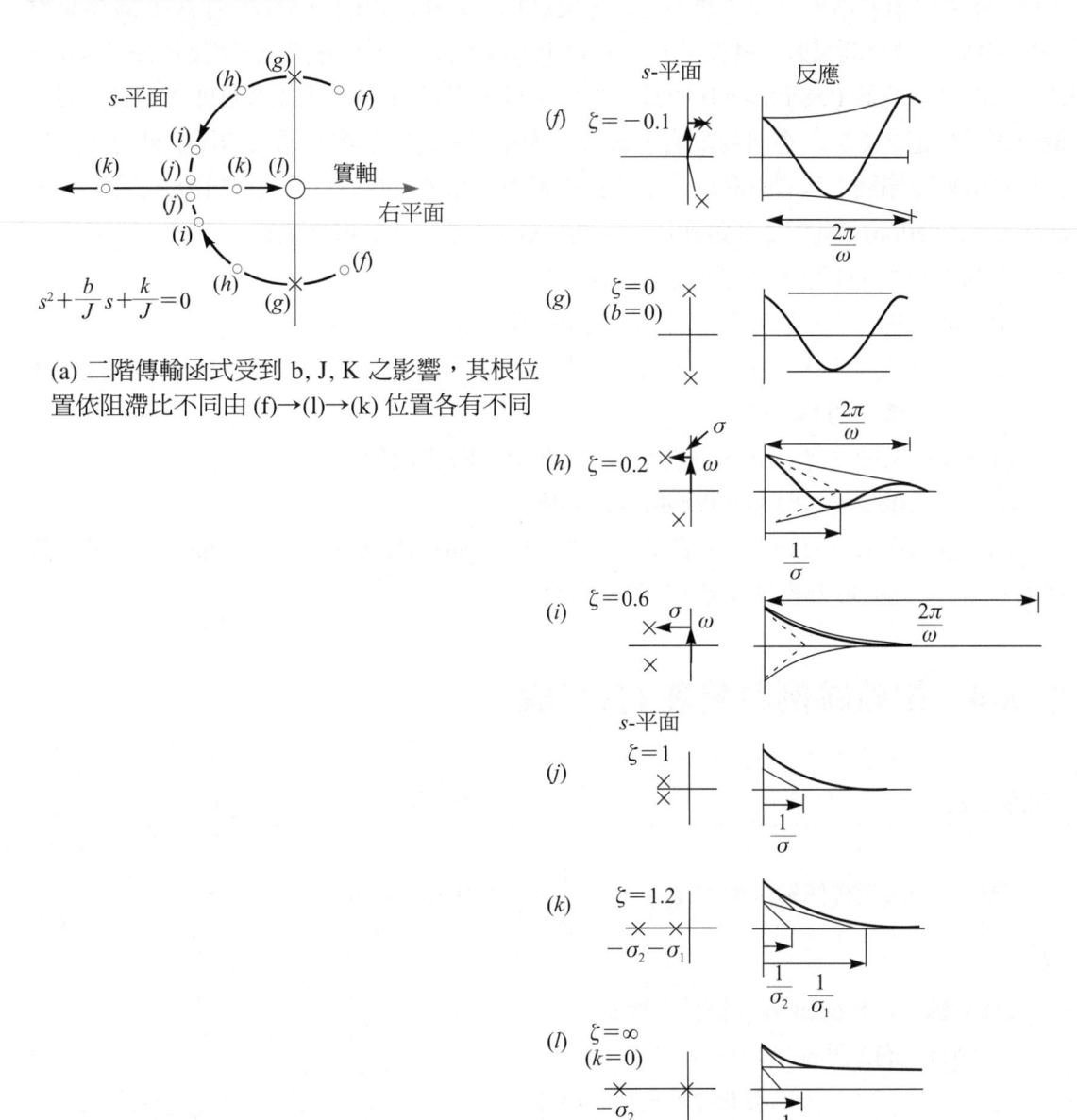

(a) 二階傳輸函式受到 b, J, K 之影響，其根位置依阻滯比不同由 (f)→(l)→(k) 位置各有不同

$s^2 + \dfrac{b}{J} s + \dfrac{k}{J} = 0$

(f) $\zeta = -0.1$

(g) $\zeta = 0$ $(b = 0)$

(h) $\zeta = 0.2$

(i) $\zeta = 0.6$

(j) $\zeta = 1$

(k) $\zeta = 1.2$

(l) $\zeta = \infty$ $(k = 0)$

(b) 阻滯值 ζ 會影響阻滯比 (damp ratio) 之變化

圖 8-3 阻滯比與系統之穩定關係，其中 (f)，(g) 根均在右半面或虛軸上為不穩定系統。

236　自動控制

　　我們可用 7 個不同之阻滯大小影響根 (分母 pole) 位置 (讓 S-plane 虛軸之遠近) 來看。

　　在圖 8-3(a) 中所示為根由 S-plane 右平面 (unstable 點) (即 (f)) 向左移位到虛軸上 (g) 再逐次移到 (h)，(f) 一直到實軸上 k 及 ℓ 系統會愈來愈穩定，且衰減值 (decay) 愈來會愈大到 (ℓ) 阻滯值會增大最後物體不會動，反之物體系統之根由 (l)→(f) 則 system 愈來愈不穩定到 (f) 時已經發散。例如世界有名的 1940 年 11 月 1 日在美國華盛頓州的 Tacoma Narrous 吊橋 (位於 Puget Socnd) 於當年 7 月 1 日通車到 11 月，才 4 個月即受到風力使一個已經不穩定之系統，愈抖愈厲害。最後，因結構強度無法容忍過大的振幅外力，而最後極性改變而塌散：正的阻滯反而成為負的阻滯，此過大的外力，又稱自激式振盪 (seft-excited oscillation)。其中 ζ 為阻滯比，ω 為系統之振頻，σ 為根之位置。

　　在圖 8-3 中可看到一個控制系統之穩定性。

　　(f)：根在右平面，系統不穩定，時域圖逐漸發散。

　　(g)：根在虛軸上，系統臨界穩定，時域圖不發散，但也不收斂，保持一定振幅在那裡抖動，也算不穩定。

　　(h)～(k)：根在左平面上，系統為穩定，時域圖逐漸收斂。

　　(ℓ)：阻滯值為 ∞，已不是我們待控之範圍。

　　(j)：根若在 (j)、(k)、(ℓ) 上表示實根為無振盪運動 (Non-oscillatory motion)，若根落在 (g)、(ℓ) 上 (虛軸) 為振盪運動 (參考資料 6)。

◎ 8-4　根軌跡例題整理 (含步驟)

例題 8-2

已知：一個系統傳輸函數：$G(s) = \dfrac{1}{s^2 - s - 2}$ 求其 root locus。

解

(1) 步驟 1：求 open loop 特性方程式

　　因為只有 2 個 pole：$s^2 - s - 2$

　　　　　　　　雙根 2，-1　　$n = 2$

　　沒有 zero　　　　　　　　$m = 0$

　　∴ $n - m = 2$

　　其特性式為 $(s^2 - s - 2) + k \cdot 1 = 0$

(2) 步驟 2：由 MATLAB 繪出 root locus 來，圖 8-4 可看出其 root loucs 來。

二個 pole 一個在 −1 一個在 2 走到中間 0.5 位置向上、下二邊斥行，本身即為 unstable 故不必作下去。但為了要與下面一例題說明比較，在分子上加了一個 zero s＋3 看其變化。見例 8-2。

```
n=[1];d=[1 -1 -2];tf(n,d)
tf1=tf(n,d);rlocus(tf1)
```

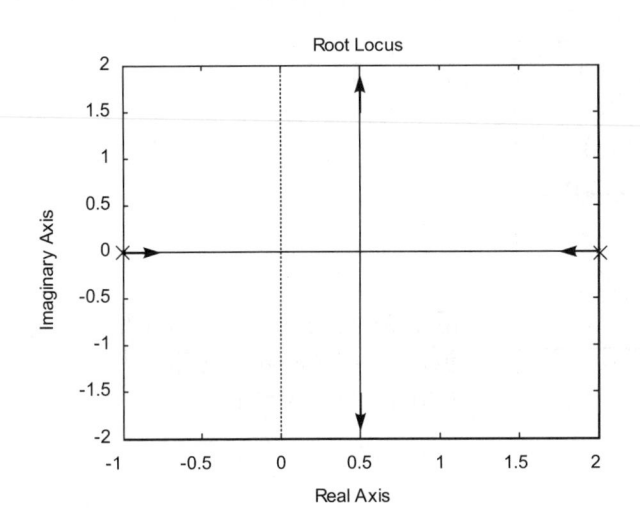

圖 8-4 在此圖中二個 pole−1 與 2 在 0.5 點分斥向上及下，此系統為 unstable 不穩定發散系統。

例題 8-2

已知：承上例：$G(s)=\dfrac{s+3}{s^2-s-2}$ 求其 root locus。

解

(1) 步驟 1：求此 open loop 下之特性方程式之 pole 與 zero。

pole：1 極點：s^2-s-2

利用 MATLAB 之

```
sys 4＝[1  −1  −2]
roots (sys4)
```

求得：雙根 2，−1　$n=2$

zero：1 個零點，分子：$s+3$

其根為　−3　$m=1$

∴ $n-m=2-1=1$

其特性方程式：$(s^2-s-2)+K(s+3)=0$

(2) 步驟 2：由 MATLAB 繪出 root locus 來。

```
n=[1 3];d=[1 -1 -2];tf(n,d);tf1=tf(n,d);rlocus(tf1)
```

(3) 步驟 3：check 對稱性對實軸對稱。

(4) 看 branch 數：原題開路有 2 個 pole，2 個 branch。

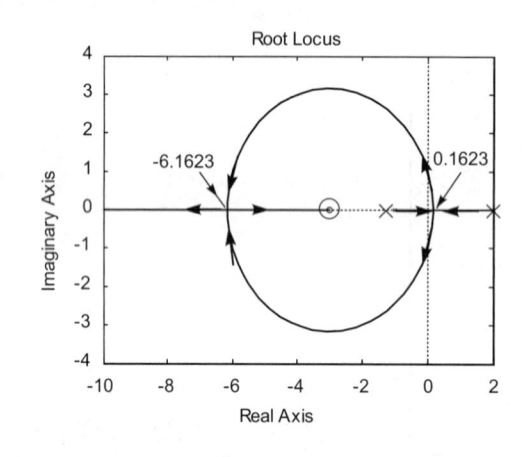

圖 8-5　分母有二個 pole (實根) 與一個實根 zero 之關係使 K 值在一定下會穩定

(5) 起點 (start) 與終點 (end point)。

在 K=0 開始，即 pole "X" 點

本題 $q=n-m=1$

∴ 在雙 pole 對冲向上／下一面回繞 zero (向內，向右)，一面向左沿實軸斥出。

(6) 在實軸上根之位置：如圖 8-6，pole 出來走向 zero 在實軸上之 root loucs 為 (−1, 2)，(−3, −∞)。

圖 8-6　標出實根位置

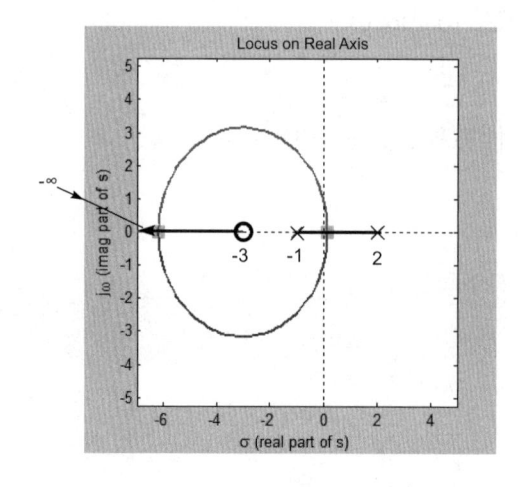

(7) 步驟 4：看漸近線 (as |s| → ∞)。

$n=2$，$m=1$

∴ $q=n-m=2-1=1$　∴ 一條漸近線

漸近線之角度：$\pm\dfrac{180°}{q}=\pm\dfrac{180°}{1}=\pm 180$

其中心交點之位置：$c=\dfrac{[(分母實根和)-(分子實根和)]}{n-m}$

$=\dfrac{[(2-1)-(-3)]}{2-1}=\dfrac{1+3}{1}=4$

∴ 中心點在 $(-4, 0)$ 位置

(8) 步驟 5：求 break in 與 break out 點—在實軸上。

$\left.\begin{array}{l}分母：s^2-s-2\\ 分子：s+3\end{array}\right\}\ \dfrac{m}{n}=\dfrac{s+3}{s^2-s-2}=\dfrac{N}{D}$

$ND'-N'D=0$

$(s+3)(2s-1)-(1)(s^2-s-2)=0$

$2s^2-s+6s-3-s^2+s+2=0$

∴ $s^2+6s-1=0$　二根為 -6.1623，$+0.1623$，其中 0.1623 為 A，分出點 (break out)，-6.1623 為 B，分入點 (break in)。

其中 0.1623 在右平面　∴ 為 -6.1623 在左平面二者均是 (如圖 8-7)。

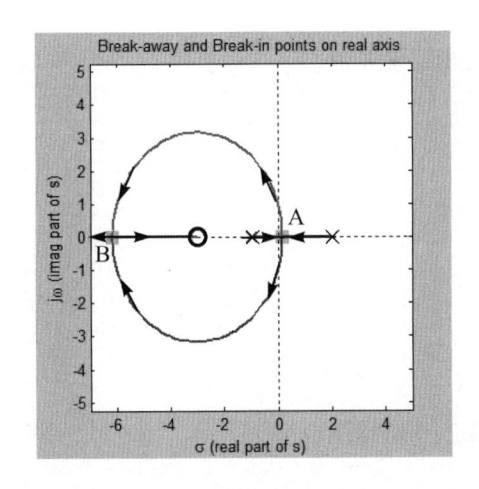

圖 8-7　圖中可見 -6.1623 與 $0.162s$ 均為其分離點，本系統在一定 K 下穩定

(9) 步驟 6：求分離角。

∵ 在 loop gain 中沒有複數 pole (表示 pole 不在實軸上，而在 S-plane 上)

∴ 均為實根

∴ 沒有分離角

(10) 求 angle of arrival。

∴ 在 loop gain 中沒有複數 zero　∴ 沒有 angles of arrival

(11) 求虛軸交點。

在圖 8-7 中可以看到本題與虛軸有二個交點。我們可在 MATLAB 圖 8-8 中點滑鼠，則可得出值如下。

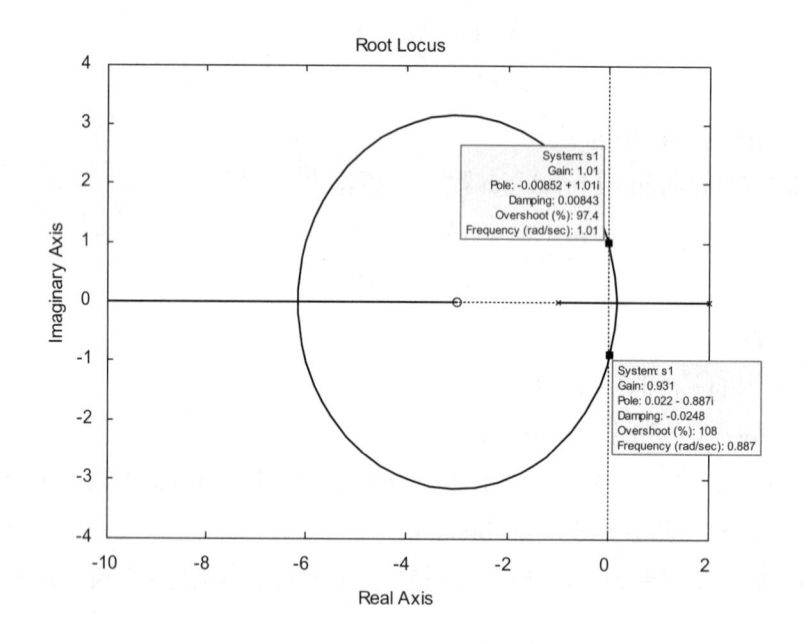

圖 8-8　利用滑鼠可求定點 K 值

(12) 在 close loop pole 位置上看 K 之變化。

由特性方程式 $P+KZ=0$ 可知：

$(s^2-s-2)+K(s+3)=0$

點選不同 K 則可得二個不同位置之根

如 $K=7.159$ 則 $(s^2-s-2)+K(s+3)=0$

可得：$s^2+6.1593s+19.4779=0$

則可得在圖中二個根分別為 $s=-3.1\pm3.2\,i$，如圖 8-9。

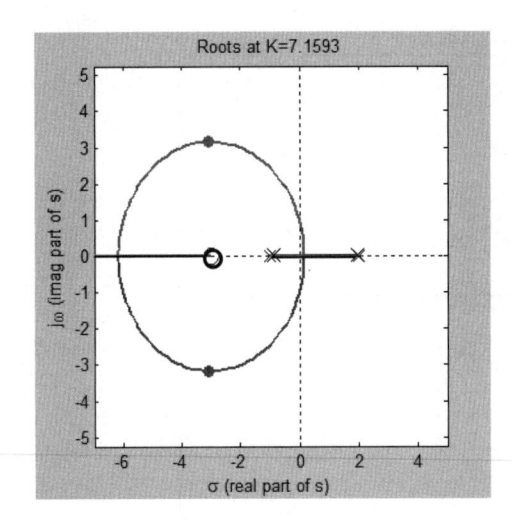

圖 8-9　在一定 K 值下可求出系統落點位置，如 $K=7.159$，系統穩定

例題 8-4

已知 transfer function：$G(s)=\dfrac{s+1}{s^3+4s^2+6s+4}$ 求其 root locus。

解

(1) 步驟 1：求此 open loop 下特性方程式之 pole 與 zero：$G(s)=\dfrac{z(s)}{p(s)}$

pole：極點/分母：s^3+4s^2+6s+4

$(s^2-s-2)+K(s+3)=0$

先利用 MATLAB

```
sys=[1 4 6 4]
roots (sys)
```

求得根：-2，$-1\pm i$，三根，$n=3$

zero/零點/分子：$s+1$，-1，一根，$m=1$

特性方程式：$p(s)+K\cdot G(s)=0$

$$(s^3+4s^2+6s+4)+K\cdot(s+1)=0$$

(2) 步驟 2：利用 MATLAB 繪出 root locus 來。

```
n1=[1 1];d1=[1 4 6 4];g1=tf(n1,d1);rlocus(g1)
```

(3) 步驟 3：check 對稱性：對實軸對稱。

漸近線 Root Locus

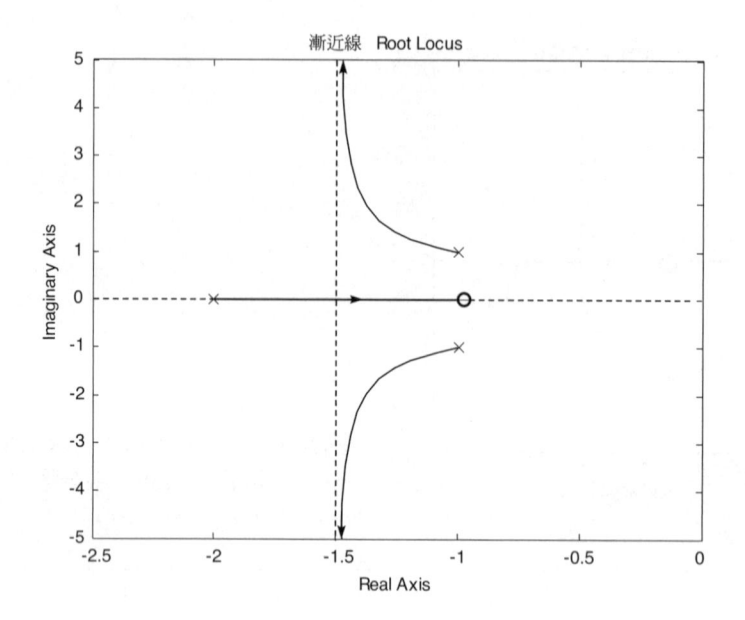

圖 8-10 有 3 個 pole (一對虛根) 2 個 zero 之穩定系統

(4) 看 branch 數：原題 open loop 有 3 個 pole 所以有 3 個 branch 如圖 8-10。

(5) 看起點 (start) 與終點 (end point)。

在 $K=0$ 開始即 pole 點

當 $K \to \infty$ 時，則 close loop 之 pole 即移向 open loop zero 之位置。

(6) 看在虛軸上根之位置：pole 出來走向 zero。

$$\begin{array}{ccc} \times & \to & \bigcirc \\ -2 & & -1 \end{array}$$

在實軸上 root locus 之位置範圍。圖 8-10 中可見有三條 branch 而在實數軸上之 root loucs 範圍在 $(-1, -2)$。

(7) 步驟 4：看漸近線 (asymptotes) $\to n-m=3-1=2$ 有二條，當 $|s| \to \infty$ 時之直線位置即為漸近線。

在 open loop 之傳輸函數中 $G(s)$ 分母有 3 個根 (pole) 與分子一個零點 (zero)。

我們利用 $c = \dfrac{[(\text{分母實根和})-(\text{分子實根和})]}{n-m}$，$c$ 即其位置

$$c = \dfrac{[-4-(-1)]}{3-1} = \dfrac{-3}{2} = -1.5$$

其漸近線之角度 $= \dfrac{\pm 180°}{n-m} = \dfrac{\pm 180°}{3-1} = \pm 90°$

表示漸近線在 $(-1.5, 0)$ 與實軸相交，其角度為 $\pm 90°$ 向上及向下。

(8) 步驟 5：在實軸上求 break in 與 break out 點。

break out：$N(s)D(s)' - N(s)'D(s) = 0$

其中 $\dfrac{m}{n} = \dfrac{s+1}{s^3+4s^2+6s+4} = \dfrac{N}{D} = \dfrac{分子}{分母}$

$(s+1)(3s^2+8s+6) - (s^3+4s^2+6s+4) = 0$

$3s^3+8s^2+6s+3s^2+8s+6-s^3-4s^2-6s-4 = 0$

$2s^3+7s^2+8s+2 = 0$

利用 roots 求根 -0.3427，$-1.5786 \pm 0.6526i$

∵ break out 僅在實軸，故 $-1.5786 \pm 0.6526i$ 不合，而 -0.3427 也非 break in/out 之點 (參考資料 12)。

(9) 步驟 6：求分離角 (departure angle)。

分離角之位置在圖 8-11 可看出在 $-1 \pm 1i$ 之位置上。

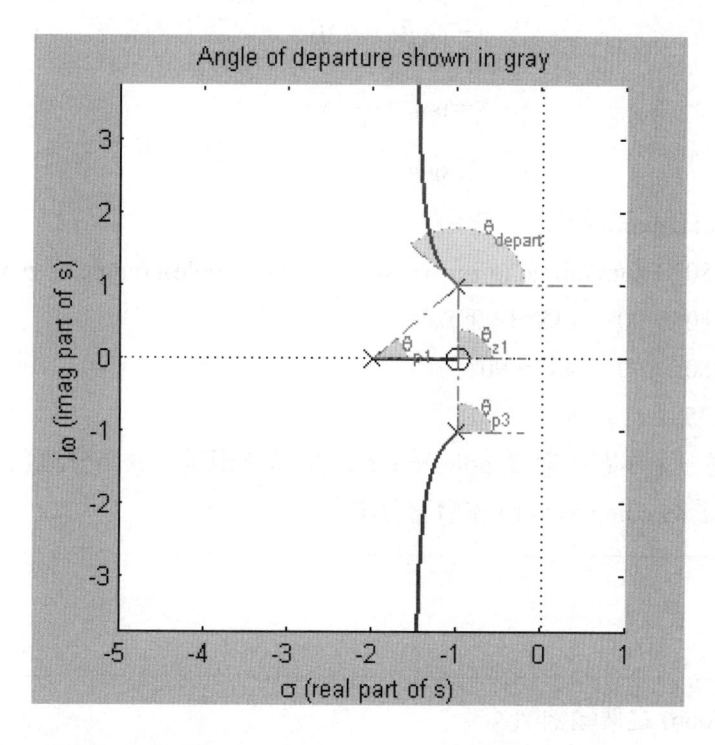

我們先看 $-1 \pm 1i$ (第二象限)

圖 8-11　圖中可看到雙 pole 複根，$-1 \pm i$ 僅考慮 θ 斥出在 $-1+i$ 之位置

可算 θz_1 與 θp_1 與 θp_3 三者之和為 θ_{depent}

先看 θz_1 (由 zero 出來)：θz_1 = angle ((departing pole) − (zero at −1)) (angle of zero)
$$= \text{angle} ((-1+1i)-(-1))$$
$$= \text{angle} (0+1i)$$
$$= \tan^{-1} \frac{1}{0}$$
$$= 90°$$

再看 θp_1 (由 pole 出來)：θp_1 = angle ((departing pole) − (pole at −2)) (angle of pole)
$$= \text{angle} ((-1+1i)-(-2))$$
$$= \text{angle} (1+1i)$$
$$= \tan^{-1} \frac{1}{1}$$
$$= 45°$$

再看 θp_3 (由 pole 出來第三象限)：θp_3 = angle ((departing pole) − (departing pole 2))
(angle of zero)
$$= \text{angle} ((-1+1i)-(-1-1i))$$
$$= \text{angle} (+2i)$$
$$= \tan^{-1} \frac{2}{0}$$
$$= 90°$$

則 angle of departing：

θ_{depent} = 180° + sum (angle to zero) − sum ((angle to pole), (angle of zero))
$$= 180° + 90° - (45° + 90°)$$
$$= 180° + 90° - 45° - 90°$$
$$= 135°$$

在此要講一下本題中對雙 pole $-1 \pm 1i$ 來講為相斥，故為分離角，沒有 angle of arrival，若有 complex zero 才會有分離角。

例題 8-5

開路 (open loop) 之傳輸函數：

$$H(s) = \frac{Y(s)}{R(s)} = \frac{s+7}{s(s+5)(s+15)(s+20)}$$

第 8 章　根軌跡下之系統反應　245

若系統為 $H(s)$，則一旦形成閉迴路，我們如何選擇適當的增量值或控制器使系統時域反應只有 5% 超量值，且上昇時間 (rise time) 只有 1 sec。

解：(1) 步驟 1：列出傳輸函數 (open loop) 定 x，y 軸之 mim 及 max 值。

(2) 現在我們由根軌跡法來逐步設計以滿足系統之要求。

n=[1 7];j=[0 -5 -15 -20];p=poly(j);tf1=tf(n,p);rlocus(tf1)

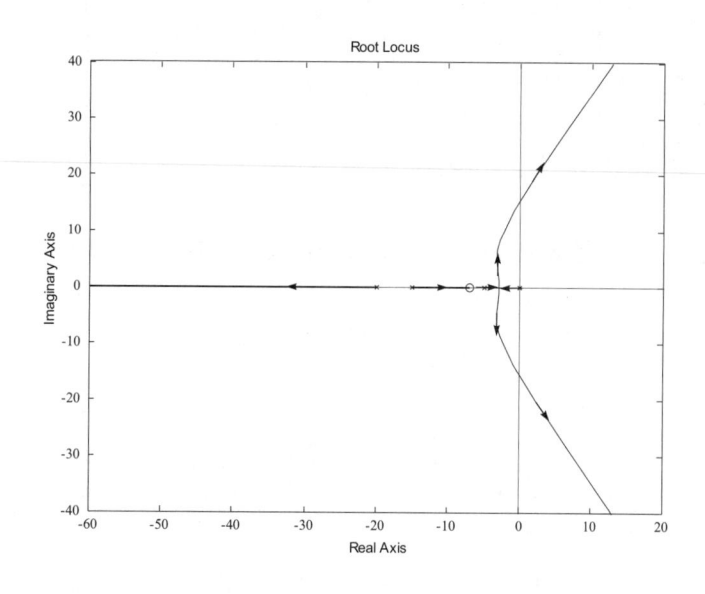

圖 8-12 $\dfrac{s+7}{s(s+5)(s+15)(s+20)}$ 開路根軌跡圖

其中 × 表示 pole (極點，分母) 之位置。

○ 表示分子根 (零點，分子) 之位置。

其根軌跡「走向」如圖 8-12 為分子根 → 分母根 (極點) 移動二個相同之極點 ×，則走向到中間向上、下分斥，由其勢可知 $K \to \infty$ 時極點向虛軸靠近，逐漸不穩定，即振盪，我們不希望此發生。

(3) 步驟 2：選擇適當 K 值使系統穩定。

在 step 1 中已看到 $K \geq 0$ 且 $K \to \infty$ 時，有振盪走向不穩定。我們可藉由二次式之時域反應：二大參數 zeta (ζ) (阻滯值)，及 ω_N (自然頻率)，利用 sgrid (zeta, ω_N) 劃出阻滯比在 ±0.7，且自然頻率為 1.8 rad/sec 下之範圍如圖 8-13(a)。

z= 0.1:0.2:0.9;wn=1:50:2000;sgrid(z,wn)

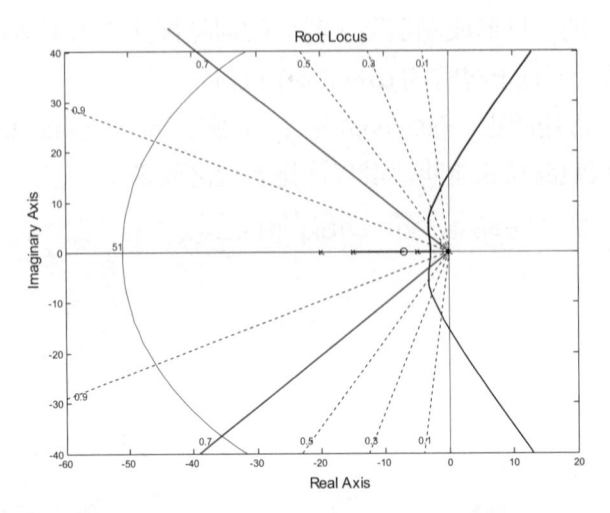

圖 8-13(a) 　利用 sgrid 求出穩定參數範圍

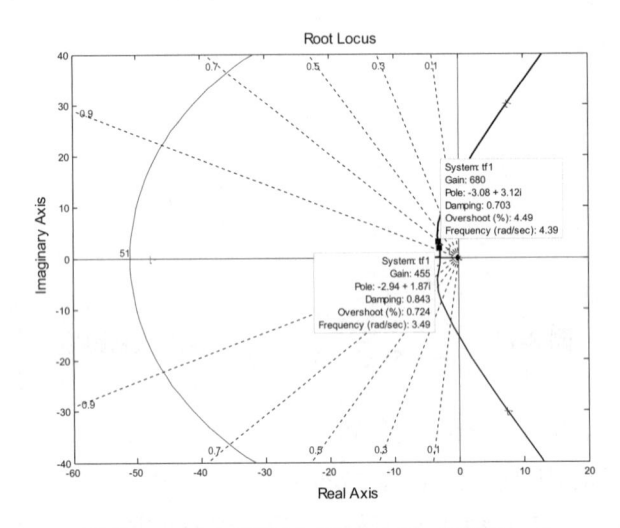

圖 8-13(b) 　點選合適 gain 圖 (用滑鼠)

其阻滯比在 ±0.7 域內為可接受之 K 值範圍,且其超量值 ≤ 5% (即阻滯比 ζ < 0.7) 而 $t_s = 1$ sec ($\omega_N \geq 1.8$)。因此利用滑鼠點在軌跡圖上,可求出適當之點 0.7 及 1.8,求出圖 8-13 之範圍。

在圖 8-13(a) 中,虛線位置為 $\theta \pm 45°$,表示二條線分別為阻滯比 = 0.7 之阻滯值,在此扇形區中間表示為 ζ < 0.7,而扇形外為 ζ > 0.7,半圈所示為 $\omega_N = 1.8$ 根之位置,在圈內為 $\omega_N < 1.8$,在圈外為 $\omega_N > 1.8$。

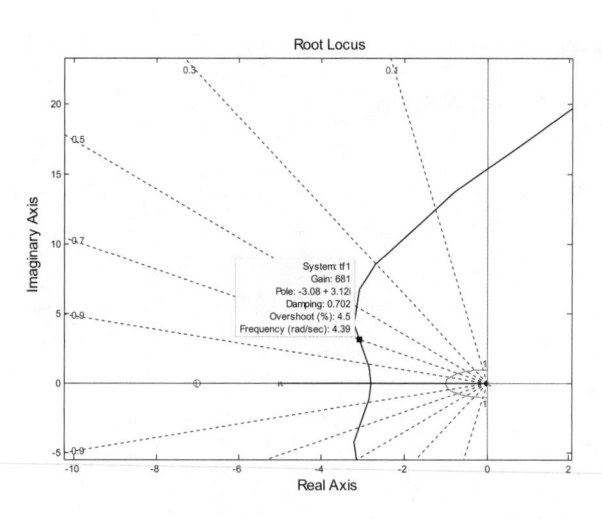

圖 8-13(c) 利用圖形放大找出 < 5% 點

本題題目是要讓超行量 < 5%，且要滿足 $t_s \leq 1$ sec，且根要在左平面。現在只要調增益 K 值，滿足上面需求，利用以下指令：

$$[K, \text{poles}] = \text{rlocfind(sys)}$$

此指令一出則會出現

"Select a point in the graphics window"

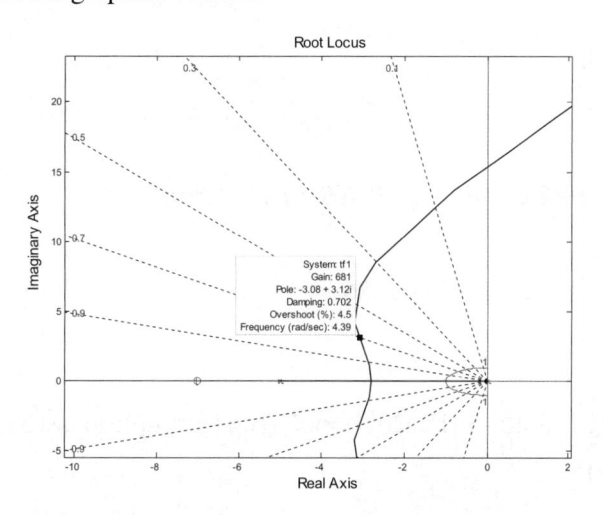

圖 8-13(d) 利用圖形放大下指令 rlocfind 再點選該點，在軌跡上出現＋符號，其數據 $K = 711.7686$ 即為所求之設計點位置

利用滑鼠在穩定軌跡區內圖 8-13(d) 中點出「點」上，則出現二個紅點"＋"，然後量化數據即出現。得出 K 及 poles 之位置：如下

```
[k,poles]=rlocfind(tf1)
Select a point in the graphics window
selected_point =
  -29.0047 +30.4348i
k =
  4.6140e+004
poles =
  -47.9056
    7.4688 +30.0496i
    7.4688 -30.0496i
   -7.0320
>> [k,poles]=rlocfind(tf1)
Select a point in the graphics window
selected_point =
  -3.0671 + 3.2733i
k =
  711.1686
poles =
  -23.2838
  -10.4756
   -3.1203 + 3.2670i
   -3.1203 - 3.2670i
```

由公式 $T_s = \dfrac{4}{a}$，$a = 2\zeta \cdot \omega_N$，$\zeta = 0.702$，$\omega_N = 1.8$ rad/sec

$$T_s = \dfrac{4}{2\zeta \cdot \omega_N} = 1.58 \text{ sec}，k = 711.1686$$

再利用

```
>> n=777.1686*[1 7];j=[0 -5 -15 -20];p=poly(j);tf1=tf(n,p);rlocus(tf1)
>> gf1=feedback(tf1,1)
Transfer function:
           777.2 s + 5440
  -----------------------------------
  s^4 + 40 s^3 + 475 s^2 + 2277 s + 5440
>> step(gf1)
```

可得出圖 8-13(e)。所設計出來之特性，即為本題所需求之範圍。

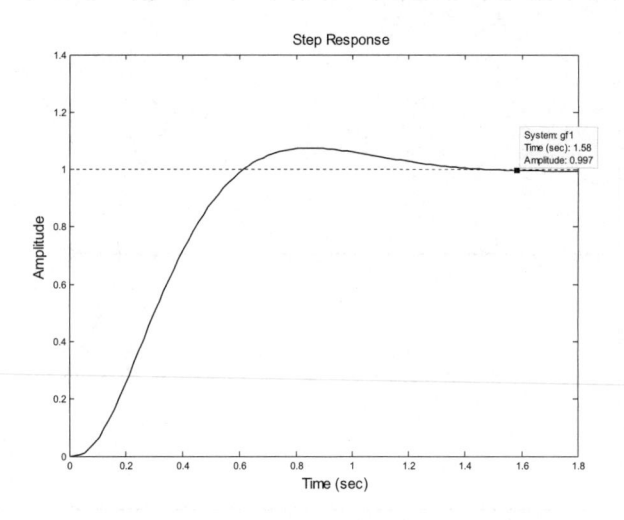

圖 **8-13(e)**　利用 step 得圖形 $t_s = 1.58\text{sec}$

例題 8-5

已知 transfer function

$$G(s) = \frac{1}{s(s^2 + 5s + 6)}$$

求其 root locus。

解

(1) 步驟 1：求此 open loop 下特性方程式之 pole 與 zero

　　pole：極點：$s(5s^2 + 5s + 6)$ ⎫
　　　　三根：$0, -3, -2$　　　⎬ $n = 3$

　　zero：無點　　　　　　　　$m = 0$

　　∴ $n - m = 3 - 0 = 3$

　　其特性方程式 $s(s^2 + 5s + 6) + K \cdot (1) = 0$

(2) 步驟 2：由 MALTAB 繪出 root loucs

n=[1];d=[1 5 6 0];tf2=tf(n,d); rlocus(tf2)

(3) 步驟 3：check 其對稱性；對實軸對稱。

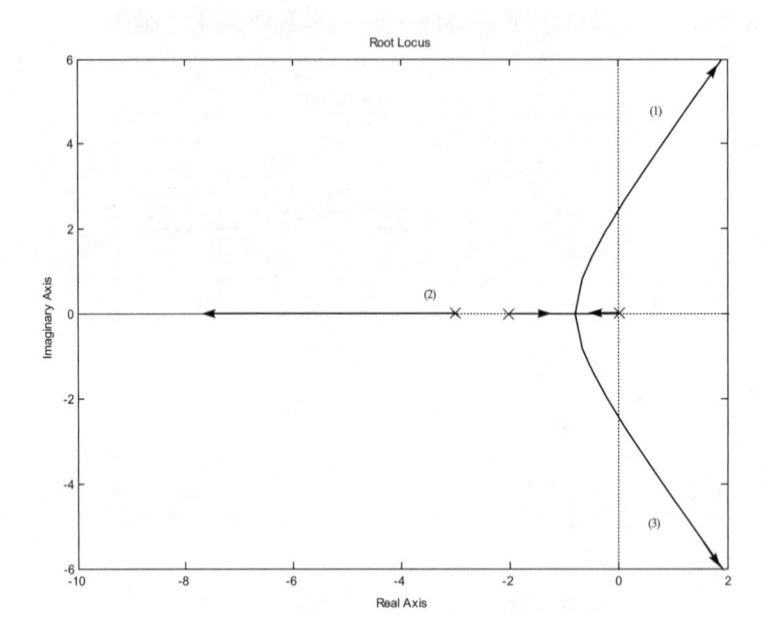

圖 8-14　本圖中有 3 個 pole 分處 0, −3　−2 在一定 K 下為穩定系統

(4) 看 branch 數：3−0＝3　∴有三條分枝 ((1)，(2)，(3))
(5) 看起點與終點
　　在 K＝0 開始"×"由 −2, 0 二點向中後向上、下斥出，另一點為 −3 點向左斥出 (for K → ∞)。
(6) 在實軸上根之位置，如圖 8-14
　　在實軸上 root locus 為 (−2, 0)(−∞, −3)
(7) 步驟 4：看漸近線 (as |s| → ∞)
　　$n=3$，$m=0$
　　$g=n-m=3$　∴三條漸近線

漸近線之角度 $\pm \dfrac{180°}{q} = \pm \dfrac{180°}{3} = \pm 60°$ 及圖中 180° 位置

漸近線之中心點為

$$C = \dfrac{[(\text{分母實根和})-(\text{分子實根和})]}{n-m} = \dfrac{[(-3-2-0)-0]}{3-0} = \dfrac{-5}{3} = -1.67$$

第 8 章　根軌跡下之系統反應　251

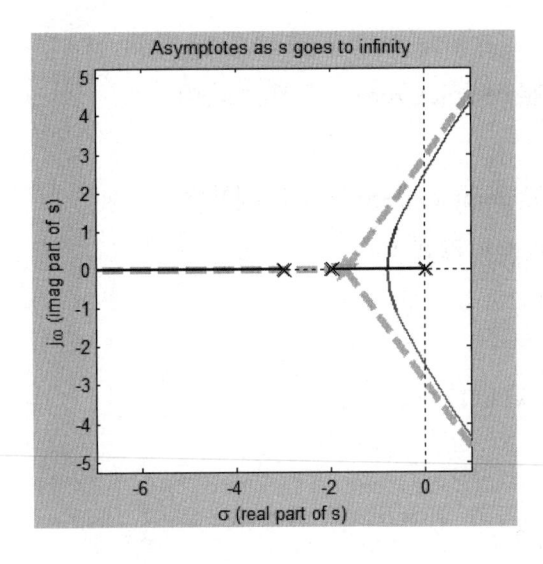

圖 8-15　求出漸近線在 -1.67 之中心點位置

(8) 步驟 5：看 break in 與 break out 點──實軸

分母：$s(s^2+5s+6)=s^3+5s^2+6s=D$

分子：$1=N$

由 $ND'-N'D=0$ 公式得

$1 \cdot (3s^2+10s+6)-0=0$

$3s^2+10s+6=0$

```
s4=[3 10 6];roots(s4)
ans =
     -2.5486
     -0.7847
```

二根為：-2.5486，-0.7847

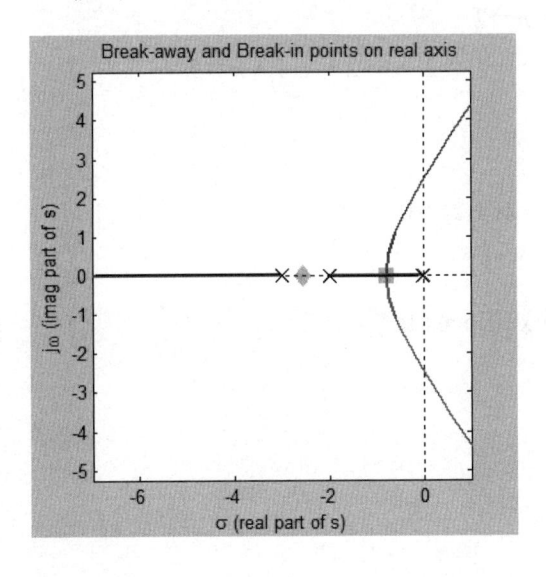

圖 8-16　求出二個分離點位置

(9) 分離角與到站角 (angle of arriral)

∵ 無 complex poles　∴ 沒有分離角，無 complex zero　∴ 無到站角

(10) 求與虛軸之交點 (本題無)

∵ 無 complex poles　∴ 沒有分離角，無 complex zero　∴ 無到站角

(11) close loop poles 中看 K 之變化，利用特性方程式：

$P(s)+K \cdot Z(s)=0$ 關係式 (參考資料 1)

$(s^3+4s^2+6s+4)+K(s+1)=0$

可任給 K 值，看圖形中 close loop pole 之根位置

定 $K=2.6$ 則 $P+KZ=0$

則 $s^3+4s^2+8.6s+6.6=0$

可求出 3 個根分別為 $-1.4\pm1.8i$，-1.3

例題 8-7

已知 transfer function 為

$$G(s)=\frac{s^2+2s+2}{s(s^4+9s^3+33s^2+51s+26)}$$

求其 root locus。

解

(1) 步驟 1：求此 open loop 下特性方程式之 pole 與 zero

s^2+2s+2：zero/$-1\pm1j$，雙複根 $m=2$

$s(s^4+9s^3+33s^2+51s+26)$：pole/0，$-3\pm2i$，-2，-1，$n=5$

∴ $n-m=5-2=3$

特性方程式：$p(s)+K(s)=0$

$s(s^4+59s^3+33s^2+51s+26)+K(s^2+2s+2)=0$

(2) 步驟 2：利用 MALTAB 繪圖

　　n=[1 2 2];d=[1 9 33 51 26 0];tf3=tf(n,d);rlocus(tf3)

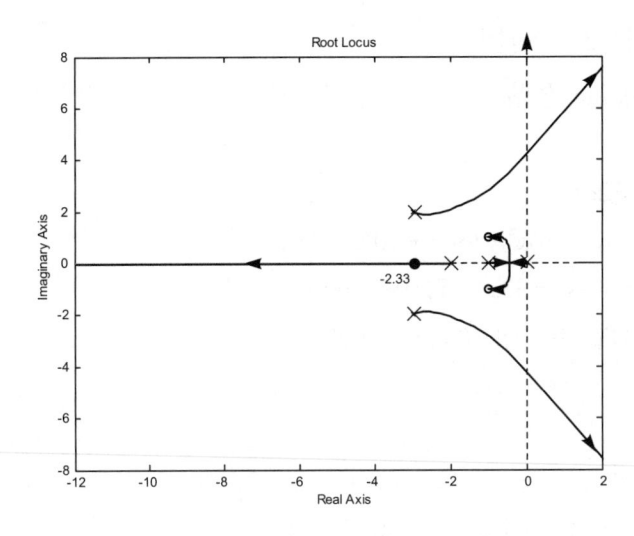

圖 8-17　由 MALTAB 作出之圖形

(3) 步驟 3：check 對稱性，對實軸對稱。

(4) 看 branch：原題 open loop 有 5 個 pole　∴有 5 個 branch

　　在 0，與 －1 之 pole 對沖斥離有 2 條線

　　在 －3±2i 為二條斥離線

　　在 －2 點因與 －2 pole 斥而向左斥　∴共 5 線

(5) 看起點與終點

　　在 open loop 中起點始於 $K=0$

　　當 close loop 起來因 $K \to \infty$ 使 pole 向 zero 吸行而終於 ∞

(6) 看在實軸上根位置

　　在 －1，與 －2 二個 pole 左側 pole $(-\infty, -2)$ 為 root loucs

　　在 $(-1, 0)$ 間為 root loucs

　　在 －3±i 為根

(7) 步驟 4：看漸近線

　　① ∵ $n-m=5-2=3=q$　∴有 3 條漸近線使 pole → ∞ zero 前進

$$漸近線角度：\pm \frac{180°}{q} \to \pm \frac{180°}{3} = \pm 60°，\pm 180°$$

　　∴為 ±60° 與 180° 線

　　② 求漸近線之中心點

$$C = \frac{[(分母實根和)-(分子實根和)]}{n-m} = \frac{[(0-3-3-2-1)-(-1-1)]}{3} = -\frac{7}{3} = -2.33$$

表示漸近線由 -2.33 為始點 $\pm 60°$ 射出

(8) 步驟 5：求 break in 與 break out 之點

$N(s) = s^2 + 2s + 2$

$D(s) = s^5 + 9s^4 + 33s^3 + 51s^2 + 26s$

$\therefore ND' - N'D = (s^2 + 2s + 2)(5s^4 + 36s^3 + 99s^2 + 102s + 26)$
$\qquad - (2s + 2)(s^5 + 9s^4 + 33s^3 + 51s^2 + 26s)$

較為複雜之計算可利用 MATLAB 中指令 conv 為之

n1 = [1 2 2];

n2 = [5 36 99 102 26];

nn = conv (n1,n2);

$ND' - N'D = 3s^6 + 26s^5 + 97s^4 + 204s^3 + 274s^2 + 204s + 52 = 0$

再求根 $-2.7305 \pm 1.10j$，$-0.6537 \pm 1.6073i$，-1.4359，-0.4624

$\because$ 要實軸上之量　$\therefore$ 僅 -1.4359 與 -0.4624 合於需求，如圖 8-18。

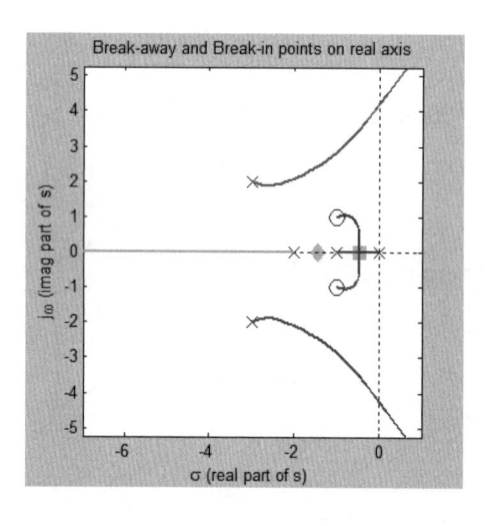

圖 8-18　break-away 之圖形與分離點

(9) 步驟 6：求分離角 (departure angle)

在圖 8-19 中，可看出分離角之位置，可看到其分離角數由 $-3 \pm 2i$ 出來。

第 8 章　根軌跡下之系統反應　255

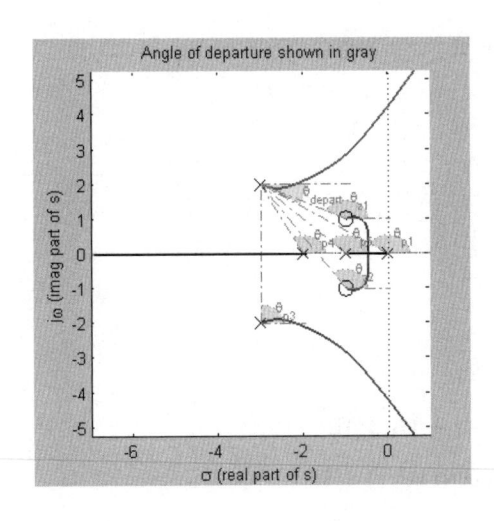

圖 8-19　圖中可見 pole 與 zero 之分離角位置與關係

最後，再看 pole $-3+2i$ 對 pole 1 關係

θ_{ps} = angle ((departing pole $-3+2i$) $-$ (pole at -1))

　　= angle ($-3+2i+1+0$)

　　= angle ($-2+2i$) = $-\tan^{-1}\dfrac{2}{-2}$ = $-\tan^{-1} 1$ = $-45°$ = $135°$

∴ angle of departure θ_{dep} = 180 + sum (angle to zero) $-$ sum (angle to pole)

即 θ_{dep} = $180°$ + sum ($153.4349°+123.6901°$)

　　　　$-$ sum ($146.3099°+90°+116.5651°+135°$)

　　= $180°+277.125°-487.875°$

　　= $-30.7°$

(10) 步驟 7：求 angle of arrival

本題中分子為雙虛根且為 complex number，故才有 angle of arrival，我們先考慮 ∵ 對稱求 $-1+1i$ 即可。

先看 $-1+1i$ 之 zero 對 $-1-1i$ zero 之 arrival 角度

θ_{z2} = angle ((arrival zero $-1+i$) $-$ (zero at $-1-i$))

　　= angle (($-1+i$) $+1+i$i)

　　= angle ($0+2i$)

　　= $-\tan^{-1}\dfrac{2}{0}$

　　= $90°$

再看 $-1+1i$ 之 zero 對 pole $-3+2i$ 之 arrival 角度

$$\theta_{p2} = \text{angle }((\text{arrival zero}-1+i)-(\text{pole at}-3+2i))$$
$$= \text{angle }((-1+i)+3-2i)$$
$$= \text{angle }(2-i)$$
$$= \tan^{-1}\frac{-1}{2}$$
$$= -\tan\frac{1}{2}$$
$$= 26.5651$$

先看 $-3+2i$ 之角先求 pole 對 zero $(-1+1i)$ 之角

$$\theta_{z1} = \text{angle }((\text{departing pole}-3+2i)-(\text{zero at}-1+1i))$$
$$= \text{angle }((-3+2i)-(-1+1i))$$
$$= \text{angle }(-2+1i)$$
$$= \tan^{-1}\frac{+1}{-2}$$
$$= -\tan^{-1}\frac{1}{2}$$
$$= -26.5651°$$
$$= 153.4349°$$

$$\theta_{z2} = \text{angle }((\text{departing pole}-3+2i)-(\text{zero at}-1-1i))$$
$$= \text{angle }((-3+2i)-(-1-1i))$$
$$= \text{angle }(-2+3i)$$
$$= \tan^{-1}\frac{+3}{-2}$$
$$= -\tan^{-1}\frac{3}{2}$$
$$= -56.3099$$
$$= 123.6901°$$

再看 pole 對 zero 0 之角

$$\theta_{p1} = \text{angle }((\text{departing pole}-3+2i)-(\text{zero at }0))$$
$$= \text{angle }((-3+2i)-(0))$$
$$= \text{angle }(-2+3i)$$
$$= \tan^{-1}\frac{2}{-3}$$

$$= -\tan^{-1}\frac{2}{3}$$

$$= -33.6901$$

$$= 146.3099°$$

再看 pole $-3+2i$ 對 pole $-3-2i$ 之角

θ_{p3} = angle ((departing pole $-3+2i$) $-$ (depert pole $-3-2i$))

$\quad$ = angle ($-3+2i+3+2i$)

$\quad$ = angle ($0+4i$)

$$= \tan^{-1}\frac{4}{0}$$

$$= 90°$$

再看 pole $-3+2i$ 對 pole $(-2, 0)$ 之角

θ_{p4} = angle ((depating pole $-3+2i$) $-$ (zero at -2))

$\quad$ = angle ($-3+2i+2+0$)

$\quad$ = angle ($-1+2i$)

$$= \tan^{-1}\frac{2}{-1}$$

$$= -\tan^{-1}2$$

$$= -63.4349°$$

$$= 116.5651°$$

再看 $-1+1i$ 之 zero 對 pole $(0, 0)$ 之 arrival 角度

θ_{p1} = angle ((arrival zero $-1+1i$) $-$ (pole at 0))

$\quad$ = angle ($-1+1i$)

$$= \tan^{-1}\frac{1}{-1}$$

$$= -\tan^{-1}1$$

$$= -45°$$

$$= 135°$$

再看 $-1+1i$ 之 zero 對 pole $-3-2i$ 之 arrival 角度

θ_{p3} = angle ((arrival zero $-1+1i$) $-$ (pole at $-3-2i$))

$\quad$ = angle ($-1+1i+3+2i$)

$\quad$ = angle ($2+3i$)

$$= \tan^{-1} \frac{3}{2}$$

$$= 56.3099°$$

再看 $-1+1i$ 之 zero 對 pole $(-2, 0)$ 之 arrival 角度

θ_{p4} = angle ((arrival zero $-1+1i$) $-$ (pole at -2))

$\quad$ = angle $(-1+1i+2)$

$\quad$ = angle $(1+1i)$

$$= \tan^{-1} \frac{1}{1}$$

$$= \tan^{-1} 1$$

$$= 45°$$

再看 $-1+1i$ 之 zero 對 pole $(-1, 0)$ 之 arrival 角度

θ_{p5} = angle ((arrival zero $-1+1i$) $-$ (pole at -1))

$\quad$ = angle $(-1+1i+1)$

$\quad$ = angle $(1i)$

$$= \tan^{-1} \frac{1}{0}$$

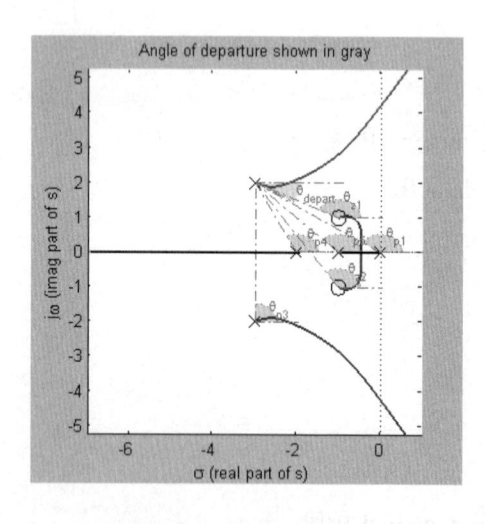

$$= 90°$$

圖 8-20 arrival 角，此圖比較複雜

∴ total angle of arrival $\theta_{arrival} = 180° -$ sum (angle to zero)

∴ $\theta_{arrival} = 180° - (90°) + (-26.5651 + 135° + 56.3099° + 45° + 90°)$

$\quad\quad = 390°$

$\quad\quad = 30°$

◎ 8-5　Root locus，K 與時域性能參數

一旦選妥 Root Loucs 之 gain K 值後，則可利用 step 簡單之指令，得到 time response 之圖，再於主圖畫面用滑鼠按右鍵，則會出現一個方塊：

> system
> → charateristics
> grid
> normalize
> full view
> properties...

進入 characteristics 可求出 time response 之諸點。如最大值、到達穩態之時間、上昇時間及穩態值。再利用滑鼠點在諸點上，則可得時域之諸參數 (參考資料 3)。

例題 8-8

試利用 $K \cdot \dfrac{s^2+4s+3}{s^3+5s^2+(6+K)s+K}$ 以 $K=20.5775$，求出 root locus 及 transfer function。並請找出在根軌跡上複數根，實部為 -5 時之根位置及 K 值。

解

```
>> k=20.5775;num=k*[1 4 3];den=[1 5 6+k k];sys=tf(num,den);
>> step(sys)
>> rlocus(sys)
>> rlocfind(sys)
select a point in the graphics window
selected_point=
    −5.0142+3.928i
ans=
    0.2923
```

其中之 0.5305 即在 pole 為 $-7.4816\pm0.967i$ 下之 K 值。

圖 8-21　例題 8-7 之時域圖

圖 8-22　例題 8-7 之根軌圖

圖 8-23　用 rlocfind 指令找出特定點下之 K 值

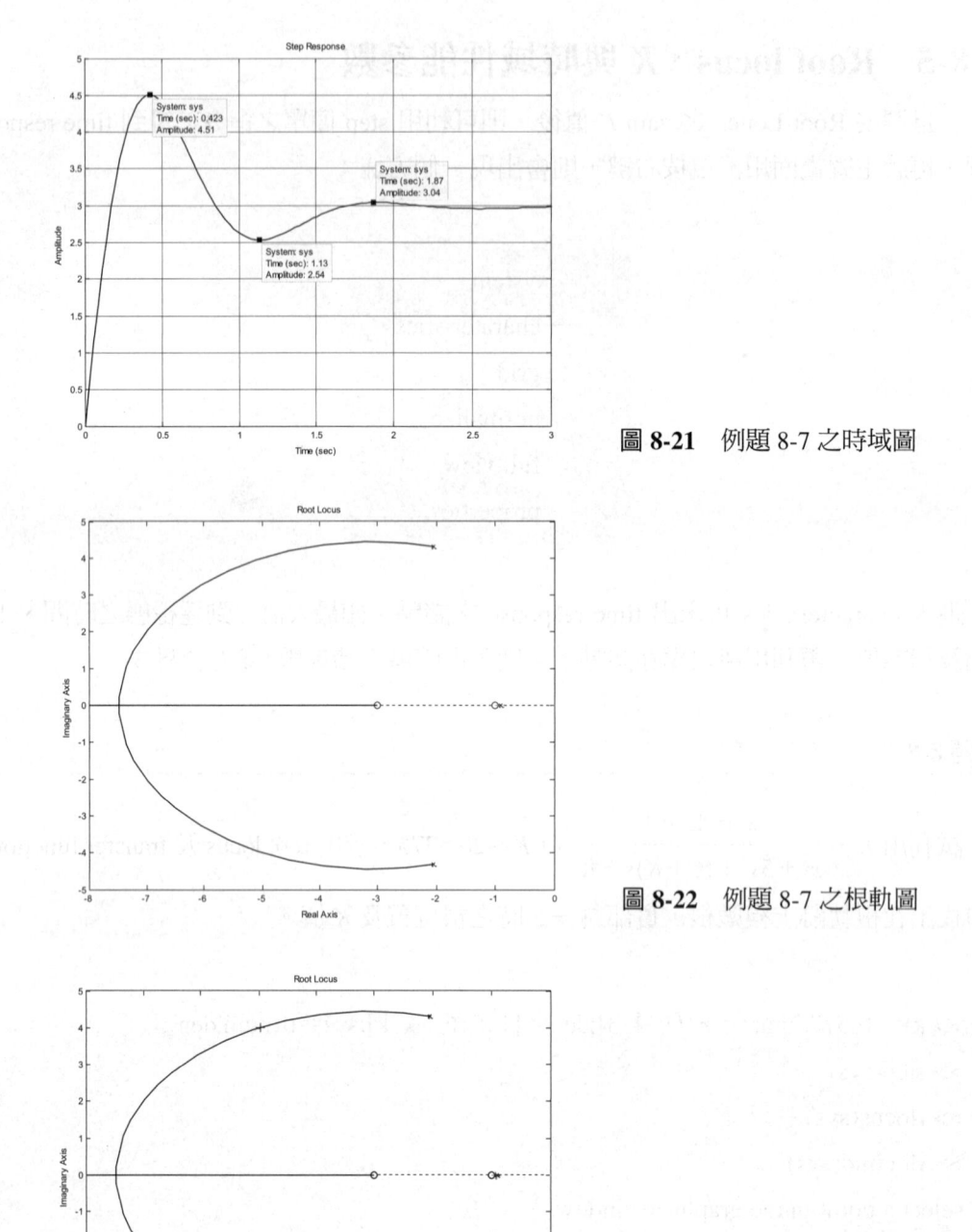

若要同時求得根軌跡圖，時域或柏德圖可參考指令 SISOTOOL 之作法。

◎ 8-6　Root Locus 與 K 值之和，求 K 範圍

在 root loucs 中並非 $K \to \infty$ 均為穩定，可求出在一定 K 範圍內之穩定域此為 root loucs 優點之一，下面即一例提供大家參考。

例題 8-9

有一懸浮在太空船中之太陽能板，它要 24 小時面對太陽。我們利用一個致動器帶動電動馬達來驅動此系統 24 小時定向追日，使能源可以連續產生，其閉迴路見圖 8-24。

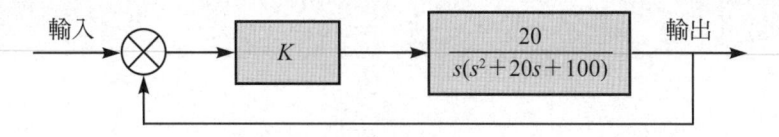

圖 8-24　太空船中太陽能板定向控制迴路圖 (k 未定)。

解

利用 MATLAB 求解如下

在圖 8-25 可知利用滑鼠可得軌跡與虛軸交點之 $K=98.1$。故在 $K \le 90$ (保險一點) 時系統為穩定，可用 $K=90$ 代入其閉迴路。

其反應 (時域如下) 合乎條件，要約 30 秒才可達到穩定狀態。

```
> n1＝[20];d1＝[1  20  100 0];syssun＝tf(n1,d1)
Transfer function:
         20
---------------------
 s^3＋20 s^2＋100 s
>> rlocus(syssun)
```

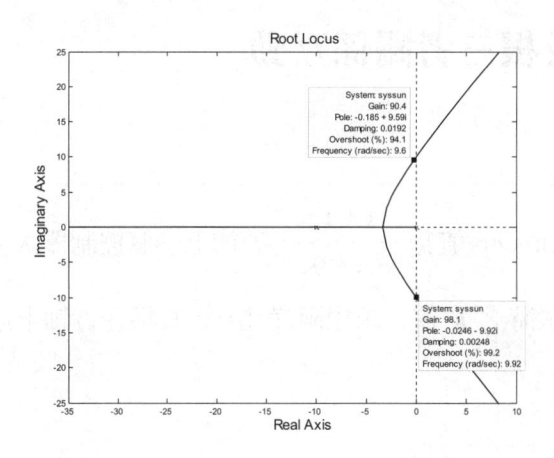

圖 8-25　例題 8-9 開迴路之根軌跡圖 $K=99.9$ 前為穩定。

```
>> n1=[1800];d1=[1  20  100  00];syssun=tf(n1,d1)
Transfer function:
         1800
  ─────────────────
  s^3+20 s^2+100 s

>> sys=feedback(syssun,1)
Transfer function:
            1800
  ──────────────────────────
  s^3+20 s^2+100 s+1800

>> step(sys)
```

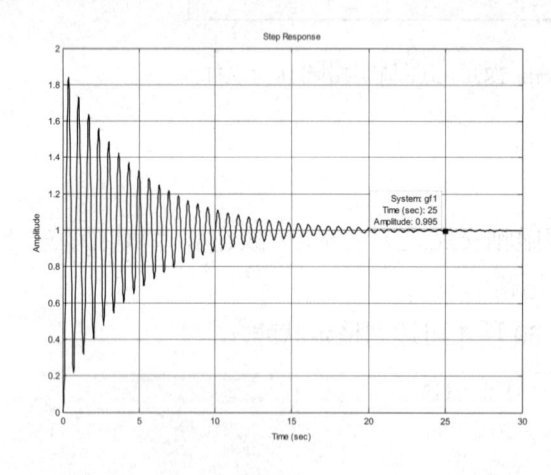

圖 8-26 利用時域指令可求出時域圖振盪的 30 秒後才收斂

以上是說明 root loucs 與 K 之關係，但若把根之位置也放在一齊設計，如下面所述也是一個很有趣的問題。

◎ 8-7 Root Locus 與 K 及根三者關係互動

例題 8-10

假設有一個 transfer function 其 open loop 值為 $\dfrac{s+1}{s^2(s+9)}$，若加上一個控制器 K，利用此 K 找出所有的根，及相對應實根時之 K 值，求出阻滯比=0 及根在實軸上之值與 K 值。

利用 MATLAB 求解如下：

在圖 8-27 中即可看出 $K=27$ 時 pole 為 -3，阻滯比 (damping ratio)$=1$，但也可由數學式求出。

$$\text{Transfer function} = \frac{z}{p} = \frac{s+1}{s^2(s+9)}$$

寫成特性方程式，$p+K \cdot z=0$

$$s^2(s+9)+K(s+1)=0 \rightarrow s^3+9s^2+Ks+K=0 \quad \text{①}$$

若所有 3 個根均為實根，則令

$$s=r \rightarrow (s+r)^3=s^3+3rs^2+3r^2s+r^3=0 \quad \text{②}$$

① 與 ② 相等，則 $3r=9 \rightarrow r=3$，$r^3=27=K$

∴ 表示 $s=-3$，$K=27$ 為所求與 MATLAB 得出近似。

n2＝[1 1];d2＝[1 9 0 0];sys2＝tf(n2,d2);rlocus(sys2)

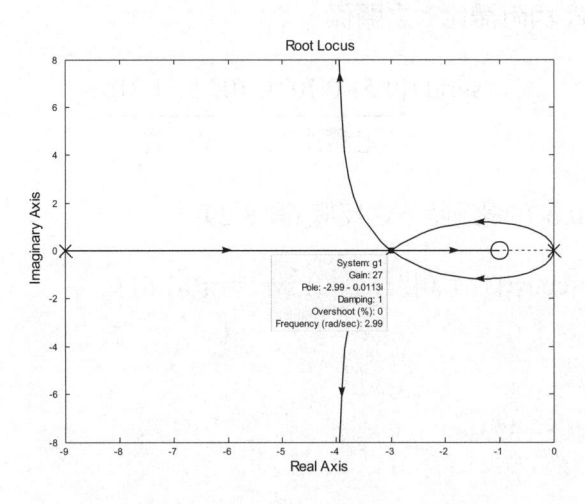

圖 8-27 rlocus 中 K 與 root 之互動關係

◎ 8-8　戰鬥機俯仰控制設計

在設計一架戰鬥機之例題上 (參考資料 3) 若要設計一架如 F-35 STOL 之戰鬥機，其致動器打出之舵面 (δ) 與飛機俯仰姿態角 (θ) (pitch angle)，關係式為 $\dfrac{\theta}{\delta} = \dfrac{s+6}{s(s+4)(s^2+4s+8)}$ 則考慮用 K 值來作控制器，試求出之 K，使打動之時間快且飛行員在飛機穩定 (阻滯比＝

0.7) 時打出 $\dfrac{\theta}{\delta}$，此時其分母 4 個根及一個 zero 分別值求出，進而可改善飛機之水平安定面及氣動力性能，以滿足要求

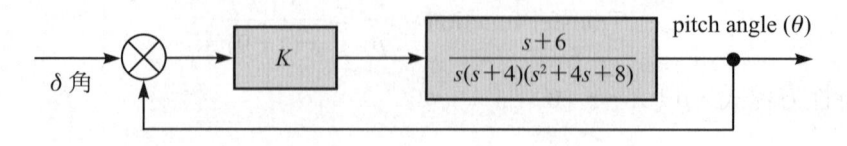

```
                              s+6
δ角 ─→⊗──→ K ──→ ─────────────────── ──→ pitch angle (θ)
                         s(s+4)(s²+4s+8)
```

圖 8-28　控制輸出圖形選擇

先求出 open loop 之 root locus 值如圖 8-29，可以看到紅線之 pole 向下到最低點時 δ 最大 (≅ 0.707) 而 gain 值 3.78 左右，再利用滑鼠定位法 (如圖 8-30) 求出 gain 與重要極點 pole 相對位置之值 −1.3152+1.36i，求出 K=3.78，ζ=0.693，還可再用 time response 再 check 一次。

若希望其根落在實軸上，就沒有振盪，使飛行較平穩 (參考資料 6)。則可得 K= 3.27，根在 −1.22，阻滯值＝1。另外，欲在作完 root locus 後，也可加上二行新的指令看在 root locus 下之 W_N 與阻滯比 ζ 之關係。

$$\text{sgrid}(\underbrace{[0.5,\ 0.707]}_{\text{阻滯比}},\ \underbrace{(0,\ 5,\ 1.2]}_{W_N\ \text{值}})$$

以下指令可求出 θ/δ 在開迴路下之反應 (圖 8-29)。

```
>> n1=[1 6];d1=conv([1 4 0],[1 4 8]);sys1=tf(n1,d1)
transfer function:
            s+6
    ─────────────────────
    s^4+8 S^3+24 s^2+32 s

>> rlocus(sys1)
>> v=[−8 4 −6 6];axis(v);axis('square')
>> sgrid([0.5,0.707],[0.5,1.2])
```

第 8 章　根軌跡下之系統反應　265

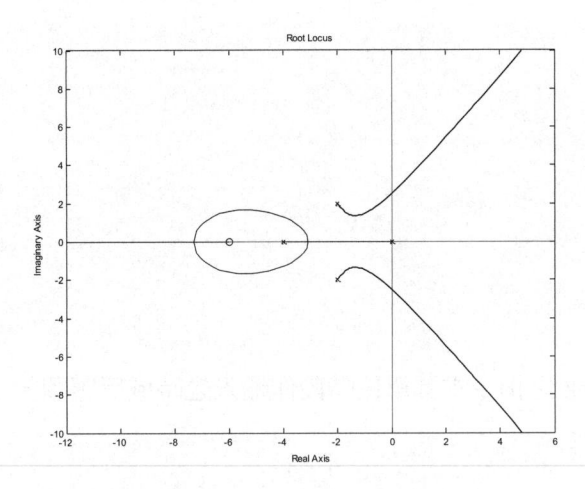

圖 8-29　開迴路下之根軌跡圖

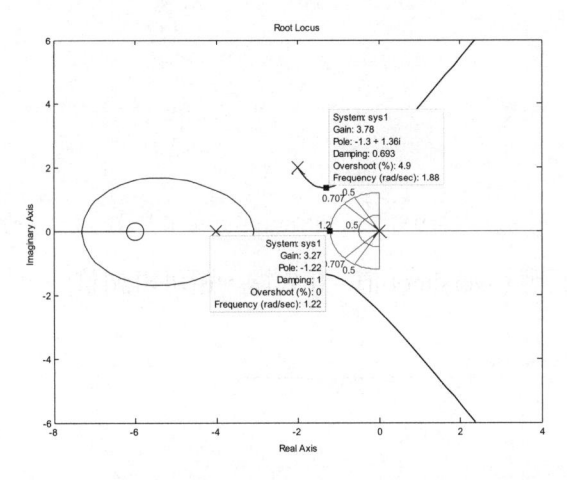

圖 8-30　利用滑鼠求出實軸上 ζ＝1 之位置 K 值

```
>> n3＝[1  6];d3＝conv([1  4  0],[1  4  8]);sys3＝tf(n3,d3);rlocus(sys3)
```

以下利用 rlocfind(sys) 之指令，在圖 8-29 上點出位置，求出位置 K 來，K＝3.7488。

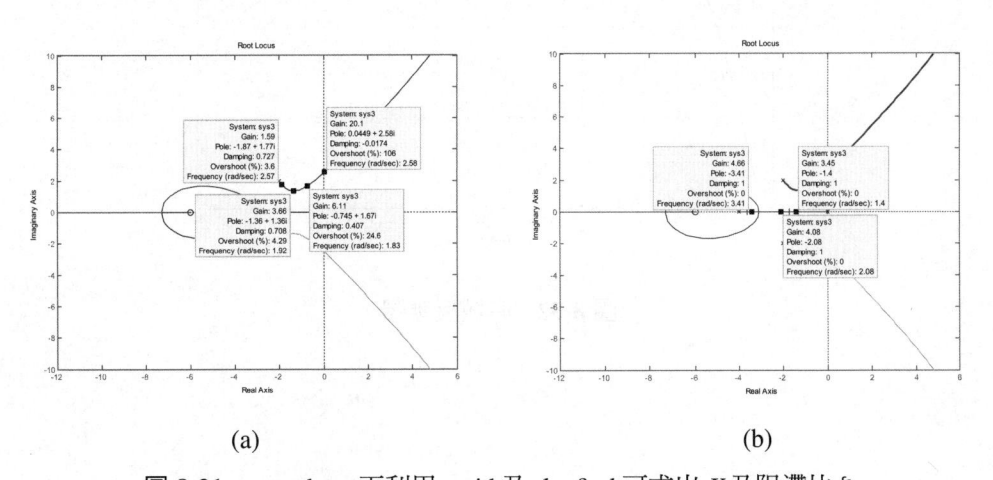

(a)　　　　　　　　　　　　　　　　(b)

圖 8-31　open loop 下利用 sqrid 及 rlocfind 可求出 K 及阻滯比 ζ

```
> rlocfind(sys3)
select a point in the graphics window
selected_point=
    −1.3152+1.3354i
ans=
    3.7488
>>
```

再把上面 θ/δ 作閉迴路,利用 feedback 之指令求其單位階段作輸入之時域反應圖。

```
> syst=feedback(sys3,1)
Transfer function:
```
$$\frac{s+6}{S^4+8\ S^3+24\ s^2+33\ s+6}$$
```
>> step(syst)
>> grid on
```

由圖上可看到令系統在 22″ 可走穩態反應 (overshoot 值=0 太慢,還可再調整)。

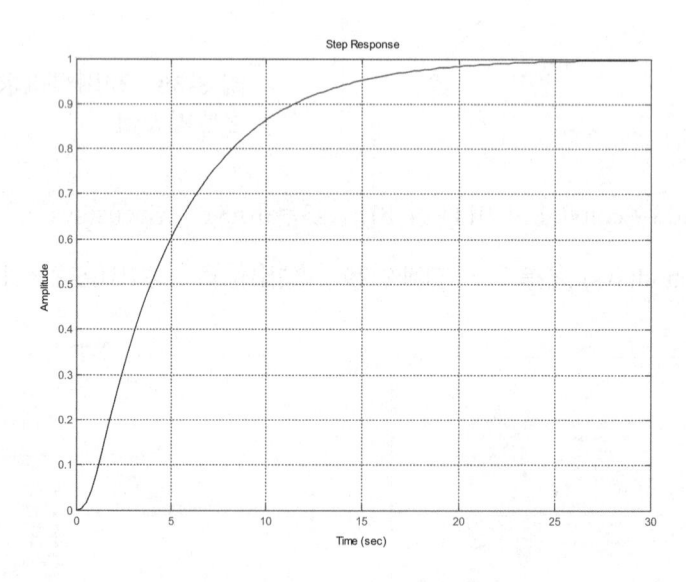

圖 8-32　時域反應圖

第 8 章　根軌跡下之系統反應　267

全長	49.7 ft	全長	51.1 ft	全長	62.1 ft
翼展	31 ft	翼展	35 ft	翼展	44.5 ft
機翼面積	300 ft^2	機翼面積	460 ft^2	機翼面積	840 ft^2
內部可載燃料之量	7,162 lb	內部可載燃料之量	18,073 lb	內部可載燃料之量	

圖 8-33a　F16 與 F-35、F22 之三者數據比較圖。

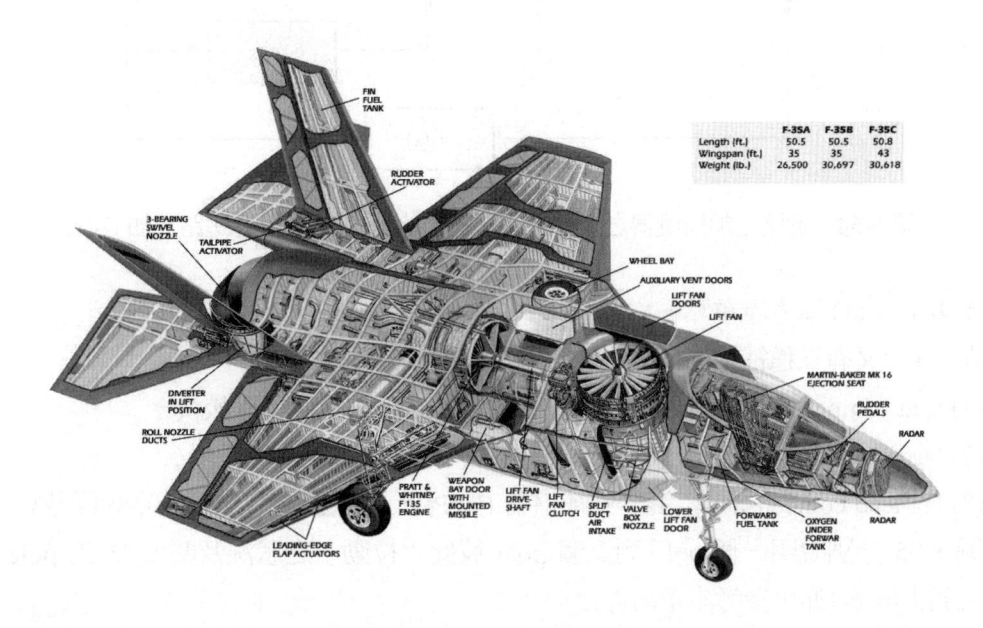

圖 8-33b　F-35 之內剖圖。

◎ 8-9 補償器與 Root Locus 關係

在控制系統初步設計時，要先由系統本身之數模 (mathematics model) 來考慮，若此數模中某些數據，相對比較下可忽略，則許多其它數模即可簡化。但若此數模不能改變，則我們就要用外加之控制器 (controller) 來作調變，使全系統之性能滿足系統之需求。這就是以上用 root locus 來作設計之優點，但一旦增量值 K 無法解決，而參數調變也不能使系統穩定及改善性能時，就必須要用「外力」來改變原有之根軌縮圖了。

首先是用分子、分母上加 pole 與 zero 之方法，來了解閉迴路下之系統反應，但此假設條件是原系統必須至少要有一對強有力之主根 (pole, close loop)，而外加之 pole 或 zero 對性能不具主要影響力才可，其目的只是推動 (push) 原來之一對主根「調」到更為適當之「位置」而已。

此增加補償器之方法有二種：
(1) 在數模前加一個補償器 $G_1(s)$ ─ 串接式補償器 (series compensator)
(2) 在數模迴授之路徑上加一補償器 $G_2(s)$ ─ 並接式補償器 (parallel compensator)

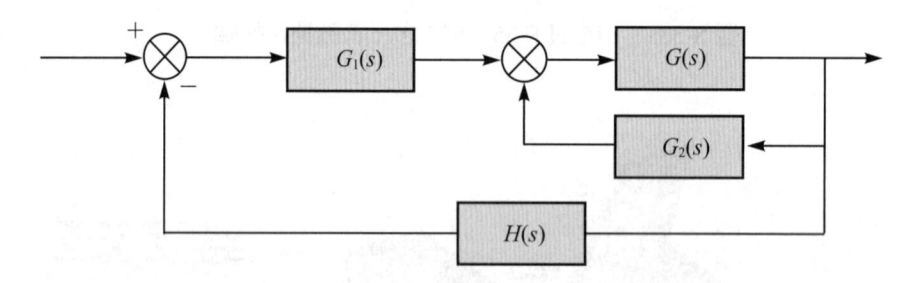

圖 8-34　迴路上加補償器之二種方法，在前路上加 $G_1(s)$；在迴路上加 $G_2(s)$

本書中以 (1) 為考慮重點。
在 (1) 中又有三種補償器：
(1) lead compensator：超前式補償器，適用於高頻域，使反應較快。
(2) lag compensator：拉慢式補償器，適用於低頻域，使反應較慢。
(3) lag-lead compensator：混合式補償器 (如 PID 式補償器) (在第 10 章會詳敘)。

圖 8-35 分別說明一個 pole 到三個 pole 彼此「拉動」之狀況及圖 8-35 為 pole 遇到 zero 之變化情形 (亦可參考本章附件)。

第 8 章　根軌跡下之系統反應　269

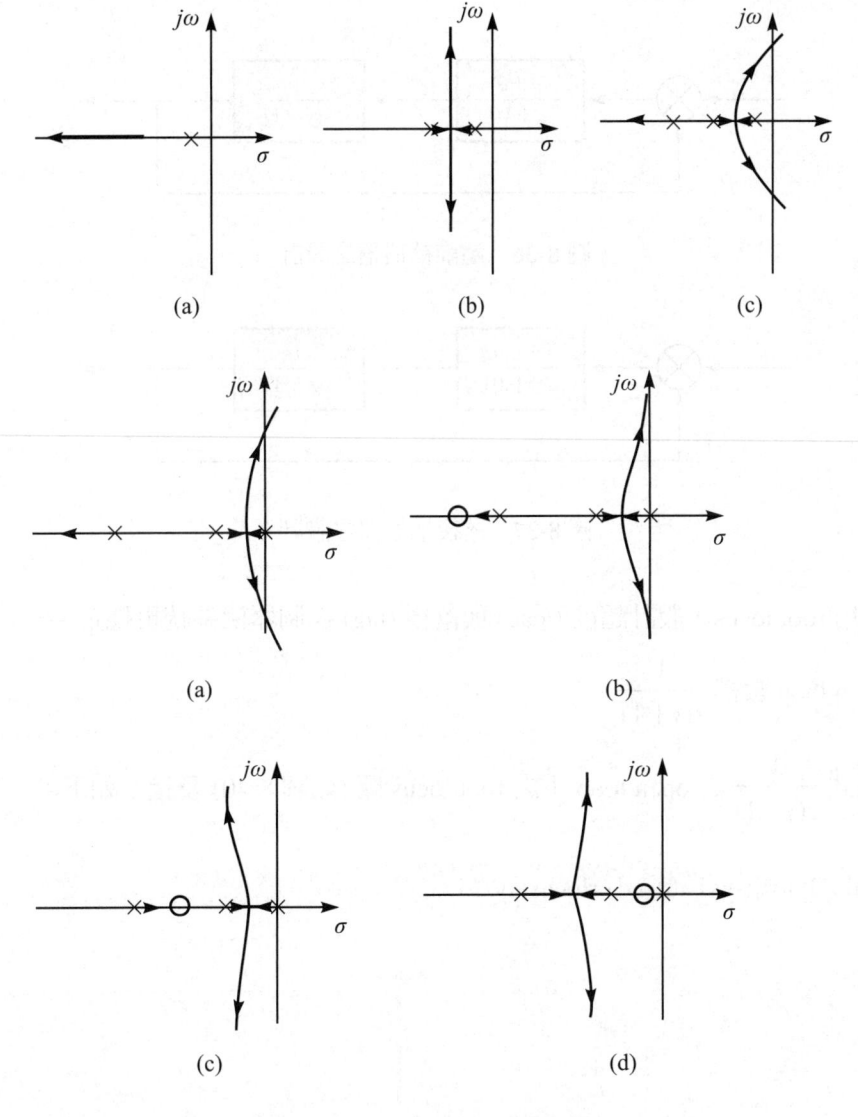

(a) (b) (c)

(a) (b)

(c) (d)

圖 8-35　pole 與 zero 之吸斥圖

例題 8-11

請以 $\dfrac{1}{s(s+1)}$ 為系統開路下主要數模，再以補償器 $\dfrac{s+2}{s+10}$ 及 $\dfrac{s+0.03}{s+0.01}$ 加入，使系統性能滿足需求，請分析此二系統之差異。

解

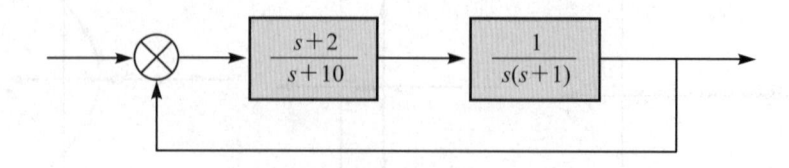

$$\longrightarrow \bigotimes \longrightarrow \boxed{\frac{s+2}{s+10}} \longrightarrow \boxed{\frac{1}{s(s+1)}} \longrightarrow$$

圖 8-36　超前補償器之設計

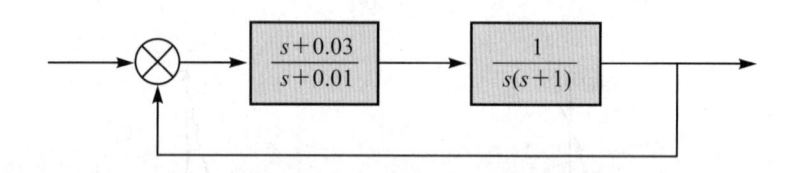

$$\longrightarrow \bigotimes \longrightarrow \boxed{\frac{s+0.03}{s+0.01}} \longrightarrow \boxed{\frac{1}{s(s+1)}} \longrightarrow$$

圖 8-37　落後補償器之設計

(1) 利用 root locus，設計超前 (lead) 與落後 (lag) 控制器使系統更穩定。

(2) open loop 數模 $\dfrac{1}{s(s+1)}$。

原式 $\dfrac{1}{s(s+1)}$ 之 open loop 下之 root locus 圖 (如圖 8-40) 及指令如下：

n=[1];d=[1 1 0];sys1=tf(n,d);rlocus(sys1)

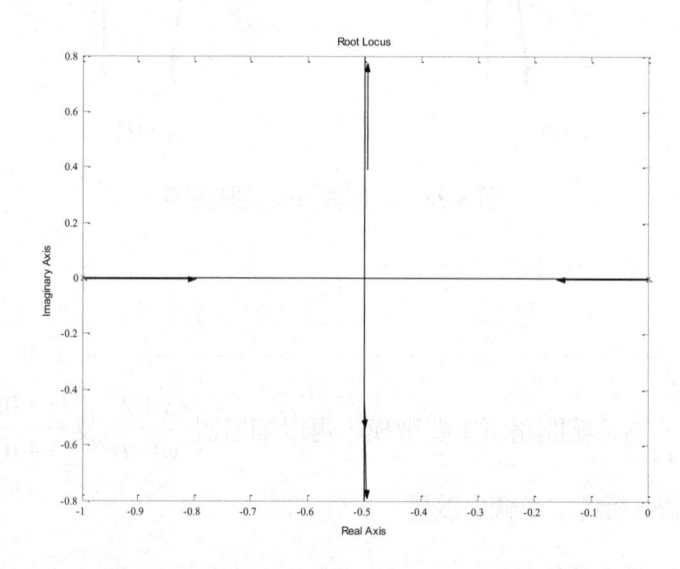

圖 8-38　例題 8-11 未加補償器之根軌跡圖

(3) 現在加入一個超前補償器如圖 8-36，其數模為 $\dfrac{s+2}{s+10}$，一個 pole，一個 zero。

(4) 一旦加入一個 $\dfrac{s+2}{s+10}$ 在其前則全模有 3 個 pole，一個 zero pole (-10, -1) zero 在 -2，可在圖 (8-39) 看到 0 與 -1 之 pole 因相斥又被 -2 之 zero 拉向左邊，則系統已趨穩定，而在 -10 之 pole 與 -2 之 zreo 相吸在實軸上，故穩定型不會被破壞。

```
n1=[1 2];d1=conv([1 1 0],[1 10]);sys1=tf(n1,d1);rlocus(sys1)
```

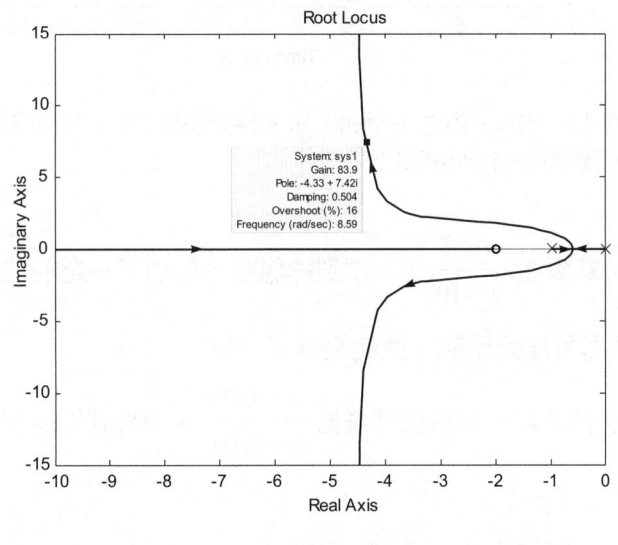

圖 8-39　加入 $\dfrac{s+2}{s+10}$ 使系統反應加快

(5) 把上面 (圖 8-39) 作迴路連接，指令如下。

```
>> sysf1=feedback(sys1,1);step(sysf1)
>> hold on
>> sysf2=feedback(sys2,1);step(sysf2)
(s+2)/s(s+10)(s+1),lead compensator
```

272　自動控制

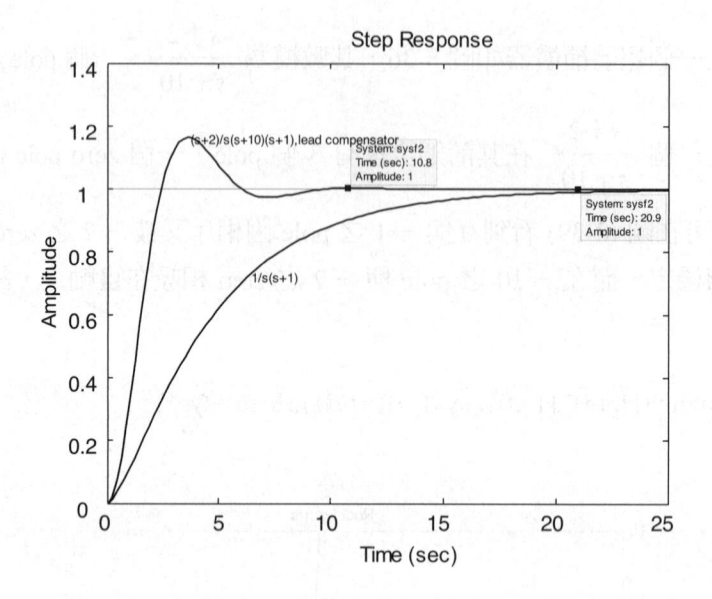

圖 8-40　加入 (反應有抖動但 10.8 秒到穩態) 及未加補償器之反應 20 秒才到穩態比較

(6) 在上圖中即可看到在 $\dfrac{s+2}{s+10}$ 20″ 才到達穩態，但加了一超前補償器明顯可見系統在 10″ 左右即可達到穩態，性能提高了一倍。

(7) 以 $\dfrac{s+2}{s+10}$ 中在前面加一個落後補償器 $\dfrac{s+0.03}{s+0.01}$，分析其性能前後之變化其指令如下：

```
(s+0.03)/(s+0.01)(s+1)s    (open loop)
n1=[1 0.03];d1=conv([1 1 0],[1 0.01]);sys2=tf(n1,d1);rlocus(sys2)
```

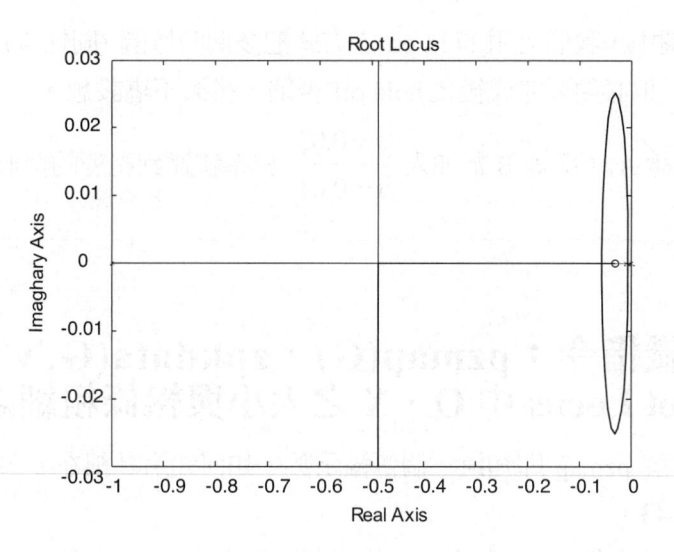

圖 **8-41** 在 $\dfrac{1}{s(s+1)}$ 前 $\dfrac{s+0.03}{s+0.01}$ 在open loop之變化

(8) 在原數模前增加一個控制器 $\dfrac{s+0.03}{s+0.01}$。

```
n4=[1 0.03];d4=conv([1 0.01],[1 1 0]);sys4=tf(n4,d4);rlocus(sys4)
>> sys4f=feedback(sys4,1);step(sys4f)
>> hold on
n2=[1];d2=[1 1 0];sys2=tf(n2;d2);sysf2=feedback(sys2,1);step(sysf2)
```

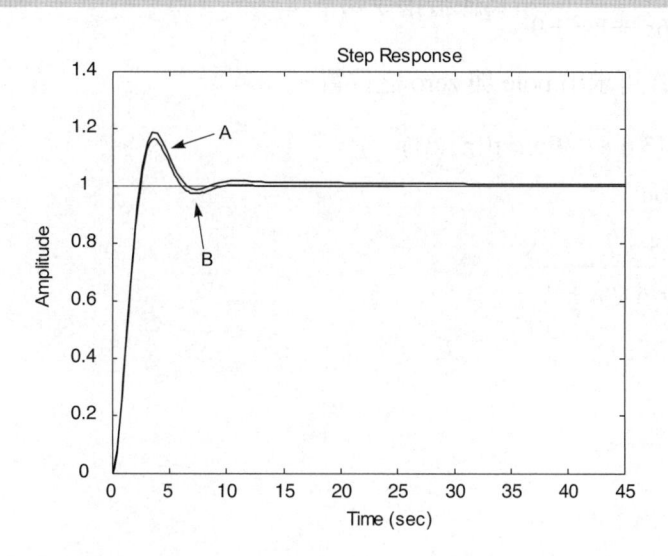

圖 **8-42** 把二個補償合在一起，A 為原 $\dfrac{s+2}{s+10}$，B 為 $\dfrac{s+0.03}{s+0.01}$ 之時域圖，B 反應較好

在上圖中，我們可用 hold on 之方式把多個時域圖 (同性質) 畫在同一圖上，以利比較，但必須要完成後要 hold off 否則，後果不堪設想。

(9) 利用原來 (線 A)，虛線 B 為加入 $\dfrac{s+0.03}{s+0.01}$ 對系統達到穩態的情形遠較未加要好。

◎ 8-10　認識指令：pzmap(G)，zpkdata(G,'v') 之應用及 Root Locus 中 O、X 之大小與線條粗細之調整

在本節中先了解 pzmap 即知道一個傳輸函數，如何知道其根在 s 平面上之分佈其指令及圖形如下圖 8-43。

一旦知道其分佈再來由定性為定量，找出其數據之大小，則使用 zpdata 其中之 G 為傳輸函數。

再利用 G＝zpk(pole, zero, 1) 也可還原出原先之傳輸函數在求出其根軌跡圖時，如何得到較漂亮之圖形，可自訂 x、y 軸之位置。

另外，有關 pole、zero 之符號大小，也可藉 markersize 來調整，另線條之粗細與前項則可由 figure 圖形上之 tools 選項來調整。

8-10-1　pzmap (G) 一把 pole (X) 與 zero (O) 畫在 2-D 之平面圖上

以例題 $\dfrac{4s^2+5s+7}{3s^4+6s^3+8s^2+9}$ 為練習指令如下：

利用 pzmap (G) 可求出 pole 與 zero 之位置。

```
n1=[4 5 7];d1=[3 6 8 0 9];G=tf(n1,d1)
Transfer function:
     4 s^2 + 5 s + 7
　─────────────────────
 3 s^4 + 6 s^3 + 8 s^2 + 9

>> pzmap(G)
```

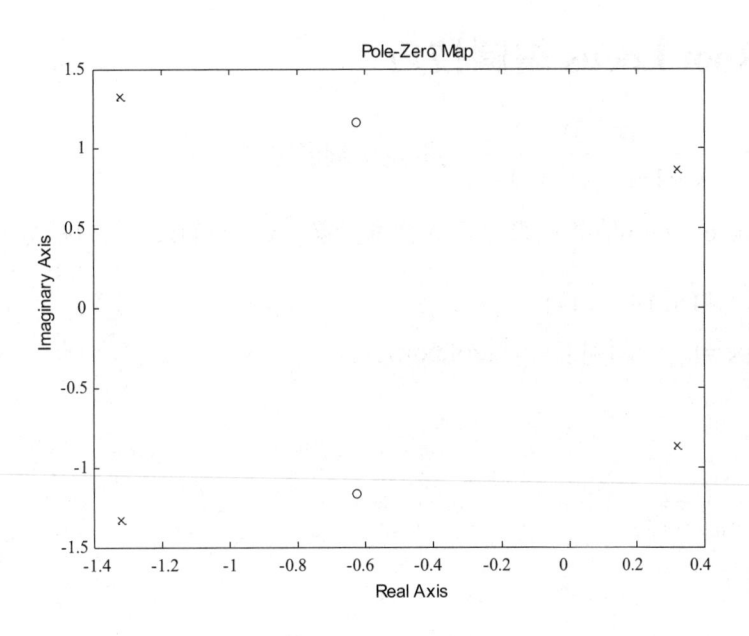

圖 8-43　利用 pzmap 指令將傳輸函數之分母 (極點) 及分子 (零點) 畫在 s 平面上

8-10-2　zpkdata (G', V') 求出 pole 與 zero 位置與 K 值大小

此指令為把一個傳輸函數，分解為一次式，及增益 K 之聯乘可直接看到根之分佈，馬上得知系統穩定性，如本題分母有二個根為正，在右平面，故系統為不穩定 (指令如下)。

```
>> [z,p,k]=zpkdata(G,'v')

z =

  -0.6250 + 1.1659i
  -0.6250 - 1.1659i

p =

  -1.3215 + 1.3287i
  -1.3215 - 1.3287i
   0.3215 + 0.8666i
   0.3215 - 0.8666i

k =

   1.3333
```

◎ 8-11 Root Locus 繪圖技巧

現以 $G(s) = \dfrac{(s+3)}{(s+1)(s+4)(s+14)}$ 為例說明圖形之變化。

若只知道 pole, zero 值如何直接作成傳輸函數:$G = zpk(z, p, 1)$ (指令如下)。

G(s)=(s+3)/(s+1)(s+4)(s+14)
\>\> zol=-3;pol=[-1;-4;-14];G=zpk(zol,pol,1)

Zero/pole/gain:

$$\dfrac{(s+3)}{(s+1)(s+4)(s+14)}$$

\>\> rlocus(G)

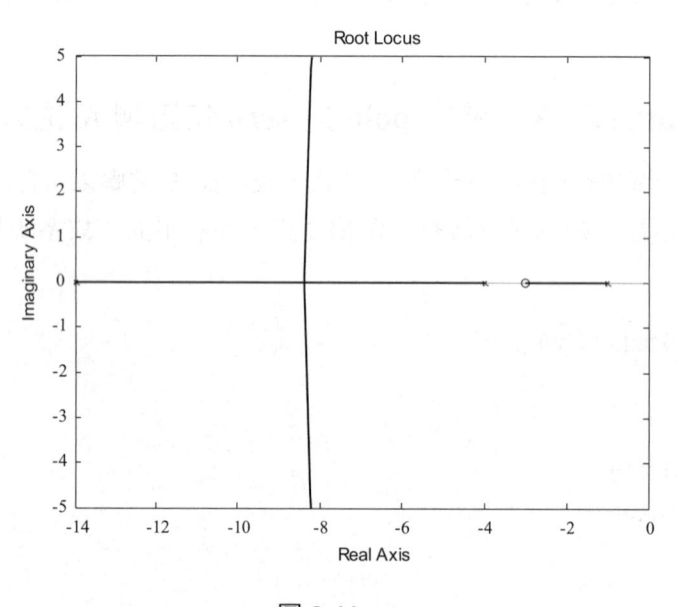

圖 8-44

把 (x_1, x_2, y_1, y_2) 作一個調整。

\>\> axis equal
\>\> axis([-20 10 -8 8])

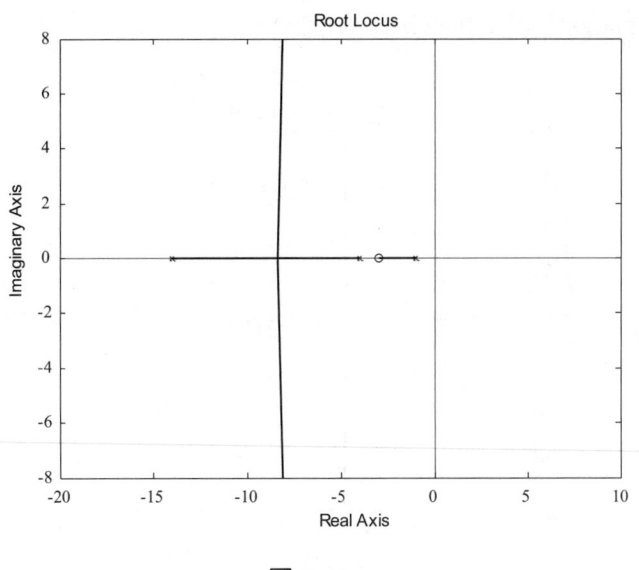

圖 8-45

若把符號 pole 之 'X' 變大之方式。

set(findobj('marker','x'),'markersize',16)

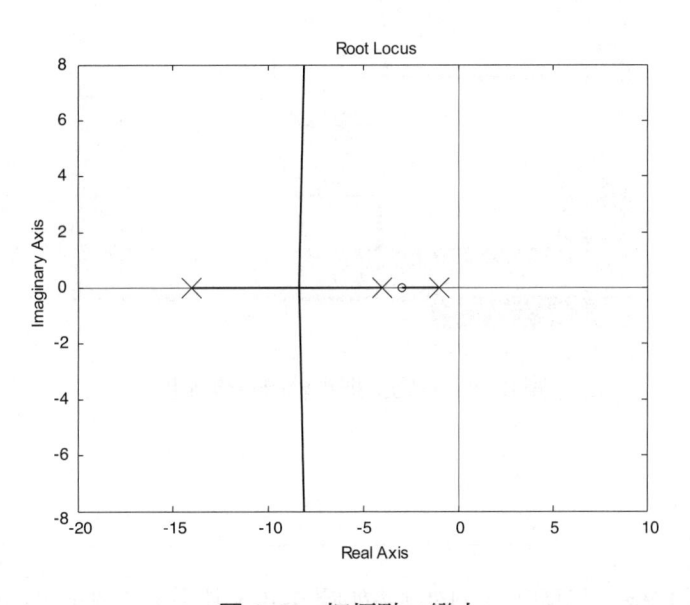

圖 8-46　把極點×變大

再把符號 zero 之 'o' 變大之方式。

>> set(findobj('marker','o'),'markersize',16)

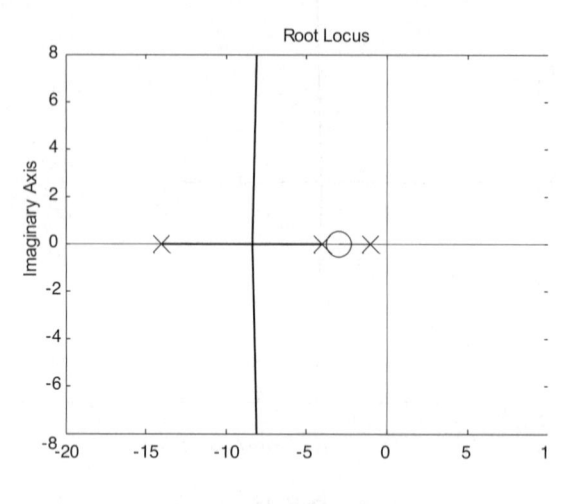

圖 8-47 把零點○變大

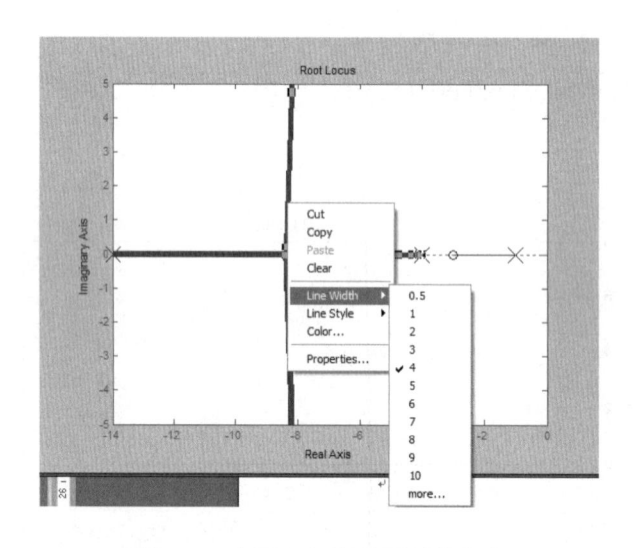

圖 8-48 在圖上把根軌跡線條加粗

例題 8-12

有一魚鷹式運輸機,其高度定址的迴路如圖 8-49,其中 t_d 為來自外面環境之擾動,假設為階梯式函數輸入,其中控制器及系統之數模如圖 8-50。在控制器中之 K 值,決定此全系統之穩定,使此飛機在定址下作調整螺槳之動作,起飛及降落時螺槳均向上,以直昇機方式運行，平飛或巡航時以一般飛機之螺旋槳 (與起飛模式成 90°) 進行。試以 (a) 求出 K 值此系統穩定；(b) 若 t_d 為階梯函數輸入，試以 $K=180$ 代入看系統到達穩態所需之時間及最大超行量 2%；(c) 再把 $K=280$ 代入如上題比較結果；(d) 在控制器中加入一個過濾器 (prefilter)

$$Gp(s)=\frac{0.5}{s^2+1.5s+0.5}$$

使系統變化更適合飛行員之安全飛行並比較結果。

圖 8-49　魚鷹 V-22 飛機圖

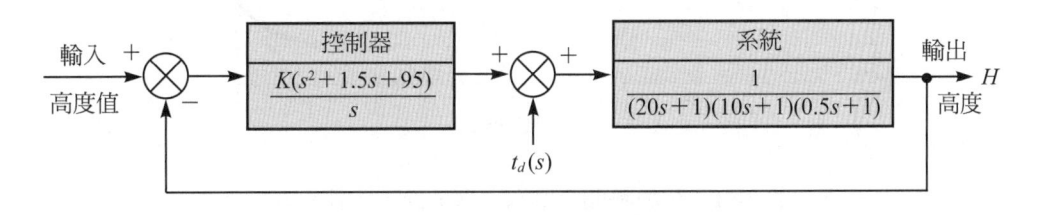

圖 8-50　系統迴路圖

解

(1) 利用系統化簡後之特性方程式

$$1+K\left(\frac{s^2+1.5s+0.5}{s(20s+1)(10s+1)(0.5s+1)}\right)=0$$

(2) 利用指令可得根軌跡圖為下：

```
n=[1 1.5 0.5];d=conv(conv([20 1 0],[10 1]),[0.5 1]);g1=tf(n,d)
g1 =
          s^2 + 1.5 s + 0.5
    ----------------------------------
    100 s^4 + 215 s^3 + 30.5 s^2 + s
Continuous-time transfer function.
>> rlocus(g1)
>> set(findobj('marker','x'),'markersize',16)
```

由指令可得 rlocus 之圖如下：

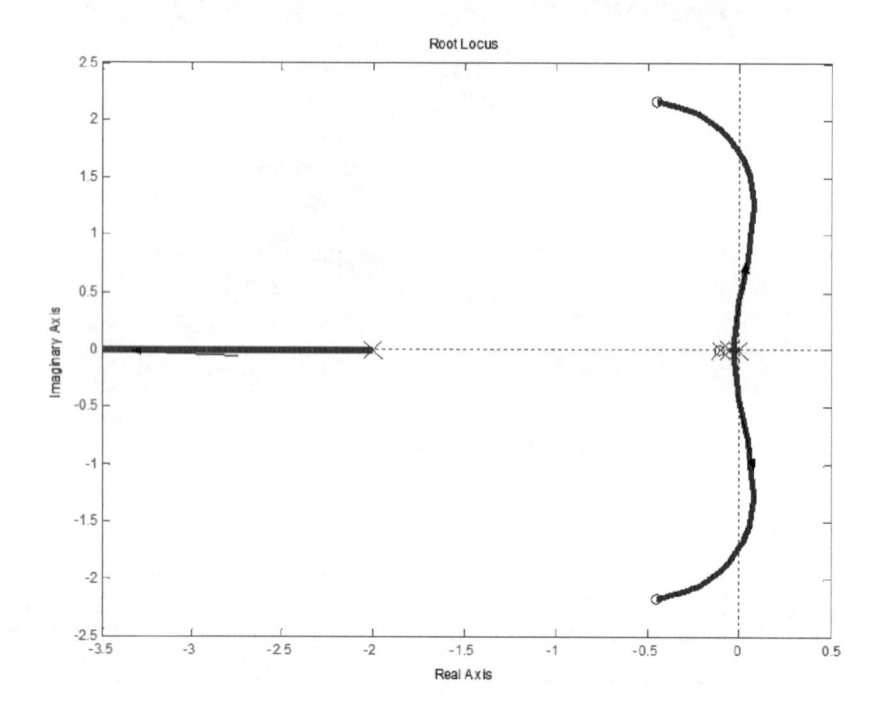

圖 8-51　根軌跡圖全圖有 4 個 pole，2 個 zero

利用 roots 得 pole 與 zero 位置：

图 8-52　与 X 轴交点得 K 之稳定值

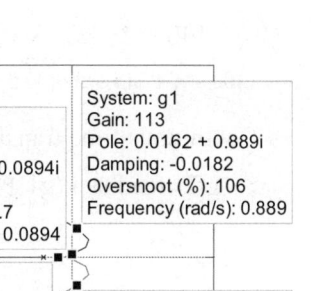

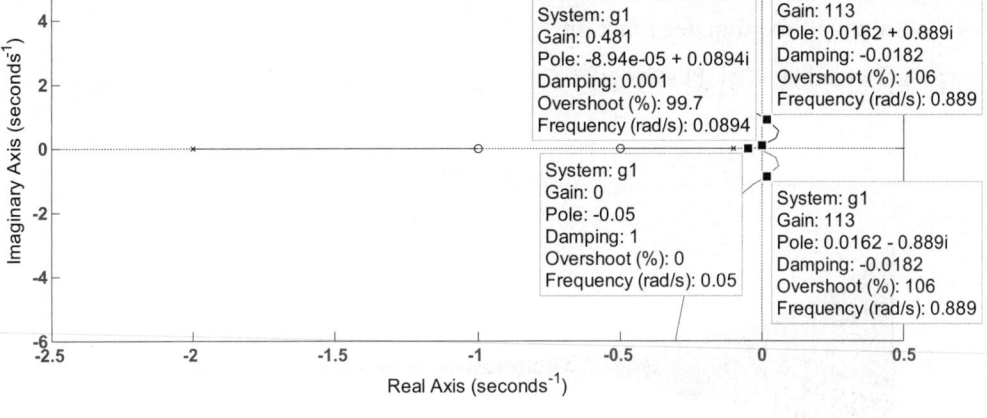

```
>> rt1=roots([113 169.5 56.5])
rt1 =
  -1.0000
  -0.5000
>> rt2=roots([100 215 143.5 170.5 56.5])
rt2 =
  -1.7818 + 0.0000i
   0.0161 + 0.8897i
   0.0161 - 0.8897i
  -0.4005 + 0.0000i
```

分子之根：zero：-1，-0.5

分母之根：-1.7818，$0.0161\pm 0.8897i$，-0.4005

由图形可得 $0 < K < 0.438$ 之下根均落在左平面

$K > 134$ 之下，也均落在左平面

(3) 把 $K = 140$，带入 (1) 中看 close loop 系统。

```
n=140*[1 1.5 0.5];d=conv(conv([20 1 0],[10 1]),[0.5 1]);g1=tf(n,d)
g1 =
```

$$\frac{140\ s^{\wedge}2 + 210\ s + 70}{100\ s^{\wedge}4 + 215\ s^{\wedge}3 + 30.5\ s^{\wedge}2 + s}$$

Continuous-time transfer function.
\>\> gf2=feedback(g1,1);step(gf2)

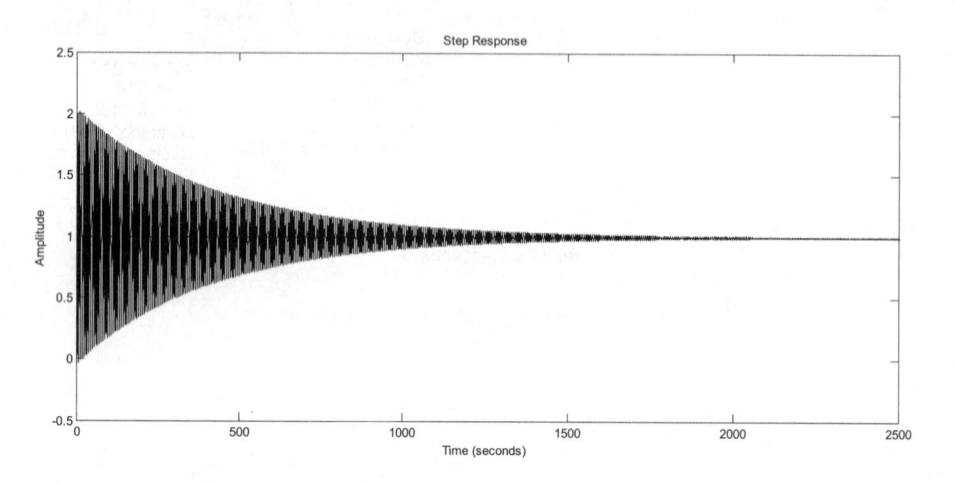

圖 8-53　把 $K=140$ 系統反應圖，收斂但 $t=2000$ sec 太慢了

(4) 以 $K=180$ 代入。

n=180*[1 1.5 0.5];d=conv(conv([20 1 0],[10 1]),[0.5 1]);g1=tf(n,d);gf2=feedback(g1,1);step(gf2)

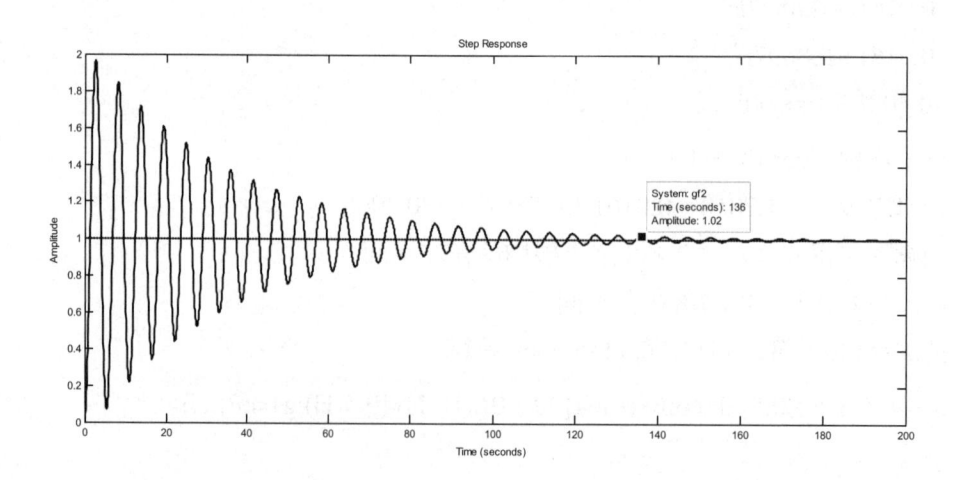

圖 8-54　$K=180$，$t=140$ sec 即可使超行量＝2%

(5) 再以 $K=280$ 代入，$t=40$ sec 即可使超行量 $=2\%$。

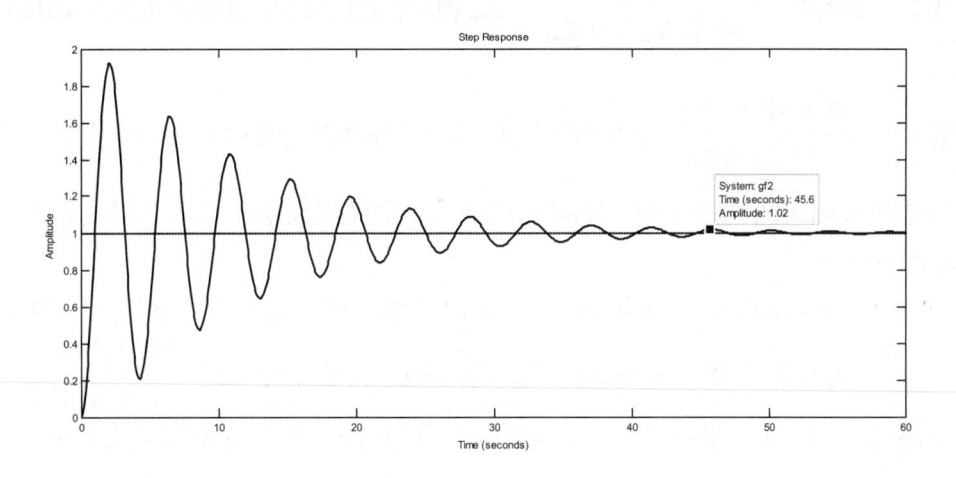

圖 8-55 $K=280$，$t=40$ sec

(6) $K=4000$，代入，則 $t=10.8$ 即可達 2% 之內。

```
>> n=4000*[1 1.5 0.5];d=conv(conv([20 1 0],[10 1]),[0.5 1]);g1=tf(n,d);gf2=feedback(g1,1);step(gf2)
```

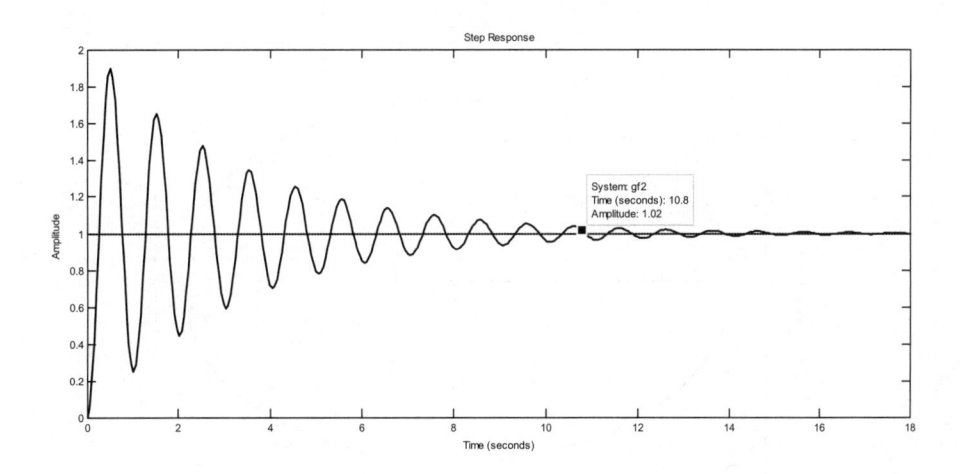

圖 8-56 $K=4000$，$t=10.8$ sec

若試 $K=1000\sim4000$ 其變化量均有限。

以上為以過濾器＋Gain 方式，其餘則在第十章中敘說。

◎ 8-12 探討 $\dfrac{0.075s^2+s+1}{s^3+3s^2+5s}$ 之極點消去法 (pole cancellation)

本節中以 $\dfrac{0.075s^2+s+1}{s^3+3s^2+5s}$ 為數模求傳輸函數求開迴路之根軌跡，再求閉迴路下之傳輸函數 (透過 feedbook 指令) 與其階梯函數輸入下之時域反應，並求其根 (分子及分母) (透過指令 roots)。

要作 pole cancelation 之先決條件是二者之時域反應近似，若一個是欠阻滯 (under-damp)，另一為超越過阻滯 (overdamp) 則南轅北轍，此法不行，在 $\dfrac{0.075s^2+s+1}{s^3+3s^2+5s}$ 先求其 root locus 圖如 8-46 為開迴路下之根軌跡圖，再利用 zpk 指令求其根式之傳輸函數。

```
>> n1=[0.075 1 1];d1=[1 3 5 0];sys=tf(n1,d1)
Transfer function:
 0.075 s^2 + s + 1
 ─────────────────
 s^3 + 3 s^2 + 5 s
>> rlocus(sys)
```

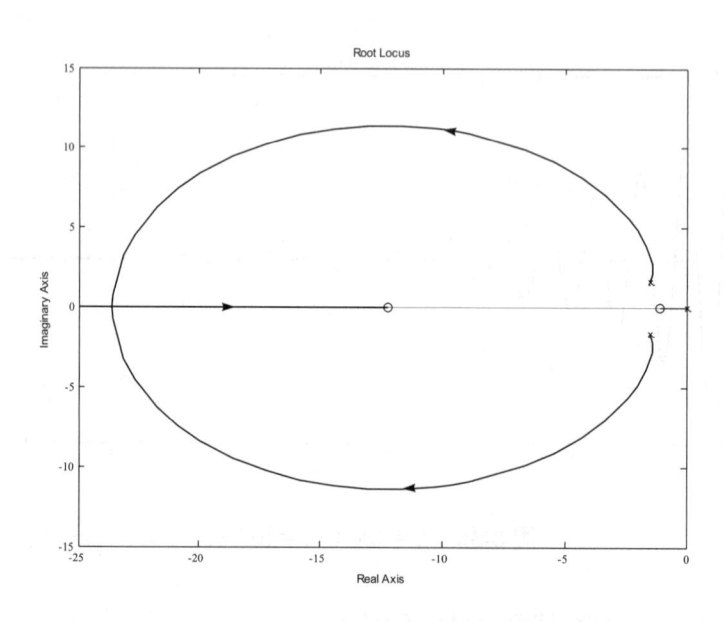

圖 8-57　open loop 下之 $\dfrac{0.075s^2+s+1}{s^3+3s^2+5s}$ 之根軌跡圖

第 8 章　根軌跡下之系統反應　285

經過迴授後，其時域反應圖為穩定，但慢一點約 25″ 後到達穩態

```
>> g=zpk(n1,d1,1)
g =
 (s-0.075) (s-1)^2
 ─────────────────
 s (s-1) (s-3) (s-5)
>> sysf=feedback(sys,1)
Transfer function:
      0.075 s^2 + s + 1
 ──────────────────────────
 s^3 + 3.075 s^2 + 6 s + 1
>> step(sysf)
```

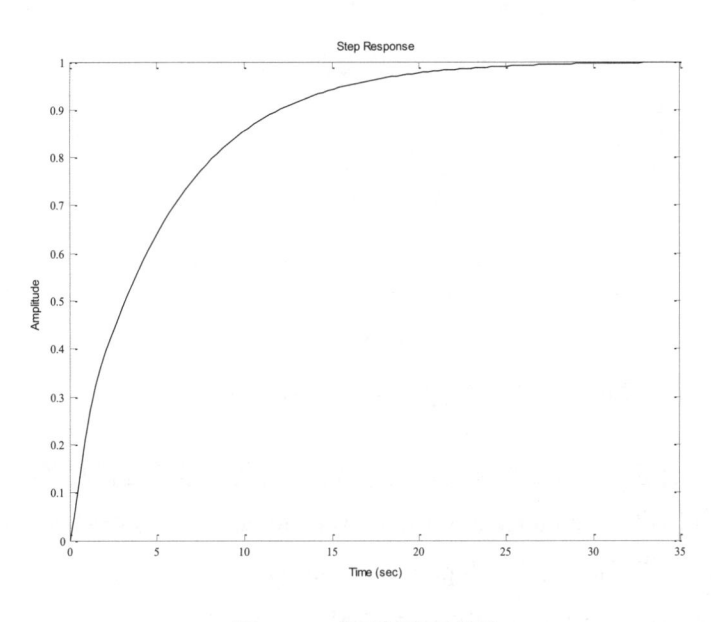

圖 8-58　迴授後時域圖

若此時利用簡化法 (分子、分母消除相同之根)。

$$\frac{(s-0.075)(s-1)^2}{s(s-1)(s-3)(s-5)} \rightarrow \frac{(s-0.075)(s-1)}{s(s-3)(s-5)}$$

則其 open loop 下之根軌跡改為圖 8-59。

n2=conv([1 -0.075],[1 -1]);d2=poly([0, 3, 5]);sys2=tf(n2,d2)

sys2 =

$$\frac{s^2 - 1.075\ s + 0.075}{s^3 - 8\ s^2 + 15\ s}$$

Continuous-time transfer function.

\>\> rlocus(sys2)

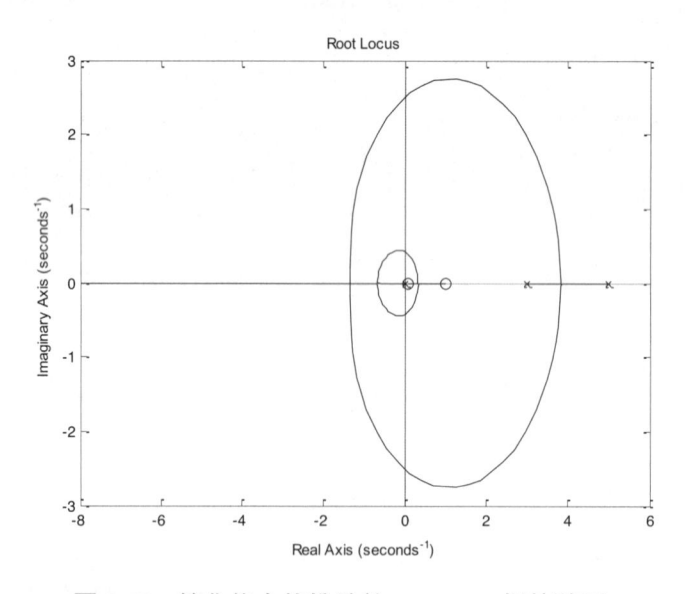

圖 8-59　簡化後之傳輸函數 open loop 根軌跡圖

再經過迴授，則時域反應為發散 (如圖 8-60)，完全不是前面之穩態。

故此可知大部份之 pole cancelation 若由 root locus 圖來看差異過大，且時域圖差太多，是不適合簡化，也是說不適合作 pole cancelation 的。

\>\> sysf2=feedback(sys2,1)

sysf2 =

$$\frac{s^2 - 1.075\ s + 0.075}{s^3 - 7\ s^2 + 13.93\ s + 0.075}$$

Continuous-time transfer function.

\>\> step(sysf2)

\>\> grid on

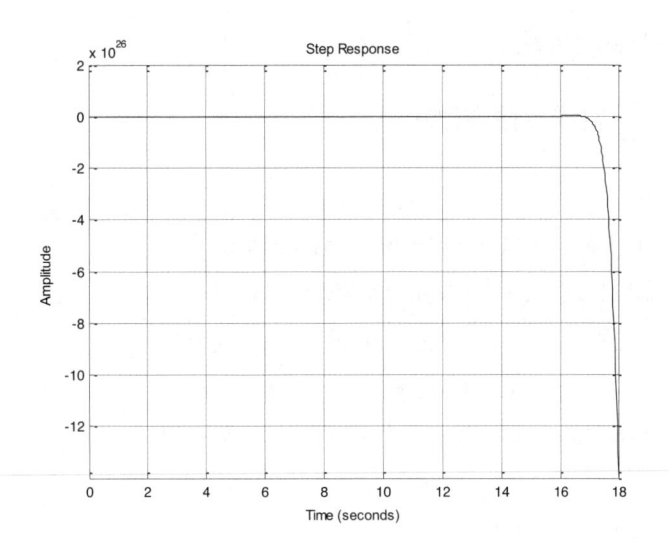

圖 8-60　簡化後經迴授之時域圖

◎ 8-13　利用不同方法找出 S-plane 上相對穩定之 K 值

以下有三種方法分別可求出系統在開迴路之穩定度，其中方法即為直接由 root locus 法找出較為容易。

$G(s)=1/s(s+2)(s+4)$，找相對穩定點 K (gain) 值 (參考資料 5)

(1) Matlab 繪圖法

```
n1＝[1];d1＝conv([1 2 0],[1 4]);sys＝tf(n1,d1);rlocus(sys)
```

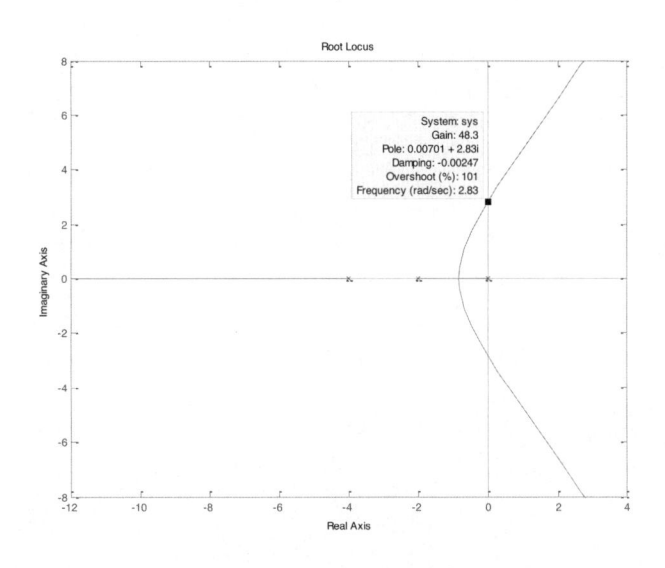

圖 8-61　用 MATLAB 繪圖得 K 值

(2) 計算法─用 jw 代入法

$$\frac{1}{s(s+2)(s+4)}$$ 寫成特性方程式

p$+K \cdot z=0$

$s(s+2)(s+4)+K \cdot 1=0 \rightarrow s^3+6s^2+8s+K=0$

把 $s=jw$ 代入上式：$(js)^3+6(jw)^2+8(jw)+K=0$

$\Rightarrow -jw^3-6w^2+8jw+K=0$

$(K-6w^2)+(8w-w^3)j=0$

令 $K-6w^2=0$，$8w-w^3=0 \rightarrow w^2=8$ 代入 $\rightarrow K=48$

(3) Routh 法

特性式：$s^3+6s^2+8s+K=0$

s^3	1	8
s^2	6	K
s^1	$\dfrac{48-K}{6}$	$\rightarrow K<48$
s^0	K	$\rightarrow K>0$

$\left.\begin{matrix}\rightarrow K<48\\ \rightarrow K>0\end{matrix}\right\} 0<K<48$

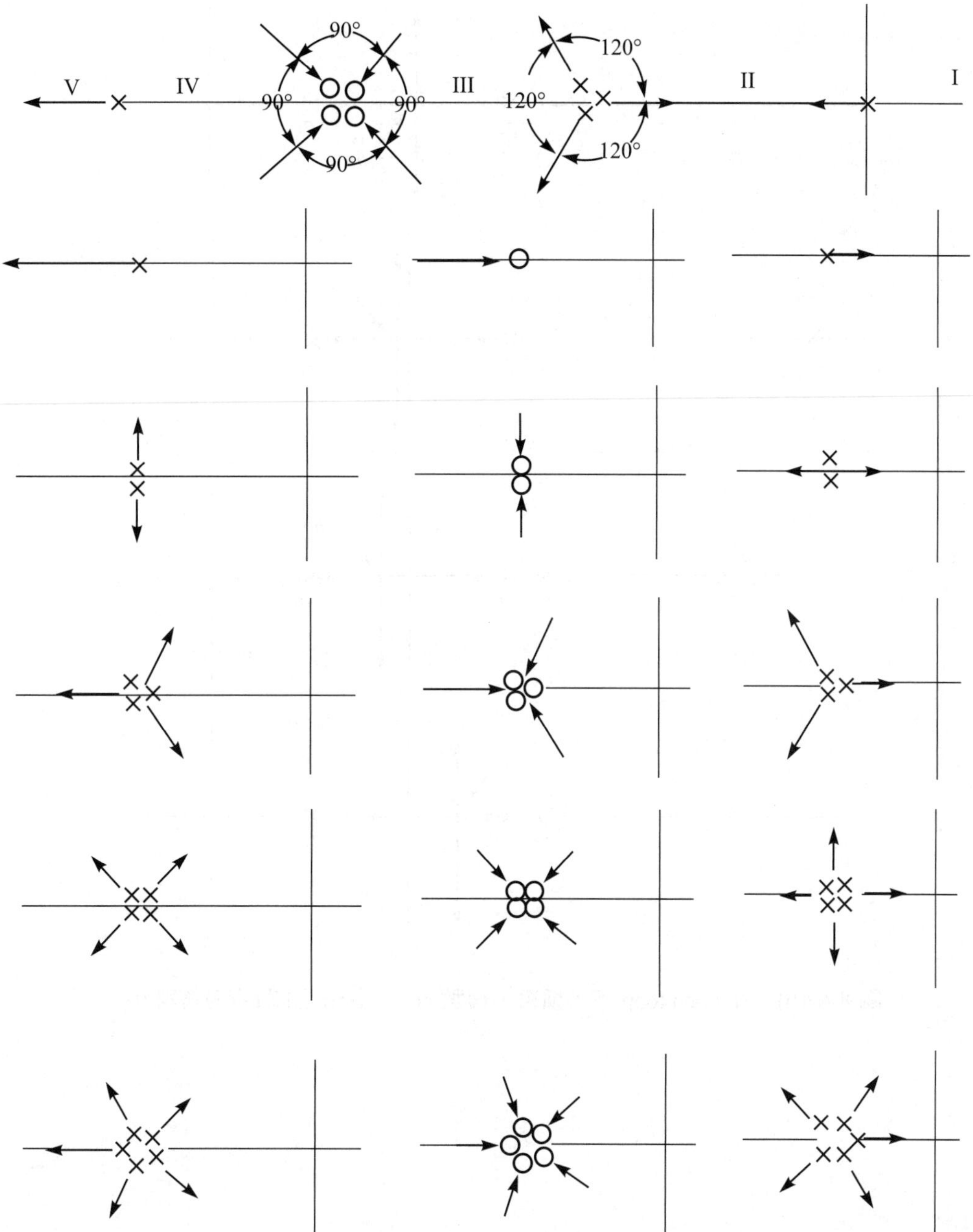

第 8 章　根軌跡下之系統反應　289

圖 8-62(a)　在 open loop 下各種單、複數 pole，zero 之圖 (資考資料 9)

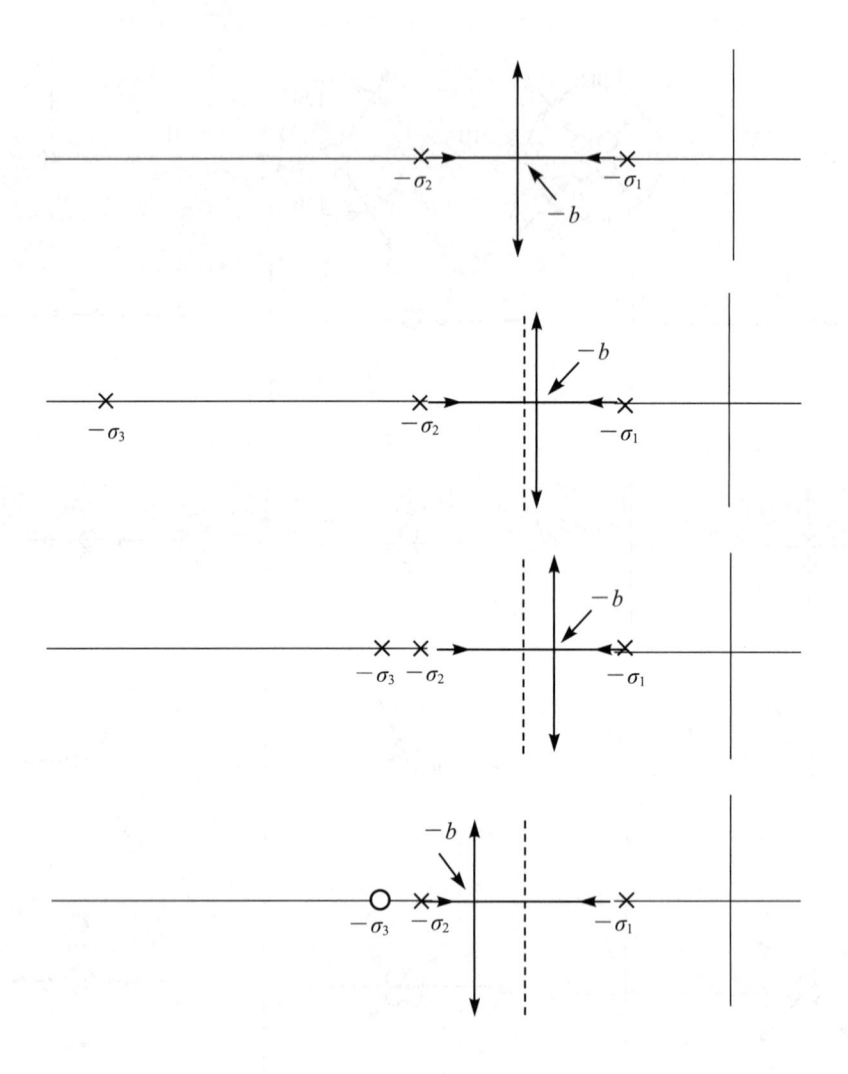

圖 **8-62(b)** 在 open loop 下各種單、複數 pole，zero 之圖 (資考資料 9)

第 8 章　根軌跡下之系統反應　291

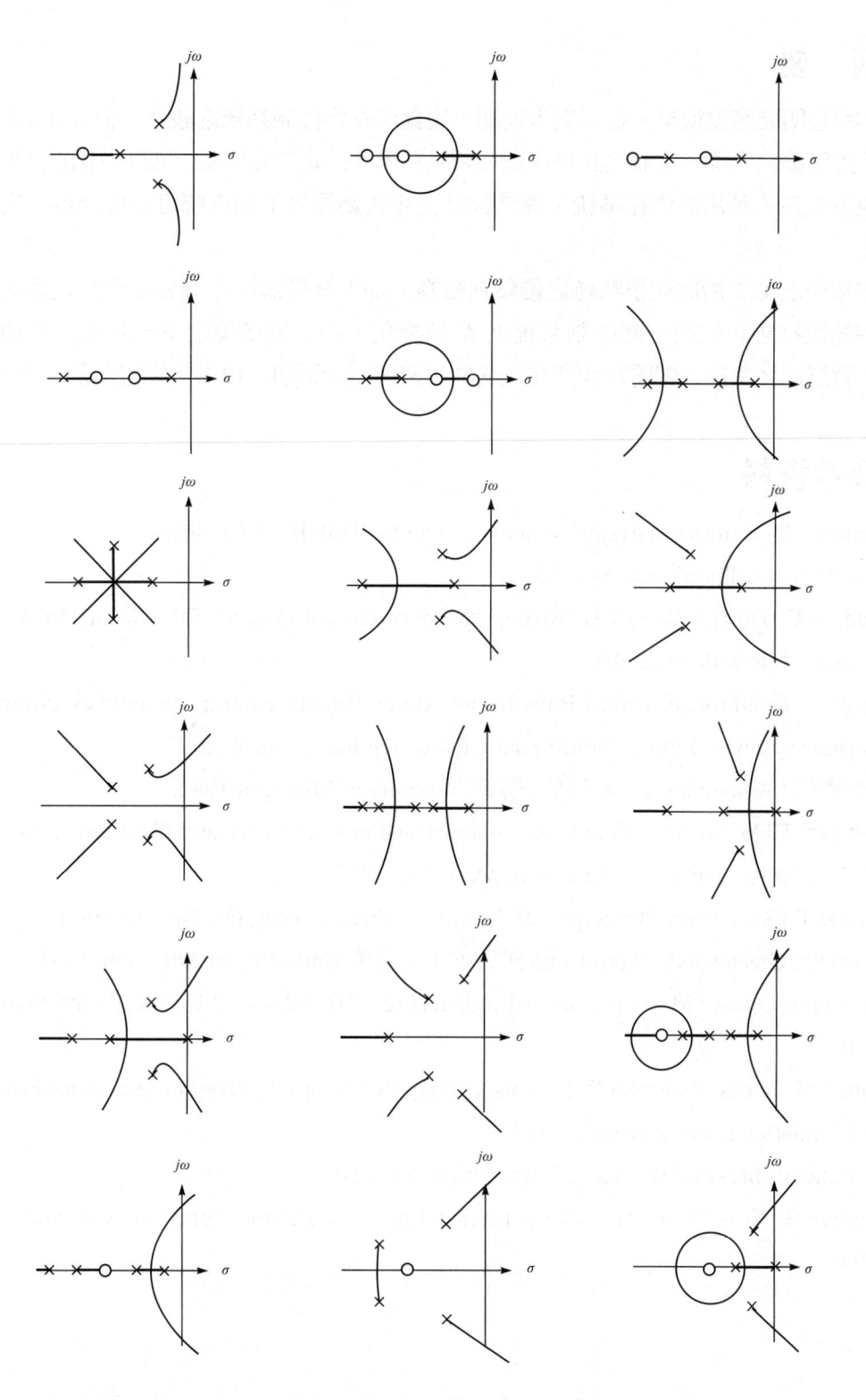

圖 8-62(c)　在 open loop 下各種單、複數 pole，zero 之圖 (資考資料 9)

◎ 摘　要

　　本章發明之歷史很早，在二戰末期即已用此法在作控制系統之設計，但在 1983 年桌上及手提電腦之出現，才取代計算尺把耗時且精度不高之缺點降低，加上 MATLAB 軟體之出現及改良，利用此法在系統工程之設計上才大為簡化了在系統可行性分析中之主要計算。

　　本章中之 8-2 節說明根軌跡之優點在哪裡，加上補償器可作到設計到位之好處，透過一些繪圖技巧可以把一個控制系統之 K 值變化，在不同環境之下，其如何變動之方式，一覽無遺，文後之習題為作者在美國的教授所出練習題，提供大家把玩及參考。

◎ 參考資料

1. Cannon, "Dynamics of physical systems", McGraw-Hill. Book Company.
2. http://lpsa-swarthmore.edu/Root-locus.
3. Richard C. Dorf & Robert H. Bishop "Modern control system" 7th edition. PEARSON education International, 2010.
4. Gerce F. Franklin, F. David Powell and Abbas Emami-Naeini, "Feedback control of Dynamic systems" Fifth edition. Pearson Education International, 2007.
5. 莊魁教授 "Auto-control" ECE450 講義 University of Michigan 1982.
6. USNTPS-FTM-No.103, "Fixed wing stability and contorl theory and flight test technigues" NAVAL Air test center, patuxent river, Maryland, 1977.
7. Donald T. Greenwood, "Principles of dynamics" Prentice-Hall, Inc. New Jersey, 1970.
8. Donald T. Greenwood, "Auto-Control", AE 471 講義 University of Michigan, 1982.
9. Katsuhiko Ogata "Modern contorl Engineering". 5th Edition. PEARSON International. 2010.
10. Hubert M. James, Nathaniel B. Nichols and ralpl S. Phillips, "Theory of servco mechanisms" MIT Radiation Laboraboy serics, 1947.
11. www.me.ust.hk/~mech2bl/index/Lecture/Chaoter_7.pdf.
12. Norman S. Nise, "Control Systems Engineering", 4th Edition, John Wiley & Sons, INC, 2004.

◎ 習 題

1. 假設系統迴路之感測儀 $H(s)=1$ 其系統之傳輸函數如 (a)～(f)，求出下列諸題之 root locus 來，試求：

(1) 各 breakaway 點之 K 值及座標點。

(2) 與虛軸相交點之 K 值。

(3) 求 angle of departure 或 angle of arrival (複數 pole zero)。

(4) 求斜近線 (asymptotes) 之方向與中心點。

(5) 求在穩定區之 K 值。(參考資料 7)

(a) $G(s) = \dfrac{s+1}{s^2}$

(b) $G(s) = \dfrac{1}{(s+1)^2(s+2)(s+3)}$

(c) $G(s) = \dfrac{1}{s(s+3)(s^2+4s+4)}$

(d) $G(s) = \dfrac{1}{s(s^2+4s+8)}$

(e) $G(s) = \dfrac{32(s+25)}{s(s+10)(s^2+8s+80)}$

(f) 在 (5) 中找到 $\zeta=0.3$ 時之 K 值及主導根值 (dominant poir of roots)。

系統方塊圖：

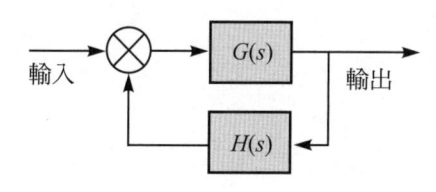

第 9 章

頻域反應分析

所謂頻域反應 (frequency response) 是討論一個系統,其輸入信號為 Sin 波 (正弦波) 而此正弦波＝f (頻率) 時之反應變化。我們主要是探討當橫軸為頻率變化 (ω, rad/sec) 時,其反應在振幅 (magnitude) 及相位角 (phase angle) 之變化,換句話講,利用此法得出不同頻率 $\omega = f(t)$ 下之波形看其輸出之相位及增益大小之反應圖求出在柏德圖 (Bode Diagram),看看系統對外界變化之容忍度為多少,若容忍度愈大表示此系統「抗壓」性愈高愈強健,一般一個穩定之系統至少 20 dB,phase 相角至少有 30°。我們利用開迴路的頻率響應來「預測」一旦系統或迴路系統受到外來干擾下之行為或特性。

在數學上就是把 $G(s) \rightarrow G(j\omega)$ 代入,但也可使用 MATLAB 來處理。

利用 MATLAB 處理頻域反應方法至少有三種 (參考資料 7)。

(1) 利用柏德指令 (如本章)。

(2) 利用把 $G(s) \rightarrow G(j\omega)$ 再求增益與角度。

(3) 利用 Rasmussen 博士法為之,利用對數法,及 logspace 圖為之。

本書中以 (1) 為例作以下之介紹。

我們考慮一個傳輸函數。

$$G(s) = \frac{\text{輸出}}{\text{輸入}} = \frac{C(s)}{R(s)}$$

若以 sin 正弦函數輸入,則 $s = j\omega$。

則 $G(s) = G(j\omega) = \dfrac{C(j\omega)}{R(j\omega)} = M < \infty$,$M = \left|\dfrac{C}{R}\right|$。

而輸出 $C(t) = C \sin(\omega t + \alpha)$:$\alpha$ 為相角,M 為增益。

而輸出 $r(t) = R \sin \omega t$。

而 $M < \infty$ 之表示法為複數之極式 (polar form)。(表示 M 為定值)

複數由實部及虛部表示：$e^{j\alpha} = \cos \alpha + \sin \alpha j$

$$Me^{j\alpha} = M \cos \alpha + jM \sin \alpha$$

以複數平面表示：

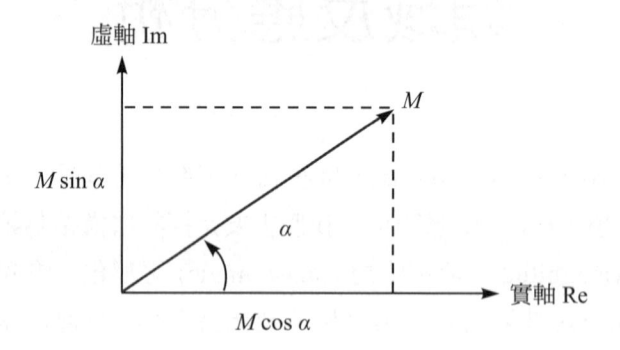

在柏德 (Bode) 圖上則以增益 M，及相角 α 分別在 Y 軸，$\log \omega$ 為 X 軸表示。

◎ 9-1 一階傳輸函數之頻域反應

$$G(s) = \frac{1}{1 + Ts} \quad \text{(其中 } T \text{ 為時間常數)} \tag{9-1}$$

$$G(j\omega) = \frac{1}{1 + (j\omega)T} = \frac{1}{1 + (\omega T)j} \tag{9-2}$$

則大小 $M = \dfrac{1}{\sqrt{1^2 + (\omega T)^2}}$ \hfill (9-3)

相角 $\alpha = 0 - \tan^{-1} = \dfrac{\omega T}{1}$ \hfill (9-4)

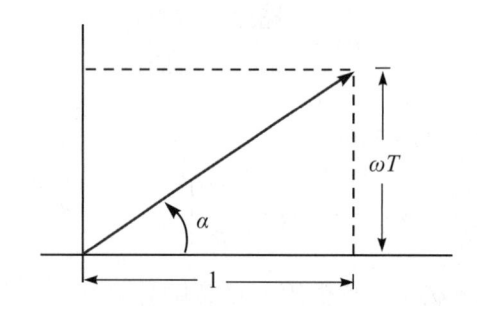

在一階傳輸式中，令實部＝虛部：$1=\omega T$，可求出彎點頻率。

$\omega=\dfrac{1}{T}$，則此 ω 為 (conner frequency) 彎點頻率。

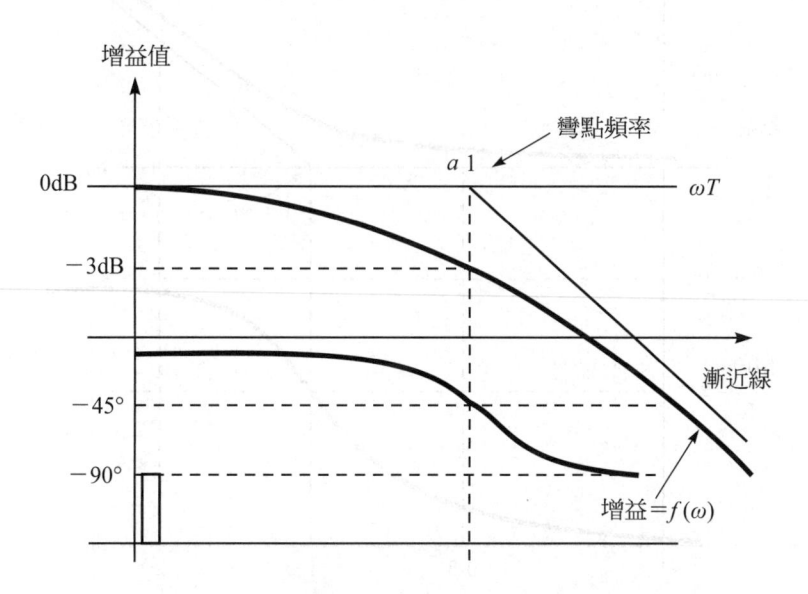

圖 9-1 一階傳輸函數之彎點頻率與增益值關係

分析 a 點：值為 1，$\omega T=1$

而大小 M 代入 (9-3) 式，$M=\dfrac{1}{\sqrt{1+1}}=\dfrac{1}{\sqrt{2}}=0.7$

再以 $20\log_{10}(0.7)=-3.0$ dB

若 ω 不斷增加，則 $1+(\omega T)^2 \to (\omega T)^2$ $\therefore M=\dfrac{1}{\omega T}$

所以若 a 點向右移動，則 ω 加大，$-$dB 值也增大，漸近線斜率也會大，其物理意義為能量遞減愈大。

反之，若 $G(s)=1+Ts$，則曲線即向上翻起，能量逐漸加大。

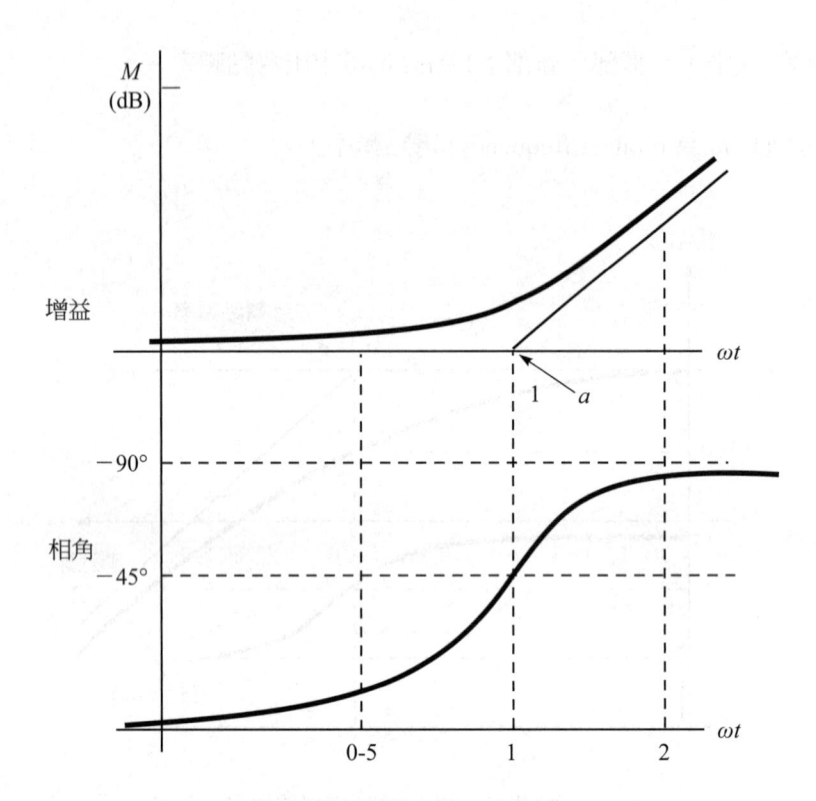

圖 9-2 一階傳輸函數之彎點頻率與相角之關係

我們先考慮 $G(s) = \dfrac{1}{s+2}$ 之頻域反應：

(1) 先把 $G(s) \rightarrow G(j\omega)$。

(2) $G(j\omega) = \dfrac{1}{j\omega+2} = \dfrac{1}{2+\omega j}$ (以 $\dfrac{1}{x+yj}$ 之形式處理)。

(3) 利用 $G(jy) = \dfrac{1}{x+yj}$ 之形式

$|G(jy)| = M(y) = \dfrac{1}{\sqrt{x^2+y^2}}$

相角 $G(jy) = \tan^{-1} \dfrac{y}{x}$

(4) 其 (大小) 增益值 $|G(j\omega)| = \dfrac{1}{\sqrt{2^2+w^2}} = \dfrac{1}{\sqrt{4+w^2}}$

$$\angle G(jw) = -\tan^{-1}\frac{\omega}{2} = \tan^{-1}\frac{0}{1} - \tan^{-1}\frac{\omega}{2} = -\tan^{-1}\frac{\omega}{2}$$

(5) 若頻率之變化由 $\omega=0$ 變化到 $\omega=10000$ rad/sec。以 MATLAB：$\omega=0:10:10000$

(6) 再把增益值 M，以 $20\log(M(\omega))$ 表示。

$$20\log(M(\omega)) = 20\log\frac{1}{\sqrt{4+\omega^2}} = \text{dB} \;(y\text{ 軸})$$
$$(x\text{ 軸})$$

可得 semilog 圖。

例題 9-1

$G(s)=\dfrac{1}{s+2}$ 請用 MATLAB 把 $G(s) \rightarrow G(j\omega)$，$\omega=0:1:10$，($\omega$ 為由 0 rad/sec 到 10 rad/sec，每一格為 1 rad/sec。) 求出橫軸為 ω (rad/sec)，縱軸為 dB，及相角之圖形。

解

```
n1=[1];d1=[1 2];g1=tf(n1,d1)
w=0:1:10;Y=freqs(n1,d1,w);y1=abs(Y);y2=angle(Y);semilogx(w,20*log10(y1))
 grid on
ylabel('Magnitude (dB)')
xlabel('Frequency (Rad/s)')
title('Bode Diagram/gain with dB')
 figure; semilogx(w,y2*(180/pi))
grid on
ylabel('Phase (deg))')
xlabel('Frequency (Rad/s)')
title('Bode Diagram/phase')
```

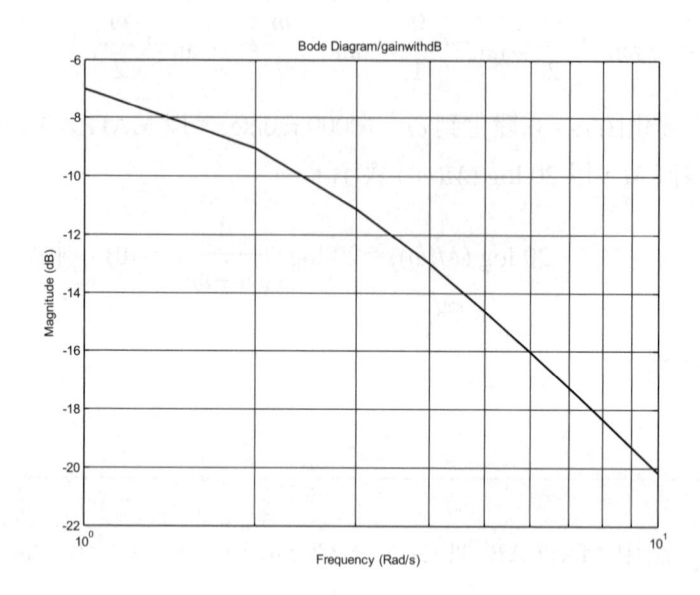

圖 9-3(a)　例題 9-1 半 log 圖

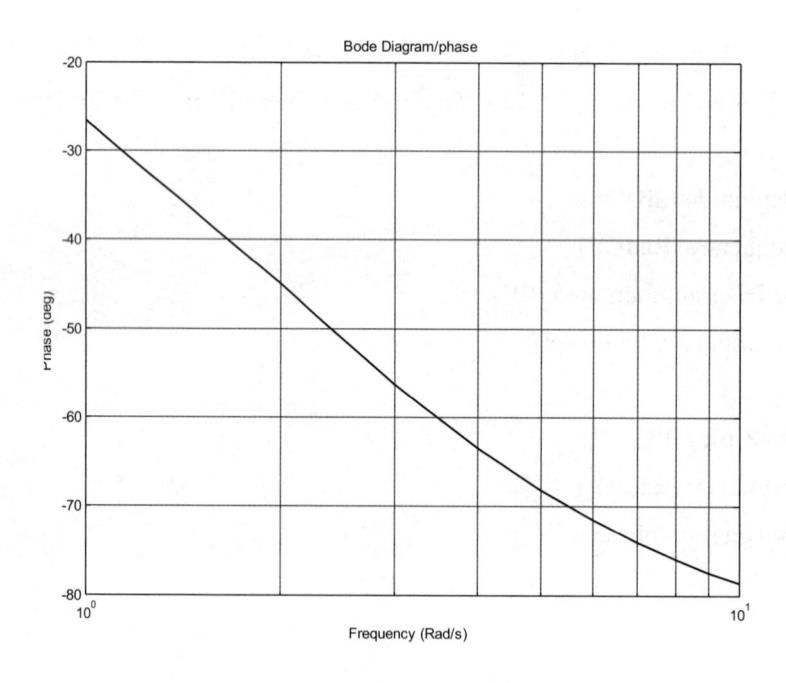

圖 9-3(b)　例題 9-1 半 log 圖

例題 9-2

將例 9-1 中之橫軸改為 $\log_{10}\omega$：比較其不同。

解

w=1:1:10;Y=freqs(n1,d1,w);y1=abs(Y);y2=angle(Y);semilogx(log10(w),20*log10(y1))
>> grid on
>> ylabel('Magnitude (dB)');xlabel('log10w,Frequency (Rad/s)');title('Bode Diagram/alllog10scale')

在此例中，有把 ω 化為 $\log\omega$，使 x 軸可容納較大的 ω 變化。

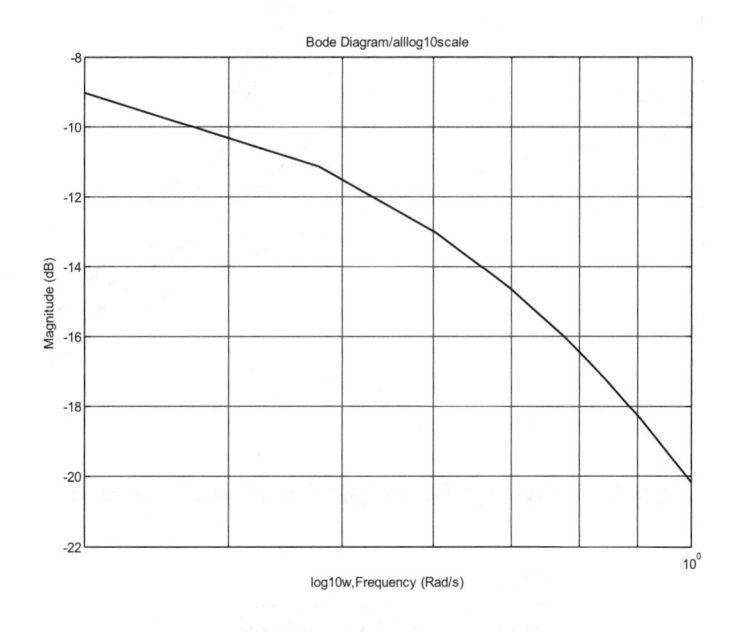

圖 9-4　例題 9-1 全 log 圖

在此要解釋一下，為何在柏德圖中其增益 M 要用對數 $\log_{10}$ 如上例 9-2 可看出，可把 ω 變化之範圍拉得較廣，有「縮圖」之作用，另外，因為用對數可以把相乘的數值，變為相加，在傳輸函數上，利用一階分式即可作部份分式之結合，先分別求出，再合併，在過去，計算尺之時代是一大方便，但現在有用 MATLAB 來處理，則無法顯現其優點了，還有一個優點即是以 log 為圖形，其 dB 值與 $\log\omega$ 變化為直線，在計算上可以簡化計算為之。

◎ 9-2 二階傳輸函數之頻域反應

在二階傳輸函數之柏德圖,則較為複雜,以時域為例,一階函數僅是過飽和之充放電圖 (類似),而一階函數之柏德圖也是平直變化之平緩曲線,但二次式受到阻滯比 ($0 < \zeta < 1$) 之影響,在正增益值上會突起,或總信號會放大,且阻滯比會愈小,則突起的愈高,對系統不利如圖 9-5。

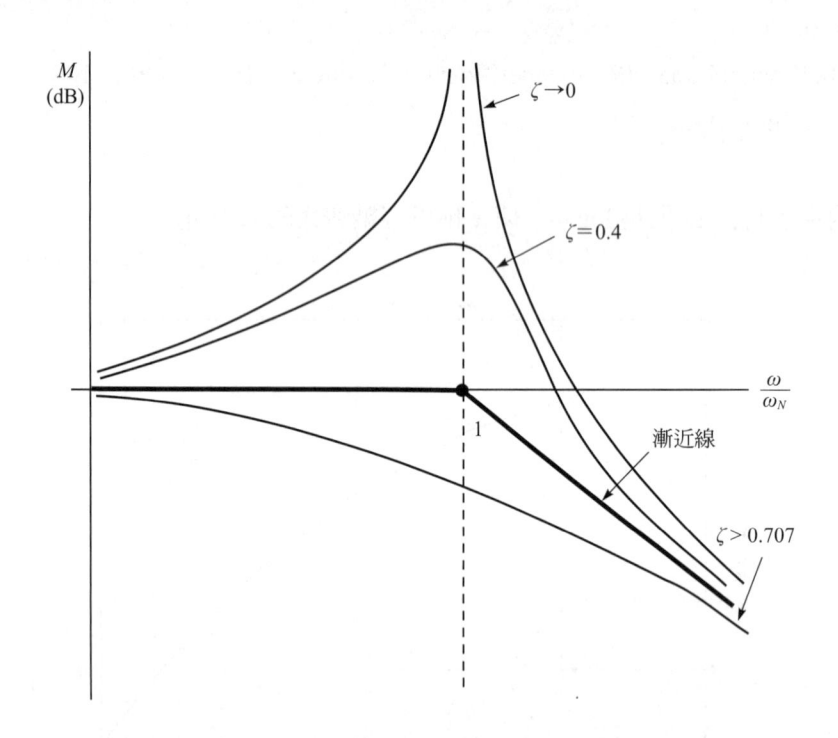

圖 9-5 二階傳輸函數之彎點頻率 (ω) 與阻滯比之關係

$$\frac{C(s)}{R(s)} = \frac{\omega_N^2}{s^2 + 2\zeta \cdot \omega_N s + \omega_N^2} \tag{9-5a}$$

則其頻率響應為把 $j\omega$ 代入 (9-5a) 中之 $s = j\omega$ 求出閉迴路之頻率響應振幅大小為

$$M = \frac{\omega_N}{\sqrt{(\omega_N^2 - \omega)^2 + 4\zeta^2 \cdot \omega_N^2 w^2}} \tag{9-5b}$$

把 (9-5b) 對 ω^2 微分,再令 $\frac{dM}{dw^2} = 0$ 求出二階傳輸函數頻率響應在 0_{db} 向上突起之系統超行量 $M_p = \frac{1}{2\zeta^2 \cdot \sqrt{1-\zeta^2}}$ \tag{9-5c}

第 9 章 頻域反應分析 303

上式表示任何一個頻率 ω 與 ω_N 與阻滯比之關係在 (參考資料 1) (圖 9-6) 所示為以 $\dfrac{1}{s^2+2\omega_0\zeta\omega+\omega_0^2}$ 為數模,在阻滯比 0.1 與 1 之間之增益範圍及相角範圍。

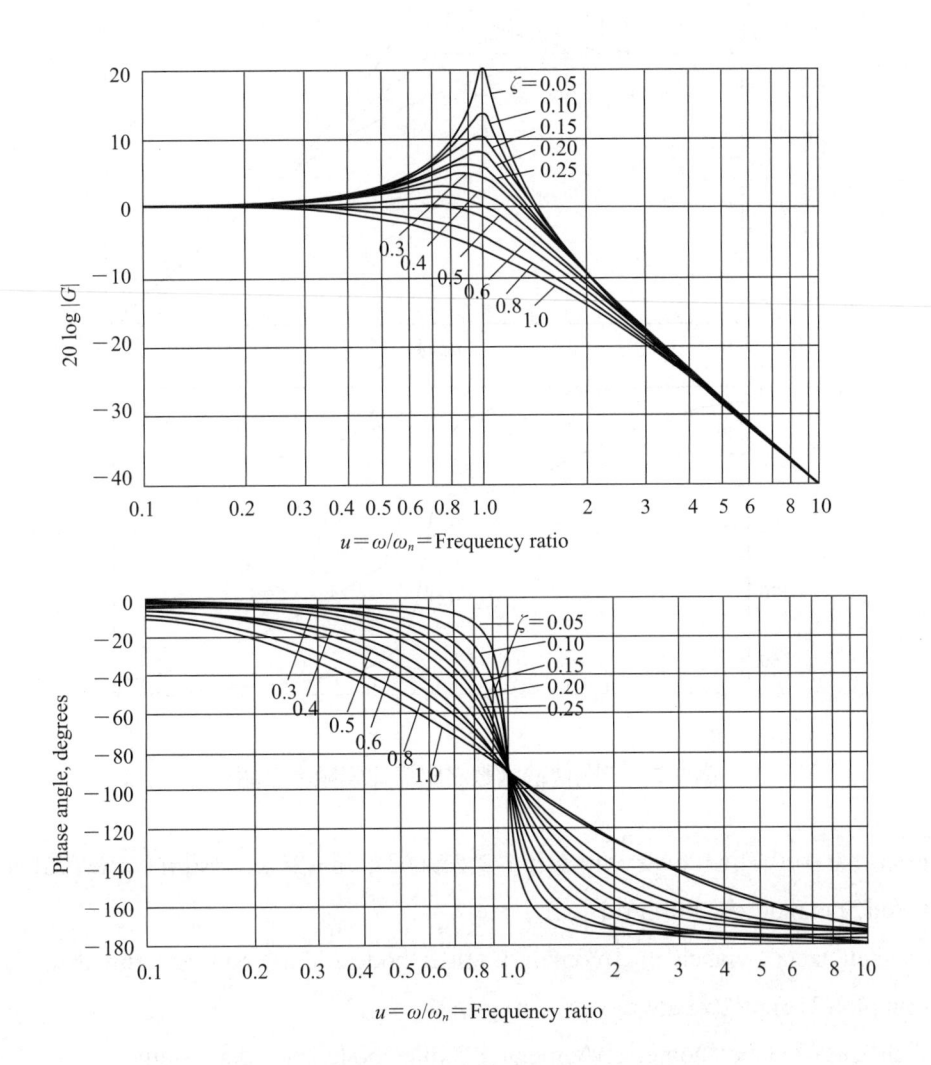

圖 9-6　二階傳輸函數之阻滯比與頻率之關係

而當 $0 < \zeta < 1$ 之間時,系統超行量 Mp 一定,可以由下面 MATLAB 程式作出圖來,與公式 (9-5) 互映,圖 9-7 為柏德圖增益及相位在 $0 < \zeta < 1$ 下之變化圖。

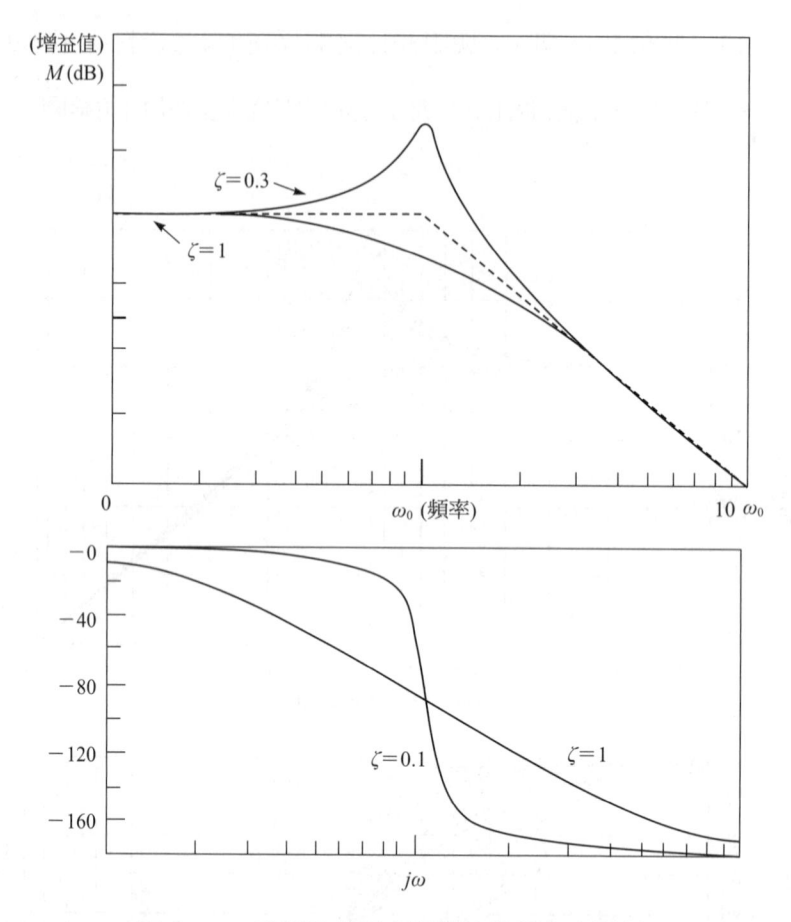

圖 9-7 二階傳輸函數之阻滯比與頻率之關係

```
zeta=[0.1:0.01:0.7];wr_over_wn=sqrt(1-2*zeta.^2);mp=(2*zeta.*sqrt(1-zeta.^2)).^(-1);
subplot(211),plot(zeta,mp),grid
>> xlabel('\zeta'),ylabel('m_{p\omega}'),title('bode 2ndordersystem mpwithzeta')
>> subplot(212),plot(zeta,wr_over_wn),grid
xlabel('\zeta'),ylabel('\omega_r/\omega_n'),title('bode 2ndordersystem
wp/wnwithzeta')
```

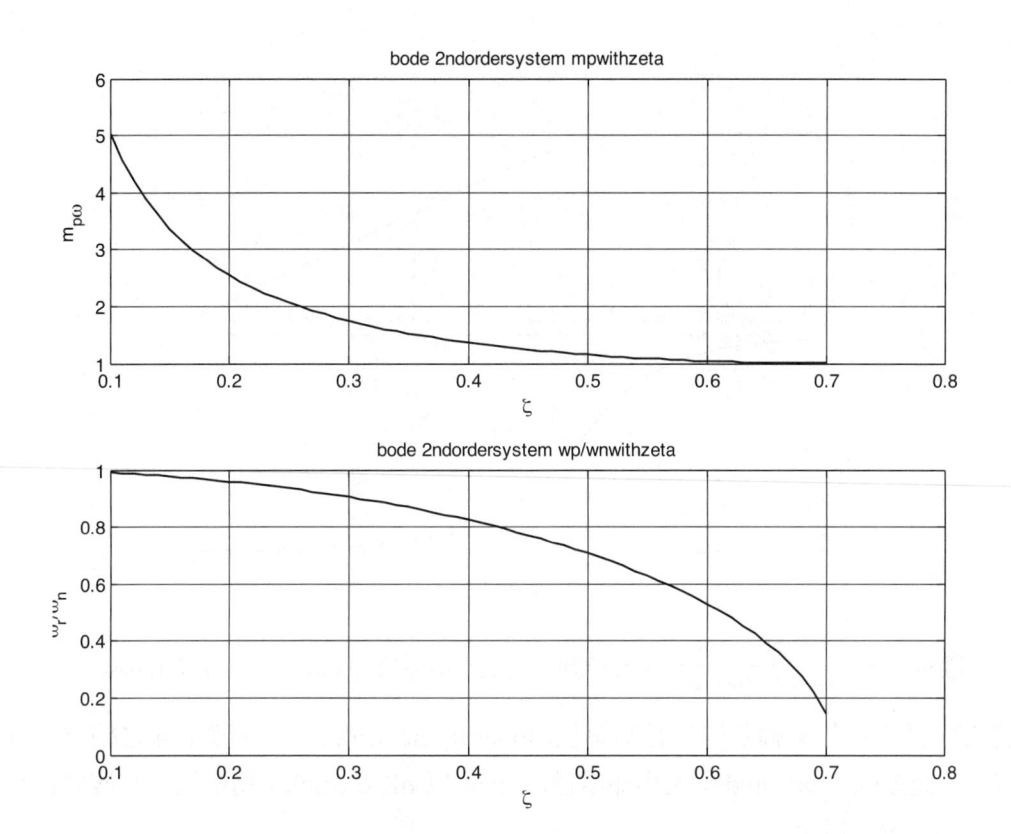

圖 9-8 圖中所示為超行量 Mp 之大小與阻滯比變化的關係 (參考資料 8)

◎ 9-3　MATLAB 在 Bode plot 上之應用／如何找 PM&GM

若有一個傳輸函數為三階：$\dfrac{50}{s^3+9s^2+30s+40}$ 將其分子分母寫成 bode (50,[1　9　30　40]) 則可得到下面結果：

```
n=50;d=[1 9 30 40];g1=tf(n,d)

Transfer function:

         50
----------------------
s^3 + 9 s^2 + 30 s + 40

>> bode(n,d)
>> grid on
```

306　自動控制

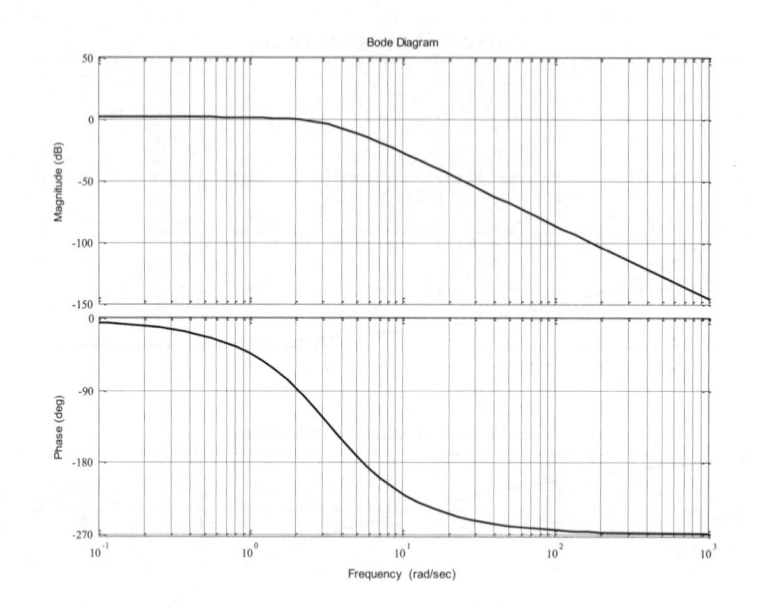

圖 9-9　$\dfrac{50}{s^3+9s^2+30s+40}$ 之柏德圖，其上為增益值 (gain) 其下為相位 (phase)

請注意圖 9-9 之 x-軸為以對數為單位 (logarithmic scale)，而左側下面之相位角以角度為單位，而振幅 (magnitude) 大小即增益值 gain 以 dB (decible) 為單位。其傳輸函數值 $G(j\omega)$ 與 dB 關係如下：

$$dB = 20*\log 10\,(G(j\omega))$$

在了解增益值範圍 (gain margin) (爾後簡稱 GM) 與相角範圍 (phase margin) (爾後簡稱 PM) 前，先了解一下一個閉迴路系統，其控制器僅為一個常數 K (gain) 之例題。

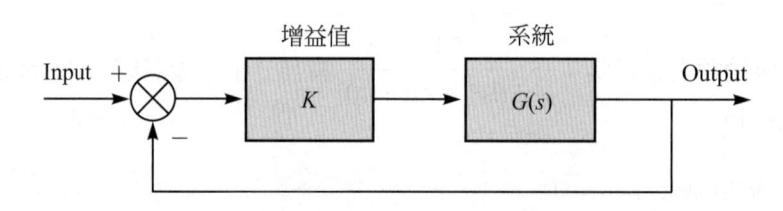

圖 9-10　純增益值迴路圖

上圖 9-10，K 為一常數，$G(s)$ 為系統之數模，而 GM 即表示在開迴路中 K 由穩定變到不穩定下值之大小範圍。如果經此系統之 GM 大表示此系統可容忍大的參數變化，即在參數變化範圍大下，系統仍保持穩定。

而相位角 (phase angle) 表示在時間延遲 (time delay) 多少的情況下，系統仍能保持穩定之時間容忍度，若說在一個迴路中，一個時間延遲超過 $180/\omega pc$ (其中 ωpc 表示當相位角移位 180° 時之頻率)，則此系統在閉迴路 (close loop) 中則變為不穩定，相位角與增益值，彼此獨立不會互相影響，下面就表示如何找一個系統的 GM 及 PM：

margin (50,[1 9 30 40])

則 MATLAB 會主動「畫」出 GM 與 PM 及量化數據寫在上面 (圖 9-11)。

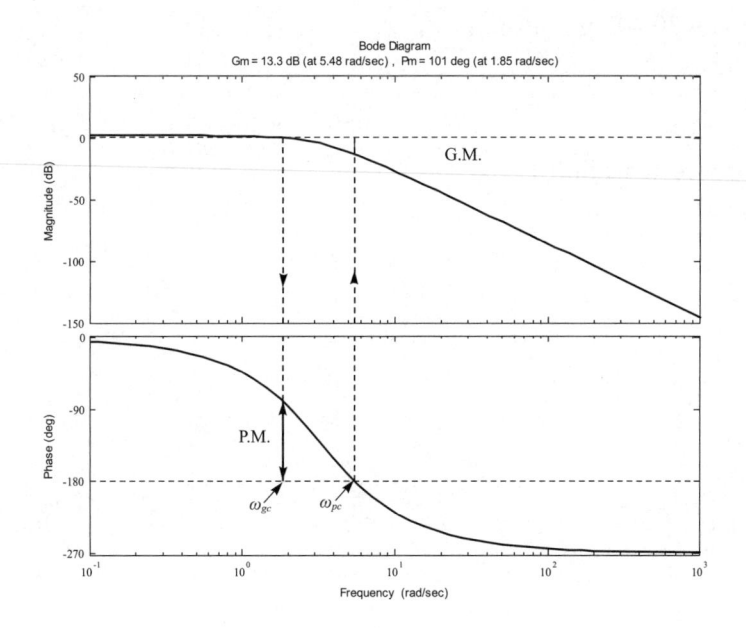

圖 9-11a 利用 Margin 繪出之 GM 與 PM 圖值 (黑實粗線)

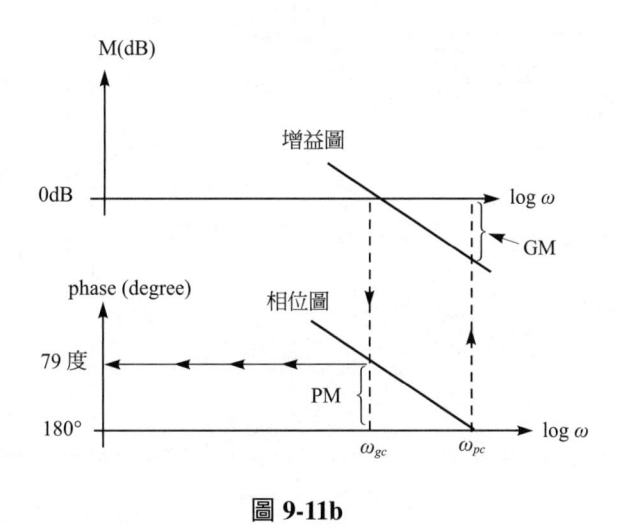

圖 9-11b

在圖 9-11 可看到 GM 約 13.3 dB 而 PM 約為 101 度。

例題 9-3

$$\frac{50}{s^3+9s^2+30s+40}$$ 求其 GM，PM，以及 ωpc 及 ωgc。同時利用滑鼠拉出其位置，並與 margin (G) 結果比對。

解

```
n =[50]; d =[1 9 30 40]; g1 =tf(n,d)
bode(n,d)
grid on
[gm,pm,wpc,wgc]=margin(g1)
gm =
   4.6019
pm =
   100.6674
wpc =
   5.4782
wgc =
   1.8483
```

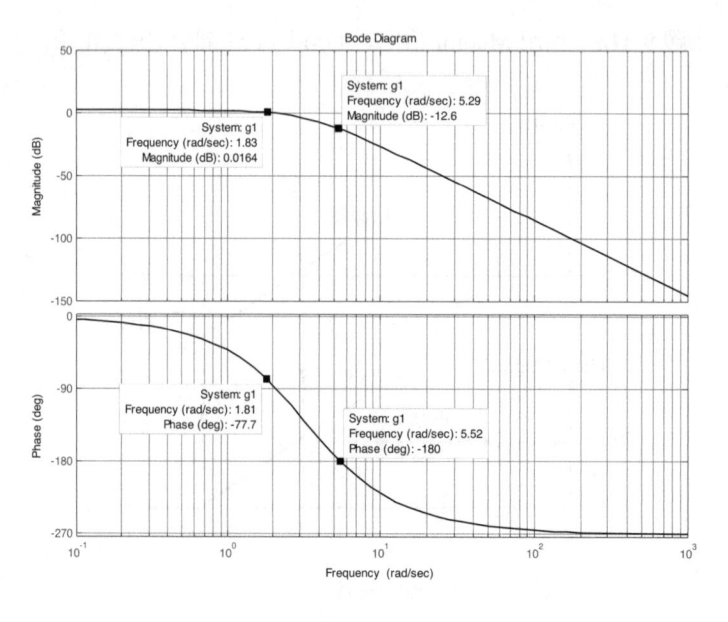

圖 **9-12(a)** 例題 9-3 之滑鼠定位資料

由於在圖 9-12(a) 中為用手控制滑鼠，故有點誤差，如 $-181°$ 不易訂在 $-180°$，故可作參考，實際以 margin 出來之值為準，其中 ω_{pc} 為由 phase 相角 $-180°$ 位置點與相圖交點向上交增益圖時之頻寬，而 ω_{gc} 為由增益圖向下交相圖之頻寬，圖 9-12(b) 為其時域反應圖，系統為穩定，但收斂較慢。注意，由 margin 指令得出之 GM 為值，必須 $20 \cdot \log_{10}(gm) = dB$ 值，才是圖 9-12(a) 上之 gain margin 故 $20 \cdot \log_{10}(4.6019) = 13.25$，與圖中所提 12.6 近似，因 12.7 為手控滑鼠所得有些誤差。

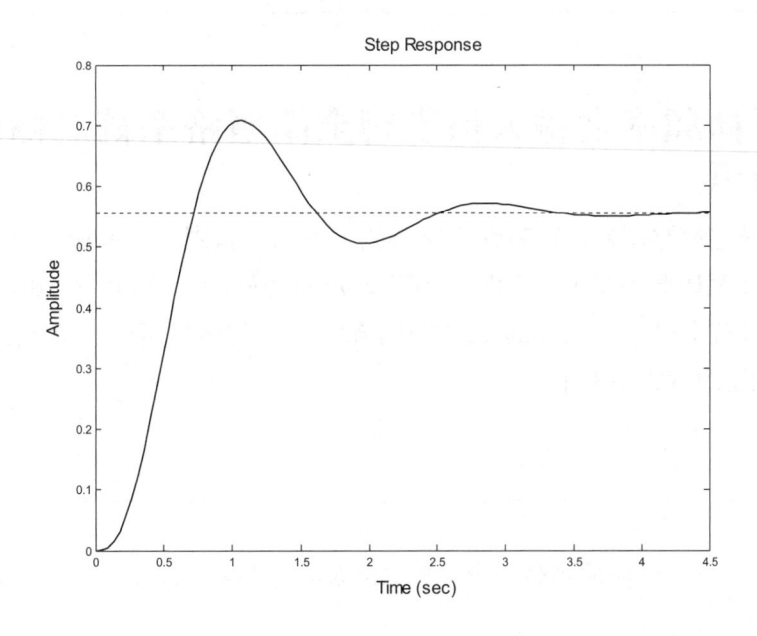

圖 9-12(b) 例題 9-3 之時域圖約 3.5sec 系統達穩態

在有些時候我們找不到相位圖形與 $-180°$ 之交角，此時之數學意義即表示該系統相位為無限大，自然 ω_{pc} 也是無限大，但增益值域範圍雖不是無限大，也是不小，故其也有 ω_{gc} 值，

在柏德圖中，得到 GM，PM，ω_{gc} 與 ω_{pc}，而系統穩定之條件為：

GM，PM 均 > 0

$\omega_{gc} < \omega_{pc}$

在圖 9-12(a) 中可以看到柏德圖可以得到一個系統 4 個重要之參數。

(1) 相位範圍 PM (phase margin)：在 9-12 圖上之 0 點位置與圖形交點 (0 dB) 向下劃，交圖形與相角 $-180°$ 之位置，則 $-180°$ 位置與圖形間之垂直距離即 PM。

(2) 截止角頻率 ωgc (cut off frequency)：其值為 $2\pi fc$ 單位為 rad/sec，其中 fc 為頻率，其單位為 Hz，透過 2π 作轉換。其物理意義為當頻率 (橫軸) 低過此 fc 時信號衰減度為 0 (表示輸出＝輸入) 但一旦高過此值則信號會衰減，且愈後面愈大。

(3) 增益範圍 GM (gain margin)：當在圖 9-12(a) (下) 中在 180° 位置與圖形交點向上劃上過 (上) 圖與 0 dB 線相交，中間垂直距離即為 GM。

(4) 過頻率相位頻率 ωpc (phase cross over frequency)：相位 $-180°$ 所對應之頻率。

以上四個變數可利用 [Gm，Pm，ωpc，ωgc]＝margin (G) 得到。注意此 ωgc 必須 $20 \cdot \log_{10} \omega gc = dB$。

◎ 9-4 不同頻率之輸入值影響全閉迴路系統之輸出值十分嚴重

要討論系統之反應用較大或較快之頻率輸入可以測試到一個系統追隨性，也就是說看其 GM 與 PM 基礎厚不厚，以下面 $\omega=0.3$ rad/sec (慢) (小) 及 $\omega=3$ rad/sec 為例，可以看出在此二階系統中以 $\omega=0.3$ rad/sec (深色) 輸入其追隨度算可以。但在圖 9-15 中以 $\omega=3$ rad/sec，則反應就跟不上了。

例題 9-4

設 $\dfrac{1}{s^2+0.5s+1}$ 為一傳輸函數，求其柏德圖及利用 bode (1,[1 0.5 1])，求其 GM 與 PM，並 $\omega=0.3$ rad/sec 與 $\omega=3$ rad/sec 看系統反應之輸出與輸入之追隨度。

解

```
> n1=[1];d1=[1 0.5 1];sys1=tf(n1,d1)
Transfer function:
       1
---------------
s^2 + 0.5 s + 1
>> bode(sys1)
>> grid on
gm =
   Inf
pm =
   41.4091
```

wpc =

Inf

wgc =

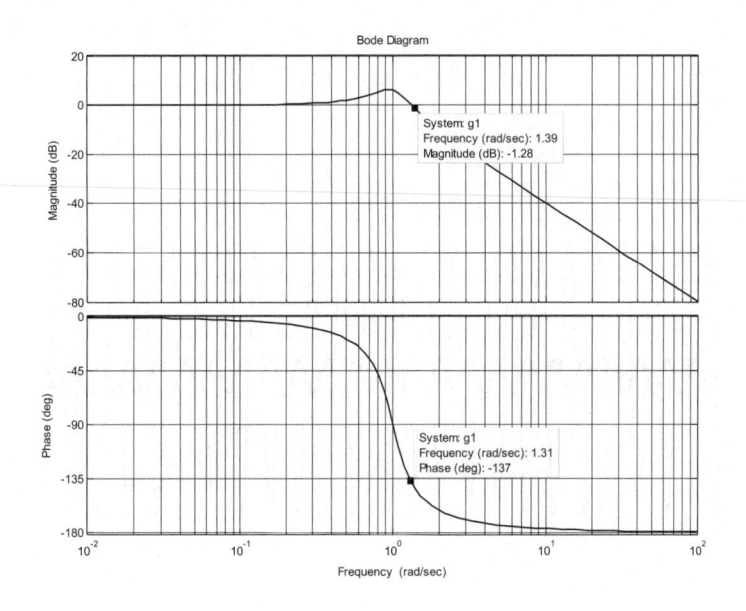

1.3229

圖 9-13 例 9-4 之柏德圖

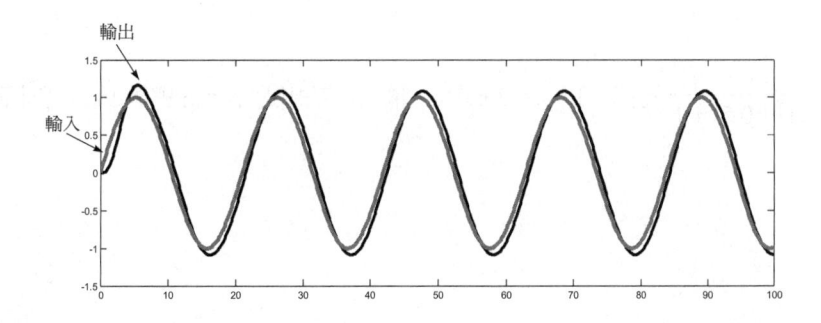

圖 9-14 以 $\dfrac{1}{s^2+0.5s+1}$ 為例，可以看到以頻率 $\omega=0.3$ 輸入與輸出之關係

```
w=3;
num=1;
den=[1 0.5 1];
t=0:0.1:100;
```

312　自動控制

```
u=sin(ω*t);
[y,x]=lsim(num,den,u,t);
plot(t,y,t,u)
axis([50, 100, －2, 2])
grid on
```

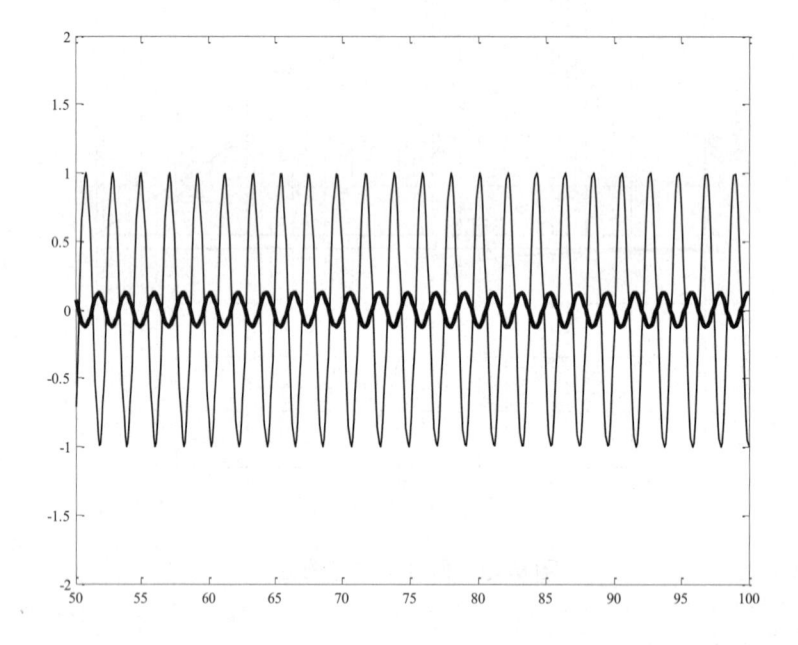

圖 9-15a　以 $\dfrac{1}{s^2+0.5s+1}$ 為例，以 $\omega=3$ rad/sec 輸入而輸出追不上的與圖 9-14 差十萬八千里了

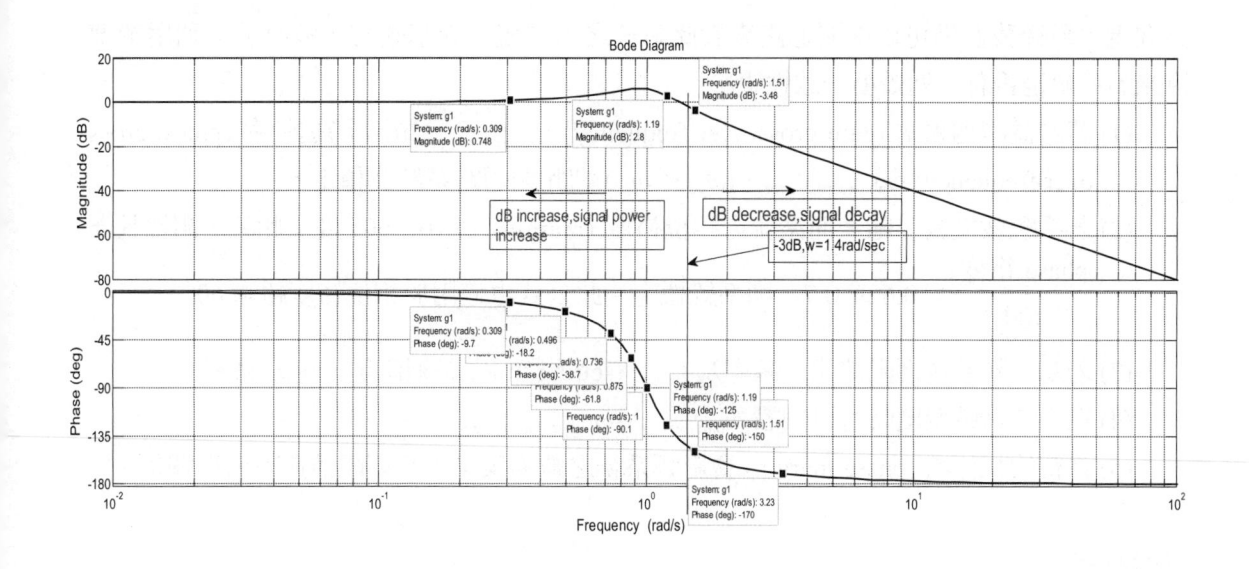

圖 9-15b　相位、增益值與 ω(頻率) 變化之關係

我們來分析一下此圖：

在圖 9-15a 中，其增益圖在 -3 dB 的地方 (不可以簡單，我在圖上找出為 -3.17 dB)，此值對以下面 $\omega \approx 1.4$ rad/sec，若把 ω 向左移變為 0.3 rad/sec，則其 phase 為 $-9.55°$「差」的就變多了。也所謂近於 out of phase 了，當輸入為 3 rad/sec 時，則其 output 之增益值為 -20 dB (為輸入值之 $\frac{1}{10}$)，則 phase 就「是」out of phase 約為 $-180°$ 了，我們可利用 "lsim" 來看此物理意義。我們用二個圖來看：一個是比 $\omega_{B.w}$ ($\omega=0.3$ rad/sec) 低；一個是比 $\omega_{B.w}$ ($\omega=3$ rad/sec) 高，二者作一比較。

在 $\omega=0.3$ 時可見二者 input 與 output，「跟隨」之狀況只差幾度，可以容忍 (如圖 9-14)，但當 $\omega=3$ 時，再看一下 (如圖 9-15) 即相差十萬八千里、out of phase 了。

◎ 9-5　close loop 性能分析

欲設計一個不但滿足規格，且要滿足一定程度之容忍度之系統 (或說適度之域)，則此系統必須先要透過 Routh 判斷是否有根 (pole) 在 S-plane 之右平面？若無，則先確定根在左平面之穩定特性，再用根軌跡來看若系統在參數變化外，有不穩定之可能是往哪個方向走。最後我們仍可以從開迴路來看此系統之「本錢」或基礎有「多厚」；利用柏德圖來看系統是否有下列幾項一致性：

(1) 若增益跨越頻率 (gain cross over frequency) $\omega_{\text{cross over}} \leq$ 相位跨越頻率 (phase cross over frequency) $\omega_{\text{phase cross over}}$，($\omega_{gc} < \omega_{pc}$) 則此閉迴路系統為穩定。

(2) 若系統數模為二階，而系統之相位裕度 (margin) 在 (0, 60) 度。此時，阻滯比 $\doteq \dfrac{\text{phase 裕度}}{100} > 0.6$ 或 0.7，則系統穩定。此公式也適用於相位裕度超過 60°。

(3) 若為二階系統則阻滯比、頻率及 t_{setting} (setting time) 必須滿足一定關係。

(4) 在系統階數適度時可以假設 $\omega_{\text{band width}} = \omega_{\text{Natural frequency}}$。

(5) 系統的相位域 (phase margin) 會影響系統之暫態反應，且與阻滯比有密切關係。

例題 9-5

如圖 9-16，求 $G(s) = \dfrac{10}{1.25s+1}$ 之上昇時間，GM 與 PM。而且要滿足：

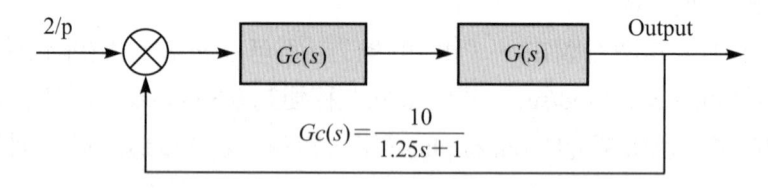

圖 9-16　一階之迴路圖

(1) 穩態之誤差值 $\doteq 0$，
(2) 最大超行量 (Max. over shoot) $\leq 40\%$，
(3) 達到穩態之時間 $t_{\text{setting}} \leq 2$ sec。

解

```
num = 10;
den = [1.25,1];
bode(num, den)

>> grid on
>> margin(10,[1.25 1])
>> grid on
```

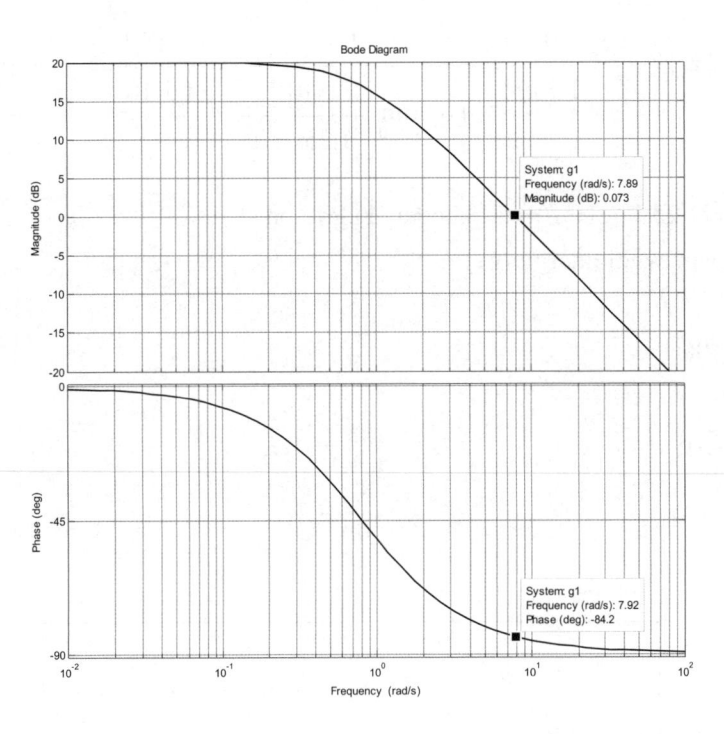

圖 9-17　$\dfrac{10}{1.25s+1}$ 之一階 bode 圖

(1) 由圖 9-17 中之增益 dB 值圖中，找出 -3dB 位置，所在點即 ω_B，此 ω_B 為切點頻率 (cut off frequency)，略等於頻寬 (band width)，本題中由滑鼠可得 $\omega_B \doteqdot 11.3$ rad/sec＝a，而時間常數 $T=\dfrac{1}{a}=\dfrac{1}{\omega_B}$，若輸出函數或信號為階梯函數 (step)，則上昇時間 tr＝$2.2 \cdot \dfrac{1}{a}=\dfrac{2.2}{a}=\dfrac{2.2}{11.3}=0.1947$ sec。
故時間常數增大，則 ω_B 頻寬愈寬，則反應愈快。
以上表示系統頻寬與上昇時間快慢有關。

(2) 系統之相位裕度約 $\approx 95.7°$，故由一致性 (2) 相對應之阻滯比約 $\dfrac{\text{P.M.}}{100}=\dfrac{95.7}{100}=$ 0.957，此值 > 0.7，故為過阻滯 (over damping)。

(3) 由圖 9-18 可看出超阻滯下，幾乎沒有超行量 (利用指令：step (g1))。

(4) 由於系統 $G(s)=\dfrac{10}{1.25s+1}=\dfrac{10}{s^0(1.25s+1)}$，為 type 0 之系統，

其穩態誤差值 $e_{ss} = \dfrac{1}{1+kp} = \dfrac{1}{1+\lim\limits_{s \to 0} \dfrac{10}{1.25s+1}} = \dfrac{1}{1+10} = \dfrac{1}{11} = 0.0909$

```
n1=[10];d1=[1.25 1];g1=tf(n1,d1);bode(g1);grid on
>> [gm,pm,wpc,wgc]=margin(g1)
gm =   Inf
pm =   95.7406
wpc =   NaN
wgc =   7.9578
step(g1)
grid on
```

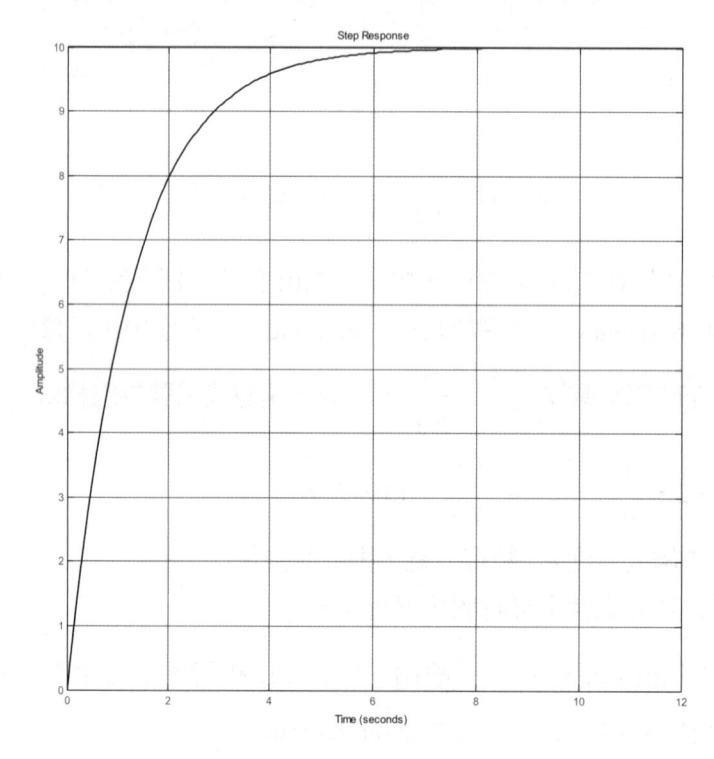

圖 9-18　系統時域圖

例題 9-6

承上題,若 $G_c(s) = \dfrac{s+1}{s}$,求原系統之柏德圖及 PM,GM。

解

(1) 上題中時域反應可看出為標準之一階且 $t_r = 0.2$ sec,穩態誤差 (S.S. error) 為 9%。

(2) 現在以階梯函數為輸入,用控制器 G_c 來改善此系統,使穩態誤差降到 0.004 且使反應時間達到穩態之時間變快,見圖 9-20。

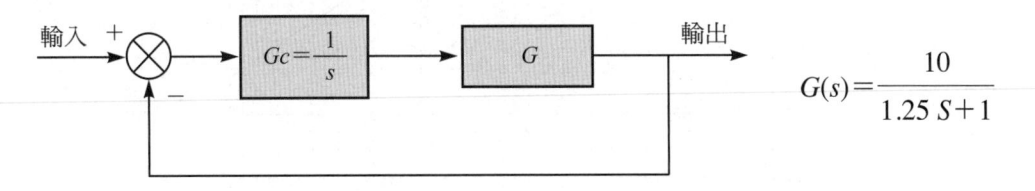

圖 9-19 系統加一個控制器

(1) 指令如下:

```
num = [10];
den = [1.25, 1];
numPI = [1];
denPI = [1 0];
newnum = conv(num,numPI);
newden = conv(den,denPI);
bode(newnum, newden, logspace(0,2))
grid on
[gm,pm,wpc,wgc]=margin(newnum, newden)
gm =    Inf
pm =    16.0958
wpc =   Inf
wgc =   2.7724
```

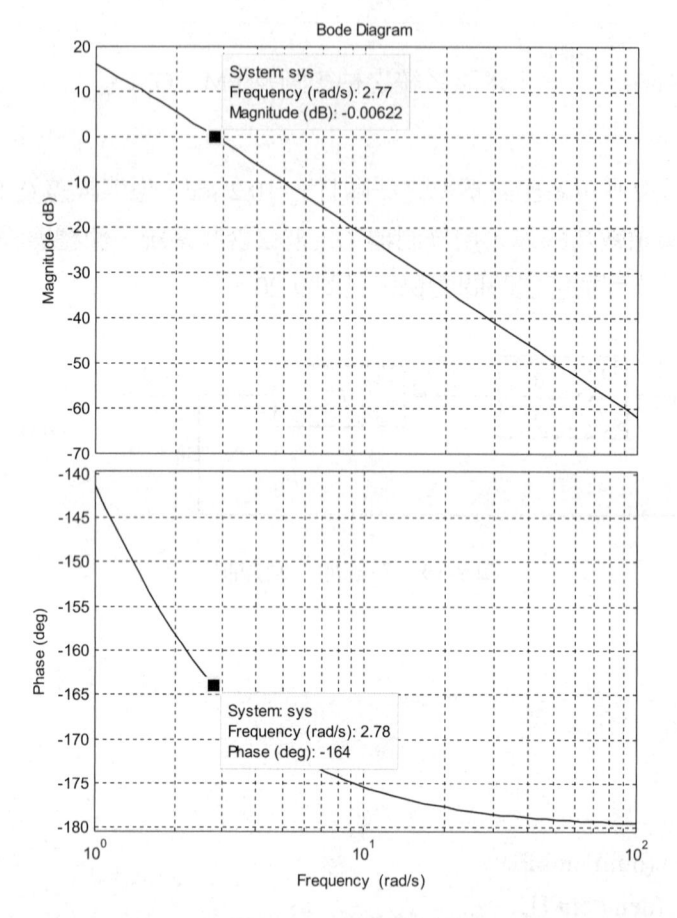

圖 9-20　系統加一個積分器 $\dfrac{1}{s}$ 之反應

第 9 章　頻域反應分析　319

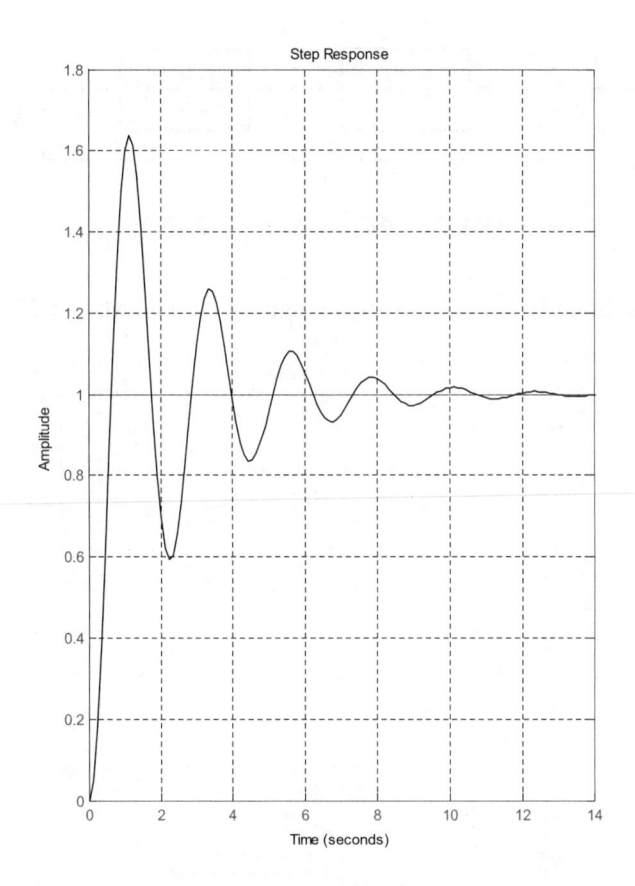

圖 9-21　積分器加入後之全系統時域反應，$t=14''$ 才穩定

(4) phase margin 太小 (只有 16°)，bandwidth 頻率太低 (僅有 2.77 rad/sec) (16°)。現在，我們以例題 9-7 來改善控制器把 $G_c(s)=\dfrac{1}{s} \to \dfrac{s+1}{s}$ 多了一個 zero＝1，再看其結果。

例題 9-7

承上題把 $G_c=\dfrac{1}{s}$ 換成 $G_{c1}=K\dfrac{s+1}{s}$，試求其系統反應時間及穩態誤差值 e_{ss} 及 PM 與 GM，若 $K=5$，再比較其反應性能。

解

(1) 再設計系統分子加一個值

其中若 G_{c1} 之 controller 為 PI，則 $G_c(s)=\dfrac{s+a}{s} \cdot K$ (比例積分控制器) 其全系統圖如圖 9-22 開迴路之 bode 圖為圖 9-23。

320 自動控制

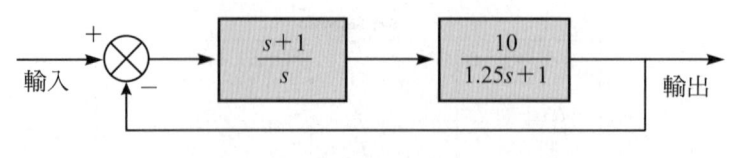

圖 9-22 控制器為 $\dfrac{s+1}{s}$ 之系統

(2) MATLAB 及 bode 程式如下，利用 mangin 再看其 G.M. & P.M.

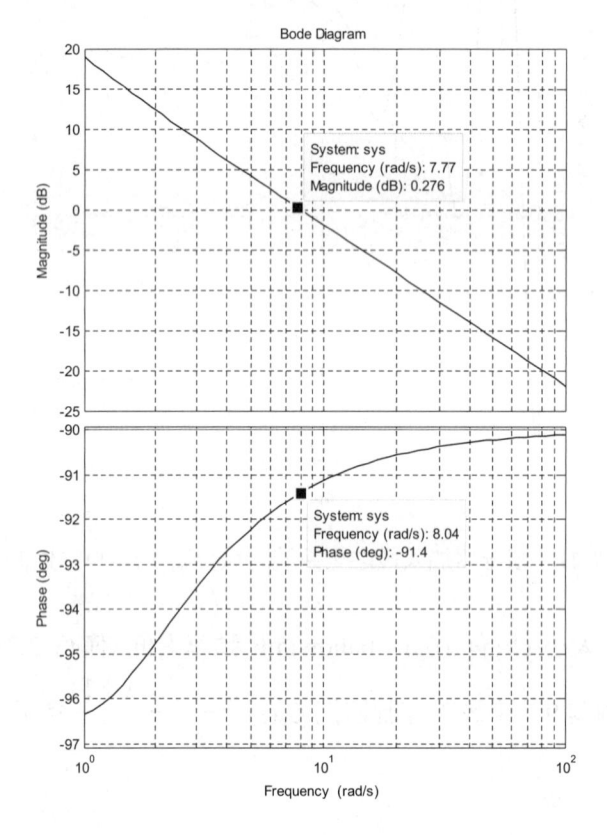

圖 9-23 系統加 $\dfrac{s+1}{s}$ 為控制器之反應，相位增大

```
Added one zero s+1/s
num = [10];
den = [1.25  1];
numPI = [1 1];
denPI = [1 0];
newnum = conv(num,numPI);
newden = conv(den,denPI);
bode(newnum, newden, logspace(0,2))
[gm,pm,wpc,wgc]=margin(newnum, newden)
```

```
gm  =   Inf
pm  =   88.5894
wpc =   NaN
wgc =   8.0221
```

(3) 圖 9-23 中頻率已由 2.77 rad/sec → 8.04 rad/sec 頻寬變大，且 phase margin 也為 −88.58° 左右。若再乘一個 gain 使頻率及 phase 可再相對增加。(圖 9-24) phase margin 則更增大。

(4) 其 time response 之圖形。

其 steady Ts＝0.146，其 error for S.S ≈ 1−0.996＝0.004 (圖 9-26) 合乎需求

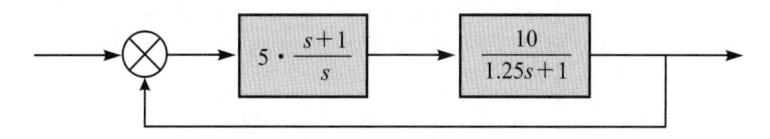

(5) $5 \cdot \dfrac{s+1}{s}$ 之分析

圖 9-24 系統加一個 PI 之方塊圖

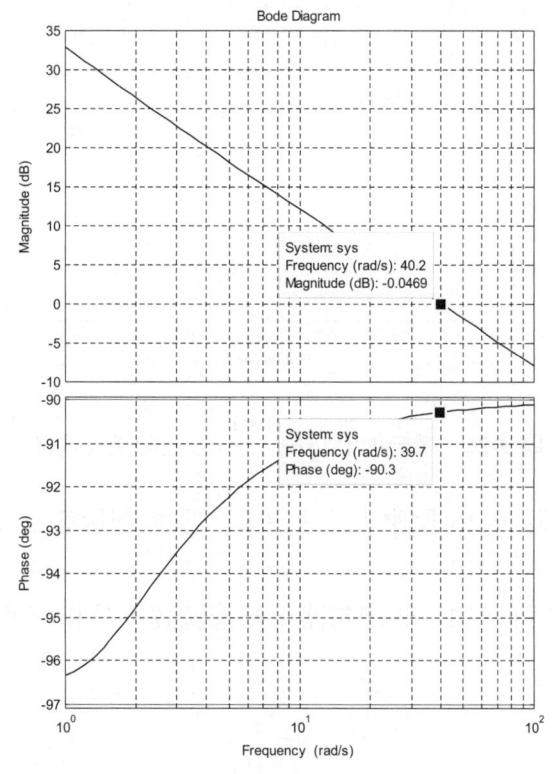

圖 9-25 在 $\dfrac{s+1}{s}$ 前再加一個增益 $K＝5$，$5 \cdot \dfrac{s+1}{s}$ 之圖

```
n1=[50 50];d1=[1.25 1 ];g1=tf(n1,d1);gf1=feedback(g1,1);t=0:0.01:0.8;step(gf1,t);grid on
>> [gm,pm,wpc,wgc]=margin(g1)
gm =   Inf
pm =   89.7137
wpc =  NaN
wgc =  40.0059
```

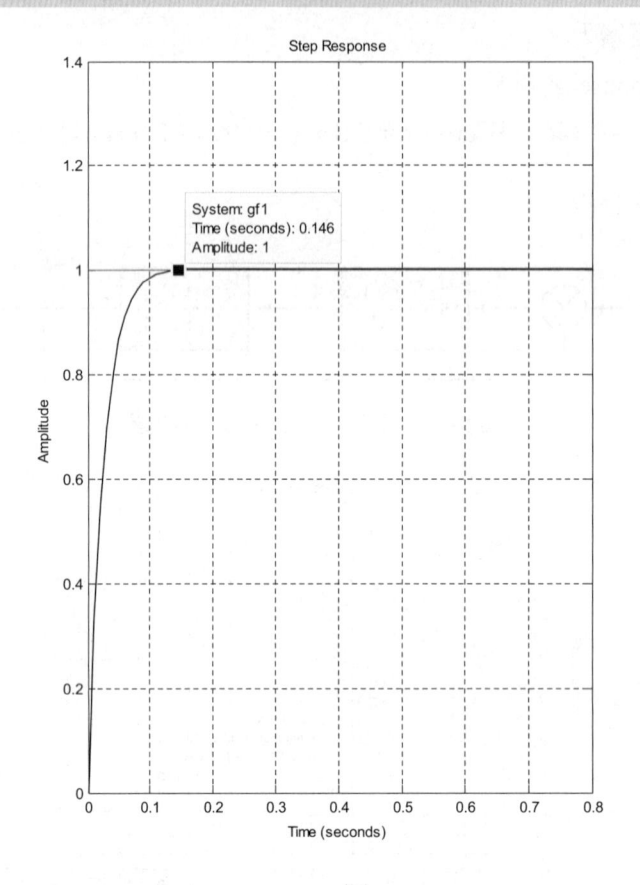

圖 9-26 系統加上 $(5 \cdot \dfrac{s+1}{s})$ 後之時域反應圖

與圖 9-21 相比，圖 9-26 反應上快了許多，原來到穩態為 14″，圖 9-26 現縮為 0.146″。

以上為利用原系統可增加一個控制器用柏德圖逐步分析其系統反應之實例 (例題 9-5、9-6、9-7)。

◎ 9-6 奈奎斯圖 (Nyquist Diagram)

奈奎斯圖是用開迴路行為來預測閉迴路系統之穩定性及其性能。在作柏德圖設計時先有一假設條件：此系統在開迴路下為穩定才可作設計，而用 Nyquist plot 則不管原先系統在開迴路下是否穩定均可設計。所以說一旦在作系統設計前沒有檢查開迴路穩定與否而在柏德圖受阻時，即可用奈奎斯法則來看閉迴路之穩定性。

奈奎斯圖是由 MATLAB 指令 Nyquist 所產生之一個圖形，把系統之反應在輸入傳輸函數 (單輸入或多輸入) 下，求出系統在不同頻率下之 GM 與 PM。

根據參考資料 8 及網路維基百科有關奈奎斯穩定準則 (Nyquist stability Criterion) 可簡化如下：

(1) 在繪出奈奎斯圖形後，所形成之圖形 (contour) 不包括 (−1, 0) 點，則系統為穩定。
(2) 若其圖形所示反時針通過 (−1, 0) 之圈數要等於系統圖形在右平面之極點 (pole) 個數 (或根個數) 時，系統為穩定。
(3) 若繪出圖形在 (−1, 0) 上，則系統為不穩定。
(4) 若繪出圖形包括 (−1, 0) 點，則必須滿足 Z＝P＋N 之條件 (詳如後述) 之圈數 (逆為負)。

依據參考資料 2 中所述其表示法有 8 種，諸位可用同一個傳輸函數為主系統，來看其特性。

依參考資料 2 中之資料可以為例題。

例題 9-8

求傳輸函數 $G(s) = \dfrac{2s^2 + 5s + 1}{s^2 + 2s + 3}$ 之 Nyquist 特性圖並找出特別頻率下對應之虛根之位置。

解

利用滑鼠可求出各點之特性關係及各點依增益值不同看其大小，正者穩定，負者不穩定，再由 N、Z、P 之關係作檢驗。見圖 9-27。

```
n1=[2 5 1];d1=[1 2 3];g1=tf(n1,d1);nyquist(g1);grid on
```

圖 9-27

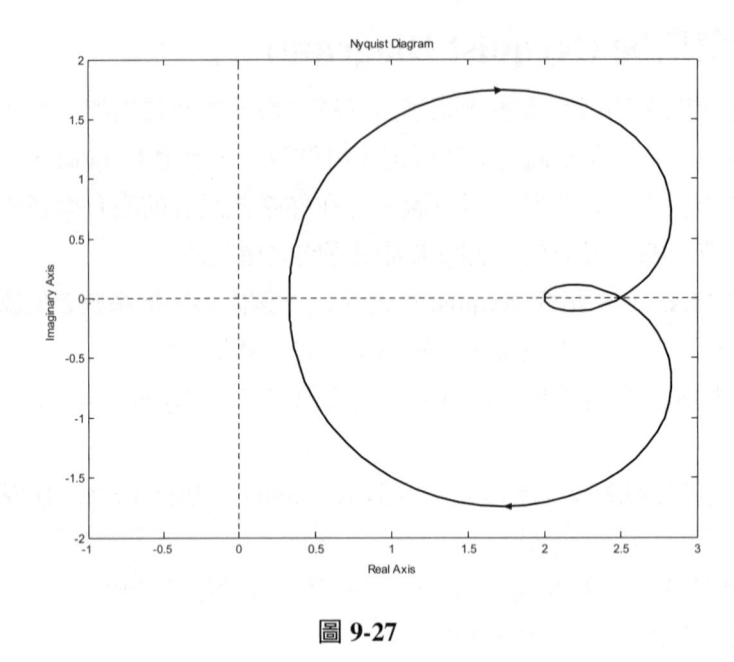

(1) 由根判別其分母根為 $-1 \pm 1.4142i$ 表示根在左平面上，其分子根為 -2.28 及 -0.2192 也在左平面上，故系統為穩定。
(2) 由 Nyquist 指令及準則，圖形並未包含 $(-1, 0)$ 點 (圖 9-27)。
(3) 由 MATLAB 指令：其中柏德圖見圖 9-28。

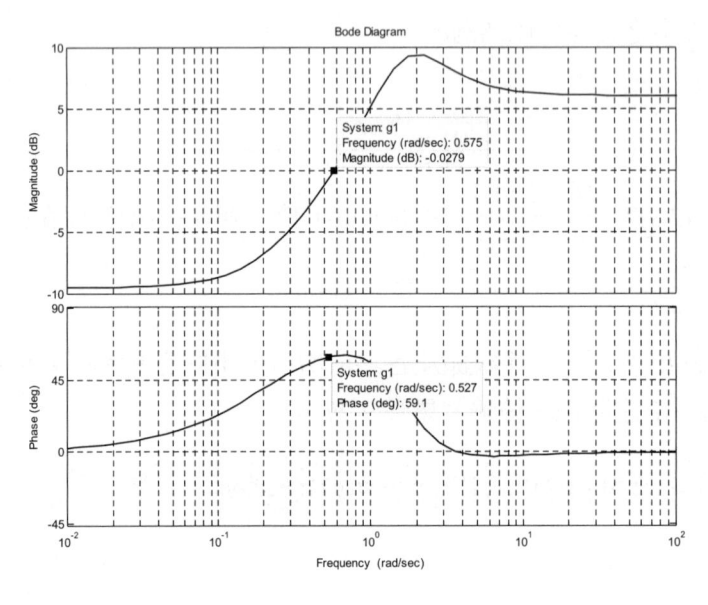

圖 9-28　$G(s) = \dfrac{2s^2 + 5s + 1}{s^2 + 2s + 3}$ 之柏德圖

```
r=roots([1 2 3])
r =  -1.0000 + 1.4142i
     -1.0000 - 1.4142i
>> bode(g1);[gm,pm,wpc,wgc]=margin(g1)
gm =   Inf
pm = -120.0000
wpc =   NaN
wgc =   0.5773
>> grid on
>> nyquist(g1)
>> gf1=feedback(g1,1);grid on
>> step(gf1)
>> grid on
```

(4) 由時域圖圖 9-29 看出系統收斂約在 6 秒，系統穩定。

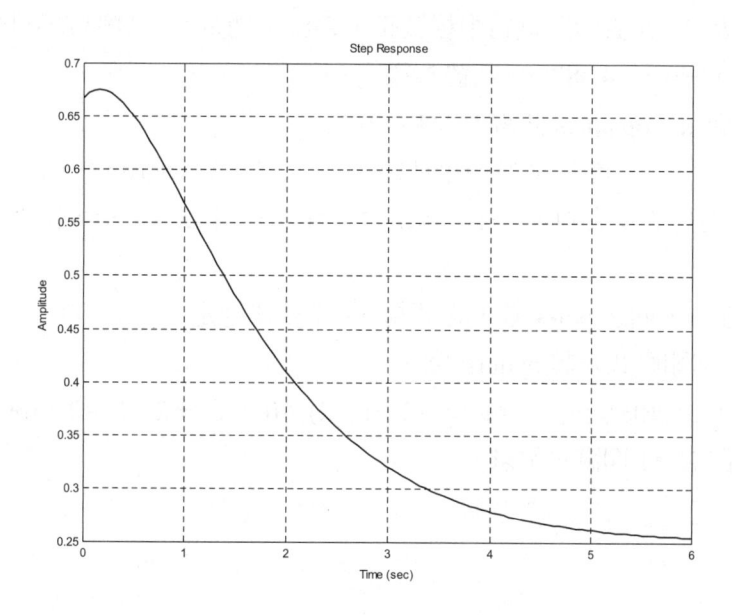

圖 9-29　時域圖

9-7 奈奎斯圖法 (N、Z、P法)

例題 9-9

試由圖 9-30

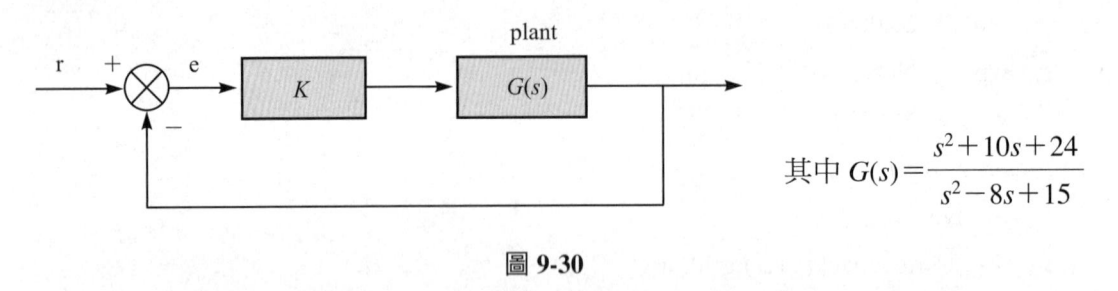

```
r ──+→○──e──→[ K ]──→[ G(s) ]plant──→
      -↑_____|
```

其中 $G(s) = \dfrac{s^2+10s+24}{s^2-8s+15}$

圖 9-30

請調適當之 K 使其閉迴路下系統 $G(s)$ 為穩定。

解

(1) 先求分母根 r＝roots ([1 －8 15])
    求出根為 3，5 表示開迴路中根為正，系統不穩定。一旦形成閉迴路如圖 9-30，則根為，$-0.5 \pm 4.3875i$，系統為穩定。
    P 代表 open loop poles 個數，∴ P＝2。

(2) 分析 $Z=P+N$，其中 N 為奈奎斯圖繞 -1 之次數 (或圈數)，順時針表正方向繞 -1，反時針表逆方向繞 -1。本題中，圖 9-31 中 $K=1$ 時，繞 2 圈，故 $N=-2$ (逆時針)。

(3) Z 為落在右平面之 poles 數，必須為 0，系統才穩定。

(4) 設 $K=1$ 則即原式求其 nyquist 圖。
    可得圖 9-31 知繞 -1 二圈，$z=2+(-2)=0$ ∵ $+2-2=0$，for $K=1$，表示一旦閉迴路 $K=1$ 即滿足須求。

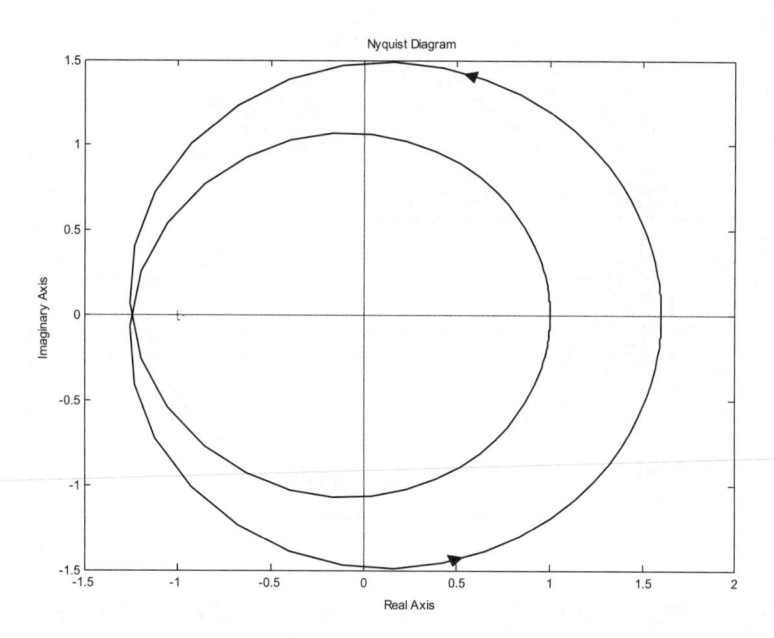

圖 9-31　奈奎斯圖 $K=1$，經過 $(-1, 0)$ 但滿足 $Z=P+N=0$，故為穩定系統

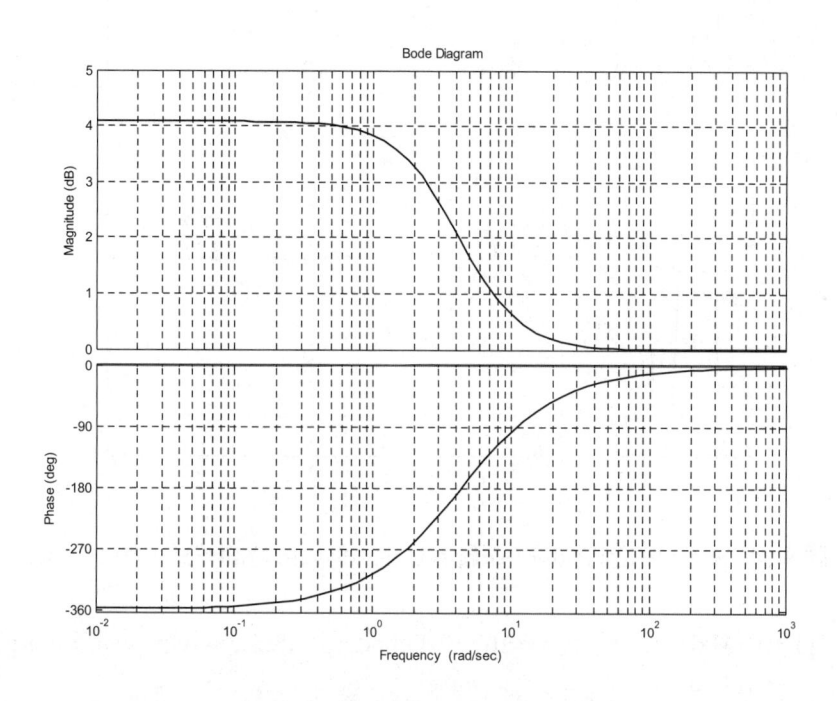

圖 9-32　柏德圖，看見 PM 與 GM

328　自動控制

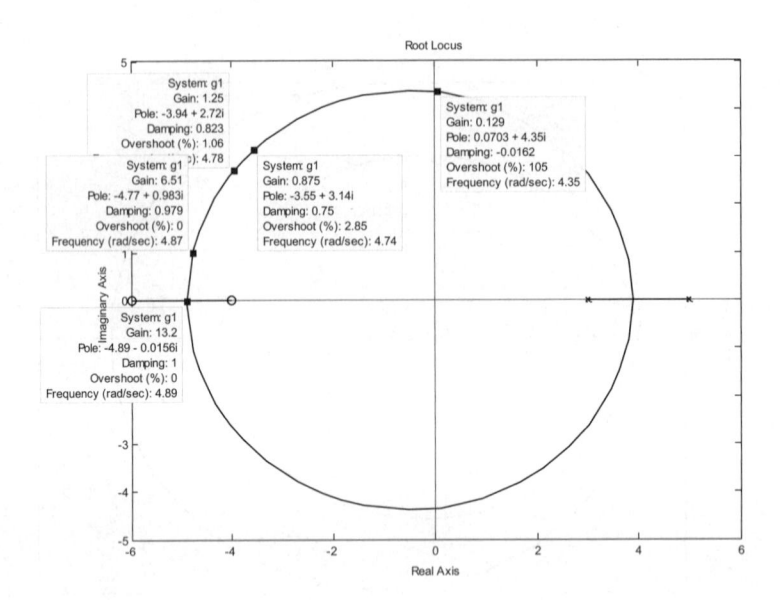

圖 9-33　由根軌跡圖知當 $K=0.129$ 時，在虛軸上系統不穩，而 $K=1.25$，系統與 $K=1$ 即為穩定

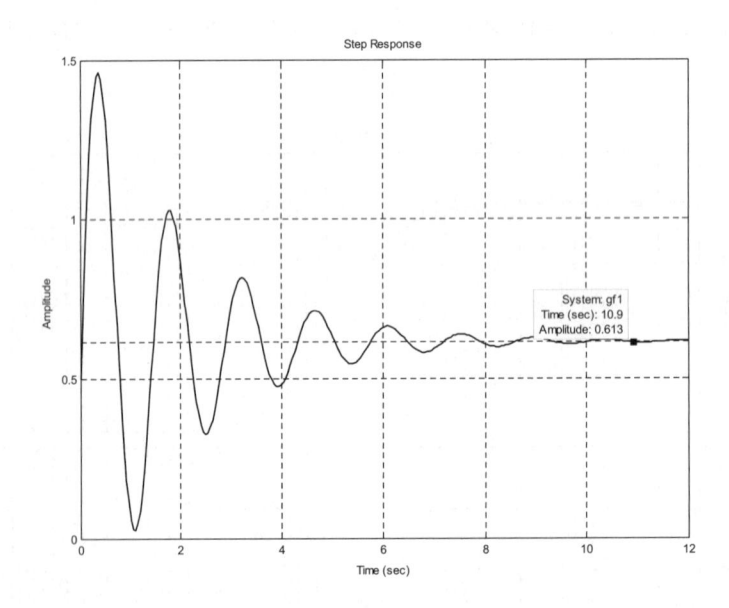

圖 9-34　$K=1$ 時之時域圖，系統為穩定，但收斂時間較長，$t=10.9$ sec

```
n1=1*[1 10 24];d1=[1 -8 15];g1=tf(n1,d1);bode(g1);[gm,pm,wpc,wgc]=margin(g1)
gm =    0.8000
pm =   -180
wpc =    4.3589
```

```
wgc =   Inf
>> grid on
>> rlocus(g1)
>> r=roots([1 -8 15])
r =    5
       3
>> nyquist(g1)
>> rlocus(g1)
>> grid on
>> n1=0.8*[1 10 24];d1=[1 -8 5];g1=tf(n1,d1);bode(g1);[gm,pm,wpc,wgc]=margin(g1)
Warning: The closed-loop system is unstable.
gm =   1.0000
pm =  7.5065e-004
wpc =   4.3589
wgc =   4.3589
>> rlocus(g1)
>> grid on
>> n1=6*[1 10 24];d1=[1 -8 15];g1=tf(n1,d1);bode(g1);[gm,pm,wpc,wgc]=margin(g1)
gm =   0.1333
pm =   Inf
wpc =   4.3589
wgc =   NaN
>> gf1=feedback(g1,1);step(gf1);grid on
>> rlocus(g1)
```

(5) $K = 0.8$ 時,發現其分母根在閉迴路下為 0 及 -19,一根剛好在極點上,且 GM 與 PM 看值很小,系統為不穩定,且時域圖如圖 9-36,其奈奎斯圖可發現圖形剛好落在 $(-1, 0)$ 上。

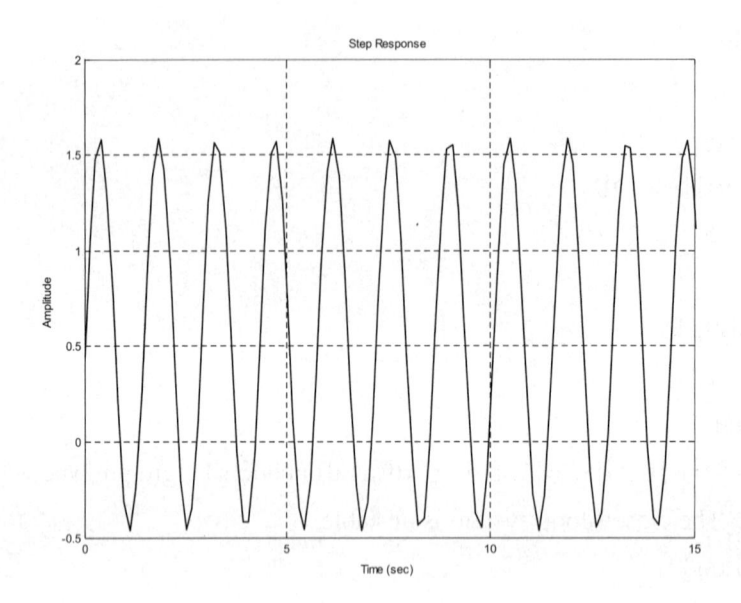

圖 9-35 *K*＝0.8 系統不穩定

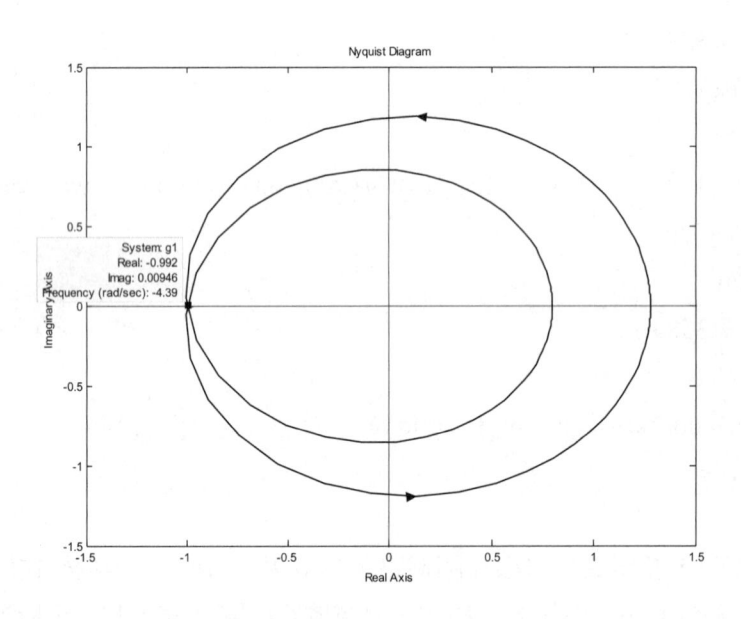

圖 9-36 *K*＝0.8 由奈奎斯圖知圖形就在 (−1, 0) 上，不穩定

依奈奎斯圖之穩定性，依 (−1, 0) 點與圖型軌跡之距離而定若在系統之複數平面圖形上有 Z 個根 (分子根) 在右平面上，有 P 根 (分母根) 在右平面上，則特性方程式由 Nyquist 所得之圖形順時繞 (−1, 0) 點之個數 N 必須滿足

$$Z = P + N$$

因系統穩定之根—分母根 P 必須存在左平面上,故 $P=0$。

$$N = Z \quad \text{或} \quad N + P = 0$$

為系統穩定之條件。

在圖 9-27 之圖中可知分子二根,-2.28,-0.2192 為穩定系統奈奎斯圖 (Nyquist) 實際上就是波德圖之極座標表示法,其參數為頻率,以通過 $(-1, 0)$ 為參考點,而 GM 與 PM 之關係如下 (圖 9-37),典型之奈奎斯圖為四種可能之圖示 (如圖 9-38) (參考資料 1)。

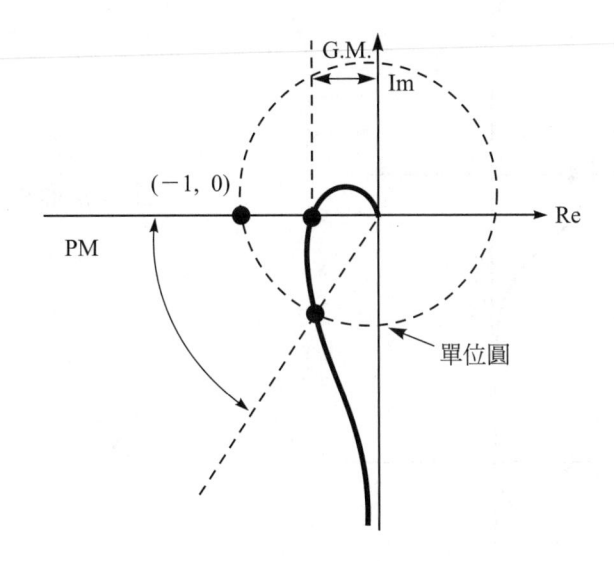

圖 9-37 奈奎斯圖之 GM 與 PM

332 自動控制

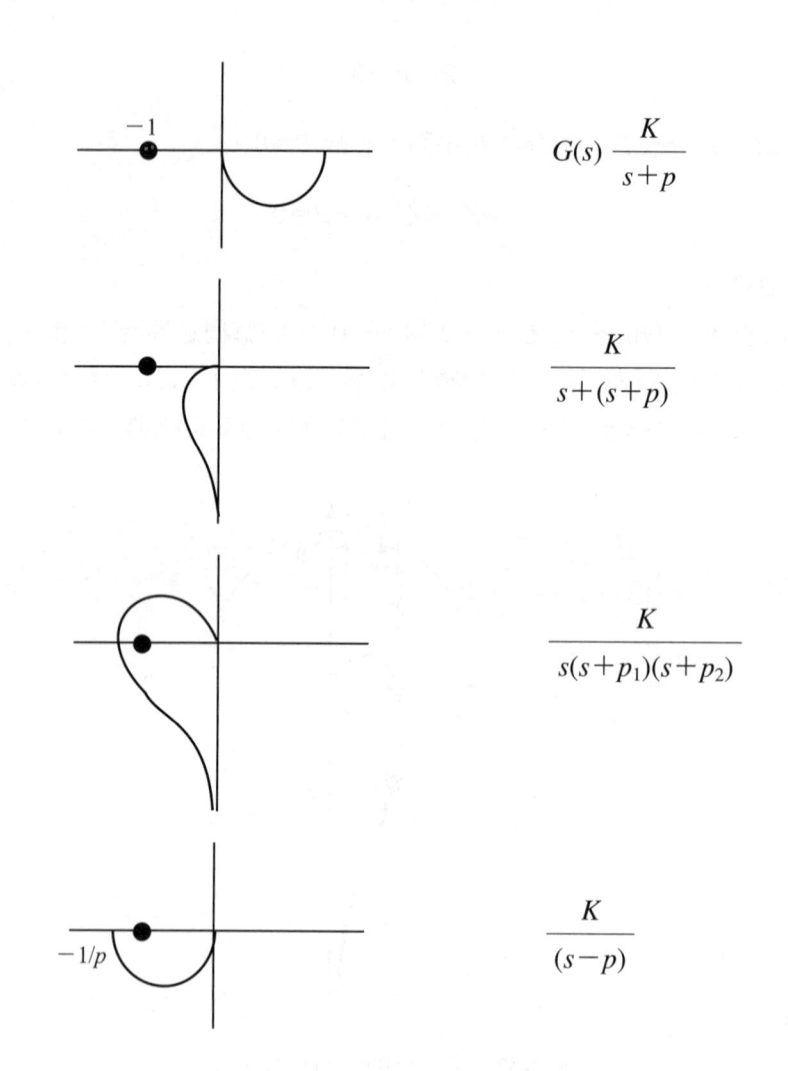

$$G(s)\ \frac{K}{s+p}$$

$$\frac{K}{s+(s+p)}$$

$$\frac{K}{s(s+p_1)(s+p_2)}$$

$$\frac{K}{(s-p)}$$

圖 9-38 奈奎斯圖之四種傳輸函數式

例題 9-10

試以下列 (a) $\dfrac{0.5}{s+0.5}$，(b) $\dfrac{0.5}{s-0.5}$，利用柏德與奈奎斯圖來判斷系統之穩定及不穩定，且利用 margin 之指令求出其量化之 GM 與 PM。

解

第 9 章　頻域反應分析　333

(a) (1)
```
n1=[0.5];d1=[1 0.5];g1=tf(n1,d1);[gm,pm,wpc,wgc]=margin(g1);bode(g1)
>> grid on
>> [gm,pm,wpc,wgc]=margin(g1)
gm =  Inf
pm =  -180
wpc =  NaN
wgc =   0
>> nyquist(g1)
>> grid on
>> rlocus(g1)
>> gf1=feedback(g1,1);step(gf1)
>> grid on
```

(2) 圖 9-39 可看出 PM 為負值，且找不到 ωpc，雖然分母極點根在 -0.5，其奈奎斯圖所得 Z＝0，P＝0，N＝0 (圖 9-40)。
故 N＝P 故系統穩定。時域圖如圖 9-41。

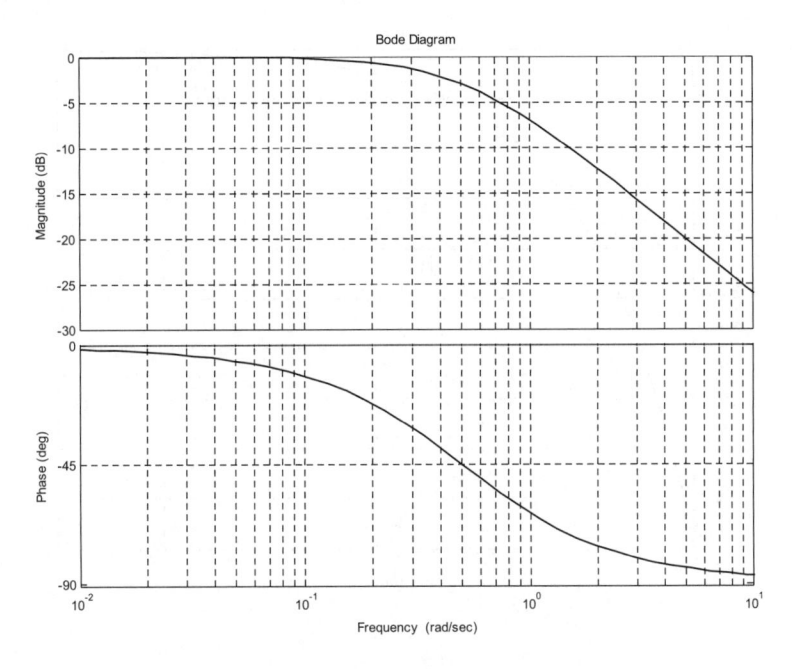

圖 9-39　例題 9-10 $\dfrac{0.5}{s+0.5}$

334 自動控制

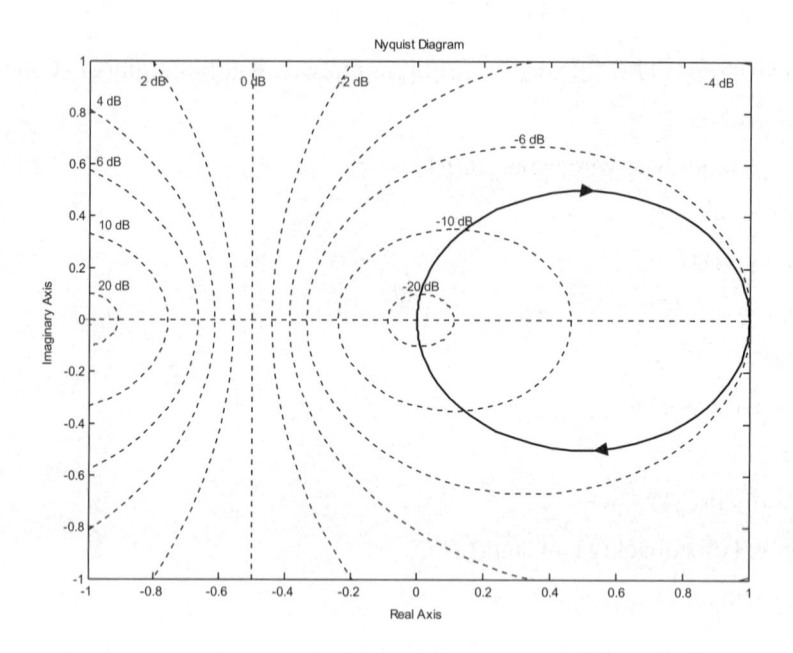

圖 9-40　例題 9-10 $\dfrac{0.5}{s+0.5}$ 之奈奎斯圖

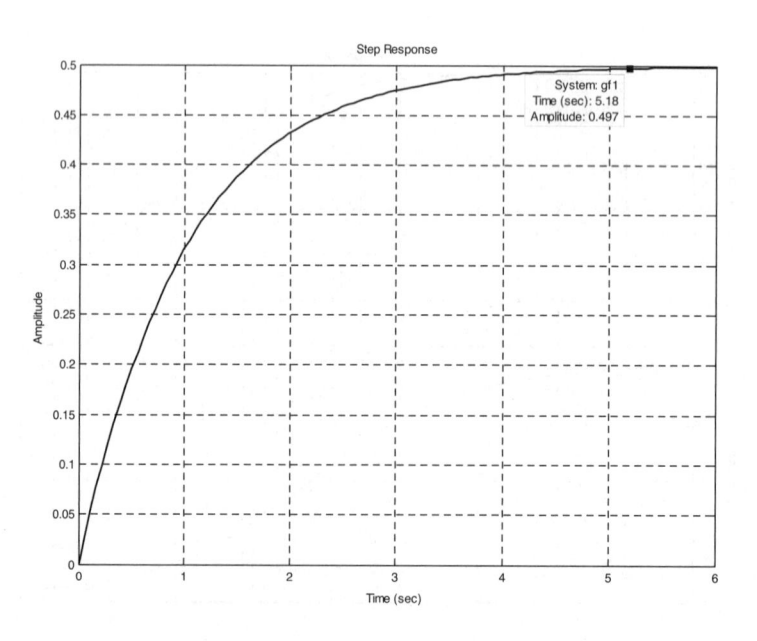

圖 9-41　例題 9-10 $0.\dfrac{0.5}{s+0.5}$ 之時域圖收斂於 6 sec 左右

(b) 由所得之圖形 PM＝0，且 Nyquist 圖形即在 (－1, 0) 點上為不穩定系統。

n1=[0.5];d1=[1 -0.5];g1=tf(n1,d1);[gm,pm,wpc,wgc]=margin(g1)

Warning: The closed-loop system is unstable.

> In C:\MATLAB6p5\toolbox\control\control\@lti\margin.m at line 89

gm =   1
pm =   0
wpc =   0
wgc =   0
>> nyquist(g1)

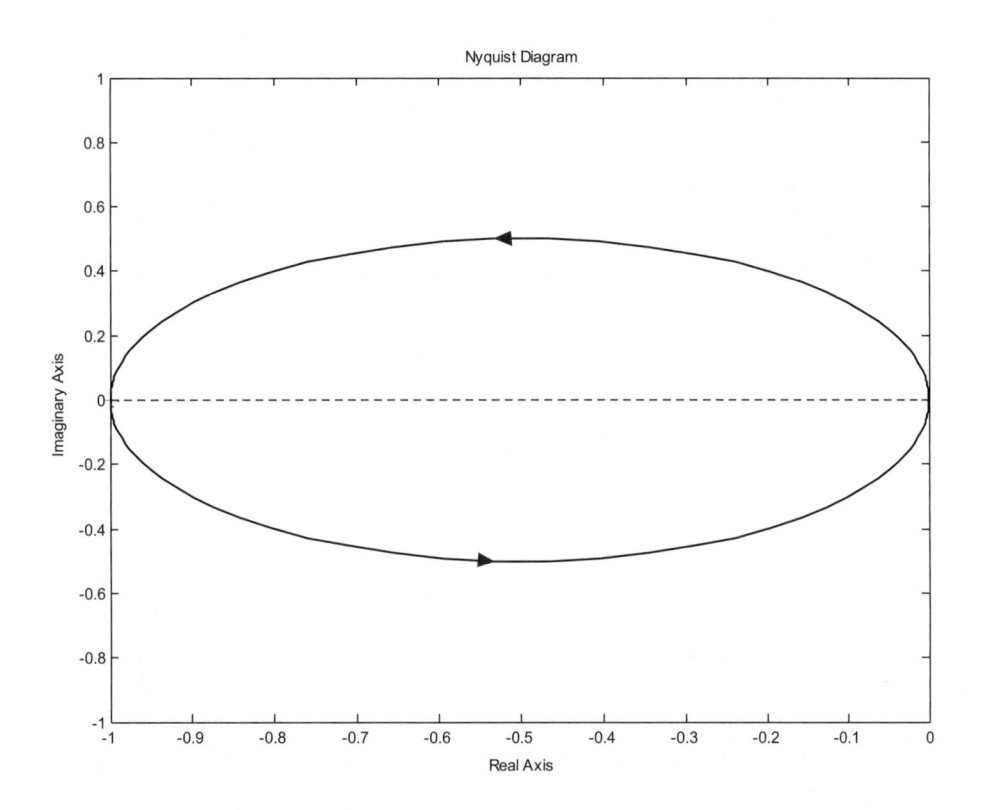

圖 9-42 例題 9-10 $\dfrac{0.5}{s+0.5}$ 之奈奎斯圖 (－1, 0) 就在圖形上，不穩定系統

◎ 9-8 奈奎斯圖之限制條件

在使用 MATLAB 奈奎斯圖中之指令時,若遇到傳輸函數,分母之根有重根在極點 $(0, 0)$ 時,則奈奎斯圖指令之結果誤差度較大,如在參考資料 3 中,所使用 $\dfrac{s+2}{s^2}$ 之例,即出現圖 9-43 之情況。

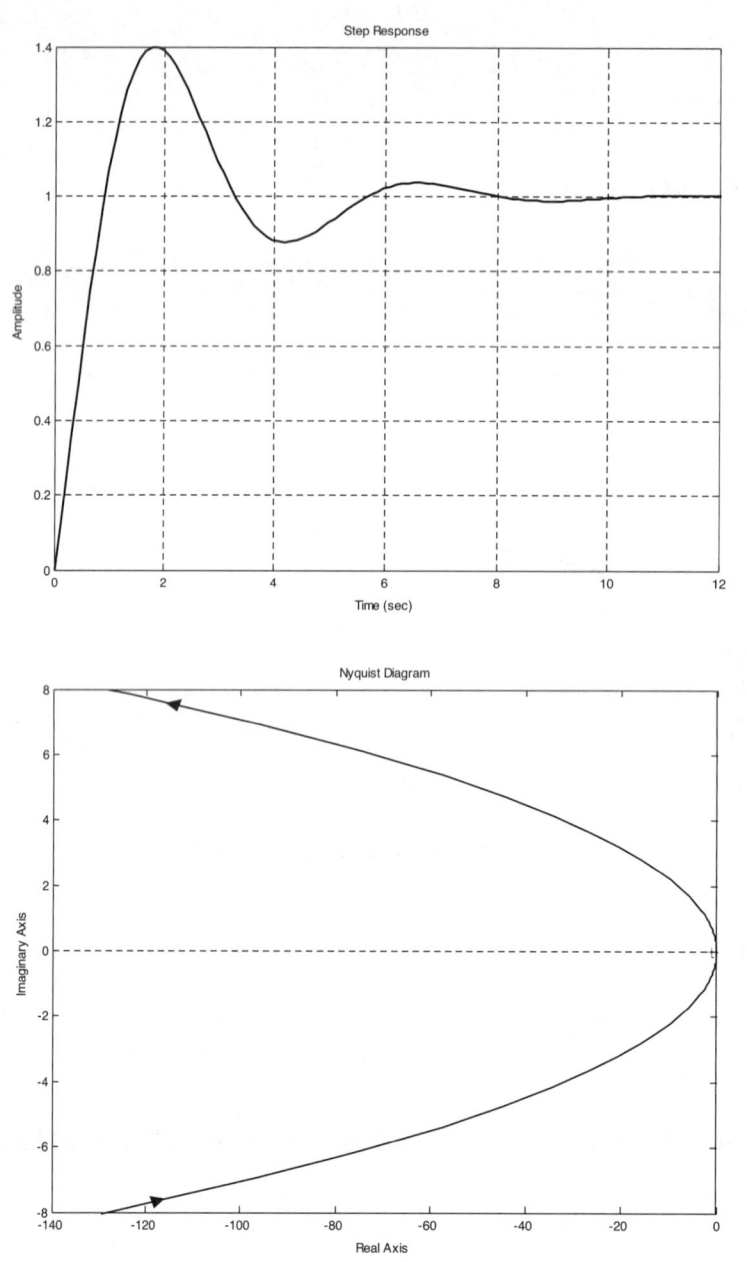

圖 9-43　$\dfrac{s+2}{s^2}$ 為穩定系統,由奈奎斯圖上來看到為開放式形狀無法辨識

但若使用經修改後之 Nyquist 1 (參考資料 7) 則可得出較為正確之圖形。因不含 (−1, 0)，故為穩態系統。

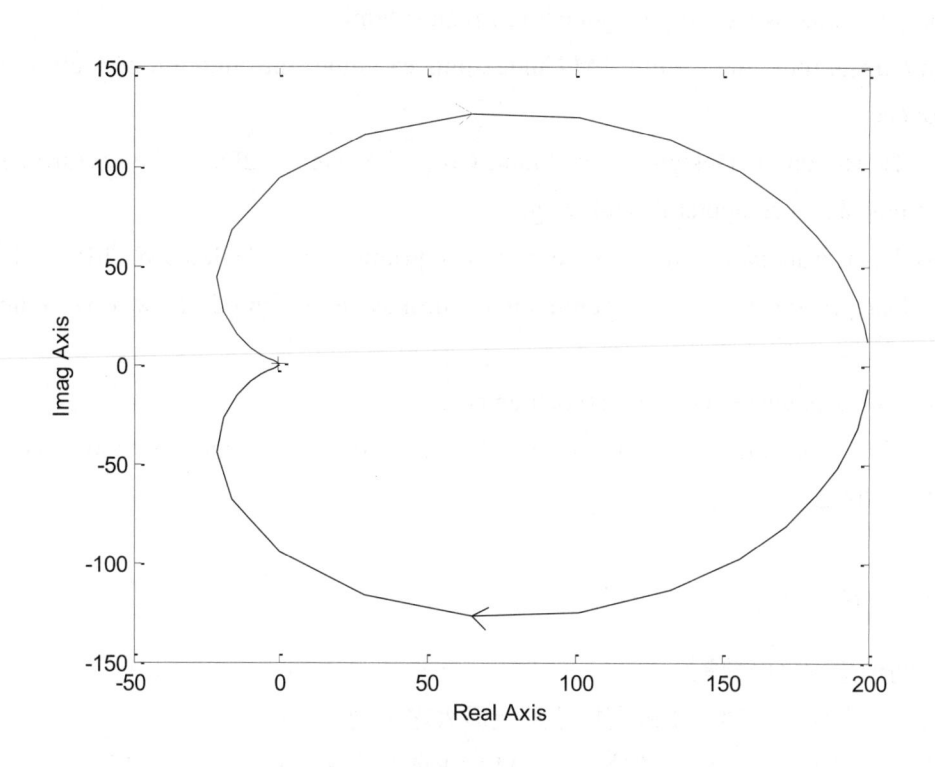

圖 9-44　繪出修改後之奈奎斯圖

◎ 摘　要

本章在說明一個系統，若輸入為三角正弦波之信號，依信號頻率、相位 (角) 與時間之關係，可看到一定之頻率內系統之反應，在前面章節中有時域 $G(t)$，有 s 域 $G(s)$，本章中把 s 轉換為 $j\omega$，看不同之頻域下系統增益與相角之變化，依此二重要參數 GM，PM 之大小，可以知道系統之穩定裕度有多少，對系統設計者來講為一個重要之指標。

本章中要求增益值與相角，有需要工程數學與複變函數之基礎，從信號與通訊上來看，數模階數愈高，系統信號之失真度也相對增加，故柏德圖也是設計各種濾波器形式之參考指標。

◎ 參考資料

1. Hand Book of Engineerging fundamentls, John Wiley & Sons, 1975.
2. http://www.mathworks.com/help/ident/ref/nyquist.html.
3. http://ctms.engin.umich.edu/CTMS/index.php?example=Introduction & section=Control Frequency.
4. Gene H. Hostetter, Design of Feedbook Control Systems, 2001, The Oxford series im Electronical and computer Engineering.
5. D. McLean, Automatic Flight Control Systems, printice Hall, Englewood Cliffs, N.J. 1990.
6. F. Golnaraghi and Kuo, B. C. Automatic Control systems, 9th ed., New York, John Wiley, 2009.
7. http://www.ece.utah.edu/~ece2280/matlab.pdf.
8. Richard C. Dorf and Robert H. Bishop, "Modern Control Systems", Pearson International Edition, 2008

◎ 習 題

1. 試說明柏德圖之優缺點。
2. 試說明一階與二階傳輸函數在柏德圖上最大之不同。
3. 試求下列諸題之柏德圖，並分析其 GM 與 PM 及系統之穩定度何者為佳？

   (1) $G_1(s) = \dfrac{10}{s+10}$

   (2) $G_2(s) = \dfrac{1000}{s^2+20s+40000}$

   (3) $G_3(s) = \dfrac{-s}{(s+100)^3}$

   (4) $G_4(s) = \dfrac{2000}{(s+2)(s+7)(s+16)}$

   (5) $G_5(s) = \dfrac{1}{s(1+s)}$

   (6) $G_6(s) = \dfrac{(0.6s+1)(0.14s^2+0.62s+1)}{0.2856s^2+0.5s+1}$

4. 有一伺服馬達，其輸入與輸出之關係式如下：

$$\frac{輸出}{輸入} = \frac{轉速}{電壓} = \frac{\omega}{V} = \frac{42}{1+20s}$$

求其柏德圖及其頻寬。

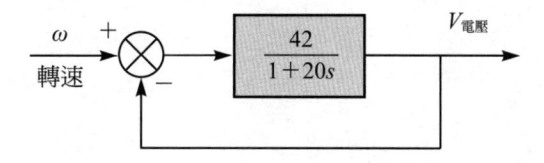

```
  ω    +  ⊗  →  ┌─────────┐    V_電壓
轉速 ──→    ──→  │   42    │ ──────→
           -↑    │ ─────── │
            │    │ 1 + 20s │
            │    └─────────┘
            └──────────────┘
```

第 10 章

強健性控制

對於一個控制系統其學習，設計及測試之步驟過去先求有，再求好，最簡單的開路系統 (open loop system) 若還不夠，則把感測器 (sensor) 加在裡面的回授路徑上，形成一個迴路系統 (feedback or close loop system)，先了解其系統穩定性，再看 output 是否 follow 跟隨 input，再來就看系統之性能 (performance)。前面已講了許多，若系統在回授上仍不夠，則在數模前即要加上一個控制器或補償器來達到性能的需求，一個系統先求穩定再看性能。

系統性能上至少有三項需求 (時域性能)，其一為阻滯比 (damping) 要好，其二是反應要夠快 (fast response)，其三為在上述二項要求下要作到穩態誤差值 (steady state error) 要可忍受，一旦，利用控制器來設計系統之補償，則此系統可謂已達到強健性控制之系統，利用不同之控制器設計，使系統在一定之參數變化範圍內，還可達到系統之輸出追隨輸入值及相關之規格需求。

◎ 10-1　PID 控制器

一個控制系統必須要有一個控制器 (controller) 加在數模 (math model) 之前面使系統之暫態反應 (transient response) 適當，而其穩態 (steady state) 必須滿足系統規格上之性能 (performace) 之須求。回授系統 (feedback system) 是一個不錯的選擇，可達到 output follow input 之要求，但一旦此數模因外在環境之變化或受到不明因素改變下，則其反應就受到考驗。因此在強健性 (robust) 控制中就要考慮加一個控制器 (controller) 或補償器，使系統在參數一定之變化範圍內，仍可達成 performance 滿足系統規格 (specification) 需求，而補償器又因其置放之位置而有不同。

(1) 串聯式補償—補償器 $Gc(s)$ 在系統 $G(s)$ 之前。

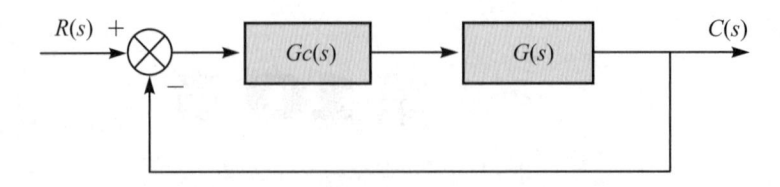

圖 10-1 把補償器放在 $G(s)$ 前面

(2) 回授式之補償—補償器 $Gc(s)$ 放在回授感測器之位置上。

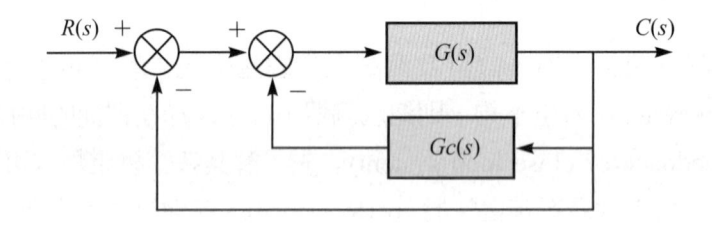

圖 10-2 把補償器放在 $G(s)$ 迴路上

(3) 輸入端前之補償—置於傳輸補償器 $Gc(s)$ 之前 $Gp(s)$。

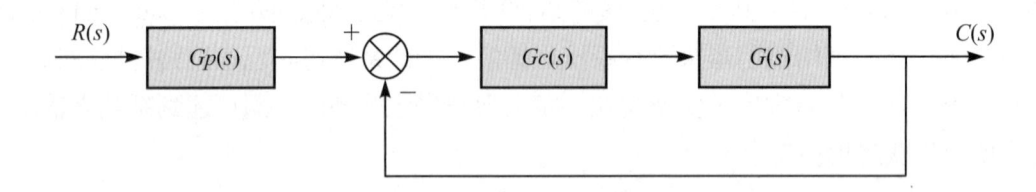

圖 10-3 把補償器放在輸入端

而在串聯式補償器上，又分為有源及無源二種。
(1) 有源式補償器—P，PD，PID controller。
(2) 無源式補償器—RLC 電路。
而 (1) 中之 PID 之控制器如下：

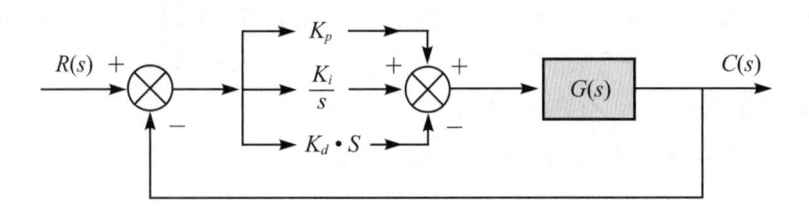

圖 10-4(a) 典型之 PID 補償器或繞控制器

在圖 10-4(a) 中 K_p 為純增益性控制 (P)，K_i/s 為積分器式控制 (I)，$K_d s$ 為微分器式控制 (D) 故三者合稱 PID 控制器。

以上三種控制器有些會隨控制信號誤差值大小而比例 (P) 調整，會使阻滯好反應快，但穩態誤差值會大，而以積分形式 (I) 之控制器，則可以把穩定誤差值下降。但阻滯變差。最後一種為以微分形式 (D) 為主之控制器，會改善反應速度及阻滯，但穩態誤差值會上昇，而另有一種為以上三者之合成方式控制器 PID (proportional-integral derivative) 可以把三項性質均改善。

一個 PID 控制器在經過時域函數之處理下為：

圖 10-4(b) 控制器輸出／輸入

$$u(t) = K_p e(t) + K_i \int e(t) + K_d \frac{de}{dt} \tag{10-1}$$

其中 e 為某次迴路之誤差值 (對一定之輸入 r 與輸出 y) u 表控制信號，PID 之三個參數分別為：K_p 為比例增益值，K_i 為積分增益值，而 K_d 為圖 10-4(a) 之微分增益值。

經過線性之假設與拉氏轉換 (Laplace transform) 則上式可寫為

$$K_p + \frac{K_i}{s} + K_d s = \frac{K_d s^2 + K_p s + K_i}{s} \tag{10-2}$$

以上為在連結性時域下之線性控制器適用。

10-1-1　PID 三參數之物理意義與優缺點

K_p 僅為一個增益值大小量，會使上昇時間 (Rise time) 減少，但不影響穩態誤差，而 K_i 值會使穩態誤差下降，若輸入值為階梯信號，則其為定值，但會使全程後之穩態反應時間拉長，而系統反應時間變慢，而 K_d 值為改善穩定度把超行量 (overshoot) 下降 K_d 值會改善系統之穩態反應。

其相關三參數比較如表 10-1。

表 10-1　PID 控制器性能比較

控制器	參數	阻滯度	系統反應	穩定度	表示法	穩態誤差	備註
P，比例增益	K_p	小	快	下降	K_p	下降	純放大
I，積分增益	K_i	小	快	下降	$\dfrac{K_i}{S}$	改善	L 在 (0, 0) 增加一個極點 pole
d，微分增益	K_d	大	慢	提高	$K_d \cdot S$	一般	L 在 (0, 0) 增加一個零點 zero

例題 10-1

系統迴路如圖 10-5(a)，10-5(b) 及 10-5(c)：

(1) 在圖 10-5(a) 中所示之數模為 $\dfrac{1}{s+1}$，試求其回授下之階梯函數輸入之時域響應。

(2) 在圖 10-5(b) 中所示之數模為 $\left(K_1 + \dfrac{K_2}{s}\right)$ 為控制器，試求其回授下之階梯函數輸入變化。

(3) 在圖 10-5(c) 中所示之數模為 $K_1 \cdot \dfrac{1}{s+1}$，試求其回授下之階梯函數輸入變化。

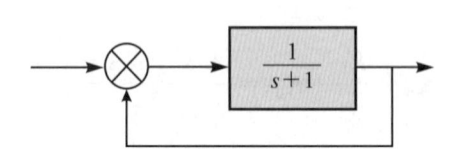

圖 10-5(a)　純數模 $1/S+1$ 之控制系統

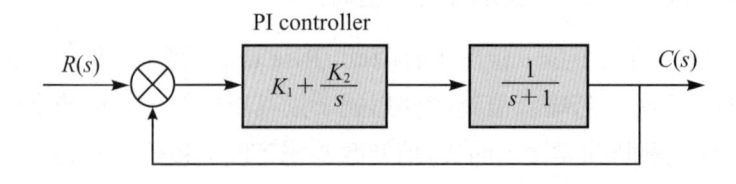

圖 10-5(b)　增加一 PI 控制器于數模前之控制系統

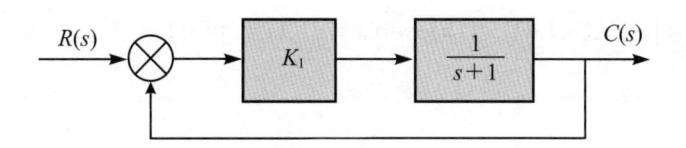

圖 10-5(c) 僅增加一個增值 K_1 值之控制系統

解

(1) 本題為三種不同之比較，其一圖 10-5(a) 為未設有控制器下之反應，其結果如圖 10-6 中，反應慢，到穩態約 2.5 sec 達成，為 overdamp 系統，其二圖 10-5(b) 為 PI 控制器，其中 K1 為純增益值，I 為一個積分器，其回授結果如圖 10-7(a) 中反應快在 0.5″ 即可達到穩態，但超行最大約 0.065，且為欠阻滯系統，若一個飛機其致動器最大之打動角限止在 10°，此行程會到 12°，馬上機翼及襟翼會打壞，有飛安危險，第三種為圖 10-5(c) 僅在數模前加一個增益 K 值為 25，則反應如圖資料 3 所示反應在 0.3″ 達到穩態，且為過阻滯 (overdamp) 系統佳。

(2) 其 K1＝25，K2＝400

其數模之輸入與輸出之關係式推導如下：

$$\frac{C(s)}{R(s)} = \frac{輸出}{輸入} = \frac{\left(K_1 + \frac{K_2}{s}\right)\left(\frac{1}{s+1}\right)}{1 + \left(K_1 + \frac{K_2}{s}\right)\left(\frac{1}{s+1}\right)}$$

$$= \frac{(K_1 s + K_2)}{s(s+1)} \cdot \frac{1}{\frac{s(s+1) + s(K_1) + K_2}{s(s+1)}}$$

$$= \frac{K_1 s + K_2}{s(s+1) + sK_1 + K_2}$$

$$= \frac{K_1 s + K_2}{s^2 + s(1 + K_1) + K_2}$$

(3) 若 $K_1 = 27$，$K_2 = 400$

$$\frac{27s + 400}{s^2 + s(28) + 400}$$

以下為 MATLAB 之指令。

```
n1=[1];d1=[1 1];g1=tf(n1,d1);gf1=feedback(g1,1);step(gf1)
grid on
```

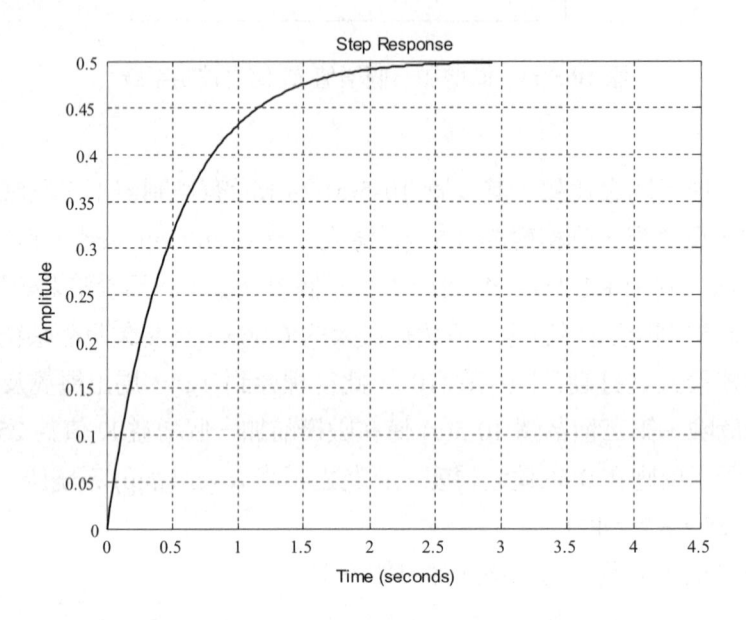

圖 10-6 系統圖 10-5(a) 中之 1/S+1 所得之閉廻路反應，系統在 2.97 秒才到穩態值。

```
n2=[27 400];d2=[1 28 400];g2=tf(n2,d2);gf2=feedback(g2,1)

gf2 =

      27 s + 400
    ----------------
    s^2 + 55 s + 800

Continuous-time transfer function.

>> hold on
>> step(gf2)
```

第 10 章　強健性控制　347

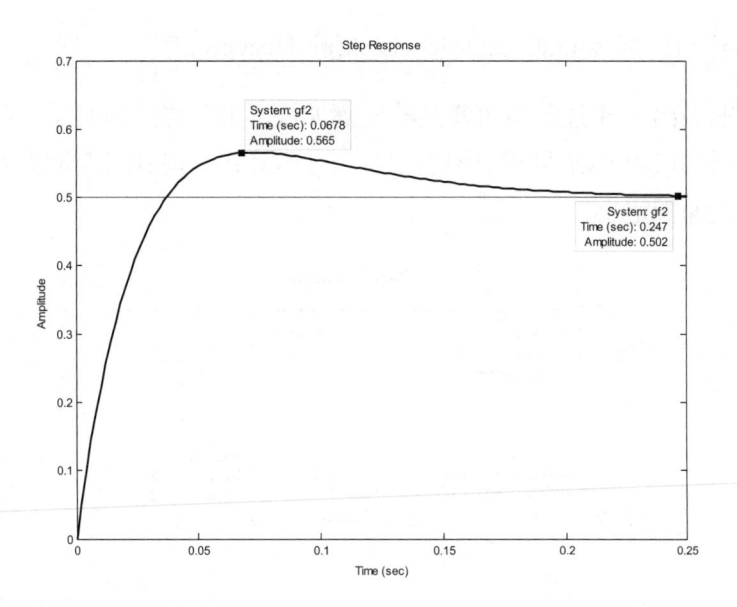

圖 10-7(a)　系統圖 10-5(b) 中之 PI 控制在加上 k1+k2/S 所得之閉廻路反應，系統在 0.25 秒即到穩態值，但超行量約 0.05。

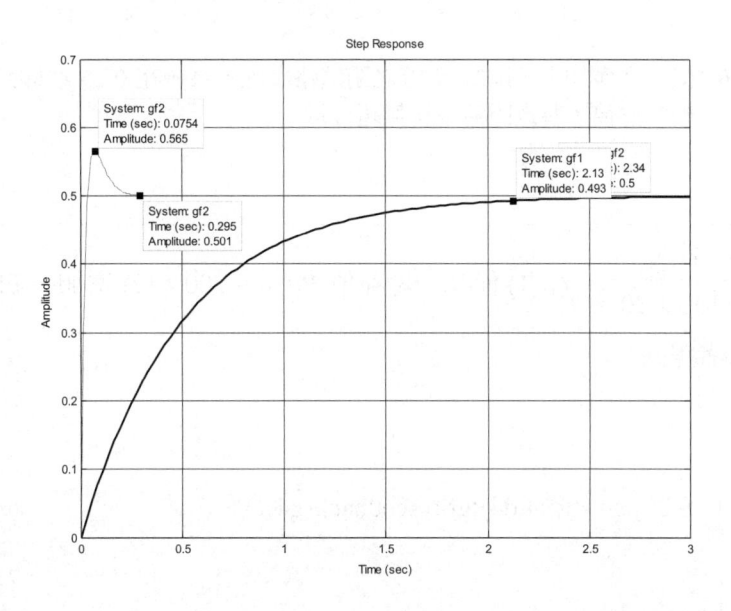

圖 10-7(b)　在加上 k1+k2/S 所得之閉廻路反應，系統在 0.295 秒即到穩態值，但超行量約 0.065。

(4) 可以看到加上輸出增益之 K1 值，P 式控制器後如圖 10-7(c) 最上圖

n3=[27];d3=[1 1];g3=tf(n3,d3);gf3=feedback(g3,1);step(gf3)

(5) 由本例題看出，PI 控制器可使系統反應加快，但阻滯比會變小，系統會抖動，而僅一個增益值 P，則系統反應也快速，但不如 PI，但其阻滯加大或為過阻滯狀態使系統快速穩定。

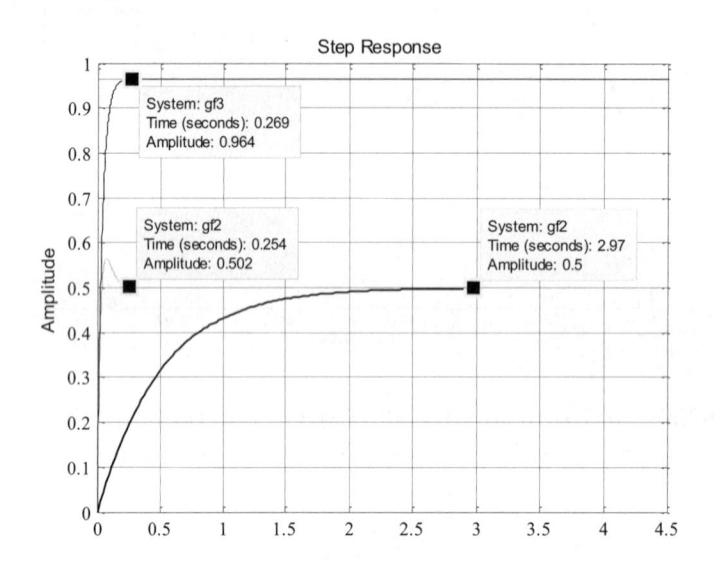

圖 10-7(c) 在僅加上 k1=27 所得之閉廻路反應，系統在 0.25 秒即到穩態值，為過阻滯系統無超行量。

例題 10-2

$G(s) = \dfrac{1}{s^2 + 10s + 20}$，若 (1) 僅加一增益值 P，$K = 300$，(2) 增加一 PD 控制器 $K_d = 10$，試比較二者差異。

解

指令：

```
n4=[1];d4=[1 10 20];g4=tf(n4,d4);gf4=feedback(g4,1)
gf4 =

       1
  ---------------
   s^2 + 10 s + 20

Continuous-time transfer function.
>> hold off
```

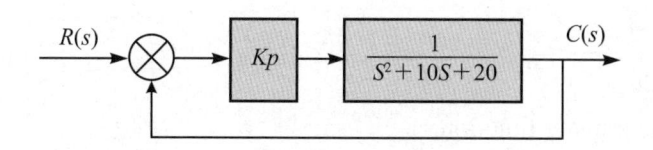

圖 10-8　例題 10-2(1) 二階段 1/s^2+10s+20 與純增益 K_p 之迴路圖。

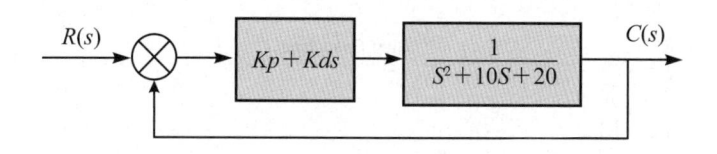

圖 10-9　例題 10-2(2) 增加 PD 控制器之迴路圖。

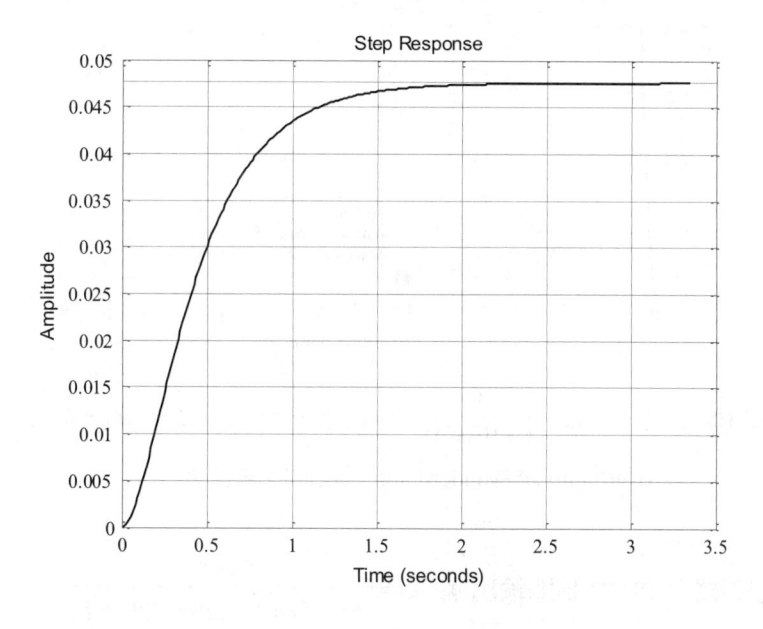

圖 10-10　二階式 $\dfrac{1}{s^2+10s+20}$ 之系統反應。

原系統之反應圖如圖 10-10 增加增益 $K_p = 300$ 之指令。

```
step(gf4)
>> grid on
>> hold on
>> n4=[300];d4=[1 10 20];g4=tf(n4,d4);gf4=feedback(g4,1)
gf4 =
```

$$\frac{300}{s^2 + 10s + 320}$$

Continuous-time transfer function.

```
>> step(gf4)
```

在增加純增益值 kp＝300 之反應圖如圖 10-11。

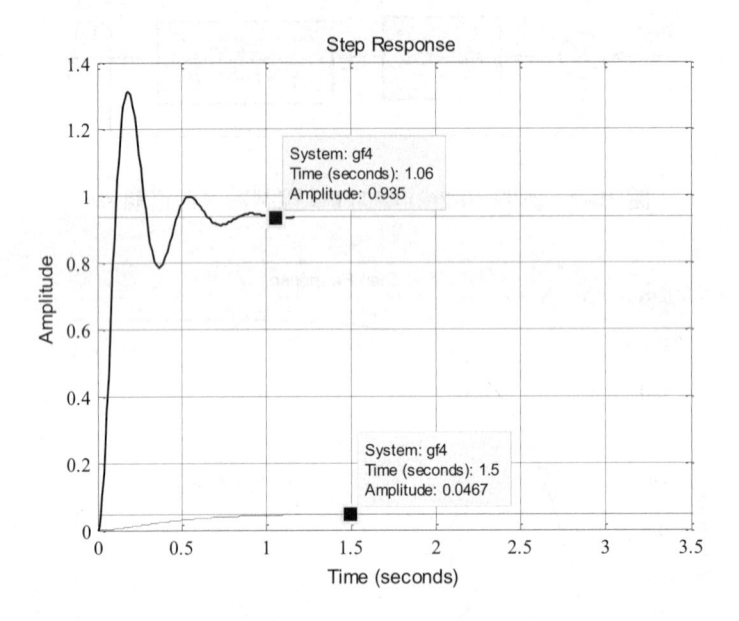

Step Response

圖 10-11　在二階式 $\frac{1}{s^2+10s+20}$ 之系統反應增加一 $K_p=300$，系統由 overdamp 變為 underdamp 且反應時間變快。

(2) 現把控制器改 PD 控制即輸出/輸入 $=\dfrac{K_d+K_p S}{S^2+(10+K_d)S+(20+K_p)}$

```
>> n1=[10 300];d1=[1 20 320];g1=tf(n1,d1)
```

Transfer function:

$$\frac{10s + 300}{s^2 + 20s + 300}$$

```
>> gf1=feedback(g1,1);step(gf1)
>> grid on;hold on
>> n1=[10 300];d1=[1 20 320];g1=tf(n1,d1);gf1=feedback(g1,1)
```

Transfer function:

$$\frac{10s+300}{s^2+30s+620}$$

```
>> n2=[1];d2=[1 10 20];g2=tf(n2,d2);gf2=feedback(g2,1);step(gf2)
>> hold on ;n3=300*[1];d3=[1 10 20];g3=tf(n3,d3);gf3=feedback(g3,1);step(gf3)
```

(3) 結果在圖 10-12 中作比較。

其最下為 gf4 為原式之數模，gf5 為 PD 控制器，gf4 ($K_p=300$) 最上方為純增益之控制器，可見 PD 控制器有放大作用，且把反應速度會加快，且有超行量，故在設計上要小心，因為微分器也會放大雜訊。

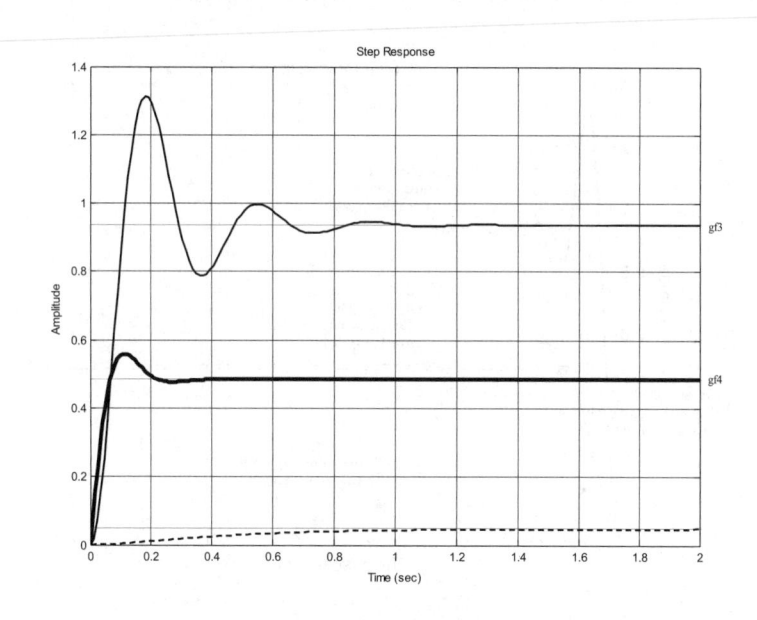

圖 10-12 在二階式 $\frac{1}{s^2+10s+20}$ 之系統反應增加一 $K_p=300$ 及微分增益，系統 gf3 仍是 underdamp 且反應時間變快且 settling time 也快，rise time 及穩態誤差也很好。

例題 10-3

承上題 $K_p=30$，$K_i=70$，求 PI 控制器下與原系統之比較。

解

KpS+Ki/(S^3+10*S^2+(20+KpS+Ki)), Kp=30,Ki=70
n6=[30 70];d6=[1 10 50 70];g6=tf(n6,d6);gf6=feedback(g6,1)

```
gf6 =
         30 s + 70
  ---------------------------
  s^3 + 10 s^2 + 80 s + 140

Continuous-time transfer function.
>> step(gf6)
```

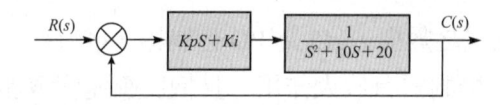

圖 10-13　例題10-3 數模為 1/s^2+10s+20 之 PI 控制器式。

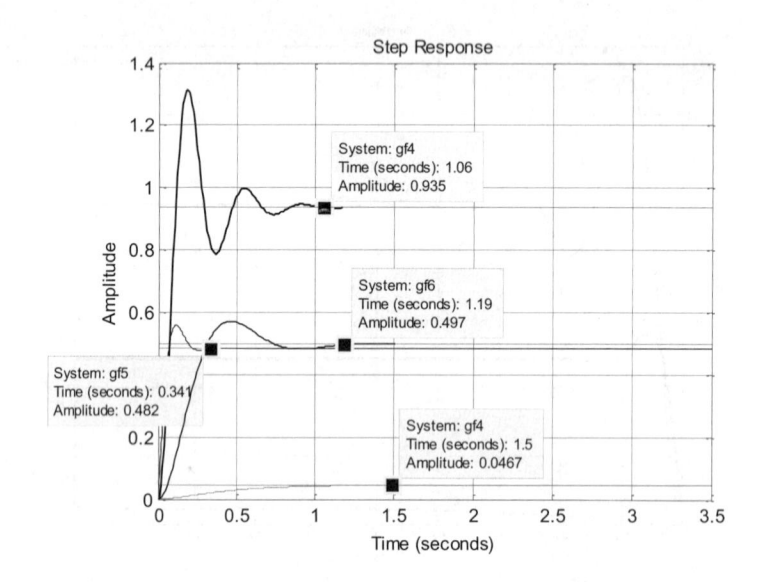

圖 10-14　在二階式 $\dfrac{1}{s^2+10s+20}$ 之系統反應用比例積分式來看 $K_p=30$，$K_i=70$ 系統 gf6 仍是 underdamp 但 settling time 較好，peak 值也很好。而最上為增益之控制器，最下面為 gf4 為原數模，而 gf5 為 PD 控制器。

例題 10-4

一個系統考慮 K_d，K_p、及 K_i 同時調變 (PID 法)：控制器與純增益及 PD 控制器比較；系統數模為 $G(s)=\dfrac{1}{s^2+10\,s+20}$，$K_d=50$，$K_p=350$，$K_i=350$ 試求系統反應。

解

(1) 依本章公式 (10-2) 所示本題：$K_p=350$，$K_i=350$，$K_d=50$ 代入則。

$$G(s) = \frac{kdS^2 + kpS + ki}{s^3 + (10+kd)s^2 + (20+kd)s + ki}$$

KdS^2+KpS+Ki/(S^3+(10+Kd)S^2+(20+Kp)S+Ki),Kd=50,Kp=350,Ki=300
n7=[50 350 300];d7=[1 60 370 300];g7=tf(n7,d7);gf7=feedback(g7,1);step(gf7)

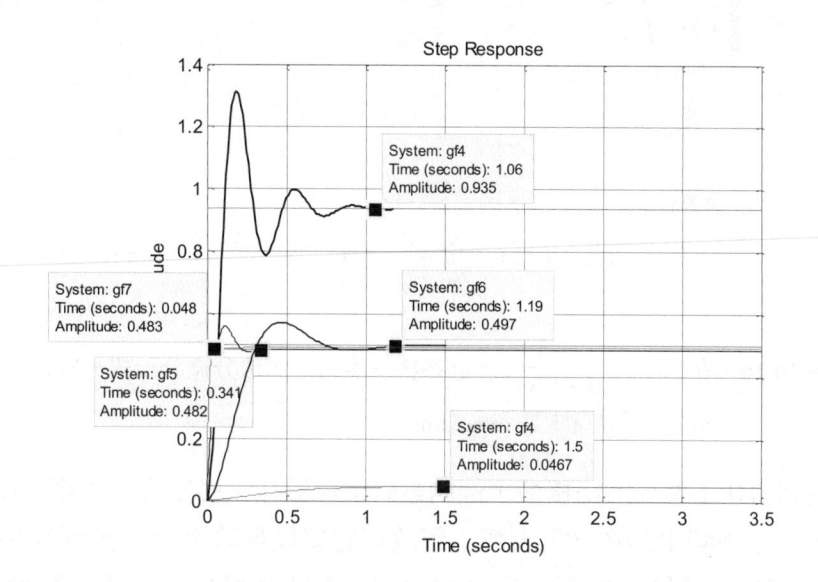

圖 10-15 在二階式 $\frac{1}{s^2+10s+20}$ 之系統反應用比例積分微分三式一體在 gf7 中系統 gf7 是 overdamp 性能大大改善。

(2) 在圖 10-15 中所示三條件，其最上面為 gf4 為純增益方式直接把最下面之 gf4 反應加快，但超行量過大，反應阻滯性差，而 gf6 為 PD 控制器，較 gf4 為慢，其阻滯比加大，而 PID 為 gf7 系統反應加快超行量，且在 0.037 之內即達穩態 (10-16)。

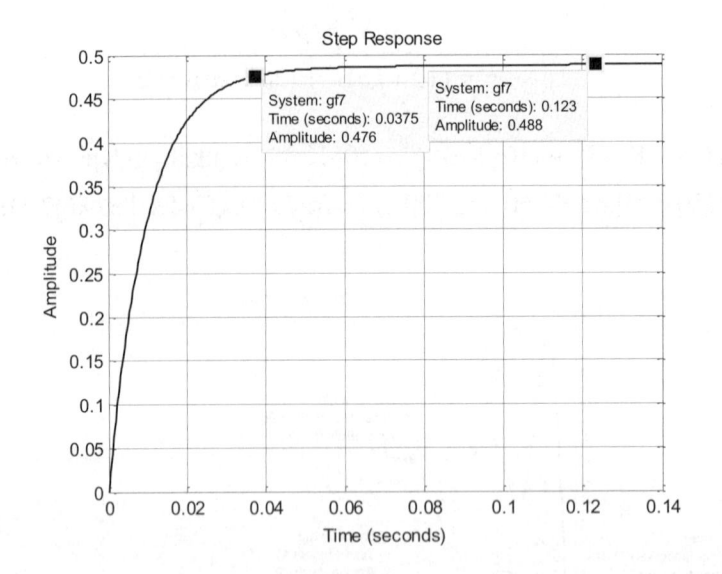

圖 10-16　在二階式 $\dfrac{1}{s^2+10s+20}$ 之系統反應用比例積分微分三式一體在 gf7 中系統 gf7 是 overdamp。

PID 之控制器在工業界所用極多，例如雷射定位鑽孔，機器人在工廠中作流程工作及程序控管等，在下圖中為在文化大學工學院實體模擬實驗室中，就利用 PID 作馬達之定位及定速控制，再配合 3D 雷射及 CCD 把 3D 物件實體掃瞄，得出高精度全尺寸畫面，再利用 3D 印表機可重建原物件 (參考資料 7)。

圖 10-17　文大工學院實體模擬室中之 3D 雷射掃瞄平台，其左下方之馬達即用 PID 控制器作定位及定速之控制。

◎ 10-2　強健性控制概念

若有一 3 階之方程式由 2 個 pole 所組成。

$$s^3+(p_1+p_2)s^2+p_1-p_2s+ak=0$$

講此之前先來說明一個系統，這裡我講的系統為一個理想的系統。先考慮其穩定性 (stability) 及特性 (performance)，均是理論的，因為其數模就不一定全代表一個系統。在此數模中因為有一些不確定因素，故在穩定性 (stability) 上就有一個範圍之裕度，此裕度下若系統「仍」然穩定，我們就叫其為 robust stability，即強健性穩定，即在一定之不可預知範圍內此系統仍具穩定，相對的在不確定範圍內 (參數之不確定性，有誤差) 仍有一定之系統功能，則稱之 robust performance。

由於一個系統其理論與實際有一定之差異，故其數模之推導，尤其是傳輸函數在 S-plane 下之推導 $T(s)$，或 $G(s)$ 是在一理想之環境下為之，或說為一理想之傳輸函數。當在微分方程式轉成傳輸函數時，其假設條件就是系統必須是線性，才可透過 Laplace 作轉換，再加上一個實際之系統，仍有以下諸項不確定性：

(1) 系統參數只在某一個時間下才有一個定值，所以參數與輸出是一直在改變的。
(2) 系統的動力特性，因參數在改變，故系統實體也在變化。
(3) 在閉路系統之感測器，本身雜訊會影響迴授值。
(4) 外界環境之擾動，透過各種方式由輸入端進入。
(5) 每一個數模無法完全掌握，故其輸入與輸出間之時間差 (time delay) 無法估準。

以上諸項構成系統之不確定性，而影響系統之誤差值。

◎ 10-3　參數不確定之分析

我們可以把任何一個數模化為一個多項式，現以 3 階之多項式為例，它由 3 個主要變數所形成。

$$s^3+a_2s^2+a_1s+a_0=0$$

其中 a_0，a_1，a_2 為三個係數。

此三係數又有其不確定範圍 $\alpha_i \leq a_i \leq \beta_i$ 其中 $i=0, 1, 2$ 而若僅討論 s^2 與 s 之係數 α_1，α_2，β_1，β_2 分別為 4 個變數，可利用 4 個方程式來代表。

$$q_1(s)=s^3+\alpha_2s^2+\beta_1s+\beta_0$$
$$q_2(s)=s^3+\beta_2s^2+\alpha_1s+\alpha_0$$

$$q_3(s)=s^3+\beta_2 s^2+\beta_1 s+\alpha_0$$
$$q_4(s)=s^3+\alpha_2 s^2+\alpha_1 s+\beta_0$$

一旦給出 4 個變數之範圍可得 $q_1 \sim q_4$ 4 個方程式,由於其式本身也是某個傳輸函數分母之特性方程式,因此可利用 Routh-Hurwitz 求根左半平面穩定性之關係。如此可以知那些「參數變化」下會變得不穩定之根,即表示此系統在此範圍下為不強健。

例題 10-5

試求下列二開路傳輸函數在閉迴路下之特性方程式。(再複習一遍)

(1) $G_1(s) = \dfrac{4 \cdot 5}{s(s+1)(s+2)}$

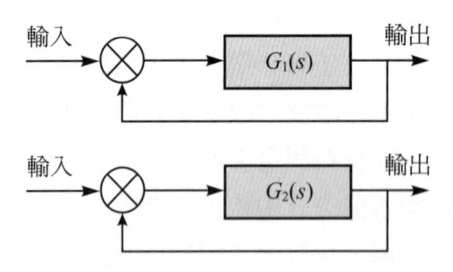

(2) $G_2(s) = \dfrac{1}{s(s+1)(s+4)}$

圖 10-18 開迴路與閉迴路關係圖

解

(1) $T(s) = \dfrac{\dfrac{4 \cdot 5}{s(s+1)(s+2)}}{1+\dfrac{4 \cdot 5}{s(s+1)(s+2)}}$

$= \dfrac{4 \cdot 5}{s(s+1)(s+2)} \cdot \dfrac{s(s+1)(s+2)}{4 \cdot 5+s(s+1)(s+2)}$

$= \dfrac{4 \cdot 5}{s(s+1)(s+2)+4 \cdot 5}$

特性方程式:$q(s)=s(s+1)(s+2)+4 \cdot 5=0$

即:$q(s)=s^3+3s^2+2s+2+4 \cdot 5=0$

(2) $T(s) = \dfrac{\dfrac{1}{s(s+1)(s+4)}}{1+\dfrac{1}{s(s+1)(s+4)}}$

$= \dfrac{1}{s(s+1)(s+4)} \cdot \dfrac{s(s+1)(s+4)}{s(s+1)(s+4)+1}$

$= \dfrac{1}{s(s+1)(s+4)+1}$

特性方程式：$q(s) = s(s+1)(s+4)+1 = 0$

即：$q(s) = s^3 + 3s^2 + 3s + 4 = 0$

對整個傳輸函數 $T(s)$ 而言。

則可定出靈敏度係數 (Sensitivity Coefficient)：

$$S^T_\alpha = \dfrac{\partial T/T}{\partial \alpha/\alpha}$$

$$= \dfrac{\partial T}{T} \cdot \dfrac{\alpha}{\partial \alpha} = \dfrac{\partial T}{\partial \alpha} \cdot \dfrac{\alpha}{T} = \left(\dfrac{\partial T}{\partial \alpha}\right) \times \dfrac{\alpha}{T}$$

對一個一階開路之傳輸函數 $G(s) = \dfrac{K}{s+a}$ 為例

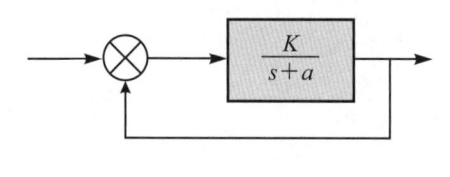

圖 10-19

則 close loop $T(s)$

$$T(s) = \dfrac{\dfrac{K}{s+a}}{1+\dfrac{K}{s+a}}$$

$$\therefore T(s) = \frac{K}{s+a} \cdot \left(\frac{s+a+K}{s+a}\right)^{-1} = \frac{K}{\cancel{s+a}} \cdot \frac{\cancel{s+a}}{(s+a+K)} = \frac{K}{(s+a)+K}$$

先看：$= \dfrac{\partial T}{\partial a} = \dfrac{\partial}{\partial a}\left(\dfrac{K}{(s+a)+K}\right)$

由微分公式：$\left(\dfrac{u}{v}\right)' = \dfrac{vu' - uv'}{v^2}$

$$\therefore \frac{\partial T}{\partial a} = \frac{[(s+a)+K] \cdot 0 - K[(s+a)+K]'}{[(s+a)+K]^2} = \frac{-K \cdot 1}{[(s+a)+K]^2}$$

而 $\dfrac{a}{T} = a \cdot \left(\dfrac{K}{(s+a)+K}\right)^{-1}$

$$\therefore s_a^T = \frac{-K}{[(s+a)+K]^2} \cdot a\left(\frac{K}{(s+a)+K}\right)^{-1} = \frac{\cancel{-K}}{[(s+a)+K]^2} \cdot \frac{a[\cancel{(s+a)+K}]}{\cancel{K}} = \frac{-a}{[(s+a)+K]}$$

此式為係數 a 在 $T(s)$ 閉迴路下之敏感度。

同理可以求得 s_K^T 即 K 係數對 close loop 傳輸函數之敏感性。

$$s_K^T = \frac{\partial T}{\partial K} \times \frac{K}{T}$$

先求 $\dfrac{\partial T}{\partial K} = \dfrac{\partial}{\partial K}\left(\dfrac{K}{(s+a)+K}\right)$

$$= \frac{[(s+a)+K] \cdot 1 - K \cdot 1}{[(s+a)+K]^2}$$

$$= \frac{s+a}{[(s+a)+K]^2}$$

then：$s_K^T = \dfrac{s+a}{[(s+a)+K]^2} \cdot \cancel{K} \dfrac{[\cancel{(s+a)+K}]}{\cancel{K}}$

$$= \frac{s+a}{[(s+a)+K]}$$

$\therefore$ 在考慮此一階系統 a 及 K 不確定下之穩態誤差值。

$$\lim_{s \to \infty} s_a^T = \frac{|a|}{a+K}$$

表示 a 與 K 增加會影響穩態誤差,且 a 之正負也會影響系統之誤差正負值。

例題 10-6

在式 $G(s) = \dfrac{\beta_0}{s^3 + a_2 s^2 + a_1 s + a_0}$ 中,討論分母特性方程式之穩定性。

試以二組不同之參數範圍求此系統穩定度及預測其最差之情況。

(1) $\alpha_0 = 4$,$\beta_0 = 5 \rightarrow 4 \le a_0 \le 5$
    $\alpha_1 = 1$,$\beta_1 = 3 \rightarrow 1 \le a_1 \le 3$
    $\alpha_2 = 2$,$\beta_2 = 4 \rightarrow 2 \le a_2 \le 4$

(2) $\alpha_0 = 4$,$\beta_0 = 5 \rightarrow 4 \le a_0 \le 5$
    $\alpha_1 = 1$,$\beta_1 = 4 \rightarrow 1 \le a_1 \le 4$
    $\alpha_2 = 2$,$\beta_2 = 4 \rightarrow 2 \le a_2 \le 4$

解

(1) 在情況 1 中有 4 個多項式:

$q_1(s) = s^3 + 2s^2 + 3s + 5$ ……………………………………………①

$q_2(s) = s^3 + 4s^2 + 1s + 4$ ……………………………………………②

$q_3(s) = s^3 + 4s^2 + 3s + 4$ ……………………………………………③

$q_4(s) = s^3 + 2s^2 + 1s + 5$ ……………………………………………④

以上 4 式利用 Routh-Hurwitz 判別法 ①、③ 為穩定 ② 為中性穩定 (marginally stable),而 ④ 則為不穩定。

$$\begin{array}{c|cc}
s^3 & 1 & 1 \\
s^2 & 2 & 5 \\
s^1 & -3/2 & \\
s^0 & 5 &
\end{array}$$

∴ $q_4(s) = s^3 + 2s^2 + 1s + 5$ 為最差之情況,即 $G(s) = \dfrac{5}{s(s+1)(s+1)}$ 之情況,也可利用根軌跡法發現分母極點根已落到右平面。

(2) 在情況 2 中有4 個多項式:

$q_1(s) = s^3 + 2s^2 + 4s + 5$ ……………………………………………①

$q_2(s) = s^3 + 4s^2 + s + 4$ ………………………………………………②

$q_3(s) = 4s^2 + 4s + 4$ ……………………………………………………③

$q_4(s) = s^3 + 2s^2 + s + 5$ ………………………………………………④

以上 4 式利用 Routh-Hurwity 列別法 ①、②、③ 為穩定，惟 ④ 不穩定則亦可求出其 $G(s)$ 來，也可發現其根軌跡在右平面。

◎ 10-4　控制系統在不同輸入信號下，穩態誤差之敏感度分析

在前面諸章中已說明過不同之輸入信號 (階梯式，Ramp 式及拋物線式) 會對穩態誤差值之變化造成影響。我們可稱此誤差值為 e，故由 8-4 中之公式可得到此誤差量與系統 K 值變化之關係，下圖為不同信號輸入值之物理量關係。

表 10-2　輸入不同信號波形表

輸入波形	輸入信號	物理意義	時間常數	Laplace 轉換
$f(t)$	階梯式 step	等距	1	$\dfrac{1}{S}$
$f(t)$	定斜率式 Ramp	等速 (定速)	t	$\dfrac{1}{S^2}$
$f(t)$	拋物線式 parabola	等加速度	$\dfrac{1}{2}t^2$	$\dfrac{1}{S^3}$

例題 10-7

如下圖之傳輸函數 $\dfrac{K}{s(s+a)}$ 將其形成一迴路，求其迴路下之傳輸函數對參數 a 之靈敏度。如何利用 K 與 a 調查此系統之敏感度。

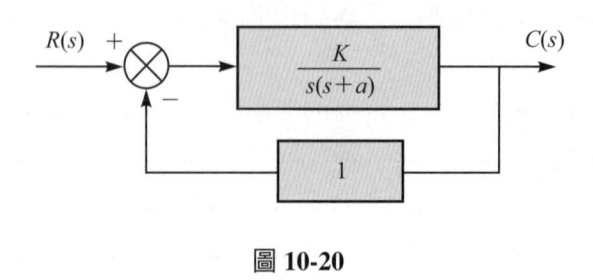

圖 10-20

解

(1) 先求開路傳輸函數 $\dfrac{K}{s(s+a)}$ 閉迴路下之傳輸函數

$$T(s)=\dfrac{\dfrac{K}{s(s+a)}}{1+\dfrac{K}{s(s+a)}}=\dfrac{K}{s^2+as+K}$$

(2) 利用前面之敏感度公式：$s_K^T=\dfrac{\partial T}{\partial \alpha}\times \dfrac{\alpha}{T}$，$\alpha=a$

$$s_K^T=\dfrac{\partial T}{\partial \alpha}\times \dfrac{a}{\left(\dfrac{K}{s^2+as+K}\right)}$$

$$\dfrac{\partial T}{\partial \alpha}=\dfrac{-Ks}{(s^2+as+K)^2}$$

(3) $s_K^T=\left(\dfrac{-Ks}{s(s^2+as+K)^2}\right)\cdot \dfrac{a}{\left(\dfrac{K}{s^2+as+K}\right)}=\dfrac{-Ks}{(s^2+as+K)^2}$

(4) (分析) 其中之 $s_K^T<0$ 放若 K 增加則分式值變大，負值增加，則敏感度下降，反之 K 域小，則 s_K^T 增大，對系統參數 n 之變化範圍則相對變小。

例題 10-8

〈以 type 0 系統為例，分析其敏感度〉，系統之傳輸函數為 $\dfrac{K}{(s+a)(s+b)}$，如圖 10-21，其中輸入信號 $R(s)$ 為階梯信號，試分析其靈敏度。

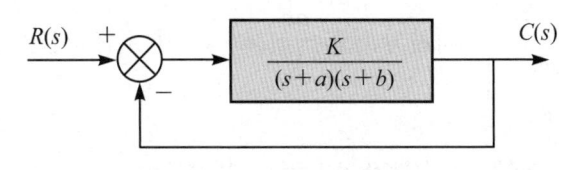

圖 10-21 type 0 之系統函數

解

在上圖中 $e_{(\infty)} = \dfrac{1}{1+K_p} = \dfrac{1}{1+\dfrac{K}{ab}} = \dfrac{ab}{ab+K}$

利用上 10-4、10-5 之公式

① 分析 a 之敏感度

$$s_K^T = \dfrac{\partial T}{\partial \alpha} \times \dfrac{\alpha}{T} = \dfrac{\partial e}{\partial \alpha} \times \dfrac{\alpha}{e}^{\,a} = \dfrac{a}{\dfrac{ab}{ab+K}} \cdot \dfrac{\partial e}{\partial \alpha}$$

$$\dfrac{\partial e}{\partial \alpha} = \dfrac{\partial}{\partial \alpha}\left(\dfrac{ab}{ab+K}\right) = \dfrac{(ab+K)b - ab^2}{(ab+K)^2}$$

故 $s_K^T = \dfrac{a}{\dfrac{ab}{ab+K}} = \dfrac{(ab+K)b - ab^2}{(ab+K)^2} = \dfrac{ab}{ab+K} = \dfrac{1}{\dfrac{ab}{K}+1}$

② 分析 K 之敏感度

$$s_K^T = \dfrac{\partial T}{\partial \alpha} \times \dfrac{\alpha}{T} = \dfrac{\partial e}{\partial \alpha} \times \dfrac{\alpha}{e} = \dfrac{K}{\dfrac{ab}{ab+K}} \cdot \dfrac{\partial e}{\partial K}$$

$$\dfrac{\partial e}{\partial K} = \dfrac{-ab}{(ab+K)^2}$$

故 $s_K^T = \dfrac{K}{\dfrac{ab}{ab+K}} = \dfrac{-ab}{(ab+K)^2} = \dfrac{-K}{ab+K}$

由 (1) 中 $s_K^T = \dfrac{1}{\dfrac{ab}{K}+1}$ 則看分母若 $\dfrac{ab}{K} \gg 1$，則系統之靈敏或敏感度 $\to 0$，表示

為強健式系統，參數 ab 之變化裕度大，為穩定。

由 (2) 中 $s_K^T = \dfrac{-K}{ab+K} = -\left(\dfrac{K}{ab+K}\right) = -\left(\dfrac{1}{\dfrac{ab}{K}+1}\right)$

若分母值比 1 小許多，則表示分母中之參數與敏感度成反比值愈大則反比量更大。

依此項推可得 type 1，及 type 2 對 K 值之靈敏度。

例題 10-9

在下列之系統傳輸函數中，求其在階梯式信號輸入下之穩態誤差對參數 a (感測器已加入討論) 之靈敏度為何？

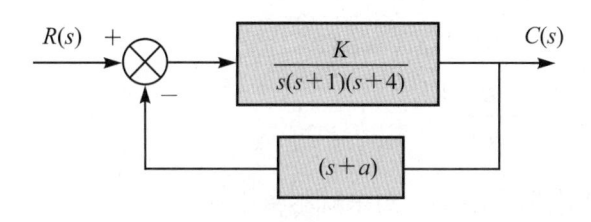

圖 10-22

解

(1) 在開迴路下 $T(s) = \dfrac{K}{s(s+1)(s+4)}$

在開迴路下 $G(s) = \dfrac{\dfrac{K}{s(s+1)(s+4)}}{1+\dfrac{K}{s(s+1)(s+4)}(s+a)}$

$= \dfrac{K}{s(s+1)(s+4)} \left(\dfrac{s(s+1)(s+4)+K(s+a)}{s(s+1)(s+4)}\right)^{-1}$

$= \dfrac{K}{s(s+1)(s+4)+K(s+a)}$

(2) $G(s) = \dfrac{K}{Ka} = \dfrac{1}{a}$

(3) 穩態誤差值 $e_{(\infty)}$ 在 step 為輸入下

$$e(\infty) = \frac{1}{1+Kp} = \frac{1}{1+\frac{1}{a}} = \frac{1}{\frac{a+1}{a}} = \frac{a}{a+1}$$

(4) 求 $s_a^T = \frac{\alpha}{e} \cdot \frac{\partial e}{\partial \alpha} = \frac{a}{\left(\frac{a}{a+1}\right)} \left(\frac{(a+1)d(a)+ad(a+1)}{(a+1)^2}\right)$

$$= \left(\frac{a}{\frac{a}{a+1}}\right)\left(\frac{a+1+a \cdot 1}{(a+1)^2}\right)$$

$$= \frac{a}{\frac{a}{a+1}} \cdot \frac{2a+1}{(a+1)^2} = \frac{a(a+1)}{a} \cdot \frac{2a+1}{(a+1)^2}$$

$$= \frac{2a+1}{a+1}$$

即 a 增加，則 s_K^T 值會增加，對系統本身不好。

例題 10-10

在圖 10-9 中若輸入信號為定斜率函數 (Ramp) 試求其穩態誤差對 a 及 K 之敏感度為何？

解

(1) 由穩態誤差在 Ramp 下之值

$$e(\infty) = \frac{1}{Kv} = \frac{a}{K}$$

(2) 則 $s_a^T = \frac{\alpha}{e} \cdot \frac{\partial e}{\partial \alpha} = \frac{a}{\frac{a}{K}} \left[\frac{1}{K}\right] = \frac{Ka}{a} \cdot \frac{1}{K} = 1$

(3) 同理 $s_K^T = \frac{K}{e} \cdot \frac{\partial e}{\partial K} = \frac{K}{\frac{a}{K}} \left[\frac{Kda-adK}{K^2}\right] = \left(\frac{K}{a} \cdot K\right)\left(\frac{-a}{K^2}\right) = \frac{K^2}{a} \cdot \left(\frac{-a}{K^2}\right) = -1$

(4) 即 $s_a^T = 1$：表 e 值之變化與 K、a 均無關

$s_a^T = -1$：也是如此。

◎ 10-5　柏德頻率圖與強健系統之關係

若一個控制系統有 $G_1(s)$ 與 $G_2(s)$ 如下圖 10-23 在受到外界干擾 $T_d(s)$ 下。我們設計一個控制性能補償 $G(s)$，則一旦形成閉迴路系統中，其輸入與輸出之關係必須我們要讓一旦形成迴路之敏感度必須要小於一定之容忍裕度，如何使敏感度降到最小，也就是要找到一個合適的補償器，使其在最小之敏感度下仍能工作。

用柏德圖來求增益裕度 (Gain margin) 必須要在補償器下找到最大值，如下圖 10-23 所示。

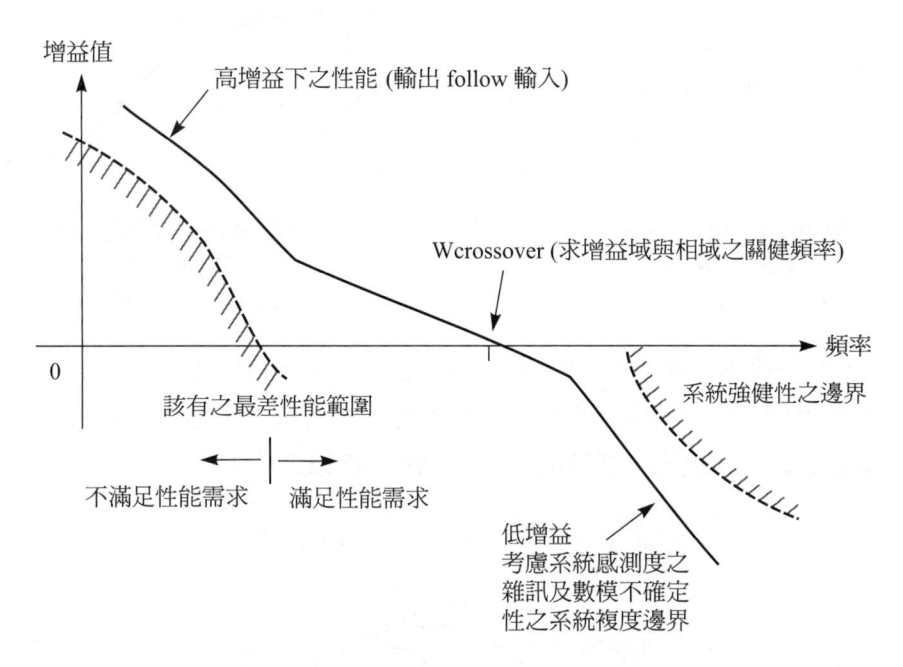

圖 10-23　強健系統最大、最小邊界圖

在圖 10-24 中可以看到 Wc (截止頻率) 與 Wpc 對在柏德圖中會影響系統之穩定性，而 Wc 向右趨增時，系統頻寬會變大，性能會變好，一個控制系統反應會變快，但相對的也將付出代價，因為增益裕度 (Gain Margin, GM) 及相裕度 (Phase Margin, PH) 均會小，一旦如圖 10-25 圖中呈負的 GM 及 PH 則系統即不穩定了。

圖 10-24　穩定系統
Wpc > Wc
GM > 0，PM > 0

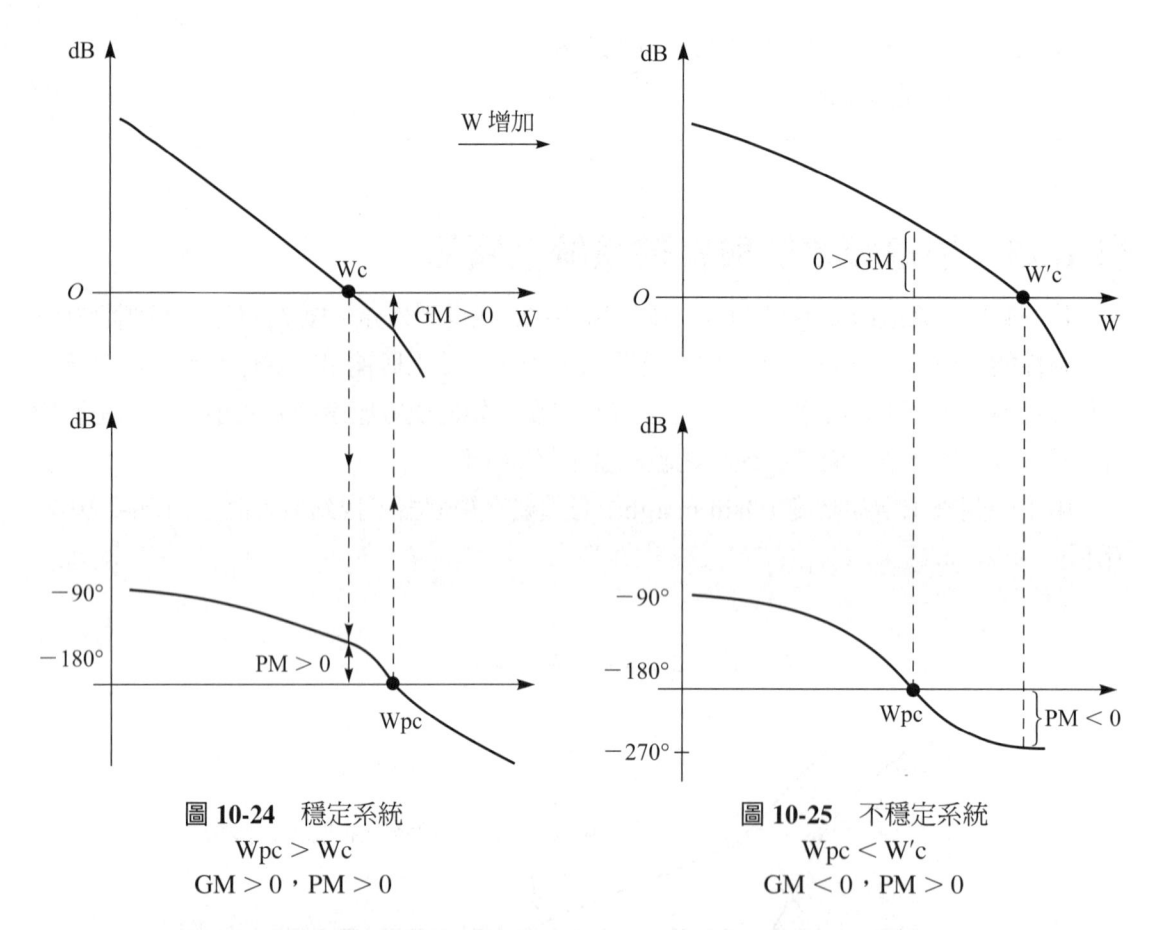

圖 10-25　不穩定系統
Wpc < W'c
GM < 0，PM > 0

在看柏德圖時透過系統之強健性分析有下列幾點可提供大家參考。

(1) 若增益值增大柏德圖不能確性系統穩定性時，可輔以奈奎斯圖利用 MATLAB 指令看根軌線是否繞過，觸及或不繞來判斷系統穩定性。

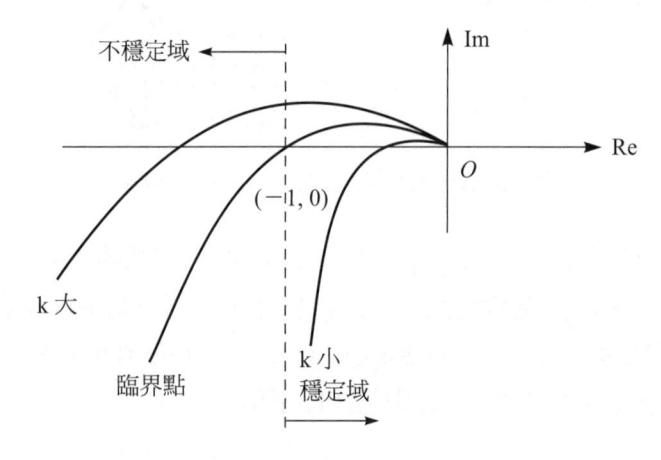

圖 10-26　利用奈奎斯來判斷系統之穩定性

(2) 利用傳輸函數系統在開路下柏德圖必須穩定。

(3) 增益截止頻率 (Wgc) 相截止頻率 (Wpc) 則閉迴路系統穩定。

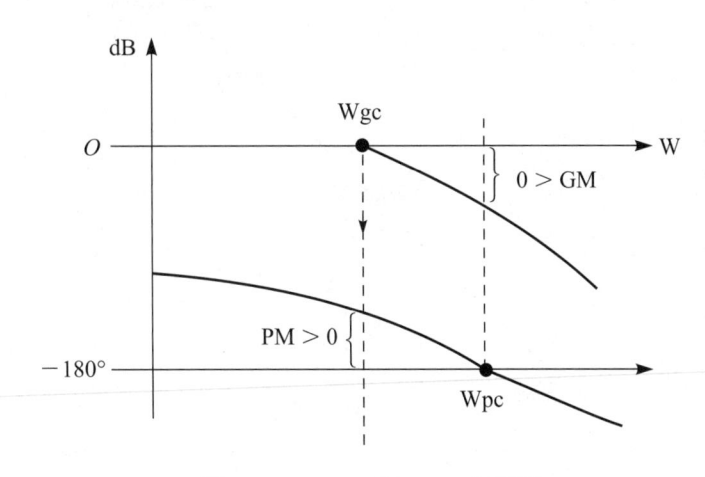

圖 10-27　Wgc 與 Wpc 之關係

◎ 10-6　控制系統的前瞻

　　一個控制系統在過去未有迴路系統或總感測器未成熟之時代，一個系統只有開路系統 (open loop system)，如洗衣機每一個站作一定之停留而非因「感測」而改變，到後來有了感測器形成迴路控制，才能達到控制的精神：

OUTPUT MUST FOLLOW INPUT
輸出值必須與輸入命令值一致

　　但對理想之模式下，未考慮系統之不確定性。一個好的系統，必須在一定之不確定範圍下仍達到上面之控制條件，如一架飛機在天上飛，希望在一定之飛行條件範圍內達到適當的 Wn (頻率) 及阻滯值，使飛機不要抖太大，讓乘客可舒適。這就是強健性系統在「可控」之「不確定」範圍內達成一定的性能，再上一層就是適應性系統，以飛機而言在 10,000 ft 下飛行員可適應大氣變化，到了 40,000 ft 也要能適應——飛行員增加了適應環境之頭盔或把駕駛艙之環境隨高度而調適。這就是適應性系統 (adaptive system)，但到了火星上地面受送信號到火星要 14 分鐘，因此火星上之遙控車除適應外，還要有自主控制能力 (auto nomous)，利用自己之感測器即時測知、即時反應之原則。若要由地球上來遙控，在 14 分鐘後早已不知去向了 (可能已掉或埋在火星地坑中了)，故隨外界環境的變化自己要有即時趨吉避凶之能力。

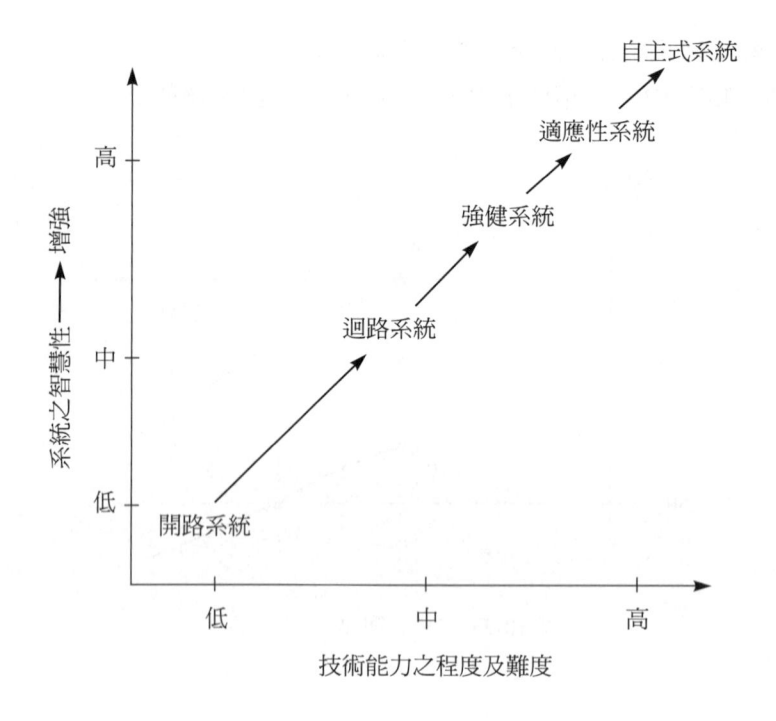

圖 10-28　控制系統之前瞻發展

◎ 摘　要

　　本章敘說一個控制系統，其在迴路系統上，透過感測器之迴送資料，讓輸出值必須要追隨輸入值，且依任務需求之不同而有不同程度之誤差要求，在過去開路系統沒有這些要求，但是在第一次西方工業革命中瓦特把飛球作為定速控制器，此為感測器及迴路控制之開始，隨時代進步只要有數學模式則可以透過不同之控制技巧。如本章中之 PID 控制手法來達到控制目的。本章中的強健系統就是利用模擬之參數變化，並透過數學靈敏度的分析在硬體作出之前先看穩定強度，使作出之產品可以適應需求，加上多重感測器之配合在自主式控制系統下，系統在靈敏度分析及 GM 與 PM 下也能達到系統之需求。

◎ 參考資料

1. Norman S. Nise, "Control Systems Engineering", International Student Version, 5th Edition, John Wiley & Sons, Inc, 2008.
2. Richard C. Dorf, Robet H. Bishop, "Modern Control Systems", 10th Edition Pear prentice Hall, 2008.

3. Taylor, "Au In troduction to Error Analysis", University science Books, 1982.
4. Larry Silverberg, James P. Thrower "Marks' Mechanics", McGraw-Hill, 2001.
5. W.J. Grantham and T.L. Vincent, "Modern Control Systems Analyics and Design, John Wiley & Sons", New York, 1993.
6. J.W. Song, "Synthesis of Compensators in Linear Un certain plants", Processdings of the Conference on Decision and Control, December 1992, pp. 2882-2883.
7. Fu, Ho-Ling; Fan, Kuang-Chao; Huang, Yu-Jan; Hu, Ming-Kai, "Innovative optical scanning technique and device for three-dimensional full-scale measurement of wind-turbine blades", Optical Engineering, v 53, n 12, December 2014

◎ 習 題

1. 試說明補償器之作用？
2. 試說明補償器之種類及優缺點？
3. 試說明一台洗衣機與智慧型洗衣機之異同？
4. 何謂一個控制系統之「不確定性」？
5. 試說明模擬或仿真在系統不確定下之重要性？
6. 試說明強健性控制與系統靈敏度之關係？
7. 試說明一階系統 $T(s)=\dfrac{a}{S+b}$ 與 $T(s)=\dfrac{K}{S(S+1)}$ 二者在靈敏度上 S_a^T 及 S_K^T 之不同？
8. 試求 $T(s)=\dfrac{(ab+K)b-ab^2}{(ab+K)^2}$

   (1) 調 K 值，試系統穩定，求 K 之範圍？
   (2) 調 K 值使系統在單位步階函數 (unit step) 輸入下其穩態誤差值＝0？
   (3) 承 (2) 若 K 值變化在 ±15% 範圍內其輸出值 y 之範圍為？

附錄一

如何使用 Simulink 協助 MATLAB 分析

首先要會如何進 simulink，可由 MATLAB 中 Command Window 中進入，在空白處進入 Simulink 即可得圖 1。

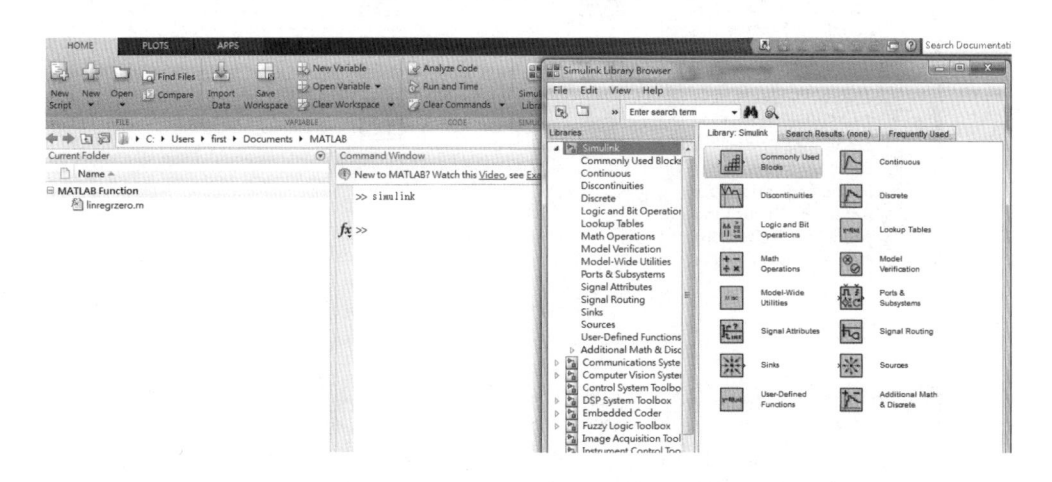

圖 1 在 MATLAB 中鍵入 Simulink，即出現右側畫面

然後再按所需目的在 Simulink Library Brower 中找自已要的功能方塊。我們用一個題目作實例說明。

先要在 Simulink Library Brower 下方之 File 下方圖誌 new model 下用滑鼠左擊二下，會跳出一個空白，此即為 Simulink 之工作空間 (見圖 2)。

371

(a)

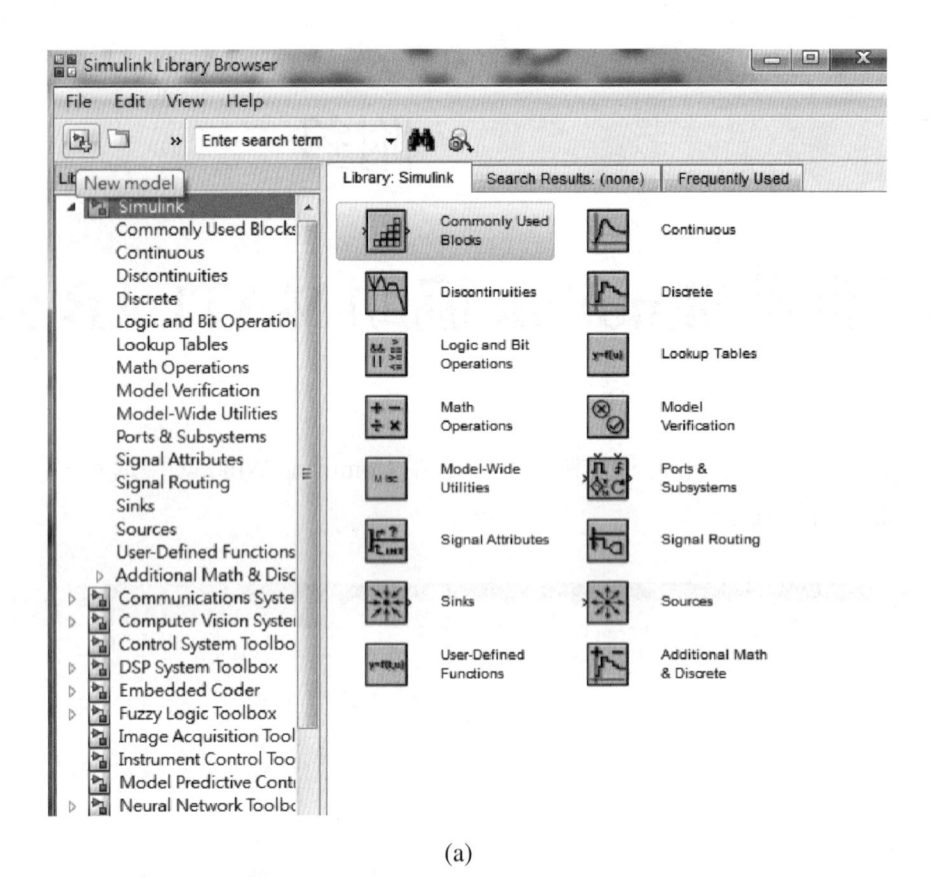

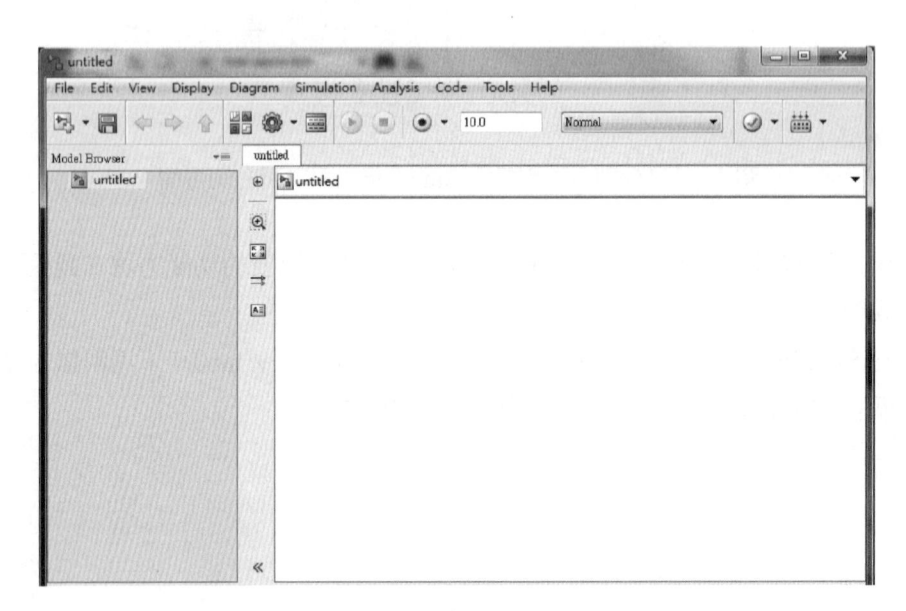

(b)

圖 2　鍵出 Simulink 畫面之一 (a) 及 (b)

例題 1

$G(s) = \dfrac{24,542}{s^2+4s+24,542}$，求其在單位階梯函數輸入下其時域反應圖。

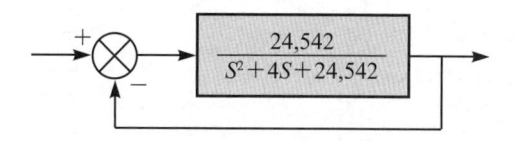

解

(1) 首先由 MATLAB 得出圖

n1=[24.542];d1=[1 4 24.542];g1=tf(n1,d1);gf1=feedback(g1,1)

gf1=

$$\dfrac{24.54}{s^2 + 4s + 49.08}$$

step(gf1)

grid ons

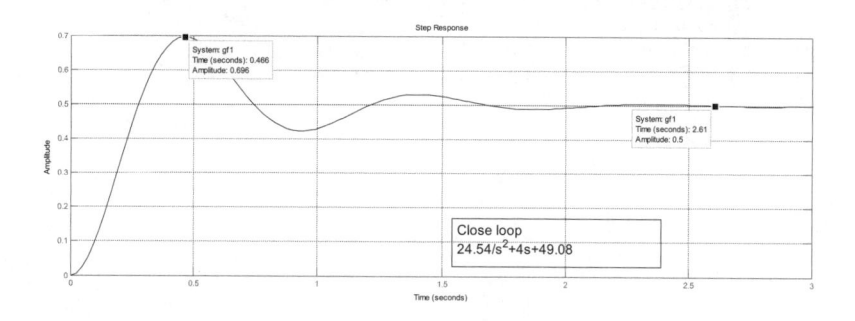

圖3　例題 1 之圖形

374　自動控制

(2) 再由 Simulink 為之

　　先在 source 中找出 step 之圖塊

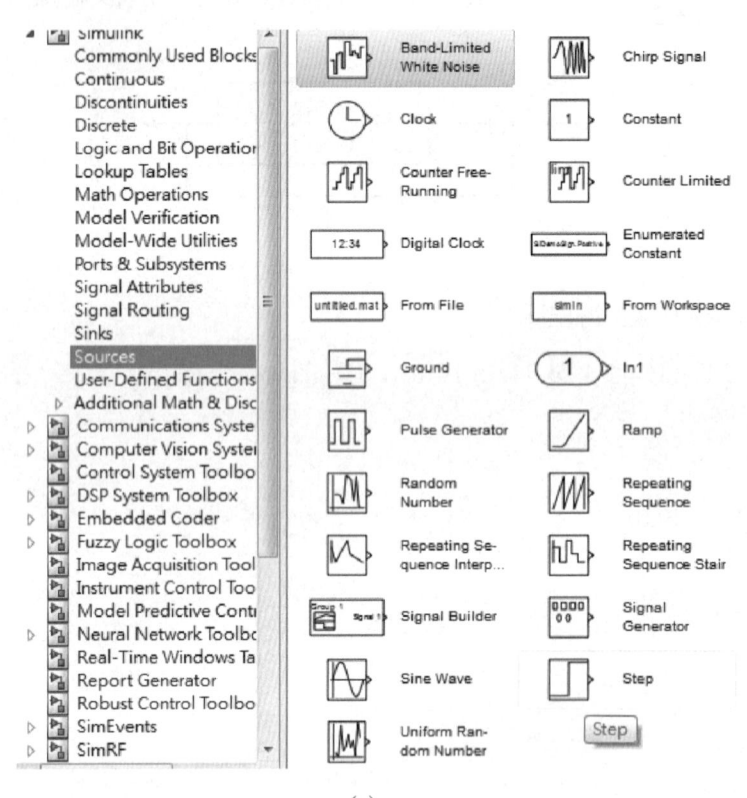

(a)

(a)

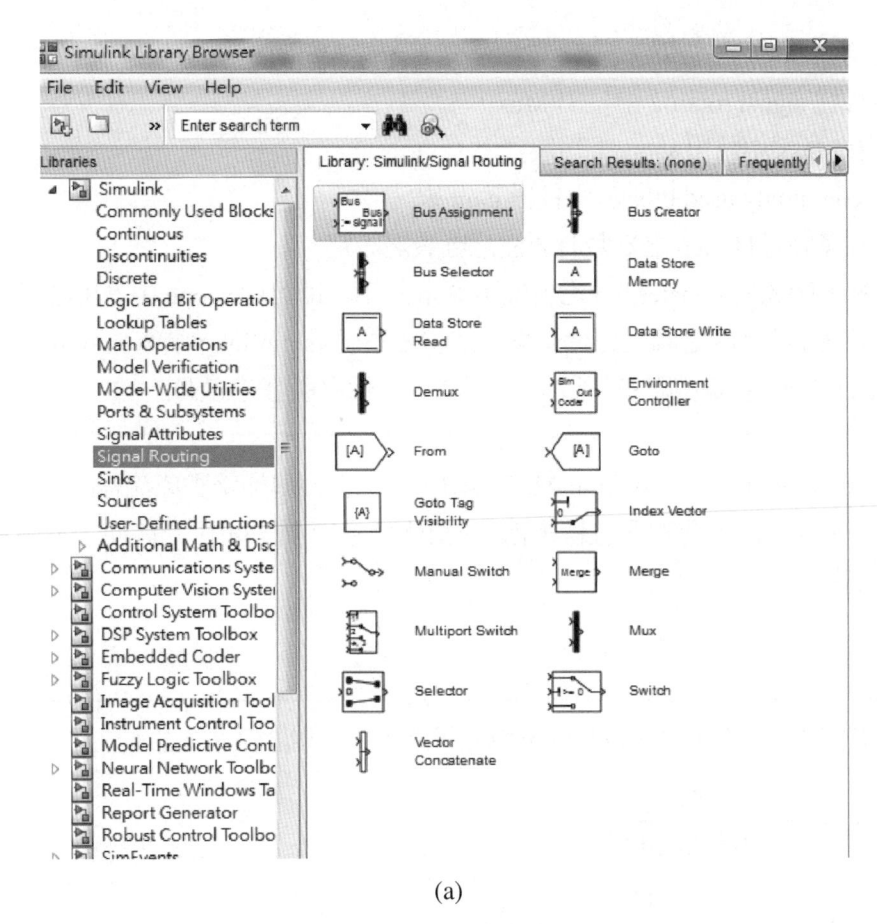

圖 4　找出 step 方塊之位置

再從 continuous 中找出 transfer fcn 之圖塊

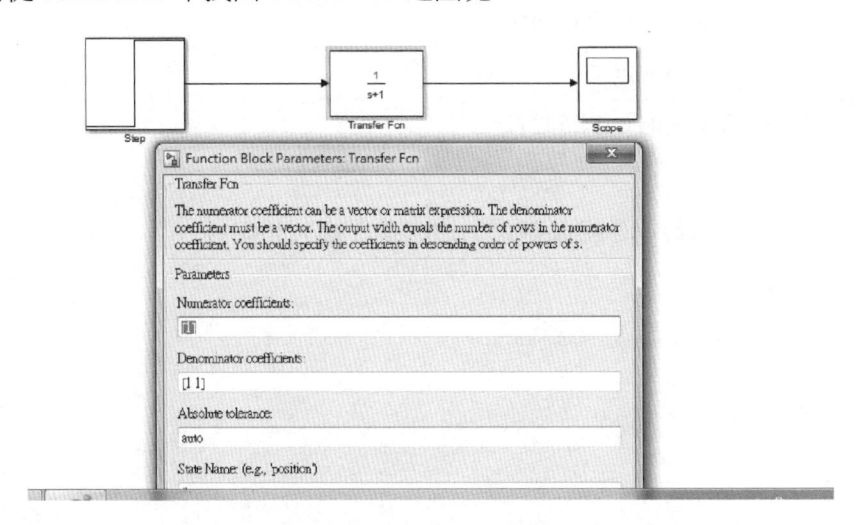

圖 5　在 transfer function 中定出分子、分母來

拉到 untifled 之空間中

另外在 signal routing 中拉出 Mux。

再在 sinks 中拉出 scope 即可

在 commonly used blocks 中找出 gain 來。

要注意在選擇 step 之參數時要注意圖表之設定。

(3) 在執行時先按 transfer fcn 之方塊再 Run 按下，即可由 scope 中看出圖形。

(4) 將此圖形與 (1) 之圖之相比一樣，解析度不同 (simulink 較差)，可藉圖檔 figures-scope 下用最右鍵調整圖形大小，且 X、Y 軸也會隨時細調。

在 simulink 特性上，草圖不如 MATLAB，但在多個傳輸函數或流程圖之模擬上，較 MATLAB 方便，可以簡化程序且模組化，輸出輸入在系統分析中為簡便，下例為 4 個傳輸函數之比較。

例題 2

試比較下列 4 個傳輸函數看其分母與分子之變化，對全系統之影響：

(1) $G_1(s) = \dfrac{24.542}{s^2 + 4s + 24.542}$

(2) $G_2(s) = \dfrac{24.542}{(s+10)s^2 + 4s + 24.542)}$

(3) $G_3(s) = \dfrac{24.542}{(s+10)s^2 + 4s + 24.542)}$

(4) $G_4(s) = \dfrac{24,542}{(s+3)s^2 + 4s + 24,542)}$

解

(1) 先把草圖畫出其每一傳輸函數之方塊要逐次輸入如圖 6。

附錄一　如何使用 Simulink 協助 MATLAB 分析　377

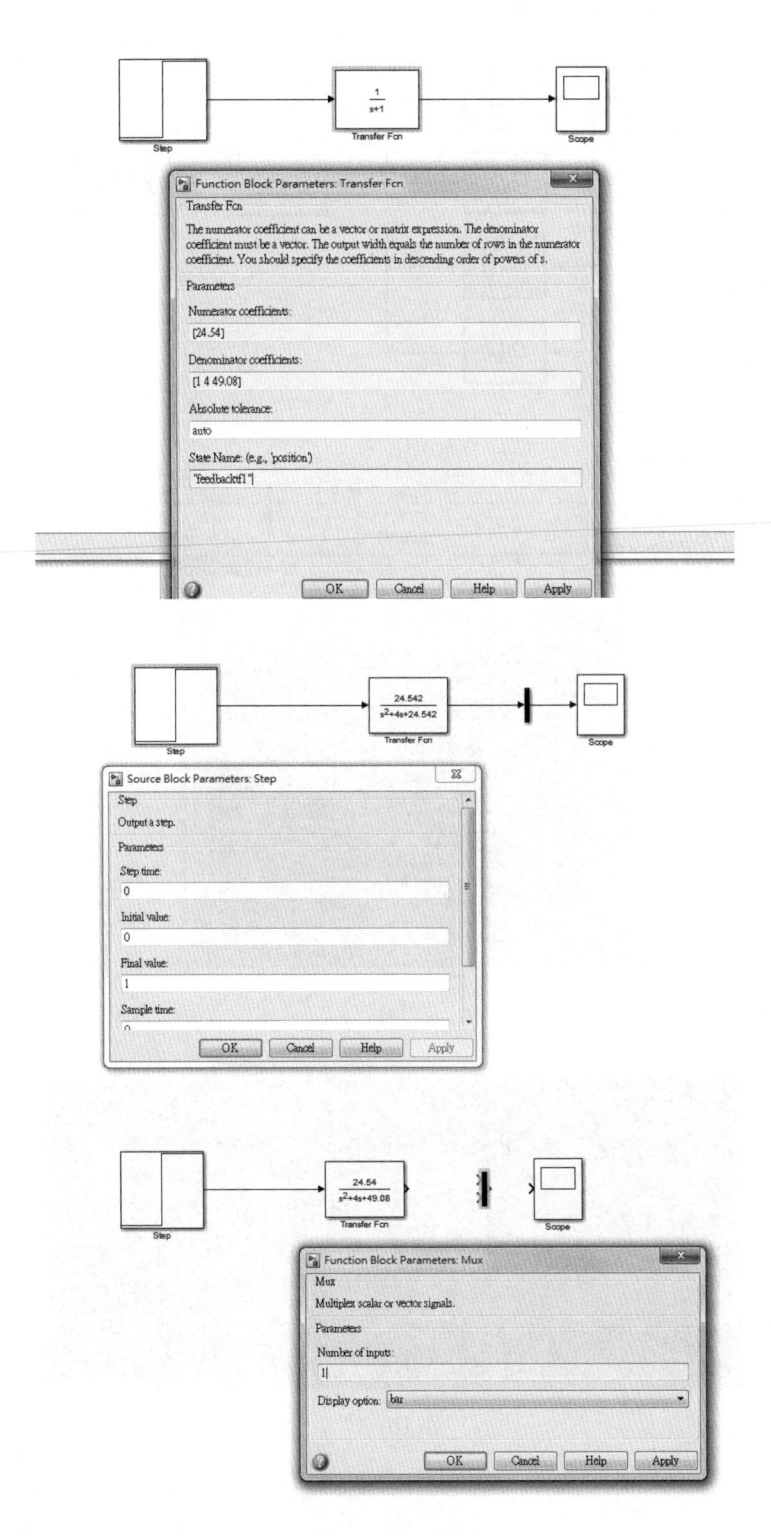

圖 6　參數輸入

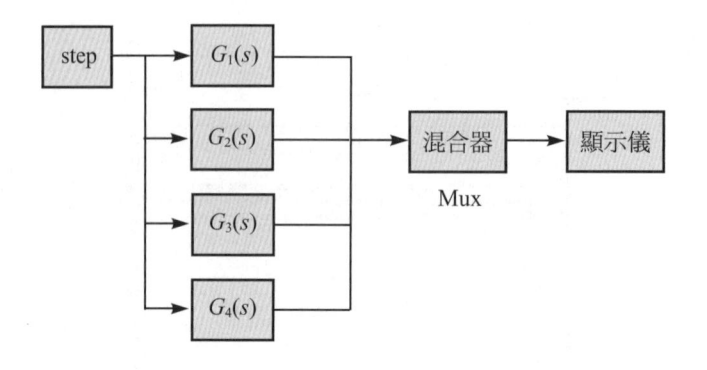

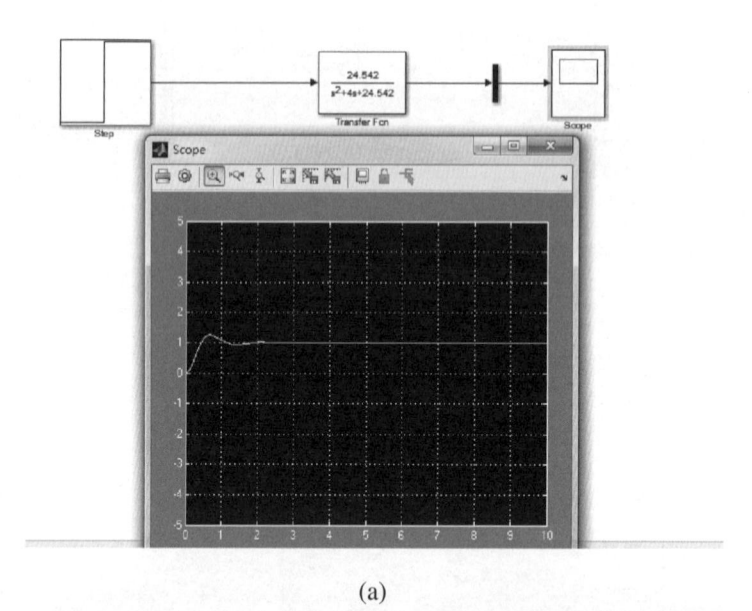

(a)

(b)

附錄一　如何使用 Simulink 協助 MATLAB 分析　379

(c)

(d)

(e)

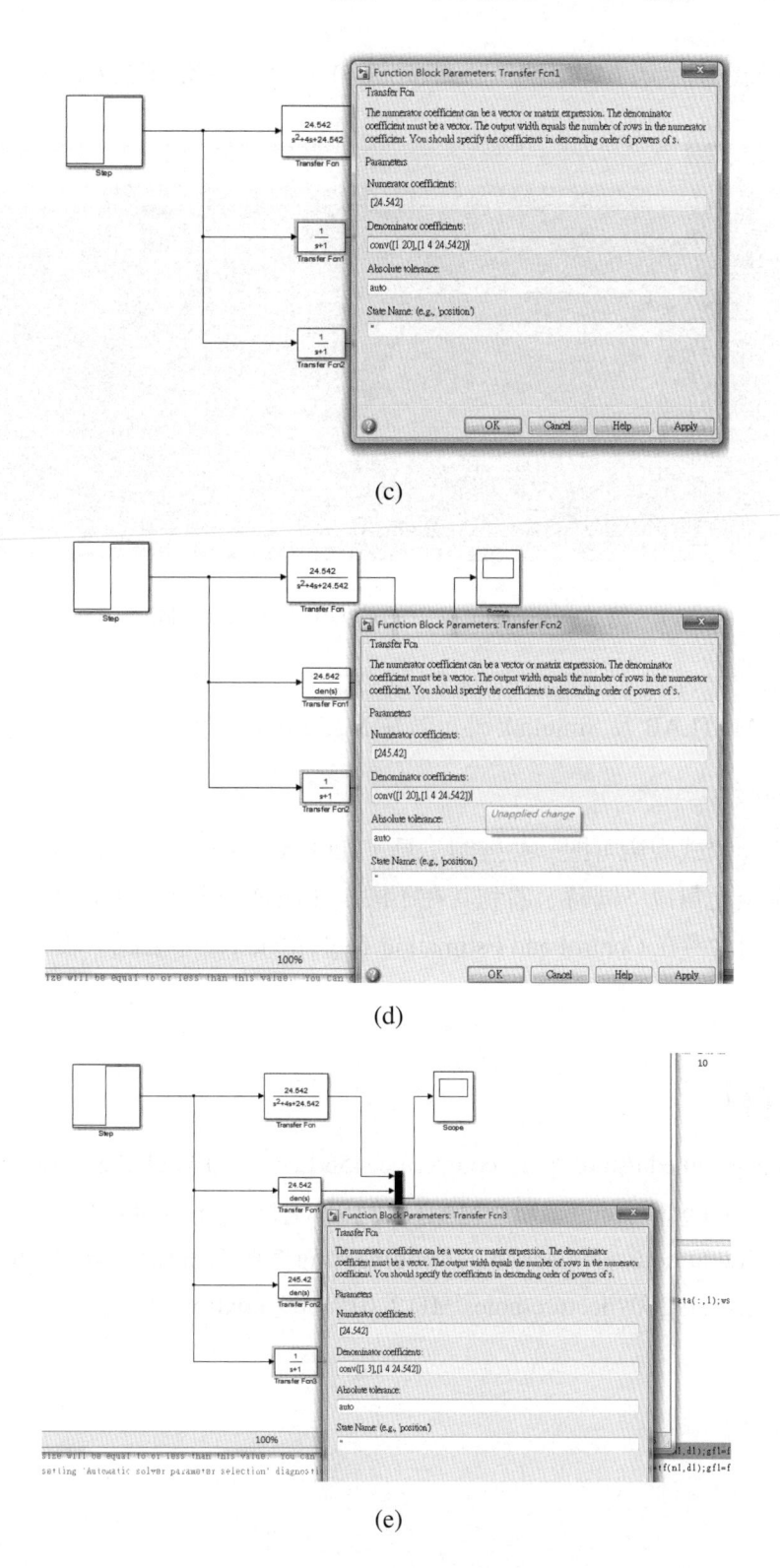

圖 7　(a)、(b)、(c)、(d)、(e) 為執行中之諸步驟，可參考其參數之設定

(2) RUN 後在顯示儀上即出現 4 個圖 (如圖 8) 由上 → 下依序為 G_1、G_2、G_3、G_4。

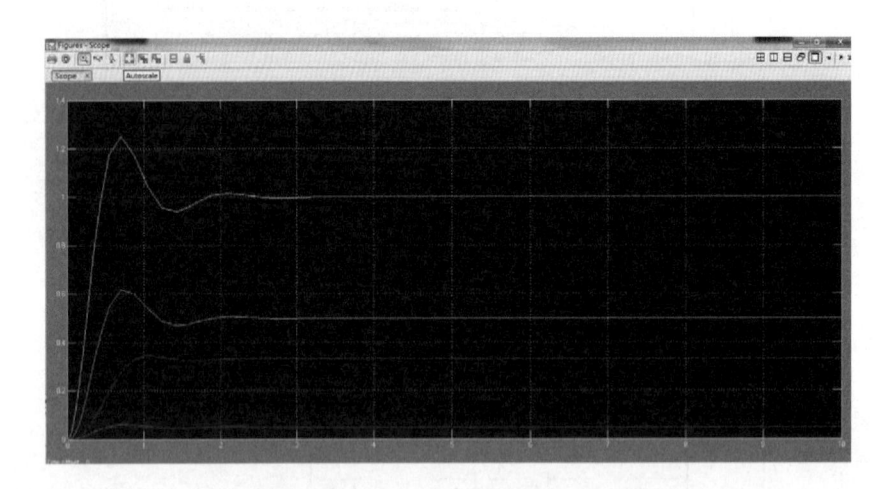

圖 8 由 simulink 同時可得出之 4 個時域圖

另外，在 MATLAB 及 Simulink 外，若在 MATLAB 之指令中

```
>> SISOtool
```

則會出現交談式視窗可把一些控制工具，如時域、頻域及根軌跡圖與柏德圖同時使用，一個增益變化可以「同時」看到其在不同工作域之變化，在系統作細部設計有用，有興趣之朋友可參考在 Control and Estimation Tools Manager 中之說明或 Help 或參考下列參考資料。

◎ 參考資料

1. http://heera.engr.siu.edu/staff1/pour/courses/ece456/Lectures/LW11-SISOTool.pdf
2. http://www.dei.unipd.it/~rampazzom/MATLAB_SISO_Design_Tool.pdf
3. http://ocw.mit.edu/courses/mechanical-engineering/2-017j-design-of-electromechanical-robotic-systems-fall-2009/lecture-notes/MIT2_017JF09_control.pdf

附錄二

參考資料拾遺

1. Digital Control of Dynamic Systems (3rd Edition) Dec 29, 1997by Gene F. Franklin and J. David Powell
2. Spacecraft Dynamics Dec 1981by Thomas R. Kane and Peter W. Likins
3. Network Analysis, Jun 1974, by Mac E. Van Valkenburg
4. Elementary Linear Algebra, Jan 1, 1988, by C. Henry Edwards and David E. Penney
5. System Identification: Theory for the User (2nd Edition), Jan 8, 1999, by Lennart Ljung
6. Analytic geometry with vectors, 1972, by Douglas F Riddle
7. Introduction to Matrix Computations (Computer Science and Applied Mathematics), Jun 11, 1973, by G. W. Stewart
8. Lectures on the Calculus of Variations and Optimal Control Theory (AMS Chelsea Publishing), Aug 1, 2000,by L. C. Young
9. System identification: Least-squares methods, 1977, by Tien C Hsia
10. Theoretical Mechanics (Statics) (Dynamics) (Second Edition) - specialized secondary schools teaching (Chinese Edition), Aug 1, 2000, by WANG QI ZHU
11. Elements of Vibration Analysis, Jan 1, 1986, by Leonard Meirovitch
12. An Introduction to Numerical Computations (2nd Edition), Jan 6, 1989, by Sidney Yakowitz and Ferenc Szidarovszky
13. Matrix Computations (Johns Hopkins Studies in the Mathematical Sciences), Dec 27, 2012, by Gene H. Golub and Charles F. Van Loan
14. Random processes in automatic control, 1956, by Laning, J. Halcombe. Battin, Richard H.,
15. Advanced Control Systems Design (Prentice Hall Series in Advanced Navigation, Guidance, and Control), Aug 1993, by Ching-Fang Lin
16. Practical Methods of Optimization, May 2000, by R. Fletcher
17. inear Systems: Time Domain and Transform Analysis, Feb 1987, by Michael O' Flynn and Eugene Moriarty

18. Classical Mechanics (3rd Edition), Jun 25, 2001, by Herbert Goldstein and Charles P. Poole Jr.
19. Fundamentals of Digital Signal Processing, May 1986, by Lonnie C. Ludeman
20. Signals and Systems (2nd Edition), Aug 16, 1996, by Alan V. Oppenheim and Alan S. Willsky
21. Engineering Analysis, 1960, by Li Wen-Hsiung 李文雄，中研院生物多樣性中心主任。

索 引

三劃
上升時間　rising time　87

四劃
反拉氏轉換　inverse laplace transform　104
分系統方塊圖　subsystem block diagram　133
中性穩定　marginally stable　359

五劃
主流線　forward loop　59
功率放大器　power amplifier　58
功能方塊圖　functional flow Block Diagran,FFBD　29
卡門濾波器　Kalman filter　163
可控　controllable　157
可觀測性　Observability　161
加速度常數　acceleration constant　200

六劃
自由體圖　free body diagram　78
自主控制能力　auto nomous　367
自激式振盪　seft-excited oscillation　236
合成方式控制器　proportional-integral derivative,PID　343
單輸入／單輸出　single input/single output, SISO　129

七劃
伺服馬達　serve motion　91
位置常數　position constant　199
串接式補償器　series compensator　268
步階式輸入信號　step input　195
系統極點　system pole　63

八劃
並接式補償器　parallel compensator　268
奈奎斯圖　nyquist diagram　323
拉氏轉換　laplace transform　59
拋物線式輸入信號　parabola input　195
阻滯　damping　58
阻滯比　damping ratio　90
阻滯值　damp　212
阻滯耗損值　attenuation　90
延遲時間　delay time　87

九劃
柏德圖　Bode Diagram　295
相位角　phase angle　295
相位範圍　phase margin　309
狀態空間　state space　181
狀態轉移矩陣　state transition matrix, STM　146

十劃
峰值時間　peak time　87

差分放大器　differential amplifier　58
時差　time lag　103
時域分析　time domain　129
時間常數　one time constant　64
根軌跡　root locus　227
特性方程式　Characteristic Equation　27
迴授線　feed back loop　59

十一劃

區域型之穩定　marginally stable　168
斜坡式輸入信號　ramp input　195
敏感度　sensitivity　218
部份分式法　partial fraction expansins　40
速度常數　velocity constant　200
閉迴路　close loop　25

十二劃

單輸入／單輸出　single input/single output, SISO　129
最大過量值　over shoot　87
極點消去法　pole cancellation　284
無振盪運動　Non-oscillatory motion　236
超行量　overshoot　212

十三劃

傳輸函數　Transfer function　25
傳輸函數矩陣　transfer function matrix　144
過頻率相位頻率　phase cross over frequency　310

十四劃

實體模擬　real time simulation　129
截止角頻率　cut off frequency　309

十五劃

增益值範圍　gain margin　306
暫態反應　transient response　103
暫態反應值　transient respore value　116
魯氏霍羅威茲條件　Routh-Hurwitz Criterion　171
適應性系統　adaptive system　367
調整時間　settling time　88
數學模式　Mathematics Model　218

十六劃

整體解　total solution　62
靜態誤差常數　static error constants　202
頻域反應　frequency response　295

十七劃

臨界穩定　critical stable　227

十九劃

穩定性　stability　167
穩態反應　steady-state response　103
穩態誤差常數　steady state error constants　198